光盘界面

视频欣赏

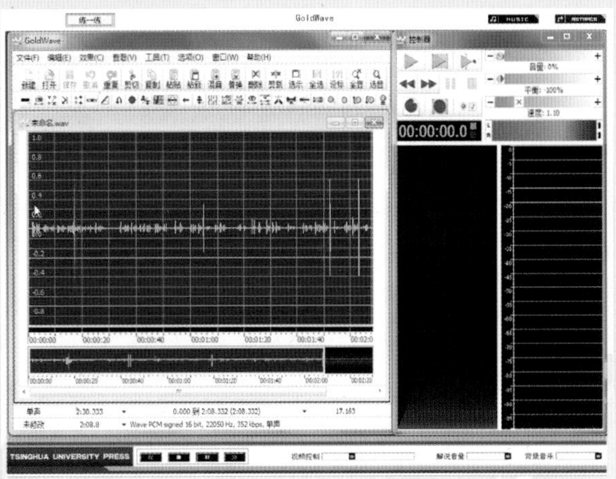

案例欣赏

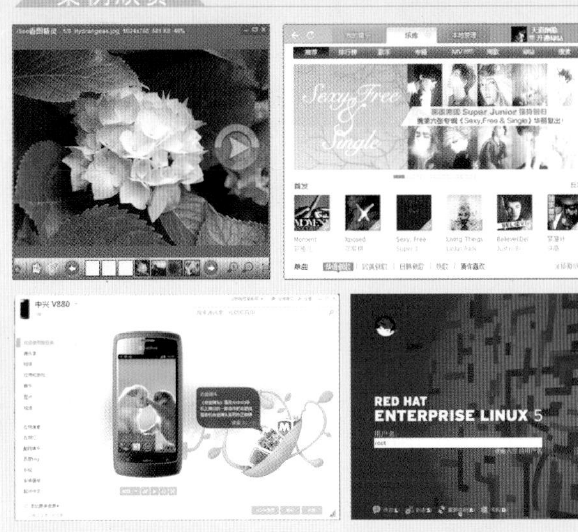

素材下载

视频文件

MyReader 语音阅读器

MyReader 语音阅读器，自然地做到模拟人看书的方式，为您看小说提供方便的阅读平台。它还能自动为您朗读，支持中文、英文、日语、各地方言等。不仅可以看小说，还能听小说（可以朗读段落和整篇文档），特别适合阅读各种文本格式的电子小说，以及范文等。

案例欣赏

酷我音乐盒

酷我音乐
搜索歌手、歌名、歌词、专辑、MV
首页
排行榜
歌手
分类
播放列表
默认列表
分组列表
韩饭聚集地
【〖韩流〗Music、空间】房间ID:170555
欧美
日韩
热歌
网络
猜你喜欢
一吻天荒(《 - 胡歌
我和秋天有个 - 张敬轩
爱别离 - 刘惜君
今天开始 - 吴建豪
请你给我好一 - 张悬
重口味 - 陈奕迅
Key To Happi - 琴健祥
绽花 - 魏如萱
你敢不敢 - 徐佳莹
诱 - 林宥嘉
韩剧
网络流行
好听
伤感
浪漫
中国风
日本动漫
吉他
铃声
非主流
酷我电台
酷我DJ
连衣裙
七分裤
欢迎使用酷我音乐！

植物风景 - ACDSee 10
文件(F) 编辑(E) 视图(V) 创建(R) 工具(T) 数据库(D) 帮助(H)
立即购买
后退
前进
向上
获取相片
新建相片光盘
创建 CD 或 DVD
搜索
D:\素材\植物风景
过滤方式
组合方式
排序方式
查看 200x150
1.jpg
2.jpg
总计 16 个项目 (8.0 MB)
1.jpg
329.9 KB, 修改日期: 2009-5-26 11:52:14

2.jpg - ACDSee 10
文件(F) 编辑(E) 视图(V) 缩放(Z) 修改(I) 工具(T) 帮助(H)
浏览
2/16 2.jpg 82.2 KB 1024x819x24b jpeg 修改日期: 2009-5-26 12:01:32

光影魔术手
2.jpg - 光影魔术手
浏览
打开
保存
另存为
撤销
重做
对比
缩放
旋转
裁剪
曝光
补光
反转片
柔光镜
美容
基本调整
数码暗房
边框图层
便捷工具
黑白效果
负片效果
人像处理
影楼风格
人像美容
去斑去红眼
人像褪黄
个性效果
LOMO风格
叠影效果
1024 * 735
新人必读，光影魔术手进阶指南

易达电子相册制作系统

Windows 7桌面小工具

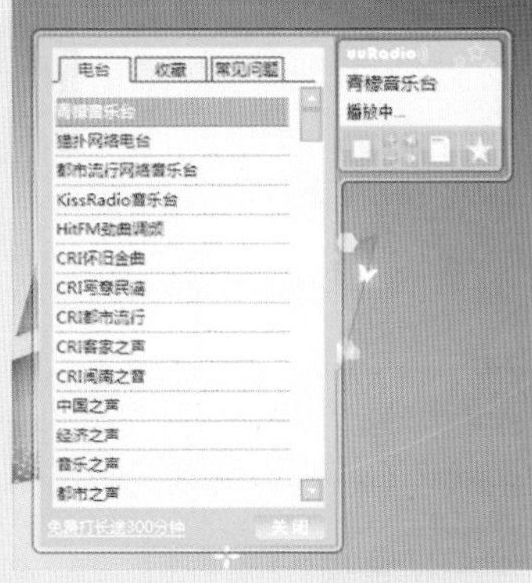
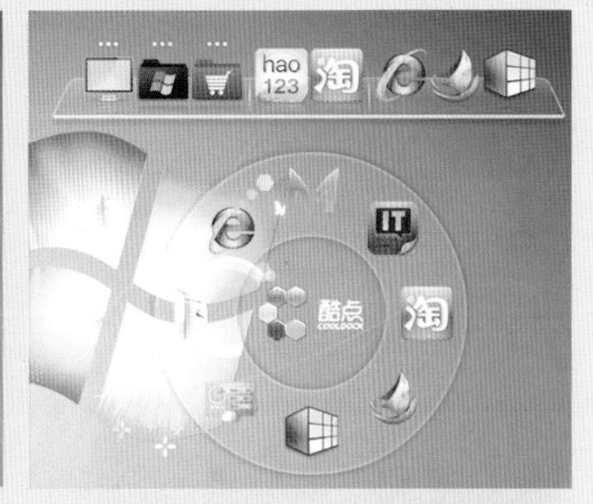

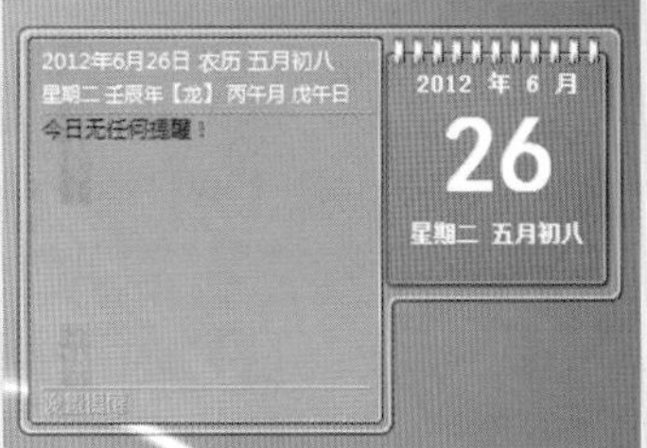

LINUX 5系统图

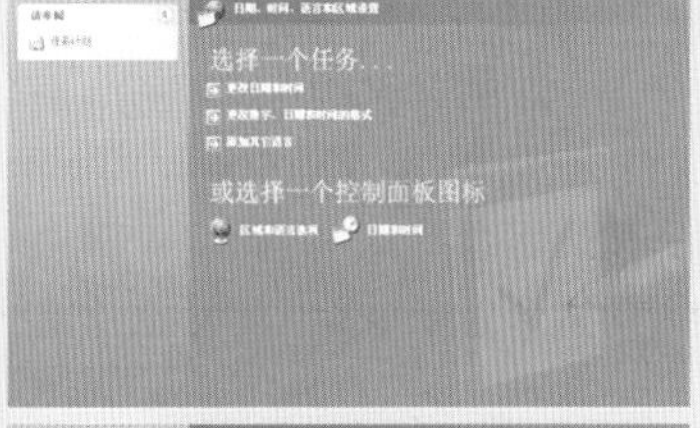
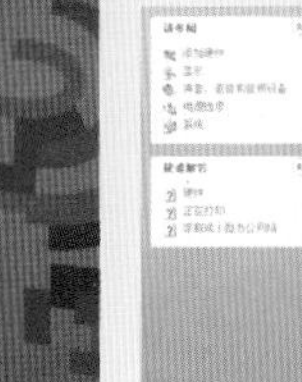
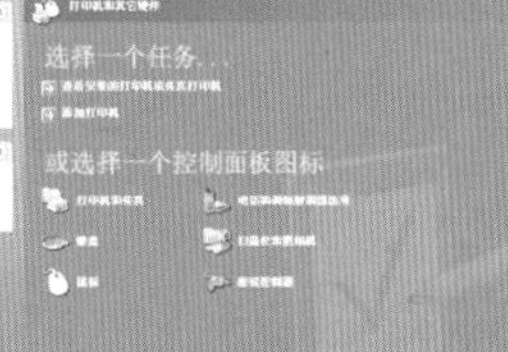
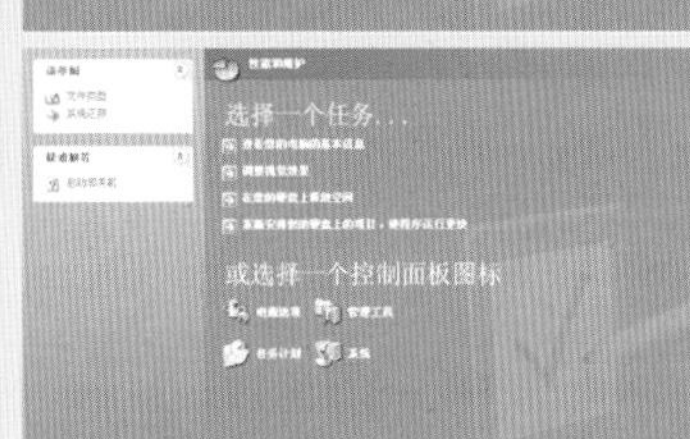

Windows XP系统图

案例欣赏

刷机精灵
91手机助手
瑞星杀毒软件
EasyRecoveryPro界面
金山卫士
Diskeeper2010
VMware Workstation
虚拟光碟专业版
超级巡警
Recuva界面
Easy printer
Mosaic浏览器
Auslogics Disk Defrag
Daemon Tools Lite
360安全卫士

电脑常用工具软件

标准教程（2013-2015版）

■ 宋强 倪宝童 赵喜来 等编著

清华大学出版社
北 京

内 容 简 介

本书循序渐进地介绍了各种常用电脑工具软件。全书共分13章，内容涉及软件基础、硬件检测软件、系统维护软件、文本编辑与朗读、文件管理、个性桌面软件、多媒体编辑软件、图形图像处理软件、磁盘管理软件、虚拟设备软件、网络应用与通信软件、计算机安全和手机管理软件等。全书结构编排合理、图文并茂，包含丰富的实例，适合作为高校教材和社会培训教材，也可以作为家庭和办公人员的自学参考书。

图书在版编目（CIP）数据

电脑常用工具软件标准教程（2013—2015版）/宋强等编著. —北京：清华大学出版社，2013.1
（2016.2重印）
（清华电脑学堂）

ISBN 978-7-302-30573-6

Ⅰ. ①电…　Ⅱ. ①宋…　Ⅲ. ①软件工具-教材　Ⅳ. ①TP311.56

中国版本图书馆CIP数据核字（2012）第261413号

责任编辑：冯志强
封面设计：柳晓春
责任校对：徐俊伟
责任印制：王静怡

出版发行：清华大学出版社
网　址：http://www.tup.com.cn，http://www.wqbook.com
地　址：北京清华大学学研大厦A座　　邮　编：100084
社 总 机：010-62770175　　邮　购：010-62786544
投稿与读者服务：010-62776969，c-service@tup.tsinghua.edu.cn
质 量 反 馈：010-62772015，zhiliang@tup.tsinghua.edu.cn
印 刷 者：清华大学印刷厂
装 订 者：三河市少明印务有限公司
经　销：全国新华书店
开　本：185mm×260mm　**印　张**：20.25　**插　页**：2　**字　数**：509千字
（附光盘1张）
版　次：2013年1月第1版　　**印　次**：2016年2月第4次印刷
印　数：9001～11000
定　价：39.80元

产品编号：049877-01

前　言

计算机常用工具软件广泛应用于日常办公、商业销售、报表统计、科学计算以及家庭娱乐等领域，在信息化时代发挥着越来越重要的作用。本书针对初学者的需求，将当前流行的工具软件资料加以收集、整理和测试，精心筛选出其中最常用的几种软件类型，通过简洁明了的文字、通俗易懂的语言和翔实生动的应用案例，详细介绍了这些工具软件的功能、基本操作方法，以及操作技巧。

为了帮助用户更好地理解各种工具软件的原理和相关知识，本书还在每章添加了该类软件的常识性内容，并配以相应的习题。所以，本书非常适合计算机初学者使用，也可作为各类院校非计算机专业的基础教材。

本书主要内容

本书共分 13 章，包括常用软件基础、硬件检测软件、系统维护软件、文本编辑与朗读、文件管理软件、个性桌面软件、多媒体编辑软件、图形图像处理软件、磁盘管理软件、虚拟设备软件、网络应用与通信软件、计算机安全和手机管理软件等内容。每章的主要内容如下。

第 1 章学习常用软件基础，主要介绍了系统软件、应用软件、工具软件、安装与卸载软件、软件知识产权等内容。

第 2 章学习硬件检测软件，主要介绍了硬件维护概述、CPU 检测软件、内存检测工具、整机性能检测等内容。

第 3 章学习系统维护软件，主要介绍了系统维护的概念、Windows 清理助手、CCleaner、Wise Disk Cleaner、Wise Registry Cleaner、高级注册表医生等内容。

第 4 章学习文本编辑与朗读，主要介绍了文本编辑软件、文本阅读软件、UltraEdit 文本编辑器、EmEditor、MyReader 语音阅读器、语音精灵等相关内容。

第 5 章学习文件管理软件，主要介绍了文件管理、文件加密、文件恢复等相关知识，以及多可文档管理软件、WinRAR、7-Zip 压缩软件、个人文件同步备份、Recuva、File Rescue Plus 等相关内容。

第 6 章学习个性桌面软件，主要介绍了 Windows XP 桌面、Windows 7 桌面、Linux 桌面，以及添加桌面主题、Windows 7 动态背景、将幻灯片设置为桌面等相关内容。

第 7 章学习多媒体编辑软件的一些基础知识，主要介绍了多媒体技术的相关概述、音频文件类型、视频文件类型，以及酷我音乐盒、QQ 音乐播放器、暴风影音、PPLive 网络电视、GoldWave 音频编辑、超级转换秀等相关内容。

第 8 章学习图形图像处理软件，主要介绍了图形图像基础知识和 iSee 图片专家、ACDSee、HyperSnap、光影魔术手、易达电子相册制作系统、虚拟相册制作系统等相关内容。

第 9 章学习磁盘管理软件，主要介绍了磁盘概述、磁盘分区、磁盘碎片整理等磁盘管理常识，以及 Easeus Partition Master、Windows 7 自带分区、R-Studio、EasyRecovery Pro、

Diskeeper 和 Auslogics Disk Defrag 等相关内容。

第 10 章学习虚拟设备软件，主要介绍了虚拟设备技术、虚拟光驱、虚拟磁盘、虚拟机等虚拟设备和 Daemon Tools Lite、虚拟光碟专业版、VSuite Ramdisk、虚拟 U 盘驱动器、SmartPrinter、EasyPrinter、VMware Workstation、Virtual PC 等相关软件。

第 11 章学习网络应用与通信软件，主要介绍了浏览器软件、电子邮件、网络电话、聊天工具等的概念以及 Opera 浏览器、谷歌浏览器、邮件梦幻快车、腾讯 QQ 工具等相关内容。

第 12 章学习计算机安全，主要介绍了计算机安全、计算机病毒、恶意软件、防火墙、网络监控软件的概念，以及 360 安全卫士、金山安全卫士、瑞星杀毒软件、天网防火墙、BWMeter 软件、超级巡警等相关内容。

第 13 章学习手机管理软件，主要介绍了手机驱动程序、手机操作系统、手机刷机等概念和安装 USB 驱动程序、91 手机助手、备份手机数据、刷机操作等相关内容。

本书特色

本书结合办公用户的需求，详细介绍了常用工具软件的应用知识，具有以下特色。

- **丰富实例**　本书每章以实例形式演示各种常用工具软件的操作应用，便于读者模仿学习操作，同时方便教师组织授课。
- **彩色插图**　本书提供了大量精美的彩色插图，在彩色插图中读者可以感受逼真的实例效果，从而迅速掌握应用软件的操作知识。
- **思考与练习**　扩展练习测试读者对本章所介绍内容的掌握程度；上机练习理论结合实际，引导学生提高上机操作能力。
- **配书光盘**　本书精心制作了功能完善的配书光盘。在光盘中完整地提供了本书实例效果和大量全程配音视频文件，便于读者学习使用。

本书适合读者对象

本书理论与实践紧密结合，可以帮助用户迅速解决日常工作和生活中的软件使用问题。本书还可作为大专院校非计算机专业的基础培训教材。

参与本书编写的除了封面署名人员外，还有王敏、马海军、祁凯、孙江玮、田成军、刘俊杰、赵俊昌、王泽波、张银鹤、刘治国、何方、李海庆、王树兴、朱俊成、康显丽、崔群法、孙岩、王立新、王咏梅、辛爱军、牛小平、贾栓稳、赵元庆、郭磊、杨宁宁、郭晓俊、方宁、王黎、安征、亢凤林、李海峰等人。由于时间仓促，水平有限，疏漏之处在所难免，欢迎读者朋友登录清华大学出版社的网站 www.tup.com.cn 与我们联系，帮助我们改进与提高。

目　录

第1章 常用软件基础

软件是用户与硬件之间的接口界面，是计算机系统设计的重要依据，用户主要通过软件与计算机进行交流。为了方便用户，同时也为了使计算机系统具有较高的总体效用，在设计计算机系统时，设计者必须全局考虑软件与硬件的结合，以及用户和软件的要求。

本章学习要点：

- 系统软件
- 应用软件
- 工具软件及分类
- 安装与卸载软件
- 软件知识产权

1.1 软件基础知识

软件是按照特定顺序组织在一起的一系列计算机数据和指令的集合。而计算机中的软件，不仅指运行的程序，也包括各种关联的文档。根据计算机软件的用途，可以将其分为两大类，即系统软件和应用软件。

1.1.1 系统软件

系统软件的作用是协调各部分硬件的工作，并为各种应用软件提供支持，使计算机用户和其他软件将计算机当作一个整体，不需要了解计算机底层的硬件工作内容，即可使用这些硬件实现各种功能。

系统软件主要包括操作系统和一些基本的工具软件，如各种编程语言的编译软件、硬件检测与维护软件以及其他一些针对操作系统的辅助软件等。

1. 操作系统

在系统软件中，操作系统（Operating System，OS）是负责直接控制和管理硬件的系统软件，也是一系列系统软件的集合。其功能通常包括处理器管理、存储管理、文件管理、设备管理和作业管理等。当多个软件同时运行时，操作系统负责规划以及优化系统资源，并将系统资源分配给各种软件。

操作系统是所有软件的基础，可以为其他软件提供基本的硬件支持。常用的操作系统主要有以下几种。

❑ **Windows XP**

Windows XP 操作系统，是微软公司于 2001 年推出的一款基于 Windows NT 内核的单用户、多任务图形操作系统。它结合了 Windows 9X 和 Windows NT 等两大系列操作系统的优点，相对之前的 Windows 操作系统，具有更高的安全性和更强的易用性。

Windows XP 系统是目前国内应用最广泛的操作系统。相对上一代的 Windows 2000 系统，它具有更快的休眠和激活响应速度；自带了大量（据说超过 1 万种）不同硬件的驱动；提供更加友好的用户界面；快速用户切换（可保存当前用户的状态，然后切换到另一个用户）；字体边缘平滑技术（ClearType，用于液晶显示器）；远程协助功能，允许远程控制计算机；增加了对 PPP_oE 协议的支持，允许用户直接使用 DSL 等网络连接。

Windows XP 一改之前 Windows 系统使用灰色作为各种任务栏、窗口的风格，首次使用了彩色的 3D 主题，并提供了 3 个色彩方案供用户选择。在界面上也进行很大的创新，如图 1-1 所示。

图 1-1 Windows XP 的界面

随着 Windows XP 发布，微软公司不断为 Windows XP 提供各种升级和更新。大约每 2～3 年，微软公司都会发布一个集合了过去数年针对 Windows 所有修补和增强的升级文件包（被称作服务包 Service Packs，简称 SP）。迄今为止，微软公司共为 Windows XP 发布了 3 个服务包，即 SP1～SP3，最新的 SP3 于 2008 年 4 月 21 日发布，当年 5 月 6 日开始提供下载。

❑ **Windows Vista**

Windows Vista 是微软公司 Windows 操作系统家族的重要成员，于 2005 年 7 月 22 日正式公布。2006 年 11 月 8 日开始提供给 MSDN（微软开发网络，一个微软创办的程序员开发组织）、计算机制造商和企业用户，2007 年 1 月 30 日开始销售和提供下载。

相对上一版本的 Windows XP 操作系统，Windows Vista 包含了上百种新的功能。例如，再一次针对数年来硬件发展，提供了多达 28000 种自带驱动；新的多媒体创作工具 Windows DVD Maker；重新设计的网络、音频、输出（打印）和显示子系统；Vista 也使用点对点技术（Peer-to-Peer）提升了计算机系统在家庭网络中的通信能力，让不同计算机或设备之间分享文件与多媒体内容变得更简单。

Windows Vista 在界面设计上比 Windows XP 又前进了一大步，它提供了名为 Windows Aero 的用户界面，包括 4 个组成部分，如表 1-1 所示。

表 1-1 Windows Aero 界面的组成部分

组件名	作 用
Windows Aero	一个重新设计的窗体外观，提供标题栏和边框的磨砂玻璃皮肤，并允许用户定制透明度和颜色，使 Windows 窗体更加圆滑和美观
Windows Flip 3D	一种窗体排列方式，通过控制窗体位置达到等角排列，帮助用户查找自己所需窗体的程序
即时缩略图	在文件的图标（最大 256px×256px）内可见到文件夹图标会以斜角排列方式显示前两个文件的图标，开始任务栏的进程标签当鼠标靠近时也会显示即时缩略图，在 Aero 颜色方案下 Alt+Tab 的切换方式也采用了即时缩略图，甚至在用 Windows Media Player 播放影片时，即时缩略图也能跟着播放
字体	提供了几种新的字体，包括英文的 Segoe UI、简体中文的微软雅黑等可在液晶显示器中显示更加清晰美观的字体

除此之外，Windows Vista 还提供了一个新的侧边栏，允许用户将一些日常应用较多的小程序放在侧边栏上。Windows Vista 以典雅的黑色作为系统主色调，如图 1-2 所示。

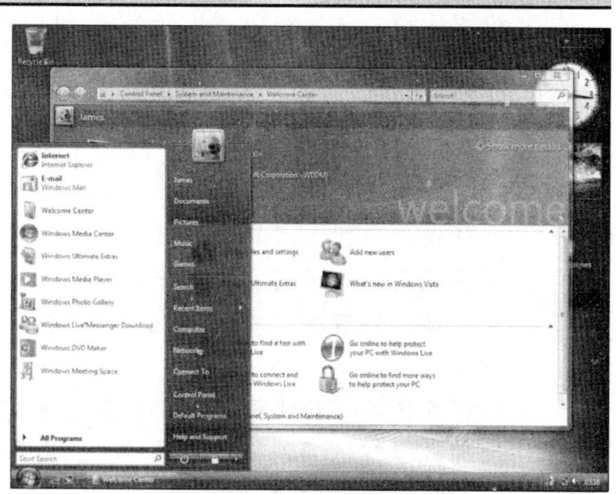

图 1-2 Windows Vista 的界面

❑ **Windows 7**

2009 年 7 月 14 日 Windows 7 RTM（Build 7600.16385）正式上线，2009 年 10 月 22 日微软于美国正式发布 Windows 7，如图 1-3 所示。Windows 7 可供家庭及商业工作环境、笔记本电脑、平板电脑、多媒体中心等使用。

- **Windows 8**

Windows 8 是具有革命性变化的操作系统。该系统旨在让人们的日常计算机操作更加简单和快捷，为人们提供高效易行的工作环境。

图 1-3　**Windows 7 操作系统**

Windows 8 不仅支持 Intel 和 AMD，还支持 ARM 的芯片架构。微软表示，这一决策意味着 Windows 系统开始向更多平台迈进，包括平板电脑和个人计算机。

Windows Phone 8 将采用和 Windows 8 相同的内核。2011 年 9 月 14 日，Windows 8 开发者预览版发布，宣布兼容移动终端，微软将苹果的 IOS、谷歌的 Android 视为 Windows 8 在移动领域的主要竞争对手。2012 年 2 月，微软发布 Windows 8 消费者预览版，可在平板电脑上使用。2012 年 6 月 1 日发布 Windows 8 预览版（Windows 8 Release Preview），版本号 Build 8400。

2. 程序设计语言

用户用程序设计语言编写程序，输入计算机，然后由计算机将其翻译成机器语言，在计算机上运行后输出结果。

程序设计语言的发展经历了 5 代——机器语言、汇编语言、高级语言、非过程化语言和智能化语言。

- **机器语言**　计算机所使用的是由“0”和“1”组成的二进制数，二进制是计算机语言的基础。
- **汇编语言**　为了减轻使用机器语言编程的痛苦，人们进行了一种有益的改进：用一些简洁的英文字母、符号串来替代一个特定指令的二进制串，比如，用“ADD”代表加法，“MOV”代表数据传递等。这样一来，人们很容易读懂并理解程序在干什么，纠错及维护都变得方便了，这种程序设计语言就称为汇编语言。
- **高级语言**　这种语言接近于数学语言或人的自然语言，同时又不依赖于计算机硬件，编出的程序能在所有机器上通用。
- **非过程化语言**　第三代语言是过程化语言，它必须描述问题是如何求解的。第四代语言是非过程化语言，它只需描述需求解的问题是什么。例如，需要将某班学生的成绩按从高到低的次序输出。用第四代语言只需写出这个要求即可，而不必写出排序的过程。
- **智能化语言**　主要是为人工智能领域设计的，如知识库系统、专家系统、推理工程、自然语言处理等。

3. 语言处理程序

计算机只能直接识别和执行机器语言，因此要在计算机上运行高级语言程序就必须配备程序语言翻译程序，即编译程序。

编译软件把一个源程序翻译成目标程序的工作过程分为 5 个阶段：词法分析，语法分析，语义检查和中间代码生成，代码优化，目标代码生成。编译主要是进行词法分析和语法分析，又称为源程序分析，分析过程中发现有语法错误，给出提示信息。

4. 数据库管理程序

数据库管理程序是一种操纵和管理数据库的大型软件，用于建立、使用和维护数据库。

5. 系统辅助处理程序

系统辅助处理程序也称为“软件研制开发工具”、“支持软件”、“软件工具”，主要有编辑程序、调试程序、装备和连接程序等。

1.1.2 应用软件

应用软件（Application Software）是用户可以使用的各种程序设计语言，以及用各种程序设计语言编制的应用程序的集合，分为应用软件包和用户程序。

应用软件包是利用计算机解决某类问题而设计的程序的集合，供多用户使用。用户程序是为满足用户不同领域、不同问题的应用需求而提供的那部分软件，它可以拓宽计算机系统的应用领域，放大硬件的功能。

1. 办公软件

办公软件是指在办公应用中使用的各种软件，这类软件的用途主要包括文字处理、数据表格的制作、演示动画制作、简单数据库处理等。在这类软件中，最常用的办公软件套装就是微软公司的Office系列软件。图 1-4 所示是 Office 中的 Word 文本编辑软件；图 1-5 所示为 Office 中的 Excel 电子表格处理软件。

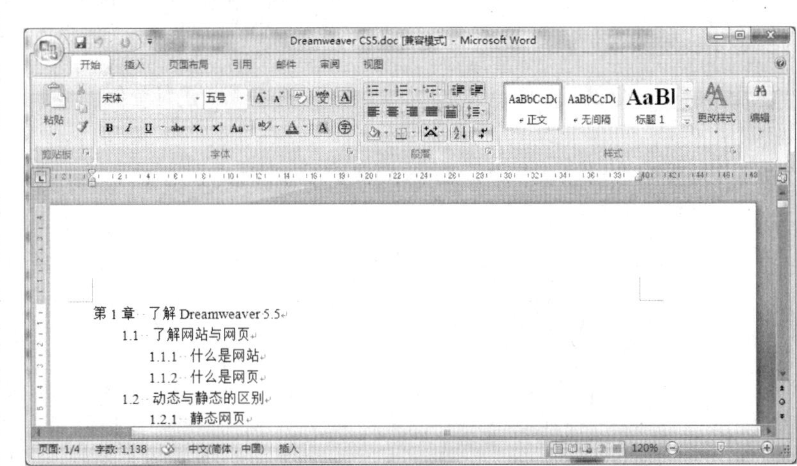

图 1-4 Word 文本编辑软件

2. 网络软件

网络软件是指支持数据通信和各种网络活动的软件。随着互联网技术的普及以及发展，产生了越来越多的网络软件。例如，各种网络通信软件、下载上传软件、网页浏览软件等。

编号	月份	姓名	部门	学历	参加工作时间	工龄	基本工资	奖金	实发工资
000001	2012.05	秦 毅	KTV客服部	大专	2005.03	8	1240	500	1740
000002	2012.05	王 宏	KTV客服部	本科	2006.12	6	1400	500	1900
000003	2012.05	彭晓飞	VOD客服部	大专	2003.11	9	1320	500	1820
000004	2012.05	董消寒	VOD客服部	本科	1997.07	15	2300	500	2800
000005	2012.05	张 跃	VOD客服部	硕士	1999.01	14	3300	500	3800
000006	2012.05	张延军	KTV开发部	大专	1998.05	15	1800	500	2300
000007	2012.05	胡少军	KTV开发部	本科	2005.12	7	1500	500	2000
000008	2012.05	毕承恩	KTV开发部	本科	2000.05	13	2100	500	2600
000009	2012.05	曲 磊	KTV工程部	硕士	2004.12	8	2400	500	2900

图 1-5 电子表格处理软件

常见的网络通信软件主要包括腾讯 QQ、Windows Live Messenger 等，如图 1-6 所示；常见的下载上传软件包括迅雷、LeapFTP、CuteFTP 等，如图 1-7 所示 ；常见的网页浏览软件包括微软 Internet Explorer、Mozilla FireFox 等，如图 1-8 所示。

图 1-6 QQ 通信软件

图 1-7 迅雷软件

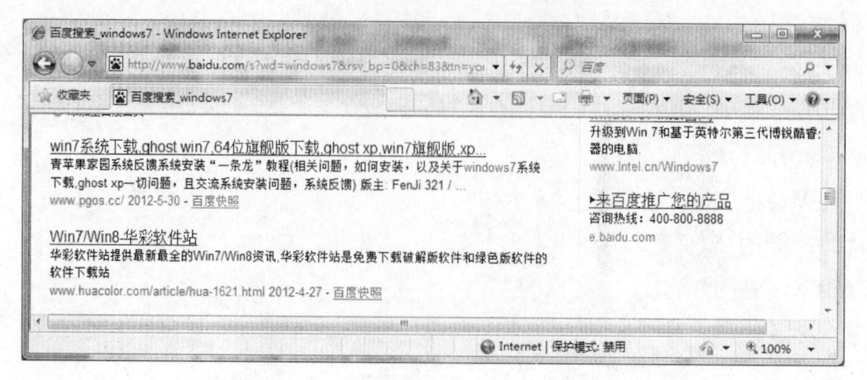

图 1-8 网页浏览软件

3. 安全软件

安全软件是指辅助用户管理计算机安全性的软件程序。广义的安全软件用途十分广泛，主要包括防止病毒传播，防护网络攻击，屏蔽网页木马和危害性脚本，以及清理流氓软件等。

图 1-9 金山卫士

常用的安全软件很多，如防止病毒传播的卡巴斯基个人安全套装、防护网络攻击的天网防火墙，以及清理流氓软件的恶意软件清理助手等。

多数安全软件的功能并非唯一的，既可以防止病毒传播，也可以防护网络攻击，如“金山安全卫士”既可以防止一些有害插件、木马，还可以清理计算机中的一些垃圾等，如图 1-9 所示。

4. 图形图像软件

图形图像软件是浏览、编辑、捕捉、制作、管理各种图形和图像文档的软件。其中，既包含有各种专业设计师开发使用的图像处理软件，如 Photoshop 等，如图 1-10 所示；也包括图像浏览和管理软件，如 ACDSee 等；以及捕捉桌面图像的软件，如 HyperSnap 等，如图 1-11 所示。

图 1-10 Photoshop 应用软件

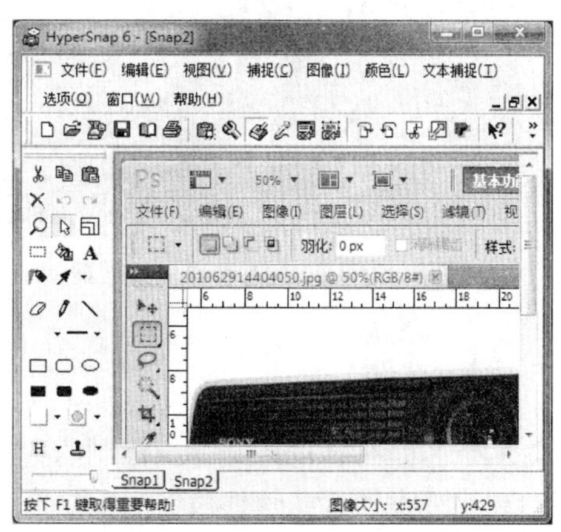

图 1-11 HyperSnap 抓图工具软件

5. 多媒体软件

多媒体软件是指对视频、音频等数据进行播放、编辑、分割、转换等处理的相关软件。例如，在网络中经常使用“酷我音乐”来播放网络歌曲，如图 1-12 所示；通过“迅雷看看”来播放网络视频等，如图 1-13 所示。

图 1-12 “酷我音乐”播放器

图 1-13 “迅雷看看”播放器

6. 行业软件

行业软件是指针对特定行业定制的、具有明显行业特点的软件。随着办公自动化的普及，越来越多的行业软件被应用到生产活动中。常用的行业软件包括各种股票分析软件、列车时刻查询软件、科学计算软件、辅助设计软件等。

行业软件的产生和发展，极大地提高了各种生产活动的效率。尤其计算机辅助设计的出现，使工业设计人员从大量繁复的绘图中解脱出来。最著名的计算机辅助设计软件是 AutoCAD，如图 1-14 所示。

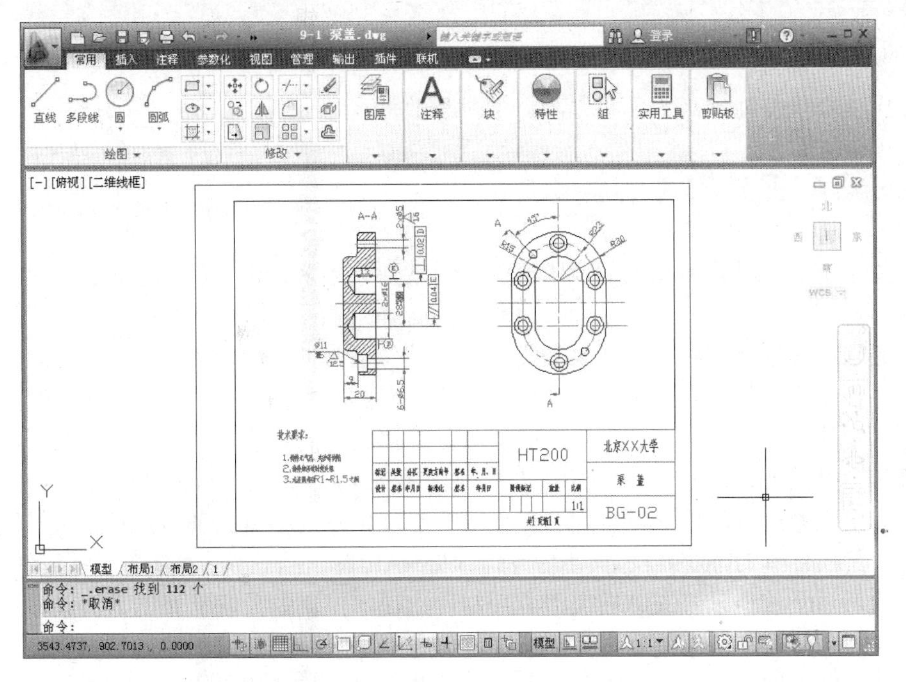

图 1-14　**AutoCAD 界面**

7. 桌面工具

桌面工具主要是指一些应用于桌面的小型软件，可以帮助用户实现一些简单而琐碎的功能，提高用户使用计算机的效率或为用户带来一些简单而趣味的体验。例如，帮助用户定时清理桌面、进行四则运算、即时翻译单词和语句、提供日历和日程提醒、改变操作系统的界面外观等。

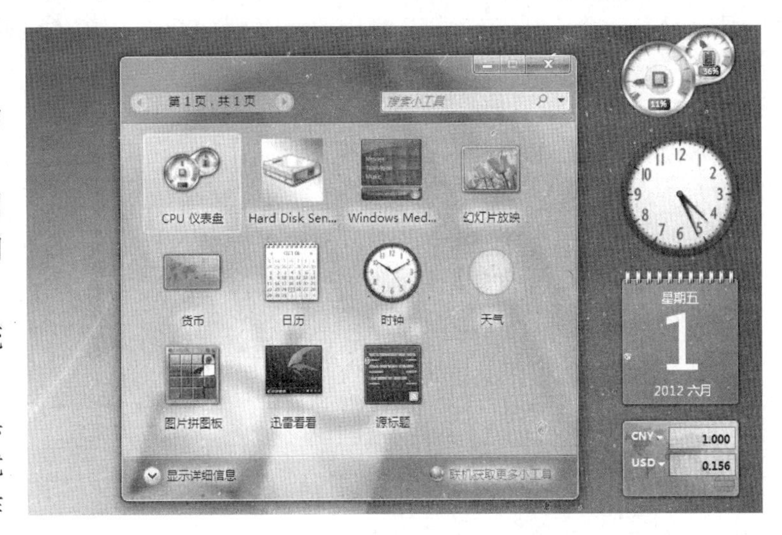

图 1-15　**桌面小工具集**

在各种桌面工具中，最著名且常用的就是微软在 Windows 操作系统中提供的各种附件了，包括计算器、画图、记事本、放大镜等。除此之外，微软最新 Windows 7 操作系统还提供了一些桌面小工具，如图 1-15 所示。

1.2 了解工具软件

工具软件用来辅助人们学习、工作、软件开发、生活娱乐、专业知识等各方面的应用。使用工具软件能提高工作、生产、学习等效率。

1.2.1 工具软件的认识

总体来讲，工具软件与人们所了解的应用软件差不多，但不仅仅包含应用软件所包含的内容。

工具软件是指除操作系统、大型商业应用软件之外的一些软件。大多数工具软件是共享软件、免费软件、自由软件或者软件厂商开发的小型商业软件。它们一般代码编写量较小，功能相对单一，但却是用户解决一些特定问题的有利工具。

例如，微软 Office 在办公自动化方面处于主流；Adobe 的 Photoshop 对于广告、平面设计、出版印刷等应用非常有用。但是，一般人们将这些称为商业应用软件。而一般较小的工具软件有 Ultra Edit 文本编辑器、WinRAR 解压缩软件、QQ 音乐播放器等。

因此，对于其他系统或者较大的商用软件来说，工具软件没有那么风光，没有厂商耗资巨大的宣传推广，也没有繁多的认证考试等，似乎显得默默无闻无足轻重。

虽然如此，用户还是需要工具软件的一些帮助文档、应用教程等。若没这些描述性教程内容，用户是不可能玩得转它的。甚至有些开发不足的工具软件，还会存在一些无法解决的问题。

除了操作系统和大型商业软件之外，工具软件也有着广阔的发展空间，是计算机技术中不可缺少的组成部分。许多看似复杂繁琐的事情，只要找对了相应工具软件都可以轻易地解决，如查看 CPU 信息、整理内存、优化系统、播放在线视频文件、在线英文翻译等。

1.2.2 工具软件的分类

针对计算机应用及网络和各行领域，有着不同的面向应用、管理、维护等的工具软件。下面通过一些简单的分类，来了解一下工具软件所包含的内容。

- **硬件检测软件**

对硬件而言，主要是进行出厂、型号、运转情况等的优化、查看、管理等信息处理。对个别硬件，还可以进行维护及维修等处理，如硬盘、内存等。

- **系统维护软件**

系统维护软件，主要针对计算机操作系统而言，对系统进行必要的垃圾清理、开机优化、运行优化、维护、备份等操作。

- **文本编辑与语音软件**

文件编辑和语音软件是两方面的内容。其中，文本编辑软件，除了商用的 Office 应用工具之外，还包含一些其他的编辑工具，并且主要针对代码、软件项目工程方面的编辑等。

语音软件主要介绍一些老年人需要的在线阅读工具，方便视力不好的人士听取文本性内容。

❑ 文件管理软件

文件管理是针对计算机中一些文本及文件夹的管理。除了操作系统对文件以及文件夹的基本管理之外，用户还可以通过一些工具软件进行必要的安全性管理，如压缩、加密码等。

❑ 个性桌面软件

个性桌面就不用多介绍了，尤其对于现在的智能手机用户，都可以非常方便地理解个性桌面的应用。

不错，个性桌面打破了死气沉沉、呆板的系统自带桌面，使用自己喜欢的明星图片、个性图片作为桌面背景。

❑ 多媒体编辑软件

在当今这样娱乐与生活相结合的年代，多媒体在生活中是必不可少的。例如，通过网络看电影、电视剧等视频文件，听歌曲、听唱片、听广播等一些音频文件。

另外，在多媒体方面相对专业一些的编辑软件还包含对视频和音频文件的编辑、采集等方面的应用。

❑ 图像处理软件

说到图像处理，人们可以快速地想起 Photoshop 商业软件，它在图像处理领域占据着非常重要的地位。

但除此之外，还有不同的图像处理小工具软件，如查看工具软件、编辑工具软件，以及将图像制成 TV、制作成相册的工具软件等。

❑ 动画与三维动画软件

不管是生活娱乐、影视媒体，还是网页设计中，多多少少都可以看动画的身影。可见，动画已经成为诸多领域不可缺少的一部分，它更多以强烈、直观、形象的表达方式，深受用户喜爱。

因此，目前动画和三维动画的软件非常多，除一些大型的商业软件外，还包含一些工具软件，来制作一些简单的动画效果。

❑ 磁盘管理软件

磁盘管理软件已经不是陌生的内容了，它为计算机服务很多年。并且，为用户数据提供了很多帮助，甚至挽回部分的经济损失，如恢复磁盘数据软件。

❑ 虚拟设备软件

在计算机中有一些大容量的数据，为了管理方便用户都将其压缩为一些光盘格式的文件。这样，即保护了数据，也节省了磁盘空间。但是，在读取这些数据时，需要通过一些虚拟光驱设备，才能进行播放及浏览。

除此之外，在虚拟设备中还包含一些用于系统方式的虚拟机。可以通过虚拟机，安装一些与计算机操作系统不同或者相同的系统软件，方便用户学习。

❑ 光盘刻录软件

为了便于数据保存与携带，用户更多地将数据复制到 U 盘中。但是，在没有 U 盘之前，更多的用户将数据刻录到光盘上，所以这就必须要使用光盘刻录软件。

那么，有了 U 盘为什么还要使用光盘刻录软件呢？因为，有一些数据使用 U 盘较不方便，还有，与U盘相比，光盘的成本要低得多。例如，用户可以将一些操作系统文件，制作成光盘启动及安装文件。

❑ **网络应用软件**

网络已经成为人们生活中的一部分，而在这浩瀚汪洋的网络中，如果快速前进，没有辅助的工具软件是非常难于驾驭的。

因此，在网络应用软件中，本书介绍一些简单的网络应用工具，如网页浏览软件、网络传输软件、网络共享软件等。

❑ **网络通信软件**

在网络资源共享、信息通信中，工具软件都是必不可少的。因此，用户可以借助一些可视化、操作灵活的工具软件进行通信，如电子邮件软件、即时通信软件、网络电话与传真等。

❑ **网络聊天软件**

除了上述的网络通信软件外，现在最流行、使用最广泛的就是聊天软件了，如 QQ 通信工具、飞信（Fetion）、阿里旺旺等。

❑ **计算机安全**

在网络中翱翔时间长了，难免要遇到一些木马、病毒类的东西，使用户非常担心。因此，本书要给用户多介绍一下安全方面的内容，并且介绍一些安全卫士、杀毒软件之类的应用。

❑ **手机管理软件**

现在，手机用户已经超过了个人计算机的数量；并且随着手机不断发展、智能手机的不断普及，手机的应用软件也随之变得非常广泛，并且与计算机之间的连接维护、升级也在不断地变化。

在这里本书主要介绍一下通过个人计算机来安装手机驱动、安装手机管理工具，以及升级手机系统等。

❑ **电子书与 RSS 阅读器软件**

在高唱的数字化进程中，电子书已经离人们越来越近了。电子书方便了用户阅读资料，并且降低消费成本。而通过电子书和 RSS 订阅，可以非常方便地获取最新的信息。

❑ **汉化与翻译软件**

在生活、工作以及网络中，人们可能会阅读一些外文资料，不太专业的人士阅读起来非常吃力。这时，就需要借助一些汉化或者翻译方面的工具软件，它就类似于翻译词典，将一些内容直译成汉语。

❑ **学生教育软件**

在网络中，可以非常方便地搜索出一些关于辅助学生教育方面的软件，如英语家教、同步练习等。有些软件，用户可以直接安装到计算机中使用，非常便于学习。在学习过程中，软件可以与服务器同步更新，便于及时了解最新知识。

❑ **行业管理软件**

说起“行业软件”，显而易见，这些软件针对性比较强，并且对某些行业非常有帮助。例如，一些会计软件、律师软件，时刻给用户提供一些专业方面的知识，以及一些典型的案例等。

1.3 软件的获取、安装与卸载

用户在使用工具软件之前，需要先获取工具软件源程序，并将其安装到计算机中。这样用户才能使用这些软件，并为之进行必要的管理及应用。而对于不需要的软件，用户还可以进行卸载，还原计算机磁盘空间及减小计算机运行负载。

1.3.1 软件的获取方式

获取软件的渠道主要有 3 种，如通过实体商店购买软件的安装光盘，通过软件开发商的官方网站下载等。

1. 从实体商店购买

很多商业性的软件都是通过全国各地的软件零售商销售的。例如，著名的连邦软件店等。在这些软件零售商的商店中，用户可购买各类软件的零售光盘或授权许可序列号。

2. 从软件开发商网站下载

一些软件开发商为了推广其所销售的软件，会将软件的测试版或正式版放到互联网中，供用户随时下载。

对于测试版软件，网上下载的版本通常会限制一些功能，等用户注册之后才可以完整地使用所有的功能。而对于一些开源或免费的软件，用户可以直接下载并使用所有的功能。

3. 在第三方的软件网站下载

除了购买光盘和从官方网站下载软件外，用户还可以通过其他的渠道获得软件。在互联网中，存在很多第三方的软件网站，可以提供各种免费软件或共享软件的下载。

图 1-16 双击安装程序

1.3.2 软件的安装方法

在获取软件之后，用户即可安装软件。在 Windows 操作系统中，工具软件的安装通常都是通过图形化的安装向导进行的。用户只需要在安装向导过程中设置一些相关的选项即可。

大多数软件的安装都会包括确认用户协议、选择安装路径、选择软件组件、安装软件文件以及完成安装等 5 个步骤。例如，安装“光影魔术手”图像处理软件时，首先双击软件安装程序的图标，如图 1-16 所示；然后，打开软件安装向导，如图 1-17 所示。

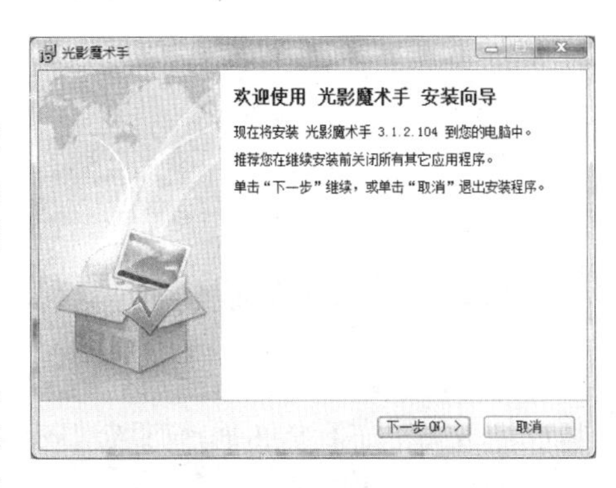

图 1-17 打开软件安装向导

接着，在确认用户协议的步骤中单击【我同意】按钮，确认同意用户协议，如图 1-18 所示。

在弹出的【安装模式】对话框中，用户可以选择【自定义】单选按钮，并单击【下一步】按钮，如图 1-19 所示。

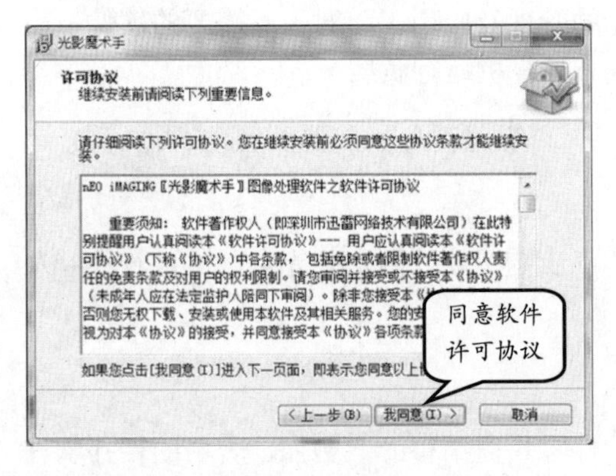

图 1-18　确认用户协议

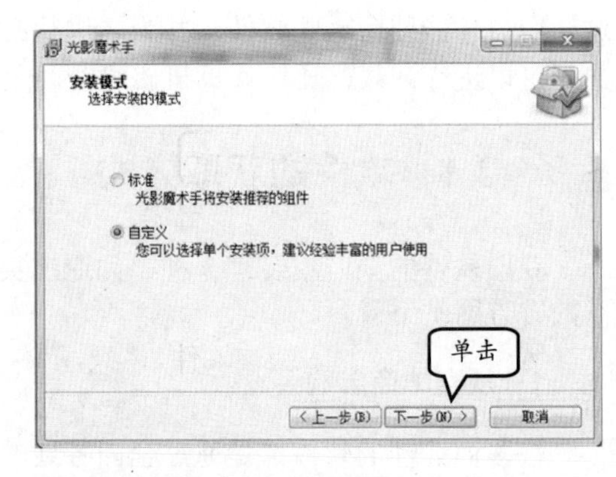

图 1-19　选择安装模式

在安装向导的步骤中设置软件的安装路径位置，然后单击【下一步】按钮，如图 1-20 所示。

提　示

在设置安装路径位置时，用户既可以直接在输入文本框中输入安装路径，也可以单击【浏览】按钮，在弹出的浏览文件夹对话框中选择安装路径。

然后，即可选择安装软件的各种组件。很多软件都会附带各种各样的组件和插件，这些组件和插件往往并不是软件自身运行必须使用的，因此在安装软件时，应注意选择，如图 1-21 所示。

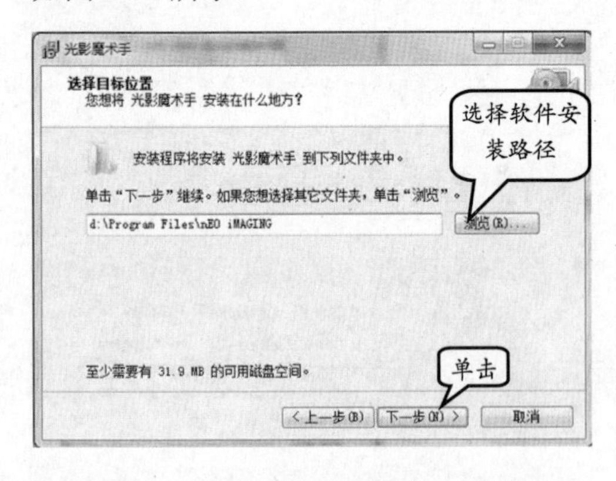

图 1-20　选择安装路径

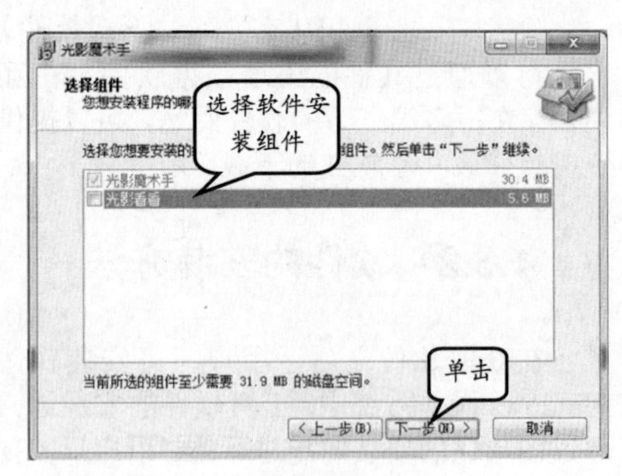

图 1-21　选择软件组件

此时，在弹出的【百度超级搜霸】中，用户可以选择是否安装该控件。如果禁用【安装百度超级搜霸】复选框，则取消安装该插件，单击【下一步】按钮，如图 1-22 所示。

在弹出的【准备安装】对话框中，将显示安装该软件信息，如目标位置、安装类型、选定组件等，单击【安装】按钮，如图 1-23 所示。

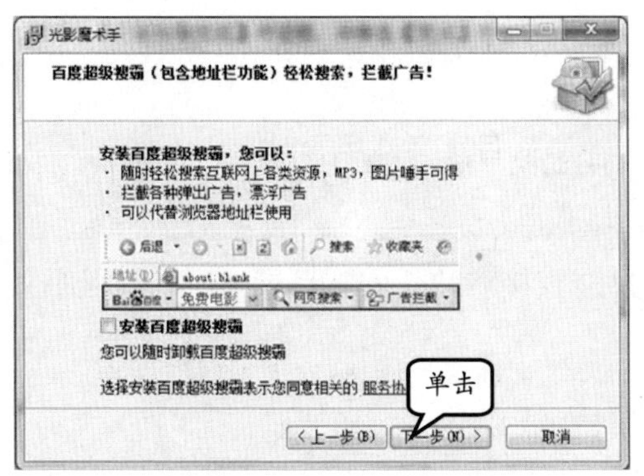

图 1-22 不安装插件

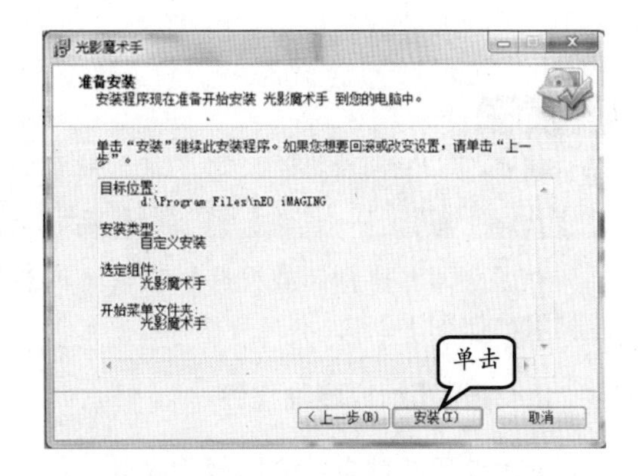

图 1-23 查看安装信息

最后，即可开始安装该软件，并显示安装进度条，如图 1-24 所示。完成安装后，则弹出【安装向导完成】对话框，单击【完成】按钮即可，如图 1-25 所示。

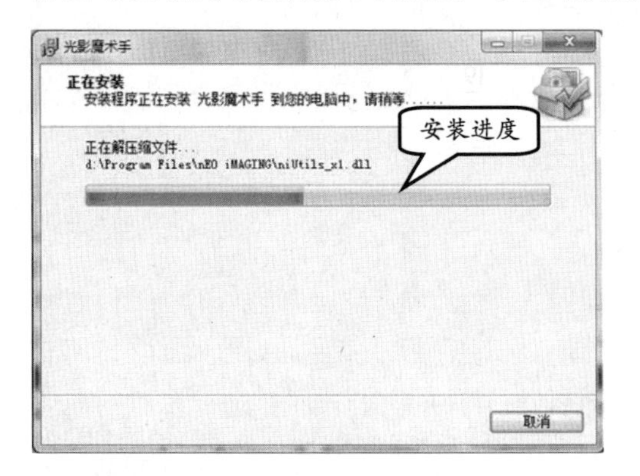

图 1-24 安装软件过程

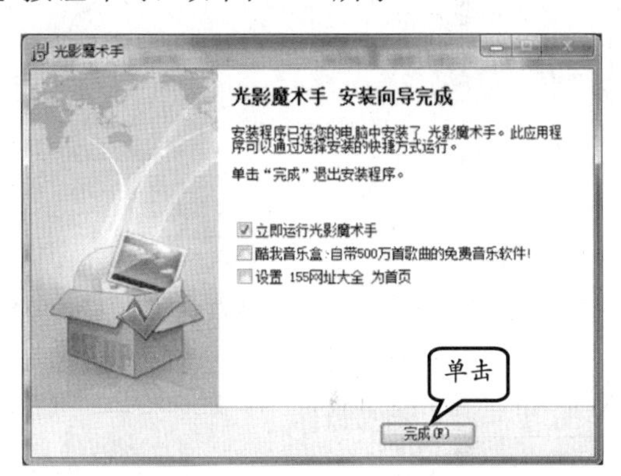

图 1-25 完成安装向导

1.3.3 软件的卸载方法

如果用户不再需要使用某个软件，则可将该软件从 Windows 操作系统中卸载。卸载软件主要有两种方法，一种是使用软件本身自带的卸载程序，另一种则是使用 Windows 操作系统的添加或删除程序卸载软件。

1. 使用软件自带的卸载程序

大多数软件都会自带一个软件卸载程序。用户可以从【开始】|【所有程序】|软件名称的目录下，执行相关的卸载命令。或者，直接在该软件的安装目录下，查找卸载程序文件，并双击该文件即可，如图 1-26

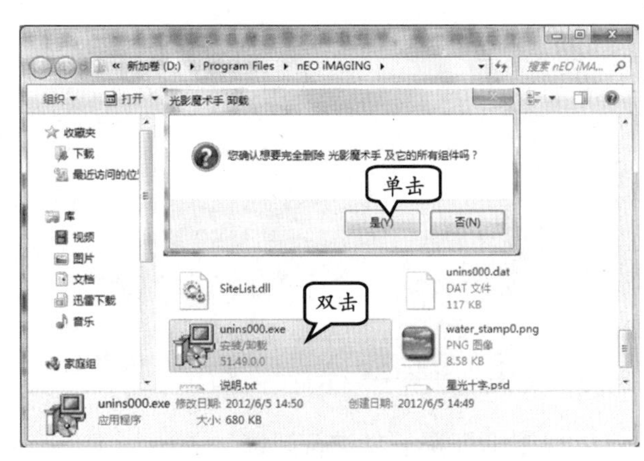

图 1-26 打开卸载程序

所示。

提 示

如果用户不知道软件的安装目录，可以右击该软件桌面的快捷图标，执行【属性】命令。然后，在弹出的属性对话框中，单击【查找目标】按钮即可。

然后，即可执行卸载程序。软件的卸载程序会直接将软件安装目录中所有的程序文件删除，如图 1-27 所示。

2．使用添加或删除程序

除了使用软件自带的卸载程序外，用户还可以在【开始】菜单中，执行【控制面板】命令。在弹出的【控制面板】窗口中，单击【程序和功能】图标，如图 1-28 所示。

图 1-27 卸载软件　　图 1-28 打开控制面板

然后，在弹出的【程序和功能】对话框中，右击需要删除的程序，执行【卸载】命令，如图 1-29 所示。

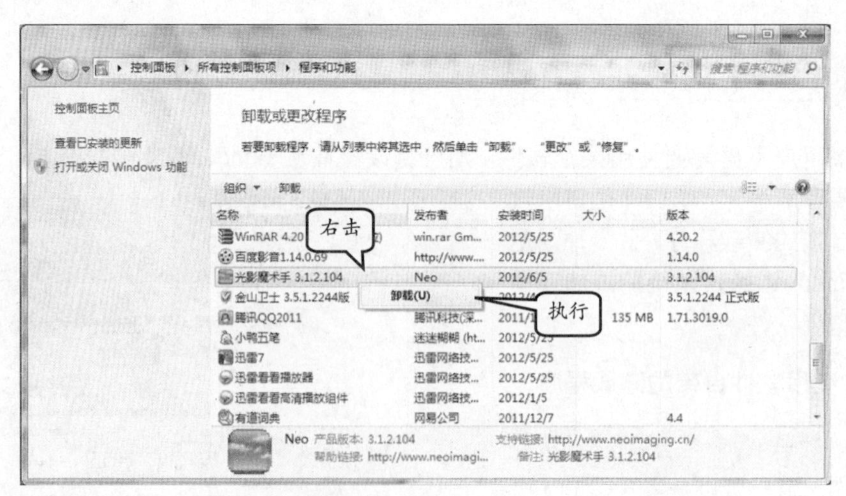

图 1-29 从添加或删除程序中卸载

3．借助工具软件进行卸载

卸载工具软件或者商业软件时，用户也可以利用专门的软件卸载工具或者其他软件所包含的卸载功能，来卸载该软件。

例如，在【金山卫士 3.5】软件中的【软件管理】功能中，选择【软件卸载】选项卡，并单击需要卸载软件后面的【卸载】按钮，如图 1-30 所示。

图 1-30 使用工具软件卸载软件

1.4 软件知识产权保护

知识产权是基于创造性智力成果和工商业标记依法产生的权利的统称。作为人类创造的诸多知识的一种，软件同样需要知识产权的保护。随着软件行业的发展，越来越多的软件开发企业和个人认识到知识产权的重要性，开始使用法律武器保护软件的著作权益。

1.4.1 软件许可的分类

在了解软件知识产权之前，首先需要了解软件的许可和许可证。软件由开发企业或个人开发出来以后，就会创建一个授权许可证。许可证的许可范围包括发表权、署名权、修改权、复制权、发行权、出租权、信息网络传播权、翻译权等权利。

注 意

根据中华人民共和国《计算机软件保护条例》的规定，软件著作权人可以许可他人行使其软件著作权，并有权获得报酬。软件著作权人可以全部或者部分转让其软件著作权，并有权获得报酬。任何企业或个人只有在取得相应的许可后，才能进行相关的行为。

软件的开发企业或个人有权向任何用户授予全部的软件许可或部分许可。根据授予的许可权利，可以将目前的软件分为以下两大类。

1. 专有软件

专有软件，又称非自由软件、专属软件、私有软件等，是指由开发者开发出来之后，保留软件的修改权、发布权、复制权、发行权和出租权等，限制非授权者使用的软件。

专有软件最大的特征就是闭源，即封闭源代码，不提供软件的源代码给用户或其他人。对于专有软件而言，源代码是保密的。专有软件又可以分为商业软件和非商业软件等两种。

❑ **商业软件**

商业软件是指由商业原因而对专有软件进行的限制。包含商业限制的专有软件又被称作商业专有软件。目前大多数在销售的软件都属于商业专有软件，例如，微软 Windows、Office、Visual Studio 等。

商业专有软件限制了用户的所有权利，包括使用权、复制权和发布权等。用户在行驶这些权利之前，必须向软件的所有者支付费用或提供其他的补偿行为。

提 示

软件的所有者为防止用户非授权的使用、复制等行为，往往会在软件中设置种种障碍甚至软件陷阱，例如，各种激活、软件锁定、破坏用户计算机数据等。这些行为也给商业专有软件带来了一些争议。

❑ **非商业软件**

除了商业专有软件外，还有一些软件也属于专有软件。这些软件的所有者保留了软件的源代码、开发和使用的权利，但免费授权给用户使用。非商业限制的软件目前也比较多，包括各种共享软件和免费软件等。

共享软件主要是授予用户部分使用权的软件。用户可以免费地复制和使用软件，但软件所有者往往在软件上赋于一定的限制，例如锁定一些功能或限制使用时间等。用户需要支付一些费用（往往只包括开发成本或捐助）或和软件所有者联系，提供一些信息等才能解除这些限制。

免费软件是另一类非商业专有软件。这一类软件的所有者向用户免费提供使用、复制和分发的权利，用户无需支付任何费用。

通常，一些大的软件下载网站都会标识软件的专有限制，供用户查看。用户在下载软件之前，可以先查看软件的授权类型，以防止非授权使用造成损失。

2. 开源软件

除了封闭源代码的软件外，还有一类软件往往在发布时连带源代码一起发布，这类软件叫做开源软件。开源软件往往会遵循开源软件许可协议，以及开源社区的一些不成文规则。

常见的开源软件许可协议主要包括 GPL、LGPL、BSD、NPL、MPL、APACHE 等。遵循这些开源软件的许可证都有 3 点共同的特征，如下所述。

❑ **发布义务** 遵循开源软件许可协议的软件开发者有将软件源代码免费公开发布的义务。

❑ **保护代码完整** 在发布源代码时，必须保证源代码的完整性、可用性。

❑ **允许修改** 已发布的源代码允许他人修改和引用，以开发出其他产品。

同时，不同的开源软件许可协议也有一些区别，如表 1-2 所示。

表 1-2　常见开源软件许可协议的区别

区别 \ 协议	GPL	LGPL	BSD	NPL	MPL	APACHE
同其他非开放源代码软件代码混合	不允许	允许	允许	允许	允许	允许
不公开对源代码的修改	不允许	不允许	允许	允许	允许	允许
明确专利许可授权	否	否	否	否	否	否
明确专利侵权诉讼导致许可证协议终止	否	否	否	未知	否	否
明确禁止与函数库连接	是	否	否	否	否	否
只能按本许可证发布源代码	是	否	否	否	否	否

在上面的各种开源软件许可协议中，使用最多的许可协议是 GPL 协议（GNU General Public License，基于 GNU 计划的通用公共许可）。在 GPL 协议框架下，软件的使用者有权利以任何目的使用此软件，并允许软件使用者自由地复制、改进软件，以及公开发布自行改写的版本。

GPL 协议限制以 GPL 协议开发的软件，其改写版本也必须遵循 GPL 协议发布。基于此原因，遵循 GPL 协议的开源软件数量最多，一度占到所有开源软件的 75%以上。

原则上对于普通用户而言，无论是用于商业用途还是个人用途，开源软件是免费且允许随意复制使用的。随着计算机技术的发展，投身于开源软件的开发者逐渐增多，未来的开源软件发展将更加迅速。

1.4.2　保护软件知识产权

近年来，国家对保护知识产权十分重视，在保护知识产权方面作出了卓有成效的努力，自 1990 年以来，两次修订了《计算机软件保护条例》，并不断加大打击侵犯软件知识产权的违法犯罪活动。

1. 保护软件知识产权的目的

计算机行业和软件开发行业是高新技术产业，无论企业还是个人，在开发软件时，都需要投入巨大的人力和物力。因此，保护知识产权对软件行业的健康发展有着重要的意义，如下所示。

❑ **鼓励科学技术创新**

保护软件知识产权，可以保护软件开发者以及投资软件开发的企业和个人的利益，鼓励其继续投入人力物力到新的创造活动中。

❑ **保护行业健康发展**

保护软件知识产权，可以降低软件开发者的开发成本，促进软件行业的持续、快速、健康发展，有利于提高国内软件行业的竞争力，保护民族产业。

❑ **保护消费者的利益**

保护软件知识产权，可以使软件开发者将全部的精力投入到软件设计与开发，以及已发布软件产品的维护、更新和升级中，最大限度保障软件用户的使用安全，防止计算机病毒、木马和流氓软件等的流行。

2．依法使用软件

作为广大的计算机软件用户，有责任、有义务从我做起，依法使用软件。在日常工作和生活中，应做到以下几点。

❑ **拒绝盗版软件**

在使用各种软件工作以及娱乐时，应使用正版或授权版本，拒绝各种破解版、绿色版、第三方修改版的软件。

❑ **依法使用软件**

在获取软件方面，需依法向软件开发者、软件零售商购买或索取软件。在未获得软件授权时不下载、不使用、不传播。

提　示

根据《计算机软件保护条理》第十七条规定，"为了学习和研究软件内含的设计思想和原理，通过安装、显示、传输或者存储软件等方式使用软件的，可以不经软件著作权人许可，不向其支付报酬。"

❑ **发现盗版举报**

在发现他人非法销售、使用和复制盗版软件时，有义务举报这些非法行为，维护法律的公平与公正。

1.5　思考与练习

一、填空题

1．根据计算机软件的用途，可以将其分为两大类，即__________和__________。

2．操作系统的功能通常包括__________、文件管理、__________、设备管理和________等。

3．__________是用户可以使用的各种程序设计语言，以及用各种程序设计语言编制的应用程序的集合，分为应用软件包和用户程序。

4．__________是指除操作系统、大型商业应用软件之外的一些软件。大多数工具软件是共享软件、__________、自由软件或者软件厂商开发的小型商业软件。

5．获取软件的渠道主要有 3 种，包括____________________、____________________和____________________。

6．软件许可证的许可范围包括________、________、发行权、________、________、________、翻译权、________等权利。

二、选择题

1. 以下哪一种软件属于系统软件？________

A．Office　　　　B．Windows XP

C．Photoshop　　D．酷我音乐盒

2．以下哪一款软件不属于办公软件？________

A．MySQL

B．金山 WPS

C．永中 Office

D．红旗 2000 RedOffice

3．以下哪一种软件版本不属于正在测试的版本？________

A．Alpha 版　　　B．Beta 版

C．Cardware 版　D．Demo 版

4．以下哪一种软件授权允许用户自行修改源代码？________

A．商业软件　　B．共享软件

C．免费软件　　D．开源软件

5．保护软件知识产权的目的不包括________。

A．鼓励科学技术创新

B．保护行业健康发展

C．与国际接轨

D．保护消费者的利益

6．以下哪一条不是开源许可证的共同特

征？________

A．发布义务

B．保护代码完整

C．允许修改

D．允许与非开源代码混合

三、简答题

1．系统软件都包括哪些类别？并为每个类别举出一个实例。

2．什么是编译软件？常用的编译软件主要包括哪些？并举出两个例子。

3．大多数软件在安装过程中都包括哪些步骤？

4．什么是专有软件？专有软件的特征是什么？

四、上机练习

1．查看系统软件相关信息

本章内容曾介绍，如果查看计算机的相关信息，需要用户通过一些工具软件。但是，对于查看计算机的一些基本信息，或者说一些简单的信息，则大可不必。

用户可以通过操作系统中的一些对话框或者窗口来查看。例如，查看当前计算机的硬件配置信息，可以右击桌面上的【计算机】图标，执行【属性】命令，如图 1-31 所示。

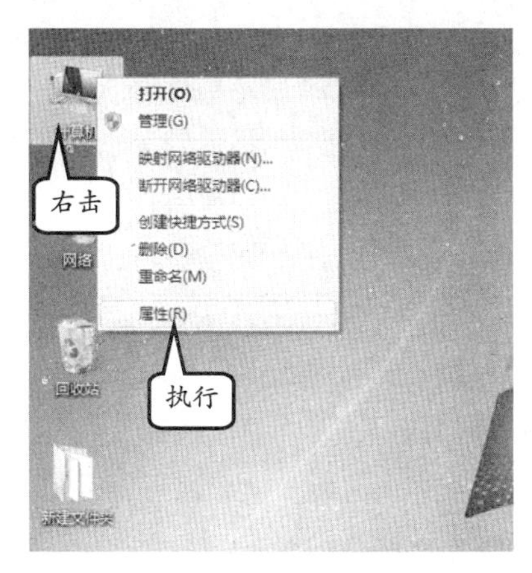

图 1-31 查看计算机属性

在弹出的【系统】对话框中，将显示当前计算机的操作系统、分级、处理器、安装内存、系统类型等信息，如图 1-32 所示。

2．资源监视器

有时候也会听到有人说资源监视器是任务管理器中的一部分，其实并不是这样的，它是一个独立的进程。

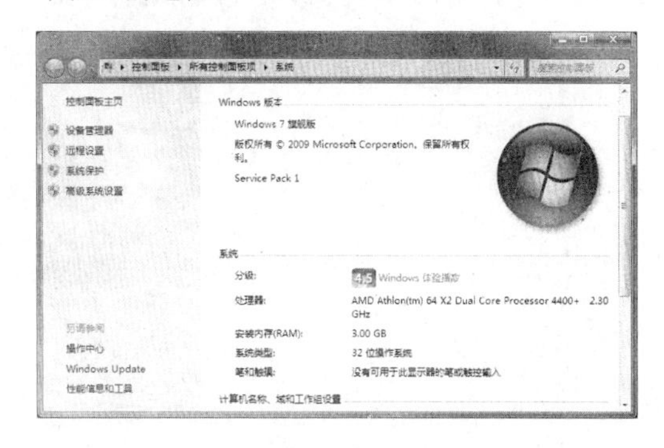

图 1-32 显示硬件及系统信息

例如，可以在【性能监视图】窗口中，执行【操作】|【资源监视器】命令，如图 1-33 所示。

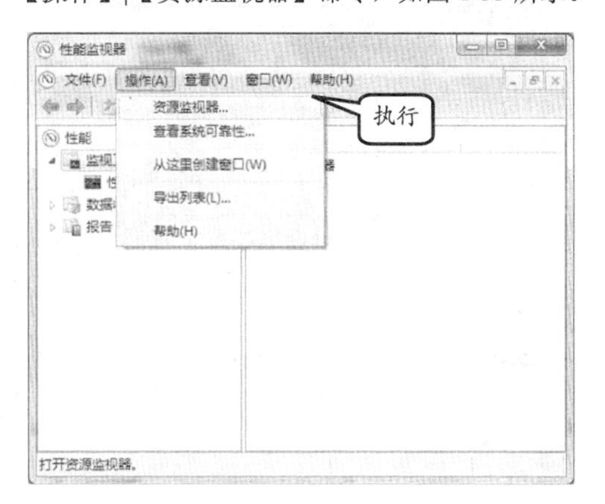

图 1-33 执行【资源监视器】命令

用户也可以在【Windows 任务管理器】窗口中，选择【性能】选项卡，并单击【资源监视器】按钮，如图 1-34 所示。

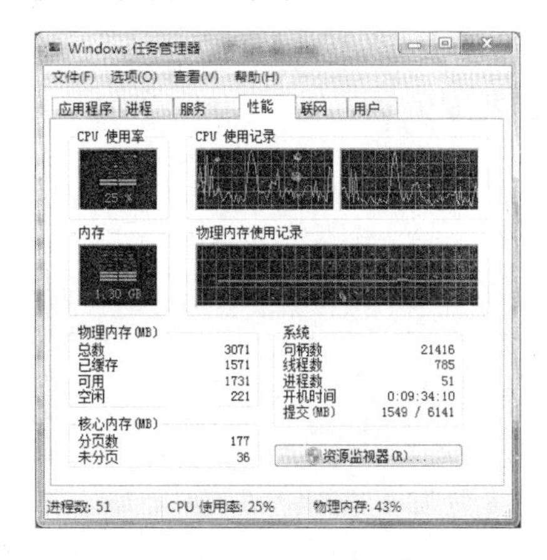

图 1-34 资源监视器打开方式二

不管哪种方式，都将会弹出【资源监视器】窗口，并显示当前计算机各硬件及网络信息，如图 1-35 所示。

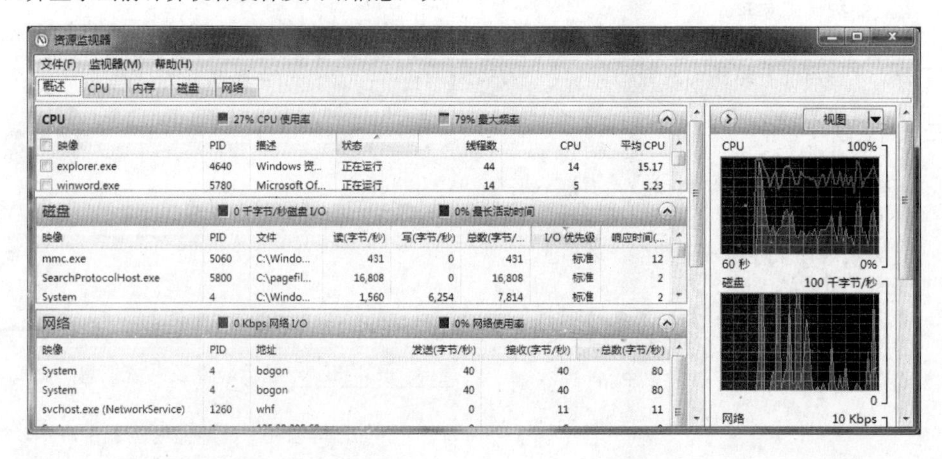

图 1–35 【资源监视器】窗口

资源监视器主要包括 5 个标签，分别是概述、CPU、内存、磁盘还有网络，代表着对计算机的各个部分分别进行监控。

在资源监视器中，对系统消耗资源的监控是以进程为单位的，它会告诉用户每个进程分别占用了多少系统资源，比如说【概述】选项卡中的 CPU 栏里列出了每一个进程占用的 CPU 比例，以及它们的状态。

用户还可以在这里直接对这些进程进行操作，不仅可以结束进程，结束进程树，这里还比任务管理器多了一个挂起进程的功能，一些暂时不用的进程以在这里挂起它们。

这里面用户可以单独筛选出某一个进程的监视信息，只需要启用进程前边的复选框就可以了。这时，用户对这个进程占用的资源可以有一个比较详细的了解。

第 2 章

硬件检测软件

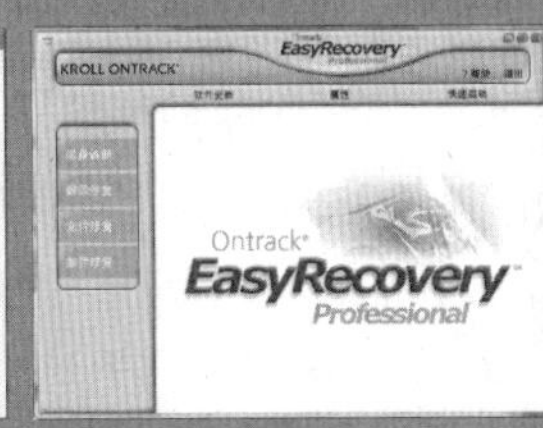

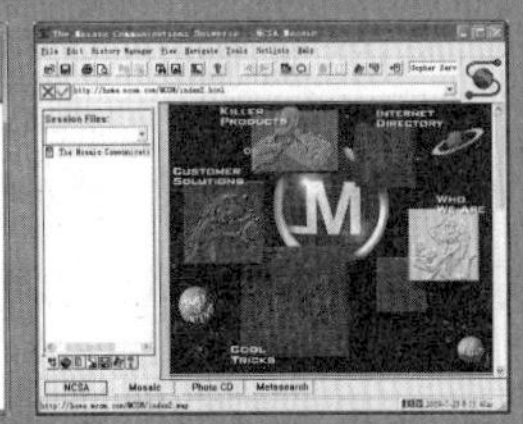

在计算机中，每一种硬件设备都有其独特的作用。为了使计算机中的硬件稳定而安全地工作，在安装操作系统后，需要为各种硬件安装合适的驱动程序。在安装驱动程序时，对于大多数用户而言，可能很难分辨硬件的具体型号。因此，用户需要使用硬件检测软件来检测硬件的品牌、型号，从而寻找合适的驱动程序。在升级计算机硬件时，用户也需要了解计算机对硬件的支持能力，根据已有硬件的规格来升级新的硬件。

本章学习要点：

- 硬件维护概述
- CPU 检测软件
- 内存检测工具
- 整机性能检测

2.1 硬件维护概述

在众多的计算机硬件工具中，除了查看计算机硬件的信息外，主要用来对硬件的正常运行进行维护。下面对计算机硬件信息做一些简单的介绍。

2.1.1 计算机的硬件组成

计算机发展至今，不同类型计算机的组成部件虽然有所差异，但硬件系统的设计思路全都采用了冯•诺依曼体系结构，即计算机硬件系统由运算器、控制器、存储器、输入设备和输出设备这5大功能部件所组成。

1. 中央处理器

中央处理器（Central Processing Unit，CPU）由运算器和控制器组成，是现代计算机系统的核心组成部件。随着大规模和超大规模集成电路技术的发展，微型计算机内的CPU已经集成为一个被称为微处理器（Micro Processor Unit，MPU）的芯片。

作为计算机的核心部件，中央处理器的重要性好比人的心脏，但由于它要负责处理和运算数据，因此其作用更像人的大脑。从逻辑构造来看，CPU主要由运算器、控制器、寄存器和内部总线构成，如图2-1所示。

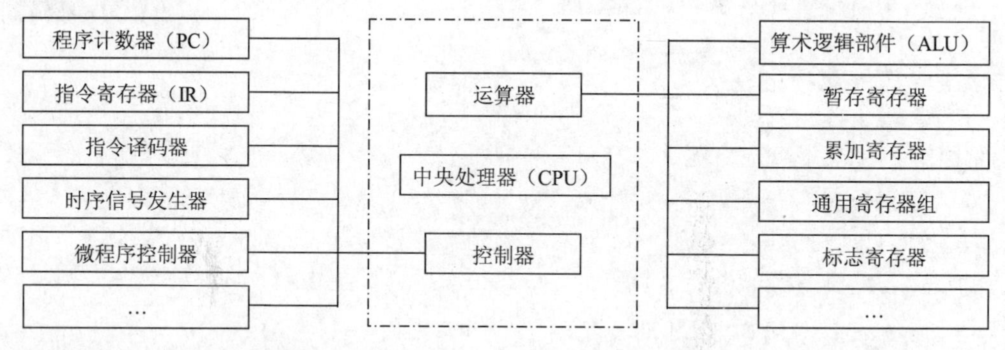

图 2-1 CPU的组成结构

❑ 运算器

该部件的功能是执行各种算术和逻辑运算，如四则运算（加、减、乘、除）、逻辑对比（与、或、非、异或等操作），以及移位、传送等操作，因此也称为算术逻辑部件（Arithmetic Logic Unit，ALU）。

❑ 控制器

控制器负责控制程序指令的执行顺序，并给出执行指令时计算机各部件所需要的操作控制命令，是向计算机发布命令的神经中枢。

❑ 寄存器

寄存器是一种存储容量有限的高速存储部件，能够用于暂存指令、数据和地址信息。在中央处理器中，控制器和运算器内部都包含有多个不同功能、不同类型的寄存器。

❑ 内部总线

所谓总线，是指将数据从一个或多个源部件传送到其他部件的一组传输线路，是计算机内部传输信息的公共通道。根据不同总线间功能的差异，CPU 内部的总线分为数据总线（Data Bus，DB）、地址总线（Address Bus，AB）和控制总线（Control Bus，CB）3 种类型，如表 2-1 所示。

表 2-1 总线类型及其功能

总线名称	功　能
数据总线	用于传输数据信息，属于双向总线，CPU 既可通过 DB 从内在或输入设备读入数据，又可通过 DB 将内部数据送至内在或输出设备
地址总线	用于传送 CPU 发出的地址信息，属于单向总线。作用是标明与 CPU 交换信息的内存单元与 I/O 设备
控制总线	用于传送控制信号、时序信号和状态信息等

2. 存储器

存储器是计算机专门用于存储数据的装置，计算机内的所有数据（包括刚刚输入的原始数据、经过初步加工的中间数据以及最后处理完成的有用数据）都要记录在存储器中。

在现代计算机中，存储器分为内部存储器（主存储器）和外部存储器（辅助存储器）两大类型，两者都由地址译码器、存储矩阵、逻辑控制和三状态双向缓冲器等部件组成。

❑ **内部存储器**

内部存储器分为两种类型，一种是其内部信息只能读取、而不能修改或写入新信息的只读存储器（Read Only Memory，ROM）；另一类则是内部信息可随时修改、写入或读取的随机存储器（Random Access Memory，RAM），如图 2-2 所示。

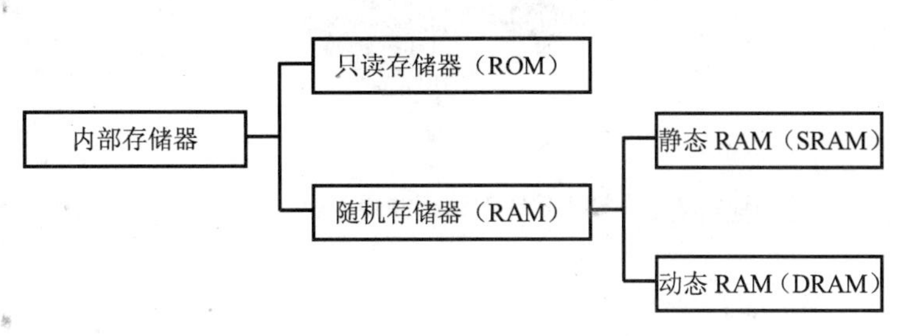

图 2-2 内部存储器的类型

ROM 的特点是保存的信息在断电后也不会丢失，因此其内部存储的都是系统引导程序、自检程序，以及输入/输出驱动程序等重要程序。相比之下，RAM 内的信息则会随着电力供应的中断而消失，因此只能用于存放临时信息。

在计算机所使用的 RAM 中，根据工作方式的不同可以将其分为静态 RAM（static RAM，SRAM）和动态 RAM（Dynamic RAM，DRAM）两种类型。两者间的差别在于，DRAM 需要不断地刷新电路，否则便会丢失其内部的数据，因此速度稍慢；SRAM 无需刷新电路即可持续保存内部存储的数据，因此速度相对较快。

提 示

事实上，SRAM 便是 CPU 内部高速缓冲存储器（Cache）的主要构成部分，而 DRAM 则是主存（通常所说的内存便是指主存，其物理部件俗称为“内存条”）的主要构成部分。在计算机的运作过程中，Cache 是 CPU 与主存之间的“数据中转站”，其功能是将 CPU 下一步要使用的数据预先从速度较慢的主存中读取出来并加以保存。这样一来，CPU 便可以直接从速度较快的 Cache 内获取所需数据，从而通过提高数据交互速度来充分发挥 CPU 的数据处理能力。

提 示

目前，多数CPU内的Cache分为两个级别，一个是容量小、速度快的L1 Cache（一级缓存），另一个则是容量稍大、速度稍慢的L2 Cache（二级缓存），部分高端CPU还拥有容量最大、但速度较慢（比主存要快）的L3 Cache（三级缓存）。在CPU读取数据的过程中，会依次从L1 Cache、L2 Cache、L3 Cache和主存内进行读取。

- **外部存储器**

外部存储器的作用是长期保存计算机内的各种数据，特点是存储容量大，但存储速度较慢。目前，计算机上的常用外部存储器主要有硬盘、光盘和U盘等，如图2-3所示。

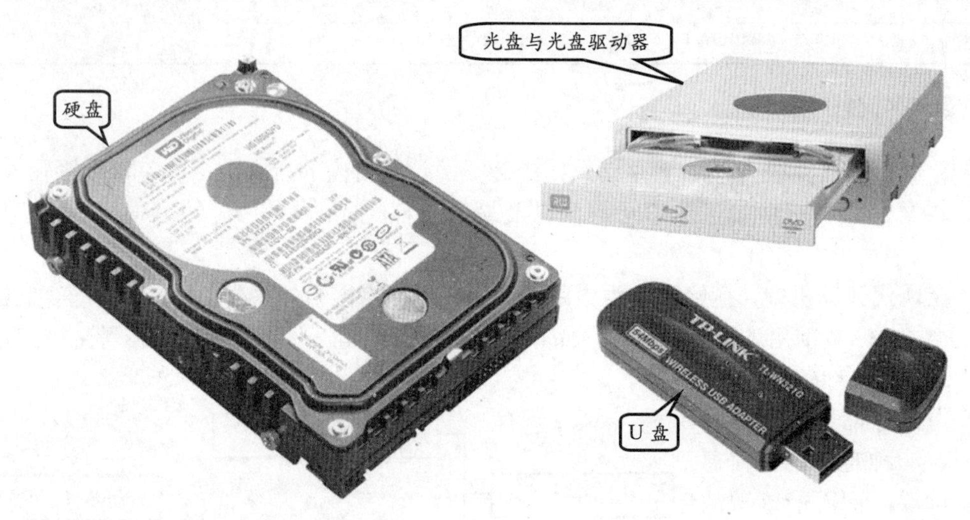

图2-3 各种类型的外部存储器

3. 输入/输出部分

输入/输出设备（Input/Output，I/O）是用户和计算机系统之间进行信息交换的重要设备，也是用户与计算机通信的桥梁。

到目前为止，计算机能够接收、存储、处理和输出的既可以是数值型数据，也可以是图形、图像、声音等非数值型数据，而且其方式和途径也多种多样。

例如，按照输入设备的功能和数据输入形式，可以将目前常见的输入设备分为以下几种类型，如图2-4所示。

- **字符输入设备** 键盘。
- **图形输入设备** 鼠标、操纵杆、光笔。
- **图像输入设备** 摄像机（摄像头）、扫描仪、传真机。
- **音频输入设备** 麦克风。

在数据输出方面，计算机上任何输出设备的主要功能都是将计算机内的数据处理结果以字符、图形、图像、声音等人们所能够接受的媒体信息展现给用户。根据输出形式的不同，可以将目前常见的输出设备分为以下几种类型，如图2-5所示。

- **影像输出设备** 显示器、投影仪。
- **打印输出设备** 打印机、绘图仪。

❑ **音频输出设备** 耳机、音箱。

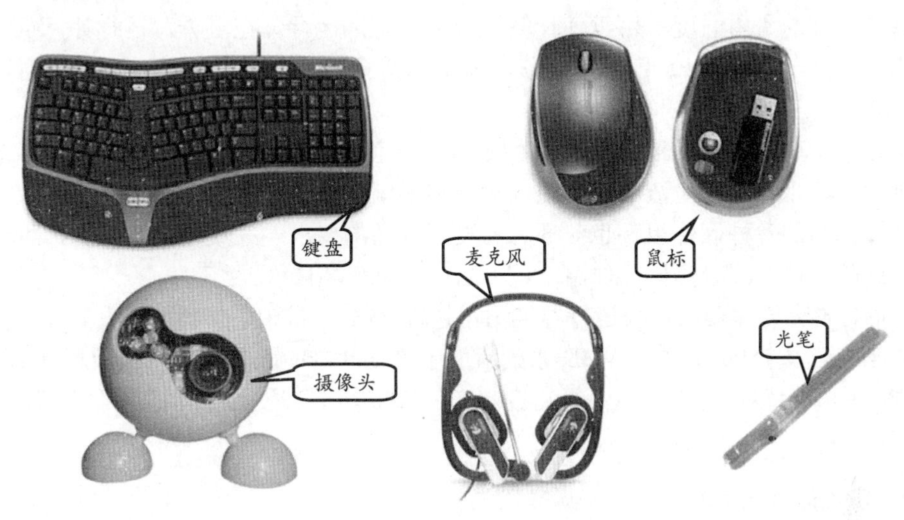

图 2-4 输入设备

2.1.2 计算机硬件工作环境

计算机是一种精密的电子设备，包含大量的集成电路和芯片组。恶劣的工作环境将对计算机硬件造成很大的损害，降低硬件运行的稳定性和使用寿命。

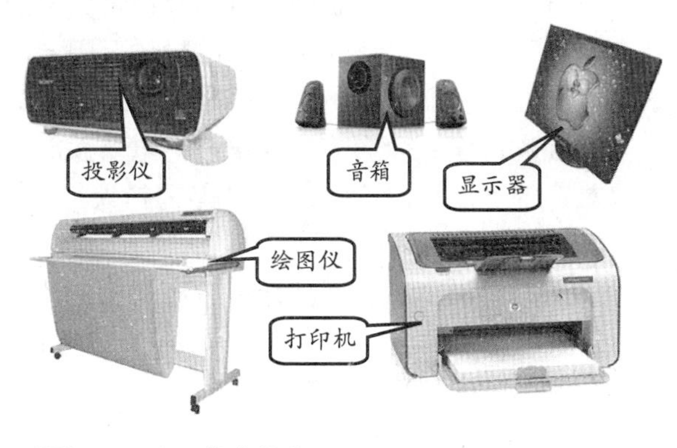

图 2-5 输出设备

1. 环境温度

计算机是依靠电信号在集成电路中的通电和断电等方式，来实现各种逻辑判断和运算的。当电流通过计算机集成电路中的各种导体与半导体时，这些导体和半导体就会产生热量。同时，环境温度也会影响计算机的性能。

❑ **高温的影响**

理论上，计算机的运算能力越强，电流通过集成电路的频率也就越高，产生的热量也就越多。过高的热量会改变半导体的导电性能，造成集成电路中各种元件的老化，对计算机硬件的损害很大。因此，需要在计算机中一些发热量较大的硬件上安装散热设备。

❑ **低温的影响**

虽然对于集成电路而言，工作温度越低越好，但是过低的温度仍然会对计算机产生一定的损害。在计算机中，各种风扇和磁盘、光盘驱动器中的轴承需要使用润滑油才能正常工作。过低的温度，有可能造成润滑油凝固，导致轴承无法运转。

除此之外，当气温低于 0℃以后，空气中的水分容易凝结，附着在计算机硬件的表面。在低温环境下存放的计算机如果突然遇到问题快速升高，这些水分也会损坏计算机。

❑ 计算机硬件的工作温度

保持合理的室内温度，可以使计算机更加稳定地运行。在夏季，运行计算机时，室内温度不应高于 30℃，高于 30℃后就应使用空调降温，当室内温度超过 35℃时，就应停止计算机的工作。

在冬季，室内温度不应低于 10℃。如需要为室内增温，应在开启计算机前半个小时左右进行，防止温度变化造成的水蒸气凝结和凝华损坏计算机。

计算机中的各种硬件组件也对环境温度有较高的要求。在使用计算机时，可以用一些硬件检测软件，即时监控硬件温度，以防止高温损坏硬件。

例如，中央处理器的最高运行温度不得超过 65℃（Intel 系列新型中央处理器的散热风扇转速应超过 1500 转/秒，AMD 系列新型中央处理器的散热风扇转速应超过 2000 转/秒）；显卡的显示芯片工作温度不得超过 60℃；7200 转的大硬盘工作温度不应超过 65℃；主板芯片组的工作温度不得超过 60℃等。

2．环境湿度的影响

湿度通常指相对湿度，是指以饱和水蒸汽为百分之百，当前空气中水蒸汽含量与饱和水蒸汽的比例。湿度也是影响计算机硬件工作稳定性的重要因素，是比较容易被用户忽视的因素。

❑ 高湿度的影响

空气湿度过高时，表明空气中存在着大量的水蒸汽。虽然纯净的水是不导电的，但是包含各种杂质的水分却是良好的导体。因此，这些水蒸汽很容易附着在计算机硬件的表面，使插件和集成电路的引脚等氧化，造成接触不良或断路。

过高的湿度还会影响集成电路的电器性能，造成错误的逻辑判断。此外，还将影响磁性材料的导磁率，造成磁盘的读/写错误。

❑ 低湿度的影响

虽然理论上空气湿度越低，越容易保护计算机硬件，但是在大多数室内和室外环境下，湿度过低会使空气中的粉尘含量高，损坏计算机的硬件。同时，过低的湿度还容易产生静电，损坏计算机中的各种电子元器件。因此，湿度过低也不利于计算机硬件的工作。

❑ 计算机硬件的工作湿度

保持合理的空气湿度，可以保护计算机硬件免于受到水蒸汽和粉尘的损害。通常对计算机工作最合适的空气湿度在 40%～60%。在夏季阴雨季节，空气湿度往往超过 90%的情况下，应保证每天至少开机 1h，通过计算机自身发出的热量蒸发机箱中的水蒸气，防止其凝结到硬件表面。

而对于大部分北方地区而言，冬季是非常干燥的季节。有时，相对湿度甚至会降到 10%以下。此时，就需要考虑使用空气加湿器等设备，人为增大空气中的水蒸气，防止静电和灰尘的产生。

2.1.3 硬件的保养

对于上述介绍，可以非常清楚计算机对环境的要求。而保养和维护好计算机，可以最大限度地延长计算机的使用寿命。

1．保持干燥的工作环境

根据液晶显示器的工作原理可以得知，它对空气湿度的要求比较苛刻，所以必须保证它在一个相对干燥的环境中工作，特别是不能将潮气带入显示器的内部。这对于一些工作环境比较潮湿的用户（比如说南方空气比较潮湿的地区）来说，尤为关键。

不仅如此，计算机主机内部的元件，也需要一个比较干燥的工作环境。否则，长期在潮湿的环境中工作会对电路造成腐蚀，产生断路或者短路等问题。

2．注意个人的操作习惯

操作不规范或者不标准，也会损害计算机的健康。比如，开机的顺序是先要打开外设（如打印机，扫描仪等）的电源，显示器电源不与主机电源相连的，还要先打开显示器电源，然后再开主机电源。关机顺序则相反：先关闭主机电源，再关闭外设电源。这样做的原因在于，尽量地减少瞬间高电压对主机的冲击损害。关机后一段时间内，不能频繁地做开机关机的动作，因为这样对各配件的冲击很大，尤其是对硬盘的损伤特别严重。

3．当电脑工作时，应避免进行直接关机操作

如果机器正在读写数据时突然关机，很可能会损坏驱动器（硬盘、软驱等）；更不能在机器工作时搬动机器。另外，关机时必须先关闭所有的程序，再按正常的顺序退出，否则有可能损坏应用程序。如果死机，请使用 Reset 按钮重新启动，少用 Power 键。

4．移动或者搬动计算机时，要轻手轻脚

机器未工作时，也应尽量避免搬动机器，如果需要搬动，注意避免过大的振动，因为过大的振动会对硬盘一类的配件造成损坏。搬运时尽量不要倒置、侧卧，最好用防震的海绵、报纸等垫好。

5．不要一边吃东西一边用计算机

这一条是为了避免咖啡等饮料倒在计算机键盘、显示器上，造成短路或者芯片烧毁；同时也是为了保护胃的健康。

6．插拔计算机接线和设备要先关机

在插拔鼠标、键盘、打印机接线、扫描仪接线等设备的时候，最好先关机，然后进行插拔，再开机。当然音箱接线没关系。USB 接线最好先暂定设备使用，然后再进行热插拔。

7．显示器的保养

显示器作为计算机的“面子”，是用户与计算机沟通的主要桥梁，但人们常常只注意到怎样选购它，而在购买后忽略对它的保养，以致使显示器的可靠性和使用寿命大大缩短。

8．光驱的保养

光驱在计算机硬件中的使用频率仅次于鼠标、键盘及显示器。看 VCD 需要光驱，装软件需要光驱，玩游戏大多也需要光驱。因此，不仅要购买一款读盘性能好的光驱，而且更要注意光驱的日常保养和维护。

9．机箱内部清洁和风扇的保养

散热器看上去很简单，但其风扇中的轴承却是非常精细的零件，它关系到整个散热器的性能和寿命。同样大小的风扇，其转速决定散热器能带走多少热量，同时决定噪声大小，寿命长短。

一定要让计算机在整洁或灰尘少的环境下工作，同时要注意让它休息。否则，散热风扇一死，CPU 和主板就可能“报销”了。

机箱内部清理灰尘，可以使用橡皮气囊和毛笔，轻轻的清除，机箱内部除风扇外不需要加润滑油。

2.2 CPU 检测软件

CPU 检测软件主要是对计算机 CPU 的相关信息进行检测，使用户无需打开机箱查看实物，即可了解 CPU 的型号、主频、缓存等信息。有些 CPU 检测工具除了可以检测 CPU 的各种信息外，还可以在 CPU 空闲时自动降低 CPU 主频，为 CPU 降温等。

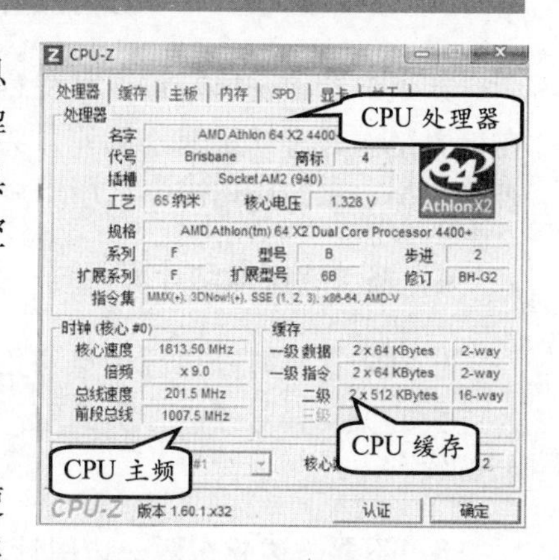

图 2-6　CPU-Z 窗口

2.2.1　CPU-Z

CPU-Z 是一款家喻户晓的 CPU 检测软件，除了使用 Intel 或 AMD 自己的检测软件之外，平时使用最多的此类软件就数它了。它支持的 CPU 种类相当全面，软件的启动速度及检测速度都很快。

另外，它还能检测主板和内存的相关信息，其中就有常用的内存双通道检测功能。当然，对于 CPU 的鉴别最好还是使用原厂软件。

启动 CPU-Z 监测工作后，将弹出 CPU-Z 窗口。在该窗口 CPU 选项卡中，列出了 CPU 处理器、主频和缓存等信息，如图 2-6 所示。

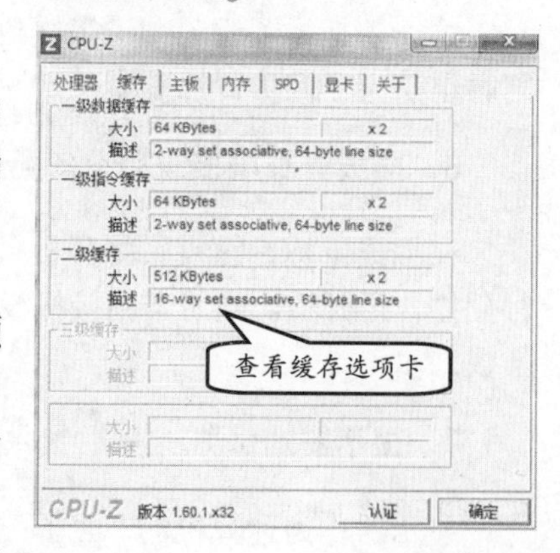

图 2-7　查看【缓存】选项卡

在 CPU-Z 窗口中，选择【缓存】选项卡，可以看到内存的类型、容量和工作时序，如图 2-7 所示。

【主板】选项卡列出了当前主板所用芯片组的型号和架构等信息，如图 2-8 所示。

【内存】选项卡列出了当前使用的内存大小、通道数、各种时钟信息以及延迟时间，如图 2-9 所示。

图 2-8 查看【主板】选项卡

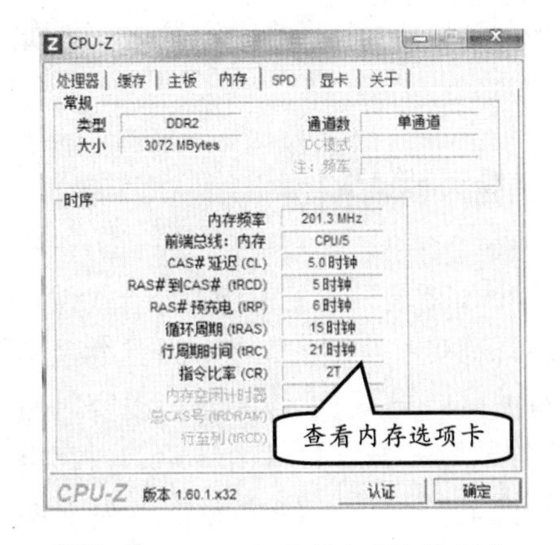

图 2-9 查看【内存】选项卡

在 SPD 选项卡的【内存插槽选择】下拉列表中选择【插槽#3】选项，查看该选项的内存信息，如图 2-10 所示。

【显卡】选项列出了显示设备信息、性能等级、图形处理器信息、时钟、显存等内容，如图 2-11 所示。

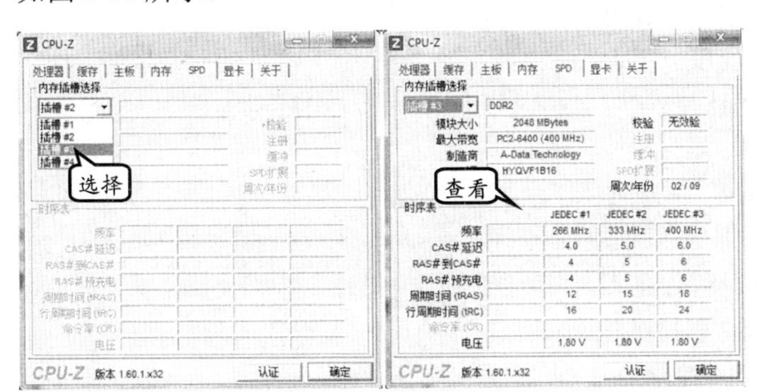

图 2-10 查看插槽#3 上的内存信息

图 2-11 显示显卡信息

在【关于】选项卡 Tools 选项中，单击 Save Report(.HTML)按钮，在弹出的对话框中输入文件名为 CPU.html，并单击【保存】按钮，如图 2-12 所示。

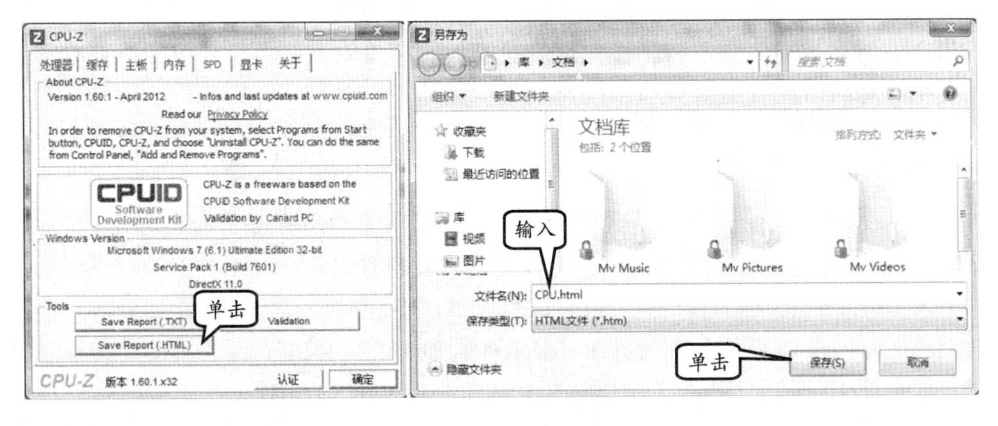

图 2-12 保存报告

在保存的目录下打开上述所保存的CPU.html文件，在浏览器中浏览效果，如图2-13所示。

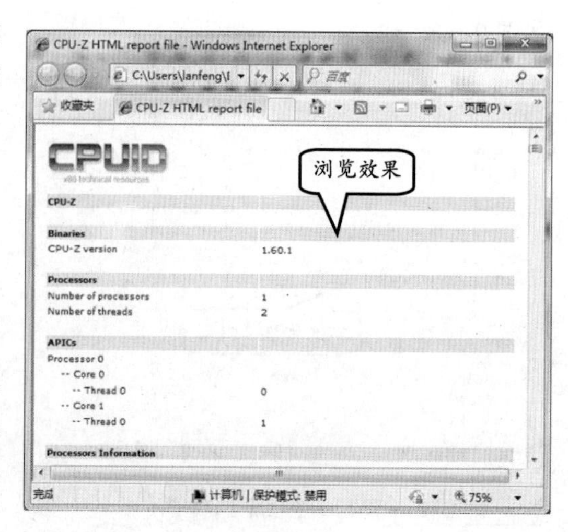

图 2-13 浏览效果

2.2.2 HWMonitor

HWMonitor是一款CPUID的新软件。这个软件具有实时监测的特性，而且继承了免安装的优良传统。通过传感器可以实时监测CPU的电压、温度、风扇转速、内存电压、主板南北桥温度、硬盘温度，显卡温度等。

安装并启动该软件，弹出CPUID Hardware Monitor窗口，如图2-14所示。

在图2-14中，用户可以看到以计算机硬盘设备为单位的，将各硬件设备的性能及相关参数以目录方式显示。其中，包含了Voltages（电压）、Temperatures（温度）、Fans（风扇）等计算机CPU的相关信息。

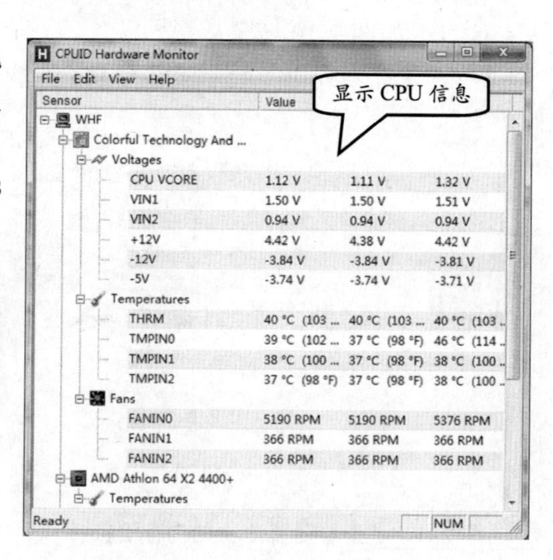

图 2-14 显示CPU信息

2.3 内存检测工具

内存主要用来存储当前执行程序的数据，并与CPU进行交换。使用内存检测工具可以快速扫描内存，测试内存的性能。

2.3.1 MemTest

MemTest是在Windows操作系统中运行的内存检测软件之一。该软件使用非常简单。要使用Memtest检测内存，为了尽可能地提高检测结果的准确性，建议用户在准备长时间不使用计算机时进行检测。

- 检测前请先关闭系统中使用的所有应用程序，否则应用程序所占用的那部分内存将不会被检测到。
- 空格内填写想要测试的容量，如果不填则默认为“所有可用的内存”。
- 在主界面上，单击【开始测试】按钮，运行软件。

MemTest软件会循环不断地对内存进行检测，直到用户终止程序。如果内存出现任何质量问题，MemTest都会有所提示。要开始检测内存，则在界面中单击【开始测试】按钮，如图2-15所示。单击【停止测试】按钮，将弹出MemTest提示信息框，提示用户内存已经被占用977MB等信息，如图2-16所示。

图 2-15 开始测试

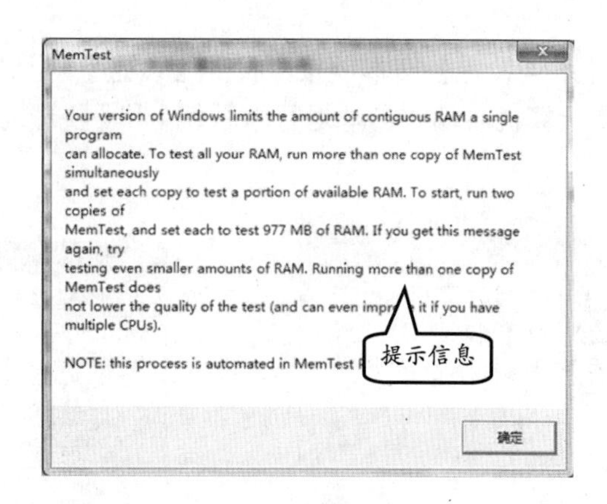

图 2-16 停止测试提示信息

当然，用户可以在【输入内存兆字节进行测试】文本框中输入测试的开始位置，如输入 972，则 MemTest 从 972MB 开始进行内存测试，如图 2-17 所示。

如果是第一次进行内存测试，将弹出【第一次使用的用户注意】提示信息框，并显示用户在测试过程中应该注意的一些内容，如图 2-18 所示。

测试过程中，该软件下方显示测试的进度，以及测试时所测出的错误信息次数，如图 2-19 所示。

图 2-17 开始测试

图 2-18 第一次测试提示

图 2-19 查看测试进度

2.3.2 DMD

DMD（系统资源监测与内存优化工具）是一款可运行在全系列 Windows 平台的资源监测与内存优化软件，该软件为腾龙备份大师的配套增值软件，无需安装直接解压缩即可运行。DMD 由汇编语言编写，可进行高效率、高精确度的内存、CPU 监测及内存优化，让系统长时间保持最佳的运行状态。其主界面如图 2-20 所示。

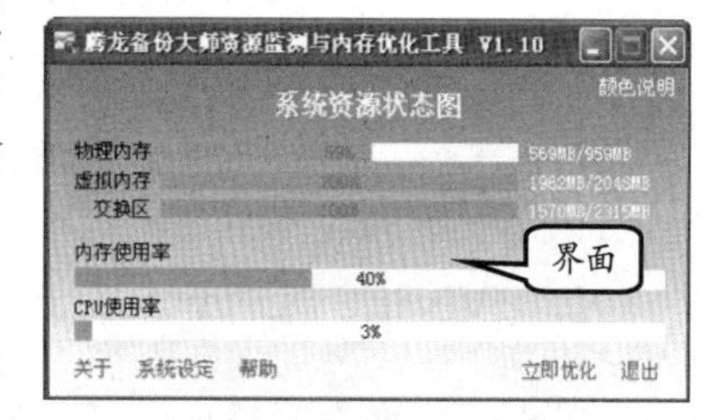

图 2-20 DMD 主界面

在 DMD 界面中，用户可以很直观地看到系统资源所处的状态。使用该软件的优化功能，可以让系统长时间处于最佳的运行状态。

在该软件窗口中，将光标放置在“颜色说明”文本上方，即可在弹出的颜色说明浮动框中查看绿色、黄色、红色所代表的含义，如图 2-21 所示。

单击【系统设定】文本链接，打开【设定】对话框。用光标拖动内存滑块至 85%，分别启用【计算机启动时自动运行本系统】和【整理前显示警告信息】复选框，如图 2-22 所示。

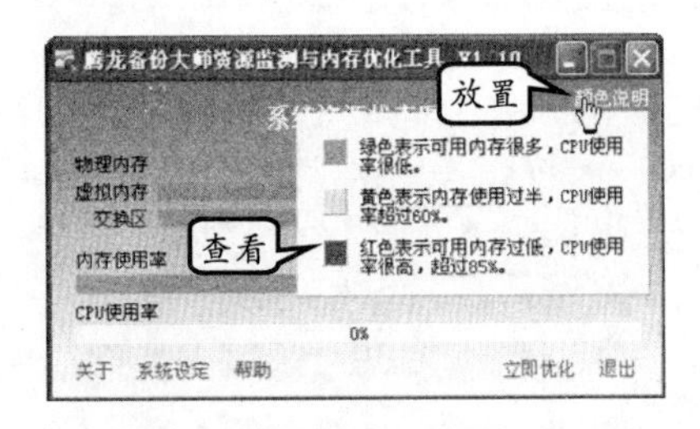

图 2-21 查看颜色说明

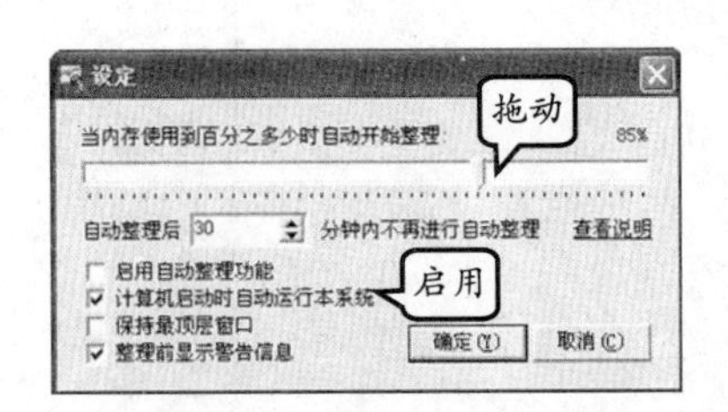

图 2-22 在【设定】对话框设置参数

单击窗口中【立即优化】文本链接，打开警告框，如图 2-23 所示。

在警告框中单击【立刻整理】按钮后，在主界面下方显示系统正在进行内存优化，如图 2-24 所示。

图 2-23 打开警告框

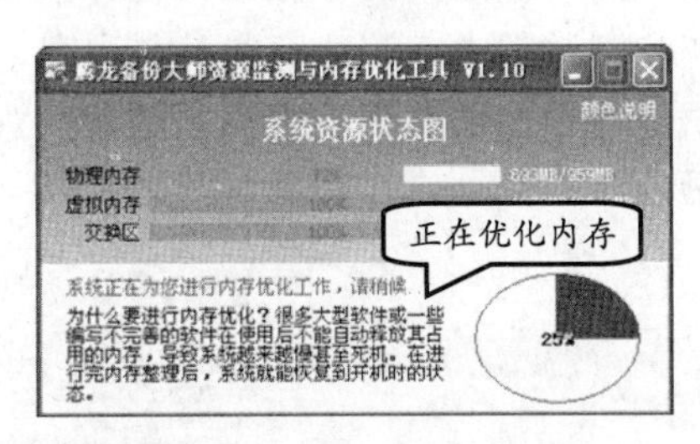

图 2-24 正在优化内存

2.4 整机检测

计算机性能检测软件能够测试计算机的性能，并且对单个硬件设备或整体性能进行评估和打分等，为用户研究计算机的性能、购买和升级计算机硬件提供一定的参考。

2.4.1 EVEREST 硬件信息检测

EVEREST Ultimate Edition 是一款能够检测几乎所有类型计算机硬件的硬件型号检测工具，这使得用户只需掌握一款软件的使用方法，即可详细查看到每个计算机硬件设备的各种信息，如图 2-25 所示。

1. EVEREST Ultimate Edition 的使用方法

单击主界面右窗格内的【主板】图标后，该窗格中将出现【中央处理器（CPU）】、CPUID、【内存】、【芯片组】、BIOS 等硬件或部件的查询图标。再次单击程序右窗格内的【主板】图标后，EVEREST Ultimate Edition 才会显示当前主板的 ID、名称、前端总线特性、内存总线特性等主板信息，如图 2-26 所示。

图 2-25 EVEREST 界面

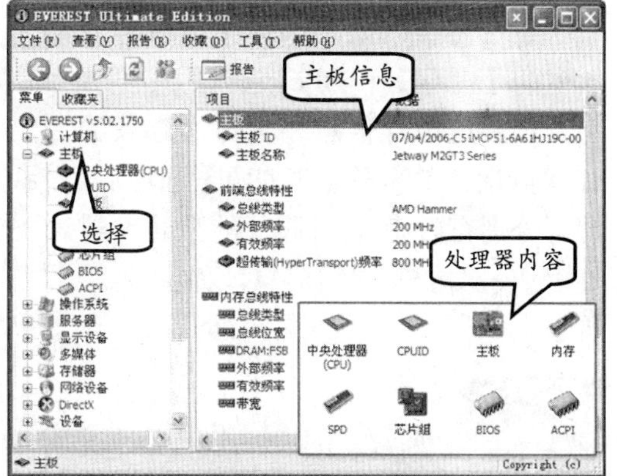

图 2-26 主板信息所包含的内容

提 示

在程序左窗格的【菜单】选项卡中，展开【主板】分支后选择【主板】选项，也可在右窗格内查看主板信息。

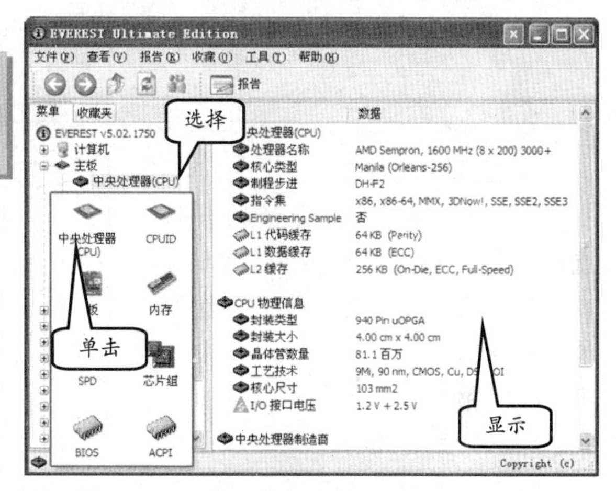

图 2-27 主板系统信息

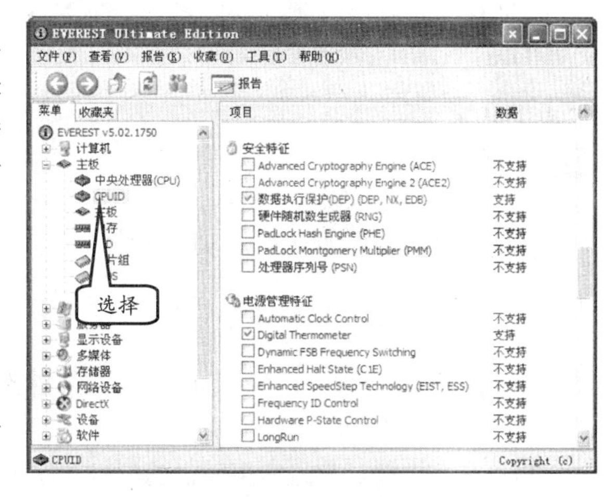

图 2-28 显示 CPUID 信息

2. 查询常见硬件的详细信息

由于 EVEREST Ultimate Edition 所支持的查询项目较多，因此本节将对部分重要硬件设备的信息查询方法进行讲解，以便用户快速掌握利用 EVEREST Ultimate Edition 查阅硬件信息的方法。

❑ 主板系统模块

在主界面内单击右窗格中的【主板】图标后，将进入主板系统查询模块界面。在这里，单击【中央处理器(CPU)】图标后，即可在右窗格内查看 CPU 名称、核心类型、所支持的指令集、L1/L2 缓存信息等 CPU 基本信息，如图 2-27 所示。

在程序左窗格的【菜单】选项卡中，选择【主板】分支下的 CPUID 选项后，可查看 CPU 的制造商、名称、产品/平台 ID，以及版本等 ID 信息。此外，EVEREST Ultimate Edition 还将显示当前 CPU 在安全、电源管理等方面的技术支持情况，如图 2-28 所示。

在左窗格内依次选择【主板】分支中的【内存】和SPD选项后，可分别查询系统内存信息和具体内存条的SPD信息。在选择【芯片组】选项后，则可分别查看南/北桥芯片的型号、封装信息、功能等详细信息，如图2-29所示。

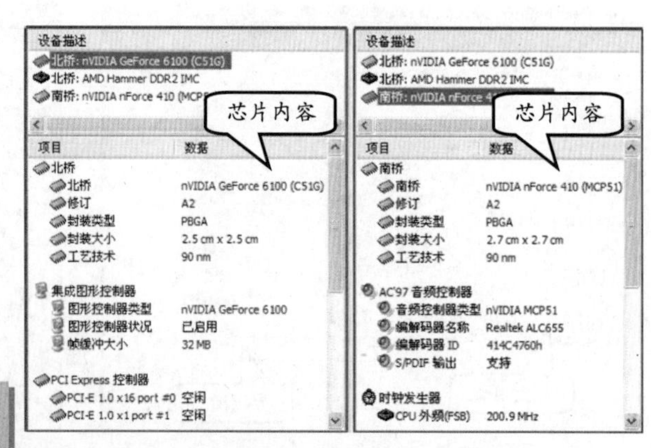

图 2-29　内存和SPD内容

提　示

传统意义上，主板芯片组由1颗北桥芯片和1颗南桥芯片组成，但随着AMD将北桥芯片内的内存控制器集成于CPU内，AMD系统平台便出现了拥有“2颗”北桥芯片的现象。事实上，这“2颗”北桥芯片的功能各不相同，作用也不一样，工作时也不会出现冲突。

❑ **显示系统模块**

在左窗格的【菜单】选项卡中，选择【显示设备】分支内的【Windows视频】选项后，程序将显示当前系统所用显卡的信息，包括显卡名称、显卡BIOS版本、显卡芯片类型和显存大小等，如图2-30所示。

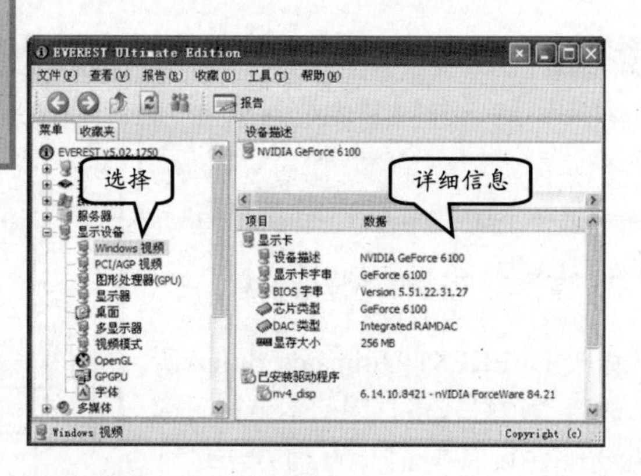

图 2-30　显卡信息

选择【显示设备】分支中的【图形处理器（GPU)】选项，可查看GPU芯片的核心频率、制造工艺、RAMDAC频率、流水线数量等细节信息，如图2-31所示。

提　示

GPU(Graphic Processing Unit，图形处理器）是相对于CPU的一个概念，由NVIDIA公司提出，指的是显卡核心芯片，其性能影响着计算机显示系统的整体性能。

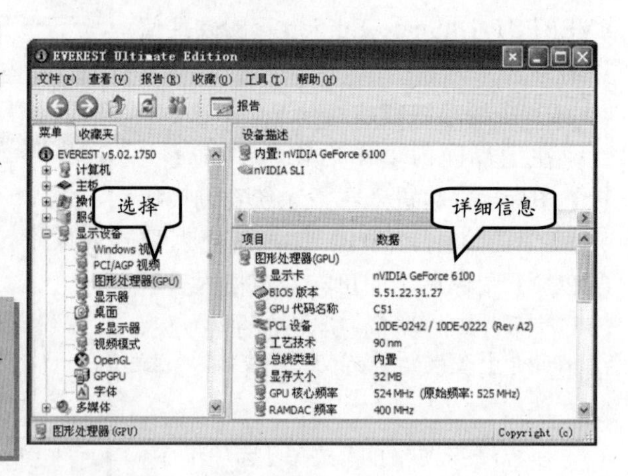

图 2-31　图形处理器（GPU）

❑ **存储系统模块**

在【存储器】分支中，选择ATA选项后可查看当前计算机所用硬盘的型号、序列号、设备类型、缓存容量等信息，如图2-32所示。

选择同一分支内的【光盘驱动器】选项，则可查看光驱的具体型号和盘片支持情况等，如图2-33所示。

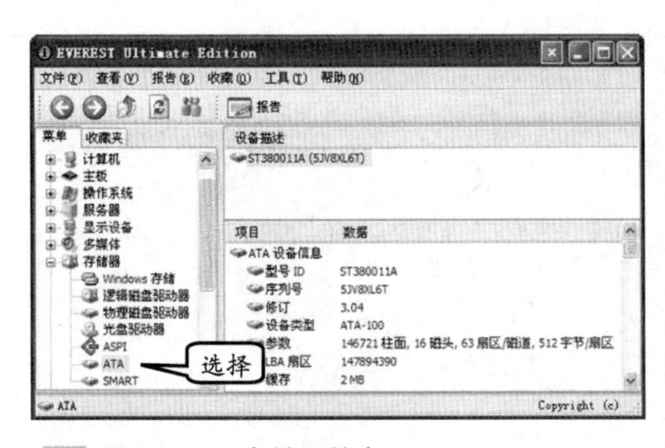

图 2-32　存储器信息

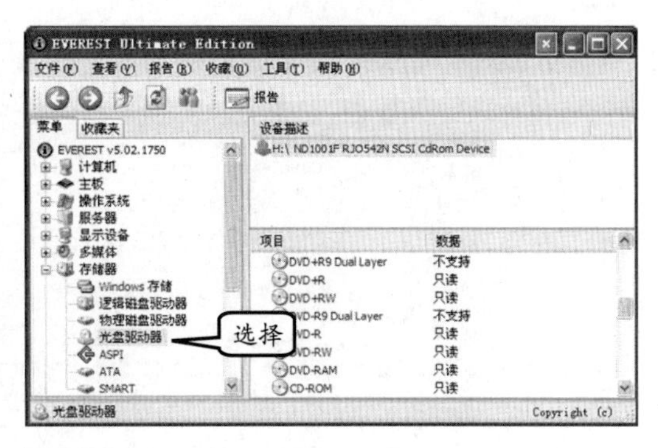

图 2-33　查看光盘驱动器

2.4.2　Performance Test

Performance Test 是一款测试计算机性能的专用测试程序，有 22 种独立的测试项目，包括浮点运算器测试、标准 2D 图形性能测试、3D 图形性能测试、磁盘文件读写及搜索测试、内存测试和 CPU 的 MMX 相容性测试等 6 类。

该程序中预设 4 个基准电脑的标准测试数据，用户可以自行挑选比较。例如，双击 PerformanceTest 图标，打开 PerformanceTest 界面。在该界面中，主要由菜单栏、工具栏和状态栏等构成，如图 2-34 所示。

图 2-34　Performance Test 界面

1. CPU 性能测试

对 CPU 性能进行测试，其测试项目包括整数数学、浮点数学、查找素数、SSE/3Dnow!、压缩、加密、图像旋转、字符排序。例如，单击工具栏中的【运行 CPU 测试组件】按钮，即可开始进行 CPU 性能测试，如图 2-35 所示。

开始测试后，程序界面将显示 CPU 测试的进度，并提示正在对 CPU 所做的测试内容，如“正在运行[CPU - 整数数字]”等信息，如图 2-36 所示。

图 2-35　运行 CPU 测试组件

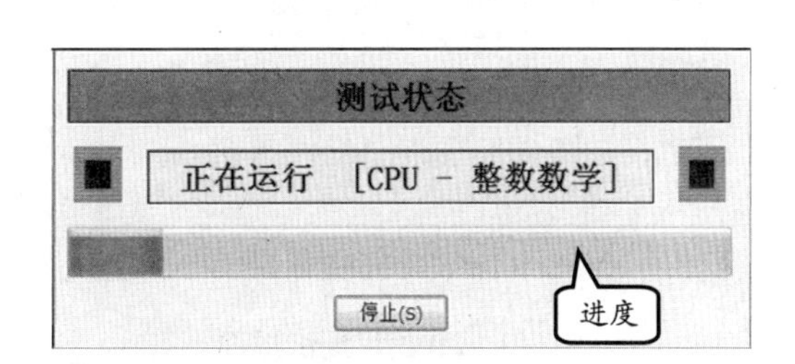

图 2-36　显示测试状态

待进度条完成后，即可结束测试，显示CPU测试结果，如图2-37所示。

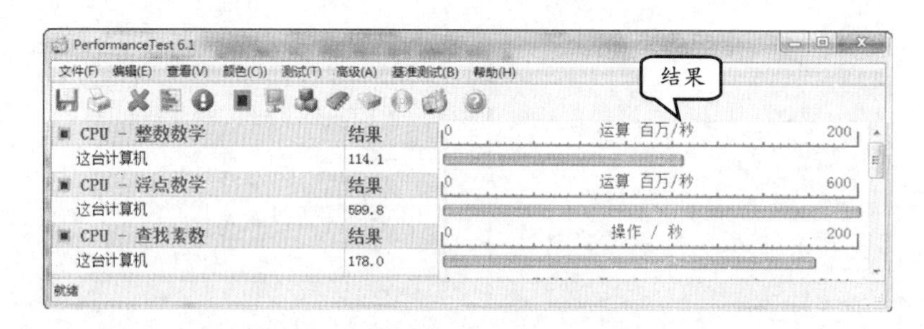

图2-37 **CPU测试结果**

2．2D图形测试

使用PerformanceTest还可以对计算机2D绘图能力进行测试，包括绘制线、绘制矩形、绘制形状、绘制字体和文本、GUI绘制等项目。例如，单击【运行2D图形测试组件】按钮，即可开始进行2D图形测试，如图2-38所示。

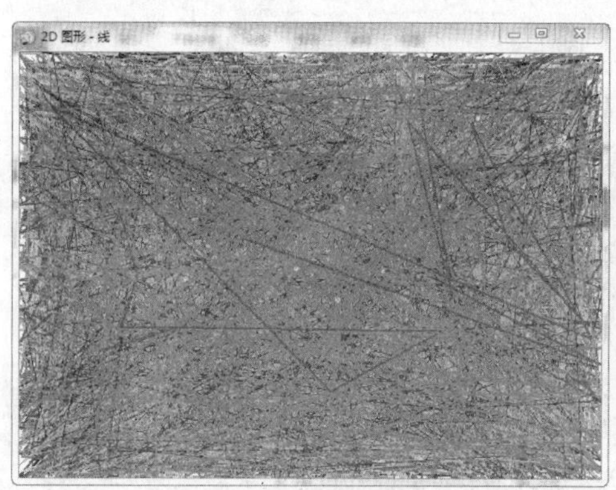

对线进行测试

对矩形测试

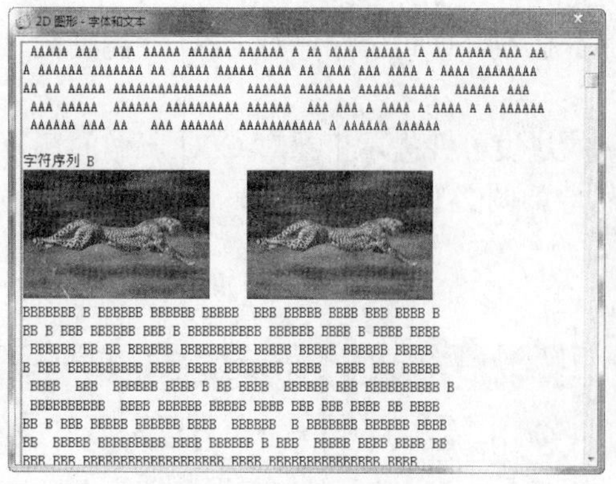

对字体和文本测试

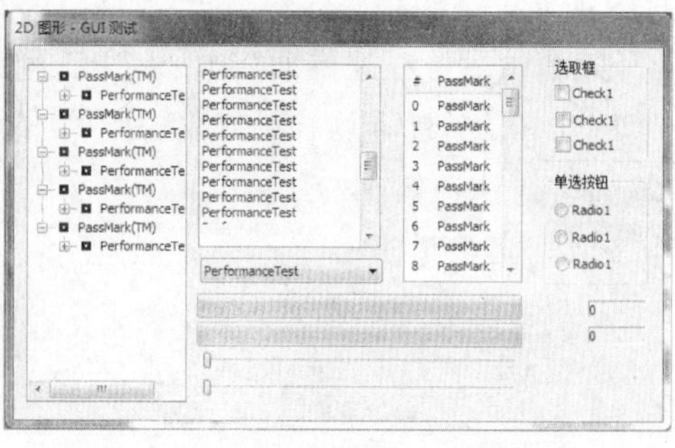

GUI测试

图2-38 **2D图形测试过程**

当进度条完成后，即可显示2D图形测试结果，如图2-39所示。

PerformanceTest 6.1

文件(F) 编辑(E) 查看(V) 颜色(C) 测试(T) 高级(A) 基准测试(B) 帮助(H)

结果

项目	结果	刻度
图形 2D - 线	结果	0 千绘线/秒 50
这台计算机 (32bit)	41.4	
图形 2D - 矩形	结果	0 千绘图/秒 30
这台计算机 (32bit)	21.0	
图形 2D - 形状	结果	0 千绘制形状/秒 30
这台计算机 (32bit)	20.4	
图形 2D - 字体和文本	结果	0 操作 / 秒 100
这台计算机 (32bit)	96.3	
图形 2D - GUI	结果	0 操作 / 秒 70
这台计算机 (32bit)	67.1	
2D 图形标记	结果	0 合成其它平均结果 200
这台计算机	171.7	
PassMark 标称值	结果	0 合成其它平均结果 30
这台计算机 (部分结果)	24.0	

就绪

图 2-39 2D 图形测试结果

3. 内存性能测试

PerformanceTest 支持对内存性能进行测试，其测试项目包括分配小信息块、读取缓存、读取无缓存、写入、大的 RAM。例如，单击【运行内存测试组件】按钮，即可开始进行内存测试，如图 2-40 所示。

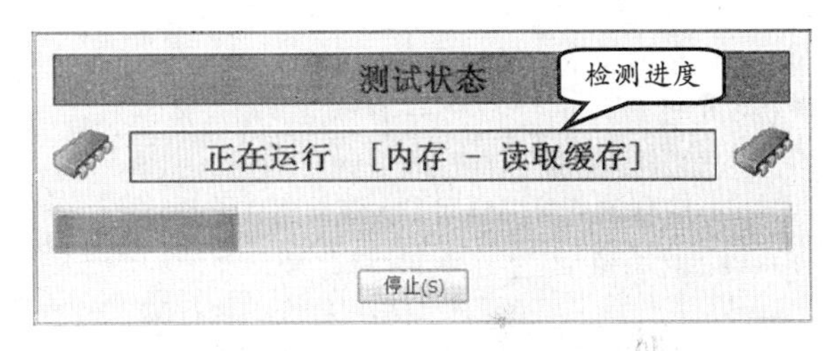

图 2-40 内存性能测试过程

当进度条完成后，即可显示内存性能测试结果，如图 2-41 所示。

PerformanceTest 6.1

文件(F) 编辑(E) 查看(V) 颜色(C) 测试(T) 高级 (B) 帮助(H)

结果

项目	结果	刻度
内存 - 分配小信息块	结果	0 MB 传输/秒 2000
这台计算机	1500.0	
内存 - 读取缓存	结果	0 MB 传输/秒 2000
这台计算机	1048.8	
内存 - 读取无缓存	结果	0 MB 传输/秒 1000
这台计算机	963.8	
内存 - 写入	结果	0 MB 传输/秒 900
这台计算机	857.2	
内存 - 大的 RAM	结果	0 操作 / 秒 700
这台计算机	619.2	
内存标记	结果	0 合成其它平均结果 400

就绪

图 2-41 内存性能测试结果

4. 导出测试结果

执行【文件】|【另存为图像】命令，如图 2-42 所示。在打开的【另存为图像】对话框中，设置文件名和文件格式，单击【保存】按钮，即可将窗口中的全部内容保存为 GIF 图像，如图 2-43 所示。

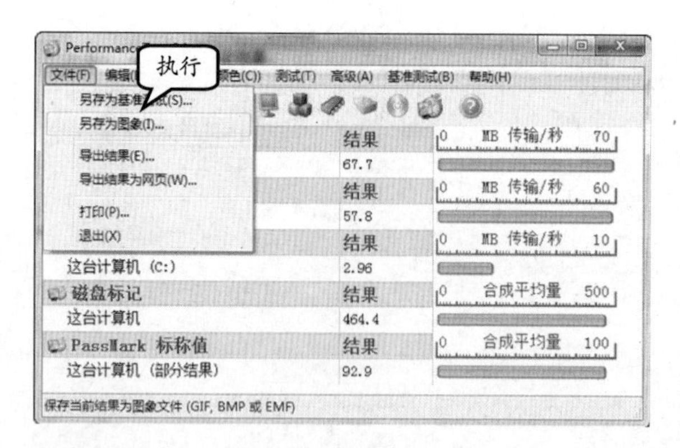

图 2-42 导出测试结果

图 2-43 设置导出文件的格式

2.5 思考与练习

一、填空题

1．在冯·诺依曼的经典计算机理论中，计算机由运算器、__________、存储器、输入设备和__________组成。

2．现代的计算机应用了大规模集成电路技术，将运算器和__________集成在一起。

3．__________负责控制程序指令的执行顺序，并给出执行指令时计算机各部件所需要的操作控制命令，是向计算机发布命令的神经中枢。

4．影响计算机硬件工作的外部因素主要包括__________、__________等。

5．在夏季，运行计算机时，室内温度不应高于__________。当温度超过__________时，就应停止计算机的工作。

6．计算机硬件工作时，室内的空气湿度最佳范围是_____到_____。

二、选择题

1．中央处理器相当于冯·诺依曼体系中的________。

A．运算器和控制器
B．运算器和存储器
C．存储器和控制器
D．处理器和运算器

2．以下哪一种存储器不属于内存储器？________

A．只读存储器　B．随机存储器
C．磁盘存储器　D．高速缓冲存储器

3．以下哪一种设备不需要安装散热器？________

A．中央处理器
B．音效卡
C．显示卡
D．主板芯片组

4．Intel 和 AMD 系列的新型中央处理器散热风扇转速分别应达到多少才可以保护处理器不过热？________

A．均为 2000 转/秒
B．均为 1500 转/秒
C．2000 转/秒和 1500 转/秒
D．1500 转/秒和 2000 转/秒

5．在夏季，当室内温度超过______时，就应该使用空调降温。

A．25℃　B．30℃
C．32℃　D．35℃

6．现在的中央处理器工作温度不应超过______。

A．55℃　B．60℃
C．65℃　D．70℃

三、简答题

1．简述现代计算机硬件都包括那些组件，以及每个组件所发挥的作用。

2．过高温度和过低温度会对计算机硬件造成哪些损害？

3．过高湿度和过低湿度会对计算机硬件造成哪些损害？

4．计算机理想的工作温度范围是多少？为保证这个温度，需要使用哪些方法？

四、上机练习

1. 鲁大师查看计算机信息

鲁大师（原名“Z 武器”）是新一代的系统工具，是能轻松辨别电脑硬件真伪、保护电脑稳定运行、优化清理系统、提升电脑运行速度的免费软件。

安装并启动“鲁大师”软件后，即可在界面中显示当前计算机硬件信息，如图 2-44 所示。

图 2-44 查看计算机信息

当然，用户也可以通过单击左侧的按钮，来查看某个硬件的详细信息，如单击【处理器信息】按钮，可在右侧显示当前温度、处理器、处理器数量、核心代号、缓存等内容，如图 2-45 所示。

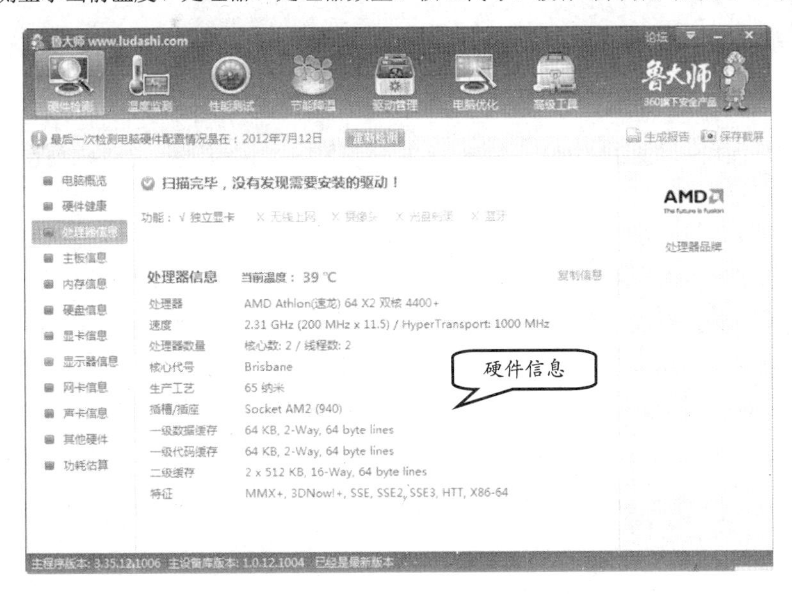

图 2-45 查看处理器信息

2. 金山卫士中的硬件检测

金山卫士是一款由金山网络技术有限公司出品的查杀木马能力强、检测漏洞快、体积小巧的免费安全软件。

它采用金山领先的云安全技术，不仅能查杀已知木马、漏洞检测、针对 Windows 7 优化，更有实时保护、插件清理、修复 IE 等功能，全面保护电脑的系统安全。例如，在界面中单击【百宝箱】按钮，即可看到硬件检测功能，如图 2-46 所示。

图 2-46　百宝箱

单击【硬件检测】按钮，将弹出【金山重装高手】对话框，并显示计算机的硬件检测信息，以及性能检测等内容，如图 2-47 所示。

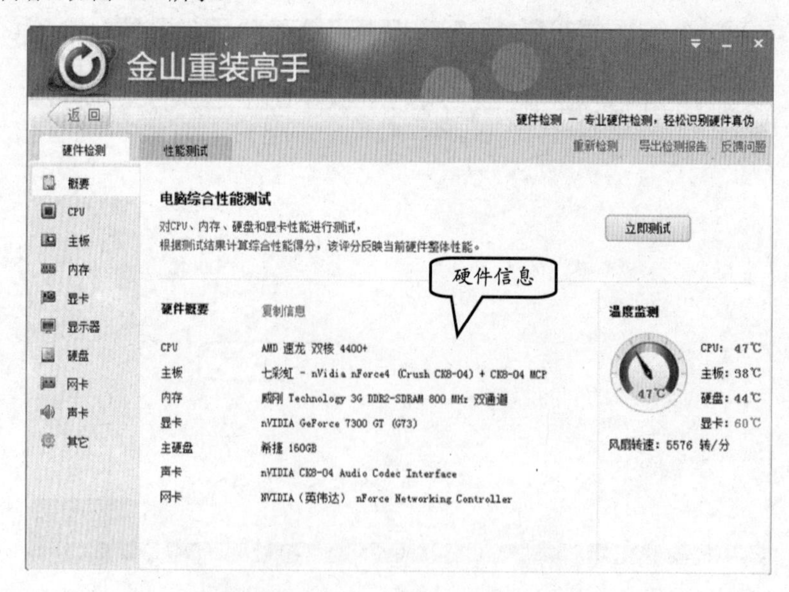

图 2-47　硬件检测

第 3 章

系统维护软件

作为计算机的灵魂，操作系统的功能、性能和健康程度，决定了计算机硬件所能发挥的最佳状态。也就是说，尽可能地提高操作系统运行速度和效率，是充分发挥计算机硬件性能的关键。因此，人们为操作系统开发了众多的系统优化与维护软件，以保证计算机在实际应用中性能优越性的充分发挥。

本章学习要点：

- 系统维护的认识
- Windows 清理助手
- CCleaner
- Wise Disk Cleaner
- Wise Registry Cleaner
- 高级注册表医生

3.1 系统维护概述

利用系统工具，用户可以使操作系统时刻保持良好的运行状态，从而更好地管理及使用计算机，以应对人们在工作、学习或娱乐等方面的应用需求。

3.1.1 什么是垃圾文件

垃圾文件指系统工作时所过滤加载出的剩余数据文件，虽然每个垃圾文件所占系统资源并不多，但是如果不进行清理，垃圾文件会越来越多。

因为，垃圾文件是用户每次鼠标操作、每次按动键盘都会产生的，虽然少量垃圾文件对电脑伤害较小，但建议用户定期清理，避免累积，过多的垃圾文件会影响系统的运行速度。

常见的系统垃圾文件主要包括以下几种。

❑ **软件运行日志**

操作系统和各种软件在运行时，往往会记录各种运行信息。随着操作系统或软件安装后使用的次数越来越多，这些运行日志占用的磁盘空间也会越来越大。

操作系统和大多数软件在运行时，都会扫描这些文件，因此，这些文件的存在，会在一定程度上降低系统与软件的运行效率。对于普通用户而言，这些日志并没有什么作用，因此，可以将其删除，以提高磁盘使用的效率和系统与软件运行的速度。

常见的日志文件扩展名包括 LOG、ERR、TXT 等。

❑ **软件安装信息**

为提高软件下载的效率，大多数软件的安装程序都是压缩格式。因此，在安装这些软件时往往需要解压。在解压时，会生成软件的各种信息。这些信息只在软件安装和卸载时才会起作用。

一些软件在更新时，往往会将旧的文件备份起来，以防止更新错误后软件无法使用。在软件可正常运行时，这些文件也可以删除。

软件安装信息文件的种类比较多，其扩展名往往是根据软件开发者的喜好而定的，常见的有 OLD、BAK、BACK 等。

❑ **临时文件**

Windows 操作系统在运行时，会生成各种临时文件。多数运行于 Windows 操作系统的软件也会通过临时文件存储各种信息。早期的软件并没有临时文件清理机制，只会制造大量的临时文件。而少量较新的软件则已经开始建立临时文件的清理机制。

大量的临时文件不但会影响系统运行速度，也容易造成系统文件的冲突，导致系统稳定性下降。临时文件的扩展名种类也较多，常见的主要包括 TMP、TEMP、~MP、_MP 等。大多数扩展名以波浪线为开头的文件，都是临时文件。

❑ **历史记录**

操作系统和大多数软件都会记录用户使用操作系统或软件的历史记录，例如，打开软件、关闭软件、在软件中进行的设置、使用软件打开的文档等。这些历史记录对操作系统和软件没有任何价值，因此，用户可以随时将其删除。

❑ 故障转储文件

微软公司在开发 Windows 操作系统时，为了方便用户向其报告软件故障和硬件冲突，使用了名为“Dr. Watson”的软件，记录发生故障时内存的运行情况以及出错的硬件二进制代码，以对系统进行改进。

对于大多数用户而言，这一功能并没有太大的实际意义，而且往往会占用用户大量的磁盘空间(对于运行过时间较长的操作系统，这类文件占用的空间往往高达数百 MB)，因此，用户可以将其删除以释放磁盘空间。这类文件的扩展名主要是 DMP。

❑ 磁盘扫描的丢失簇

在操作系统运行时，如果发生一些不可避免的软件错误造成死机或强行断电等各种非人为原因导致的文件丢失（比如一些未保存的临时文件），可以使用 Windows 自带的磁盘扫描工具将这些文件找出来，重新命名后存储到磁盘中。

这一功能在 DOS 时代和 Windows 3.2 时代非常有用，但对现代的 Windows 操作系统几乎没有任何作用，反而会占用很多磁盘空间。用户可以将这些文件删除，使磁盘中的文件更加有条理。这类文件的扩展名是 CHK。

3.1.2 注册表的认识

注册表是 Windows 操作系统、硬件设备以及应用程序得以正常运转和保存设置的重要数据库，它以树状分层的形式存在。注册表记录了用户安装的软件和本机程序的相互关联关系；它包含了自动配置的即插即用设备和已有设备的说明、状态属性和各种数据信息等。

1. 注册表的结构

Windows 操作系统的注册表由键、子键和值构成。一个键就是分支中的一个文件夹，而子键就是这个文件夹中的子文件夹。同理，子键同样也是一个键，其下面也可以再建立子键。每一个键可以有一个或多个不重名的值。其中，名称为空的值为该键的默认值。

图 3-1 输入 Regedit.exe 命令

Windows 操作系统提供了默认的编辑注册表工具（Regedit.exe）。单击【开始】按钮，在【搜索】框中 Regedit 命令，如图 3-1 所示。然后按 Enter 键，即可打开【注册表编辑器】对话框。在【注册表编辑器】对话框左侧窗口中包含了 5 个主键，如图 3-2 所示。

图 3-2 Windows 注册表编辑器

2. 注册表主键以及值的数据类型

在 Windows 注册表的各种键中，有 5 个键是整个注册表数据库的根目录，被称作注册表的主键。这 5 个主键将注册表中的所有数据分类存放，如表 3-1 所示。

表 3-1 注册表主键含义

主　　键	作　　用
HKEY_CLASSES_ROOT	存储所有文件扩展和所有与执行文件相关的文件，同时也决定了打开这些文件相关的应用程序
HKEY_CURRENT_USER	存储当前用户的各种系统设置信息
HKEY_LOCAL_MACHINE	存储计算机的系统信息和各种软、硬件设置信息
HKEY_USERS	存储使用本地计算机的用户信息
HKEY_CURRENT_CONFIG	存储当前计算机的配置信息

注册表中的各种键、键值都是存放在这 5 个主键之中的。常用的注册表数据类型主要包括 5 种，如表 3-2 所示。

表 3-2 常用的注册表数据类型

数据类型	作　　用
REG_BINARY	原始的二进制数据。大多数硬件组件信息存储为二进制数据，并可以以十六进制格式显示在注册表编辑器中
REG_DWORD	4 个字节长度的数字的数据。设备驱动程序和服务的许多参数是这种类型，并可以在注册表编辑器中以二进制、十六进制或十进制等格式显示
REG_EXPAND_SZ	扩展数据字符串，是包含一个变量来调用应用程序时被替换的文本
REG_MULTI_SZ	多个字符串，包含列表的值或多个值用户可读文本通常是这种类型
REG_SZ	是 ASCII 码字符，表示文件的描述和硬件的标识

3.1.3 系统日常维护

在使用操作系统的过程中，各种安装、卸载软件的操作，以及一些错误操作、浏览互联网时访问有安全性问题的网页，都是造成操作系统不稳定的重要因素。因此，需要对操作系统进行日常维护。通常系统日常维护主要包括以下几项工作。

- **磁盘垃圾清理**

定时清理磁盘中的各种垃圾文件，如运行日志、安装信息、临时文件、磁盘碎片、历史记录文件等。这些文件的积累会使操作系统运行更加缓慢。

- **磁盘碎片整理**

对于 FAT/FAT32 格式的磁盘，最好做到每月进行一次磁盘整理，以防止磁盘碎片影响系统运行速度。对于 NTFS 磁盘，最好做到每月进行一次磁盘分析，如分析磁盘碎片超过 20%就应该进行整理。（关于磁盘碎片整理，请参考第 9 章。）

- **维护注册表**

在 Windows 操作系统中，注册表是常驻于内存的最重要的系统信息数据库。在操作系统中使用一段时间以后，注册表就会变得臃肿不堪，从而影响操作系统的运行速度。因此，定期维护注册表，将注册表中的多余信息清除，也可以提高操作系统的运行速度。

注　意

对注册表进行维护操作是有一定风险的。因此，在维护时，应备份操作系统的重要数据，同时还需要备份注册表，以防止清理注册表导致系统崩溃。

3.2 垃圾清理软件

系统垃圾具有数量多、种类杂等特点，手动单独清理是十分困难的事情，所以需要垃圾清理软件来辅助清理系统垃圾。

3.2.1 Windows 清理助手

Windows 清理助手可以帮助用户实现系统的全面扫描、卸载等。例如，卸载手动无法卸载的软件，以及清理 IE 浏览器的缓冲文件和应用程序所产生的垃圾内容。

在进行软件操作之前，用户可以先安装该软件。安装完成后，即可双击桌面中的【Windows 清理助手】图标，可打开该软件，如图 3-3 所示。

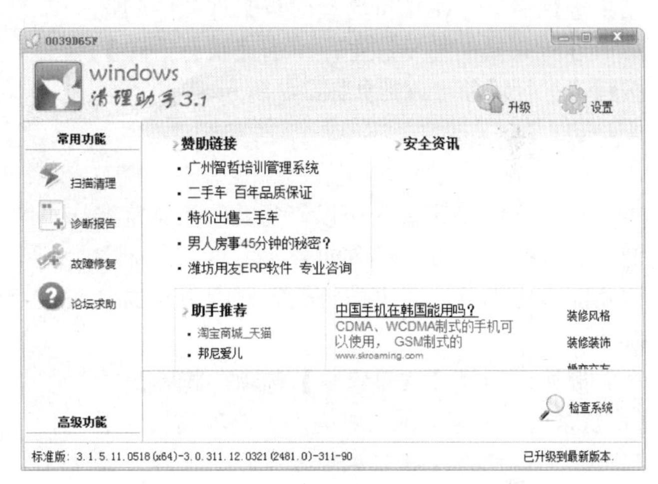

图 3-3 “Windows 清理助手”界面

1. 扫描清理

扫描及清理功能是 Windows 清理助手中一种最常用的操作，即方便又快捷。例如，在【常用功能】分类列表中，选择【扫描清理】选项，再单击【标准扫描】按钮，即可进行扫描对象，如图 3-4 所示。

在扫描过程中，不仅显示了扫描的进度，还显示了扫描的路径等内容，如图 3-5 所示。

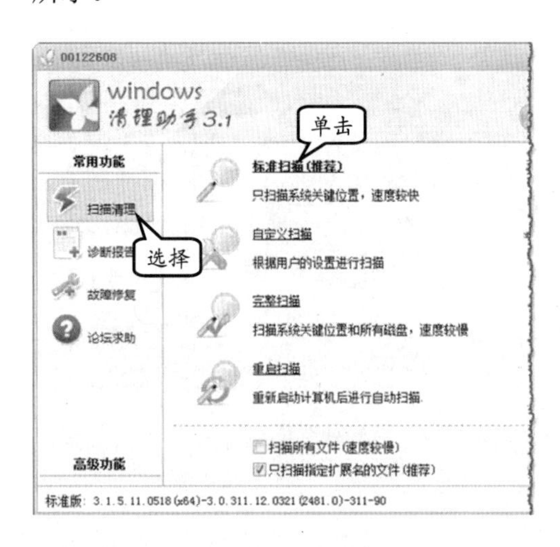

图 3-4 选择【标准扫描】

图 3-5 扫描清理对象

技 巧

也可以根据用户需求的不同，分别选择【自定义扫描】、【完整扫描】和【重启扫描】3种扫描方法。

扫描过程中，如果软件发现有风险的系统文件，将弹出一个【提示】对话框。用户可以根据【提示】内容，选择【是】或【否】进行扫描设置，如图3-6所示。

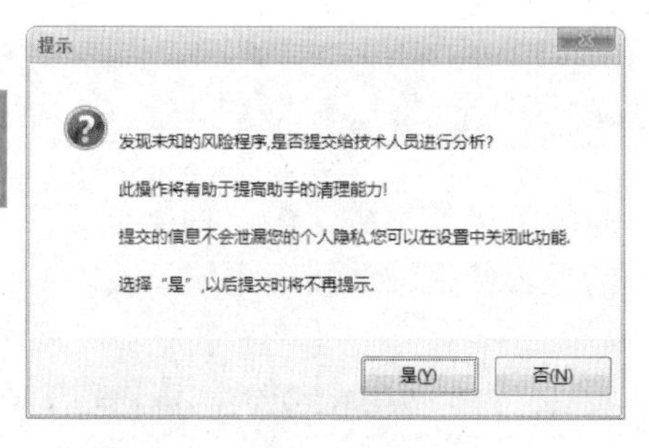

图3-6 【提示】对话框

在扫描结束后，用户可以通过软件对扫描结果进行清理。在【可清理对象】选项中勾选可清理对象前面的复选框，单击【执行清理】按钮，进行对象清理，如图3-7所示。

图3-7 清理对象

2. 故障修复

Windows 清理助手可以修复系统和浏览器遭遇恶意插件攻击而导致的篡改主页、鼠标右键功能禁用以及注册表被更改等原因引起的系统故障。

例如，选择【故障修复】选项，将弹出的【修复系统、浏览器的常见问题】选项列表，用户可以在列表中启用/禁用需要修复的内容，如图3-8所示。

然后，单击【执行修复】按钮，即可进行故障修复。修复操作完成后，将弹出一个【故障修复】完成对话框，单击【确定】按钮即可，如图3-9所示。

图3-8 启用修复选项

图3-9 故障修复完成

提 示

单击【选择】按钮右下角的黑三角，将弹出一个下拉列表，它包括全部选择、全部不选和默认3个选项供用户选择。

3. 痕迹清理

痕迹清理是 Windows 清理助手常用的一种功能，使用该功能可以清理 IE 浏览器痕迹、系统使用痕迹和应用软件临时文件痕迹。

例如，在【高级功能】分类列表中选择【痕迹清理】选项，即可打开痕迹清理列表，如图 3-10 所示。

然后，选择要清理的文件和注册表项，并单击【分析】按钮，即可对清理项进行文件分析，如图 3-11 所示。最后单击【清理】按钮，即可将分析后的文件清理。

图 3-10 痕迹清理列表

提 示

痕迹清理列表包含了清理"文件"和"注册表"两大类，用户可以选择清理项，分析后进行痕迹清理。

图 3-11 分析文件并进行清理

4. 脚本对象

Windows 清理助手可以将扫描出来的未清理文件创建为脚本对象，然后再将符合脚本文件所属特征的文件和注册表信息在用户自主选择的情况下进行删除。

选择【脚本对象】选项，并启用【启用脚本对象功能】复选框。然后，再单击【新建】按钮，可新建一个脚本对象，如图 3-12 所示。

在弹出的【新建】对话框中，确认新建文件的各项属性并单击【创建】按钮，即可创建脚本对象文件，如图 3-13 所示。

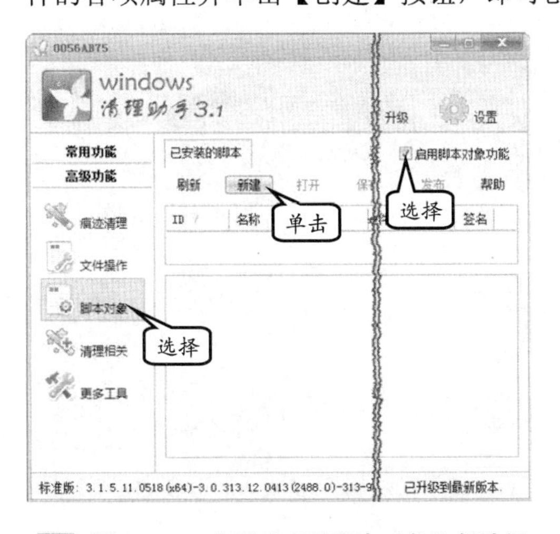

图 3-12 启用【启用脚本对象】复选框

图 3-13 创建脚本对象

此时，创建的脚本文件将显示出它的存储路径，如图 3-14 所示。用户可以对该文件进行相应的操作（打开、保存、删除或发布）。

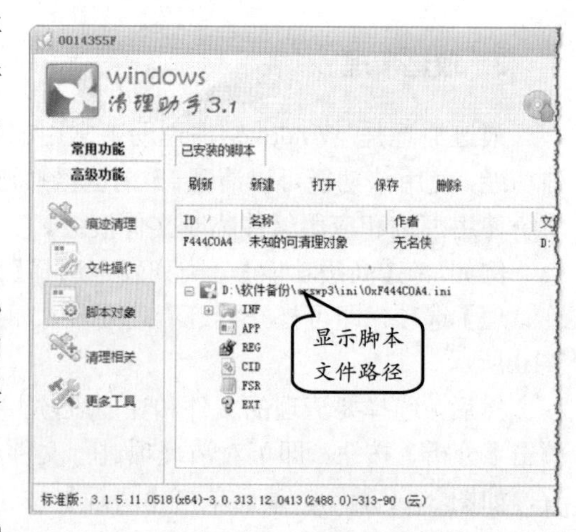

图 3-14　显示脚本文件路径

3.2.2　CCleaner

CCleaner 是一款免费的系统优化和隐私保护工具，它主要用于清除系统自动生成的临时文件和日志文件，还有清理注册表和保护个人浏览隐私的功能。

首先，用户下载并安装该软件。然后，双击【CCleaner】图标，即可打开 Piriform CCleaner 窗口，即软件的主界面，如图 3-15 所示。

Piriform CCleaner 主界面是由主窗口、清洁规则和分析清洁器 3 个部分组成的。主窗口在主界面的左侧，包括清洁器、注册表、工具和选项 4 个选项。该软件具有以下特点。

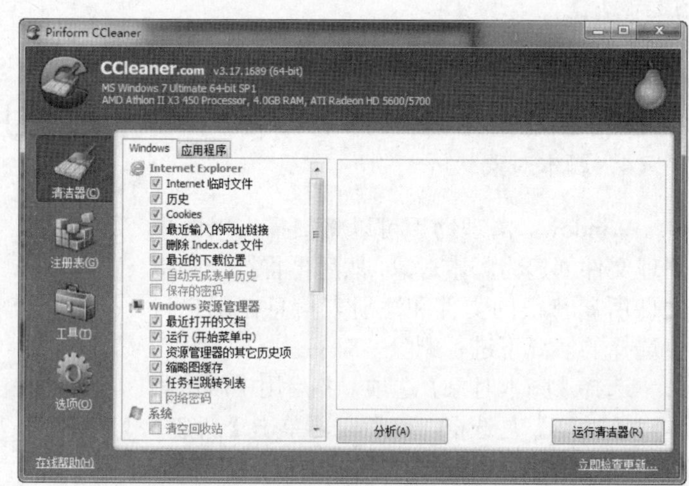

图 3-15　CCleaner 主界面

- ❑ 该软件体积小、运行速度快。
- ❑ 可以对临时文件夹、历史记录、回收站等垃圾进行彻底清理。
- ❑ 可以针对注册表进行扫描、清理。
- ❑ 可以清理未卸载完的软件插件。

1. 清洁器

CCleaner 清洁器可以清除 Internet 浏览记录、删除上网账号和密码以及系统自动生成的各种临时文件和文件碎片等。

在 Windows 对话框中，选择要清理的垃圾项，再选择【应用程序】对话框中各浏览器、系统或应用程序的相应选项，如图 3-16 所示。

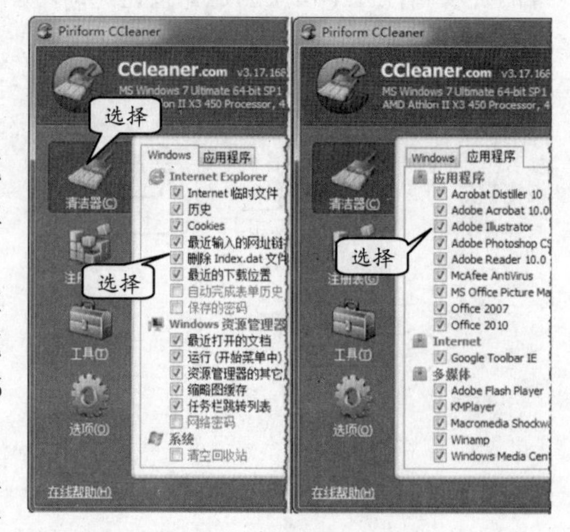

图 3-16　选择清理项

然后，单击【分析】按钮进行选择清理项的分析，如图 3-17 所示。分析完成后，清理项的详细信息将在窗口右边显示；确认无误后，用户可单击【运行清洁器】按钮，执行清理项清除，如图 3-18 所示。

提　示

为了避免清除有用的信息，在清理前一定要先进行【分析】扫描命令。

提　示

在执行清理命令后，将弹出一个提示对话框，提示用户是否确定删除此清理项。

2. 注册表清洁器

CCleaner 注册表清洁器具有对注册表垃圾进行扫描、清理和修复的功能。同时，还可以清除未完全卸载的软件插件，从而减少注册表体积并加快系统运行速度。

选择【注册表】选项，在【注册表清理器】中选择需要的清理项，并单击【扫描问题】按钮进行扫描清理项，如图 3-19 所示。

扫描结束后，对扫描过的清理项进行确认。然后，单击【修复所选问题】按钮，进行所选项修复或清理，如图 3-20 所示。

提　示

清理注册表时，CCleaner 会提醒用户备份注册表，以便出现问题后进行恢复。

图 3-17　分析清理项

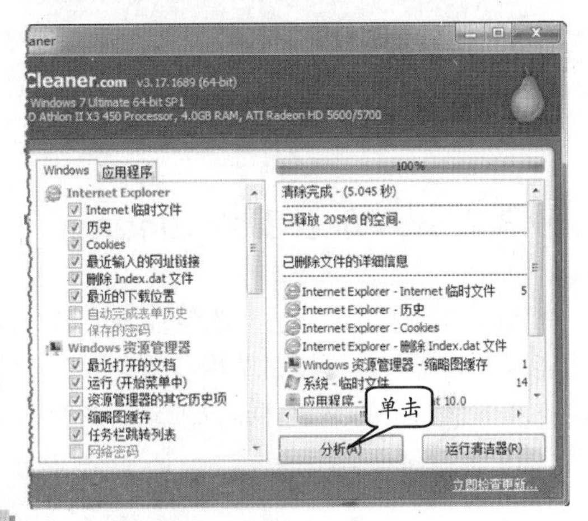

图 3-18　执行清理

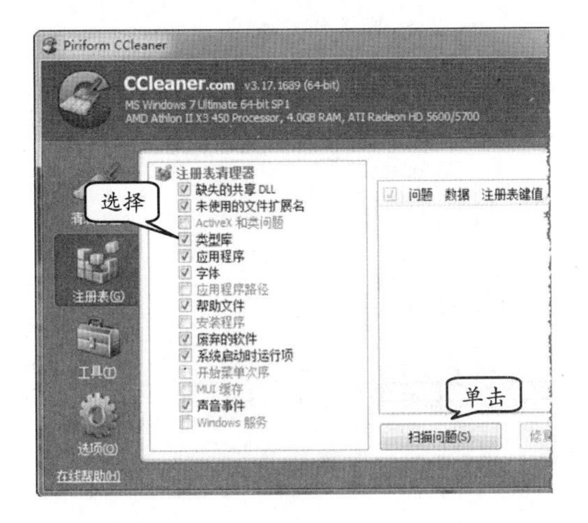

图 3-19　扫描清理项

图 3-20　修复清理项

3．软件其他功能

CCleaner 软件还具有卸载软件、更改开机启动项、系统还原和驱动器擦除的功能。例如，选择【工具】选项，即可打开工具对话框，如图 3-21 所示。

提 示

【工具】选项中有 4 个选项，其功能分别如下。

- ❑ **卸载**　从下面列表中选择要删除的程序，进行卸载程序。
- ❑ **启动**　显示当前系统的开机启动项，正常情况下只保留输入法和安全软件。
- ❑ **系统还原**　管理所有的系统还有点，其中最近一次还原点不能删除。
- ❑ **驱动器擦除器**　可以选择性地擦除剩余空间和整个驱动器的数据。为了避免误删磁盘数据，这个选项很少应用。

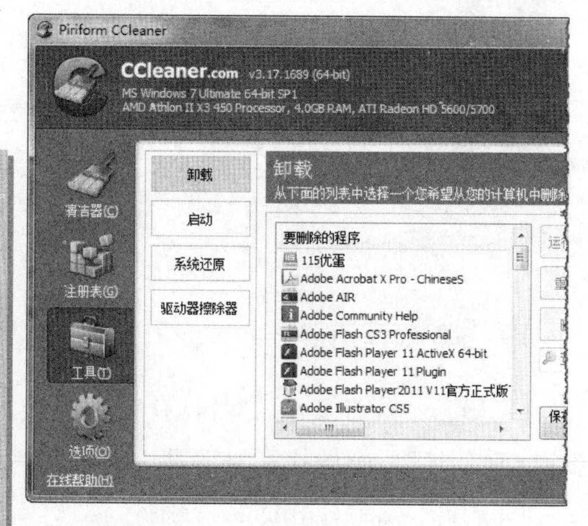

图 3-21　工具对话框

3.2.3　Wise Disk Cleaner

Wise Disk Cleaner 是一款免费的垃圾清理工具，该工具具有占用空间小、界面美观、功能强大等特点，可以帮助用户检测并清理 50 多种垃圾文件。

双击桌面上的 Wise Disk Cleaner 图标，即可打开该工具软件主界面，如图 3-22 所示。

图 3-22　Wise Disk Cleaner 主界面

1．常规清理

选择【常规清理】选项，单击【Windows 系统】左边的三角按钮，即可展开【Windows

系统】选项并选择可清理项，如图 3-23 所示。

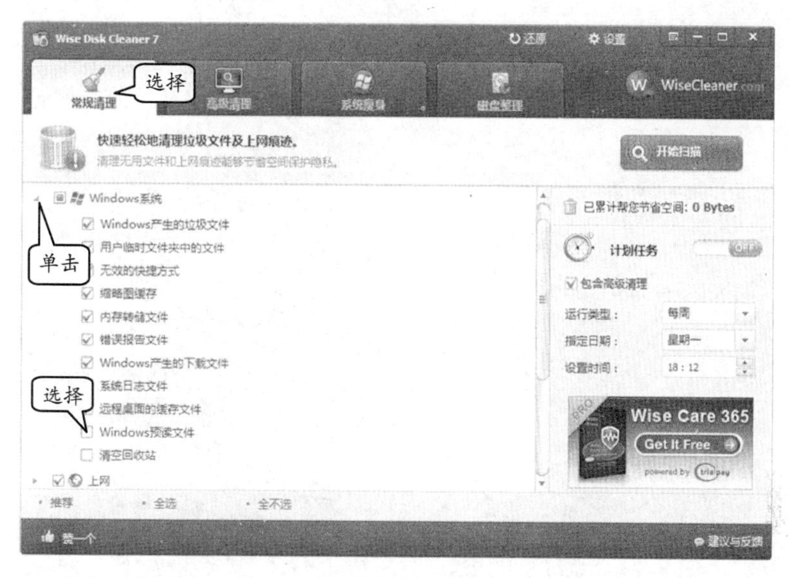

图 3-23　选择【Windows 系统】清理项

然后，分别单击【上网】和【多媒体】三角按钮，选择清理项。再选择【计算机中的痕迹】选项下的其他清理项。最后，单击【开始扫描】按钮，进行清理项扫描，如图 3-24 所示。

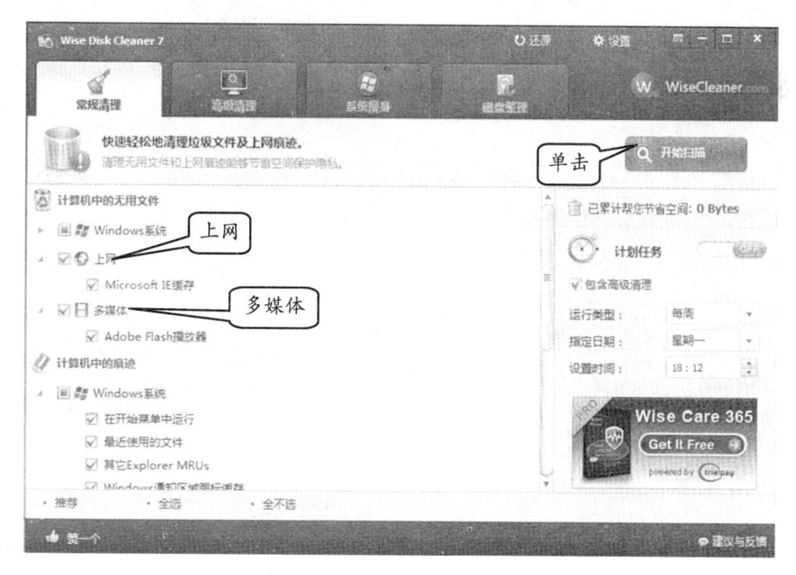

图 3-24　执行【开始扫描】

扫描结束后，单击【开始清理】按钮即可清理选择的对象，如图 3-25 所示。并且，在【开始清理】按钮这一行，用户可以看到已经发现的垃圾文件数量、占用磁盘容量大小等内容。

2. 计划任务

在图 2-24 所示窗口右侧的【计划任务】工具栏窗格内，可以选择单击 ON 按钮 ON

或者拖动该按钮至右端，从而启动【计划任务】选项，如图 3-26 所示。

图 3-25　执行【开始清理】

在启动计划任务后，如果启用【包含高级清理】复选框，可以对系统进行全面的清理。计划任务包括运行类型、指定日期和设置时间 3 种选项，设置方法如下。

图 3-26　启动计划任务

- **运行类型**　单击该选项右边的三角按钮，在弹出的下拉列表中将显示每天、每周、每月和空闲时 4 种选项，用户根据需要进行选择。
- **指定日期**　单击该选项右边的三角按钮，在弹出的下拉列表中将显示一周的时间选项，用户根据需要进行选择。
- **设置时间**　单击该选项右边的三角按钮（上或下），用户根据需要进行时间的设置。

3. 高级清理

在该软件工具中，可以选择【高级清理】选项，在【扫描位置】选项中选择盘符后，单击【开始扫描】按钮，进行磁盘扫描，如图 3-27 所示。

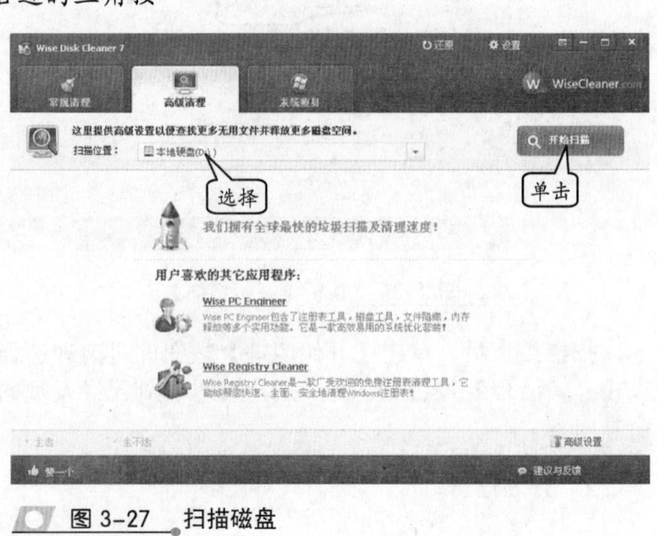

图 3-27　扫描磁盘

扫描结束后，若确认扫描文件为清除文件，即可单击【开始清理】按钮，进行磁盘清理，如图 3-28 所示。

图 3-28　进行磁盘清理

4. 系统瘦身

该软件还可以对系统进行瘦身操作，主要包括清除 Windows 更新补丁的卸载文件、安装程序产生的文件和不需要的示例音乐等功能。例如，选择【系统瘦身】选项，在【项目】下拉列表中选择需要清理项的复选框。然后，再单击【一键瘦身】按钮对选择的项目进行清理，如图 3-29 所示

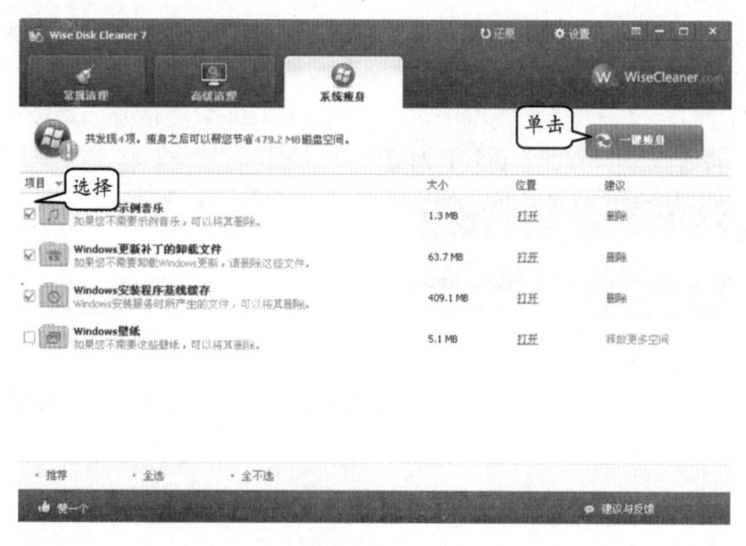

图 3-29　选择项目并执行清理

3.3　管理注册表

注册表记载了 Windows 运行时软件和硬件的不同状态信息。软件反复安装或卸载的

过程中，注册表内会积聚大量的垃圾信息文件，从而造成系统运行速度缓慢或部分文件遭到破坏，而这些都是导致系统无法正常启动的原因。

3.3.1 Wise Registry Cleaner

Wise Registry Cleaner 是一款免费安装的注册表清理工具，可以安全快速地扫描、查找有效的信息并清理。该软件具有以下几种特点。

- 扫描速度快。
- 易学易用。
- 支持注册表备份或还原。
- 修复注册表错误和整理注册表碎片。

双击桌面上的 Wise Registry Cleaner 图标，即可打开 Wise Registry Cleaner 窗口主界面，如图 3-30 所示。

图 3-30 Wise Registry Cleaner 主界面

1. 注册表清理

在打开的【注册表清理】选项窗口中，显示了各种需要清理的无效文件或插件选项。单击左下角的【自定义设置】按钮可以打开【自定义设置】对话框，如图 3-31 所示。

在弹出的【自定义设置】对话框中，用户可以选择不需要清除的选项，单击【确定】按钮即可返回到【注册表清理】窗口，如图 3-32 所示。

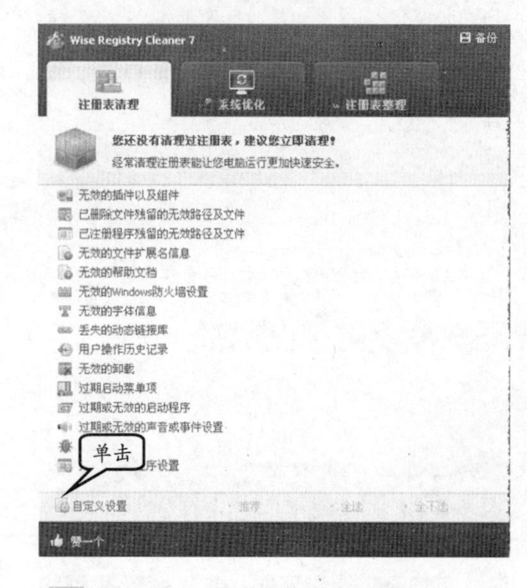

图 3-31 【注册表清理】窗口

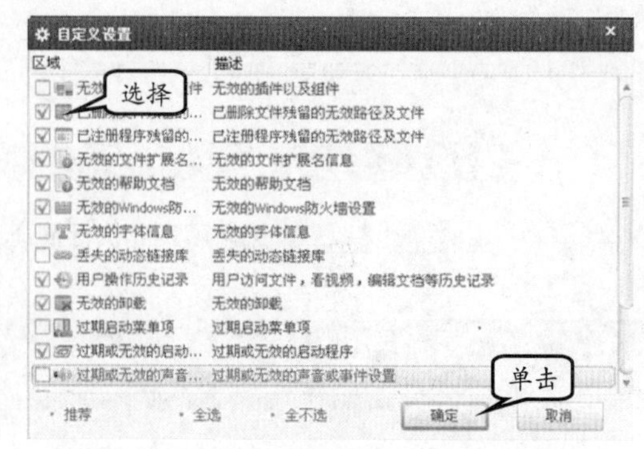

图 3-32 进行【自定义设置】

确定清理项后，单击【开始清理】按钮 执行清理命令，如图 3-33 所示。

2. 系统优化

Wise Registry Cleaner 工具也有系统优化的功能，通过使用该功能可以加快开/关机速度、系统运行速度和系统稳定性以及提高网络访问速度。

选择【系统优化】选项，单击右下角【系统默认】按钮，该工具将显示出所有优化项目，如图 3-34 所示。

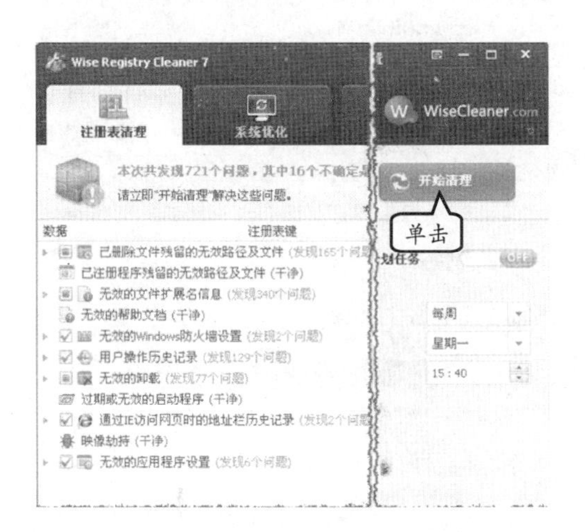

图 3-33 执行清理命令

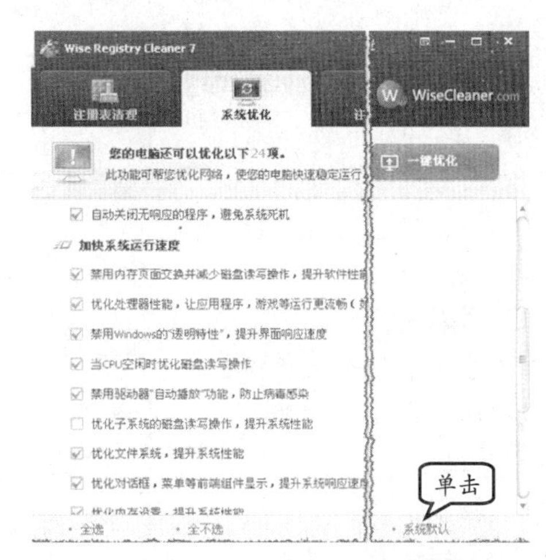

图 3-34 【系统优化】设置选项

然后，在单击【一键优化】按钮 进行系统优化，如图 3-35 所示。

> **提 示**
>
> 进入【系统优化】界面后，对于未优化过的系统，该工具将提示用户进行优化。

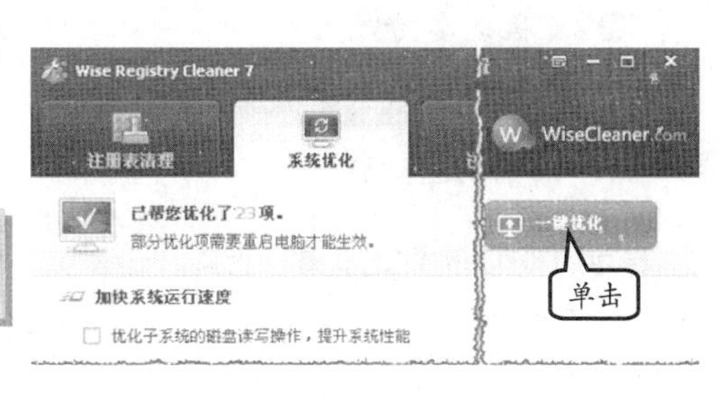

图 3-35 执行【一键优化】命令

3. 注册表整理

选择【注册表整理】选项，在弹出的注册表整理窗口中，显示在整理过程中的注意事项，如图 3-36 所示。

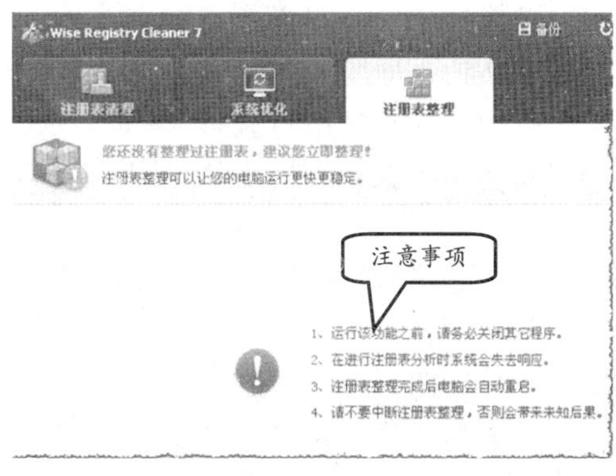

图 3-36 【注册表整理】窗口

3.3.2 高级注册表医生

Advanced Registry Doctor Pro（高级注册表医生）是一个优秀的注册表修复程序。如果用户想清理注册表以便让系统运行更快、修复经常性的错误或损坏的链接或发现系统严重问题的早期迹象，注册表修复软件非常有必要。

Advanced Registry Doctor Pro 提供一键式解决方案，拥有友好的用户界面，能够移除一些致命的注册表信息，如图 3-37 所示。同时，它提供了扫描检测注册表错误、个人撤销功能、注册表备份和系统恢复功能；并且，它增加了以风险程度排序的功能，提高了该产品的安全性。

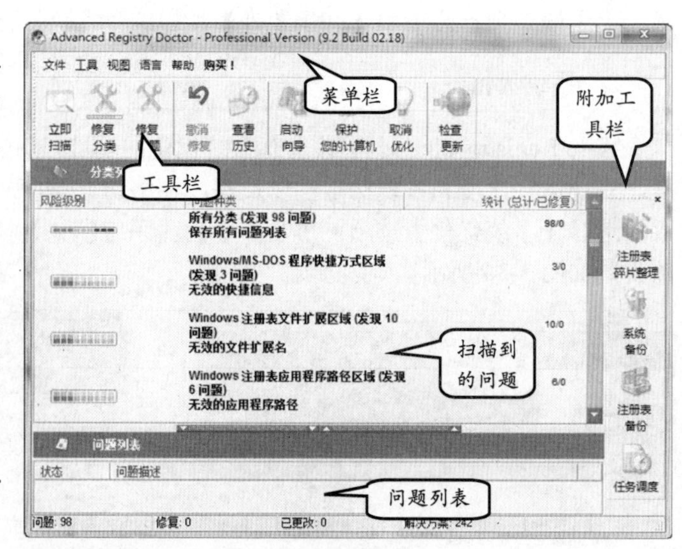

图 3-37 高级注册表医生界面

Advanced Registry Doctor Pro 的主要功能如下。

- ❑ 自动修复。
- ❑ 系统和注册表备份。
- ❑ 压缩或整理注册表。
- ❑ 快速和完整的注册表扫描。
- ❑ 高级和初级模式。
- ❑ 独特的撤销功能。
- ❑ 日程调度功能。
- ❑ 强大的自定义选项。

1. 扫描问题向导

当启动该软件时，即可弹出一个类似向导的扫描过程，如弹出【ARD：立即扫描!】对话框，选择【执行智能系统扫描（推荐）】选项，并单击【下一步】按钮，如图 3-38 所示。

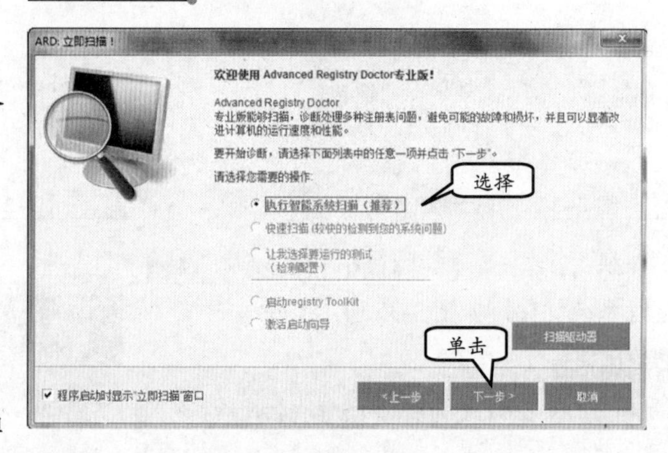

图 3-38 智能系统扫描

此时，对话框中将显示一个【检查范围】列表框，并显示检查的范围，如图 3-39 所示。

扫描完成后，即可单击【下一步】按钮，并对扫描内容进行分析，如图 3-40 所示。

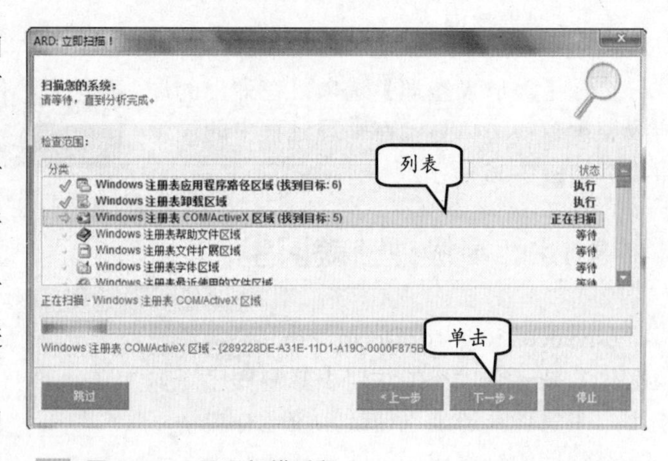

图 3-39 显示扫描过程

分析结束后，该对话框中将显示出所检查到的问题总数、问题类型等，如图 3-41 所示。单击【完成】按钮可完成扫描。

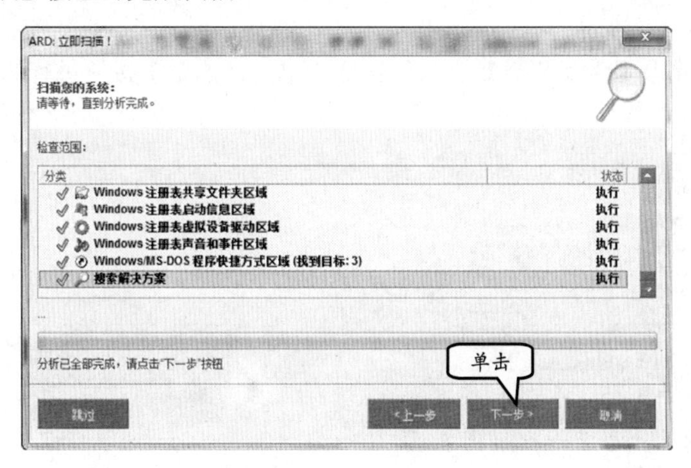

图 3-40 对检查内容进行分析

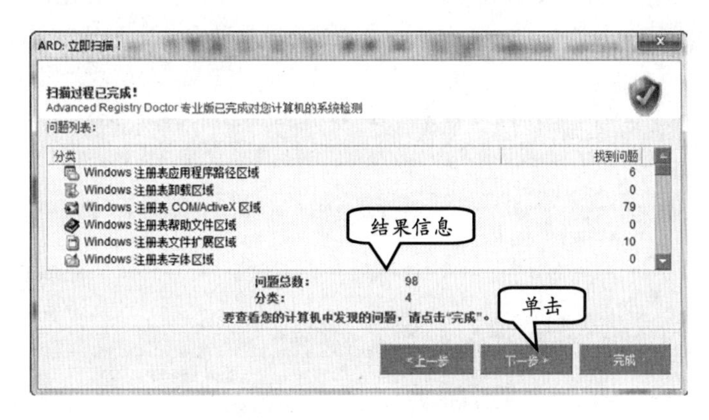

图 3-41 分析完成

此时，将弹出主窗口，并显示刚刚进行的扫描结果信息，如图 3-42 所示。这 4 种类型，分别为"Windows MS-DOS 程序快捷方式区域"、"Windows 注册表文件扩展区域"、"Windows 注册表应用程序路径区域"和"Windows 注册表 COM/ActiveX 区域"，如图 3-42 所示。

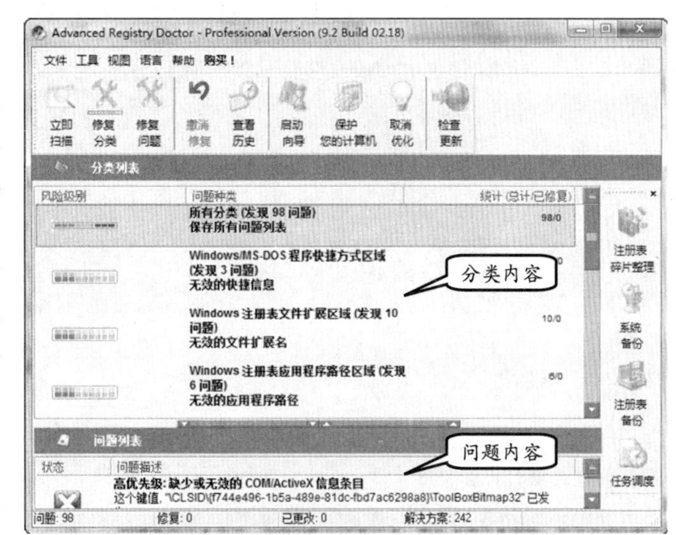

图 3-42 显示问题类型

2. 修复分类

前面已经描述了，在扫描之后以 4 类区域列出了问题内容。在该软件的窗口中，可以选择某一分类，并单击工具栏中的【修复分类】按钮，对该类问题进行修复，如图 3-43 所示。

此时，将弹出【修复分类】提示信息框，单击【确定】按钮进行修复，如图 3-44 所示。

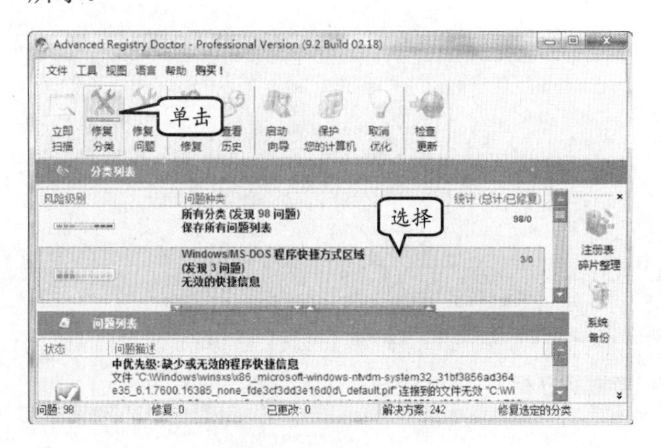

图 3-43 修复分类问题

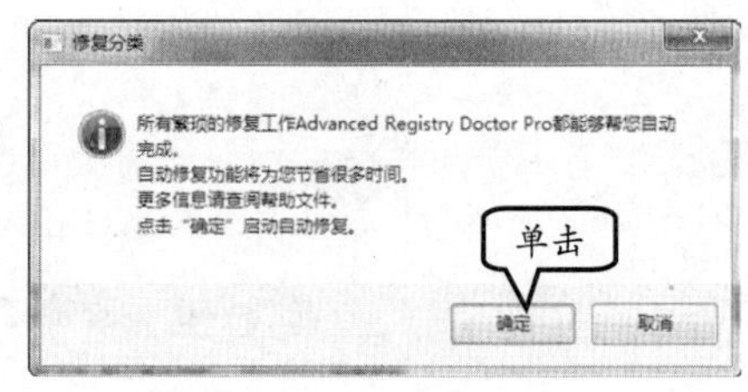

图 3-44 提示信息框

修复完成后，即可在【分类列表】中查看所选择分类已经修复的问题，并在分类名称后面的“统计（总计/已修复）”列中显示已经修改条数，如图 3-45 所示。

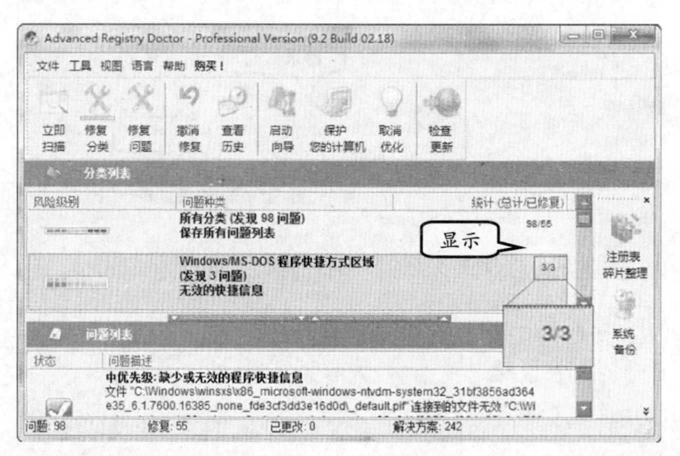

图 3-45 已经修复问题

3.4 思考与练习

一、填空题

1. __________指系统工作时所过滤加载出的剩余数据文件，虽然每个__________所占系统资源并不多，但是长时间不进行清理会越来越多。

2. 操作系统和各种软件在运行时，往往会记录各种__________。

3. 常见的日志文件扩展名包括__________、__________、__________等。

4. 常见的软件安装信息文件扩展名主要包括__________、__________、__________等。

5. 操作系统和大多数软件都会记录用户使用操作系统或软件的历史记录，例如，__________、__________、在软件中进行的

__________、使用软件打开的__________等。

6．Windows 操作系统的注册表由______、__________和______构成。

二、选择题

1．以下哪一类文件不属于垃圾文件？________

A．临时文件

B．软件运行日志

C．软件安装信息

D．注册表备份文件

2．Windows 操作系统都提供了默认的编辑注册表的工具________，可以帮助用户以可视化的方式方便地编辑注册表。

A．Regedit.exe

B．Control.exe

C．MSConfig.exe

D．GPEdit.msc

3．以下哪一种注册表数据类型无法写入字符串数据？________

A．REG_DWORD

B．REG_EXPAND_SZ

C．REG_MULTI_SZ

D．REG_SZ

4．系统日常维护不包括哪一项内容？________

A．磁盘垃圾清理

B．清除恶意软件

C．磁盘碎片整理

D．维护注册表

三、简答题

1．简述使用过一段时间以后的 Windows 操作系统运行缓慢的原因。

2．垃圾文件主要包括哪些文件？

3．注册表由哪些部分组成？什么是注册表的主键？

四、上机练习

1．Temp 文件夹

当安装比较大的文件时，比方说有一个 1GB～2GB 的软件，需要先把整个安装文件缓存到“c:\Windows\Temp”里面。如果用户计算机中【C:】磁盘中没有太大的空间，则可以将该文件夹更改到其他位置。

例如，右击桌面上【计算机】图标，并执行【属性】命令，如图 3-46 所示。然后，在弹出的【系统】窗口中单击左侧的【高级系统设置】链接，如图 3-47 所示。

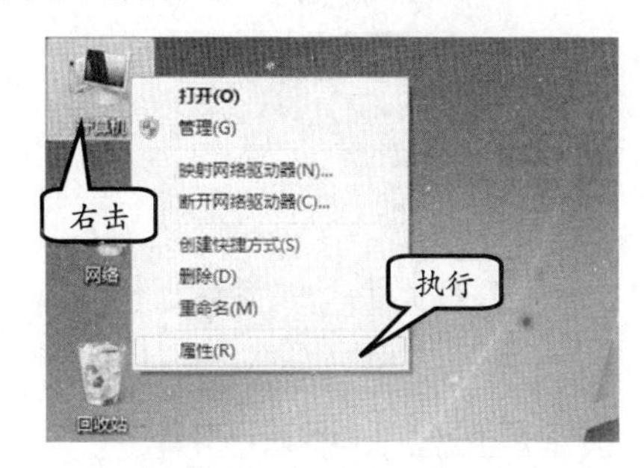

图 3-46　执行【属性】命令

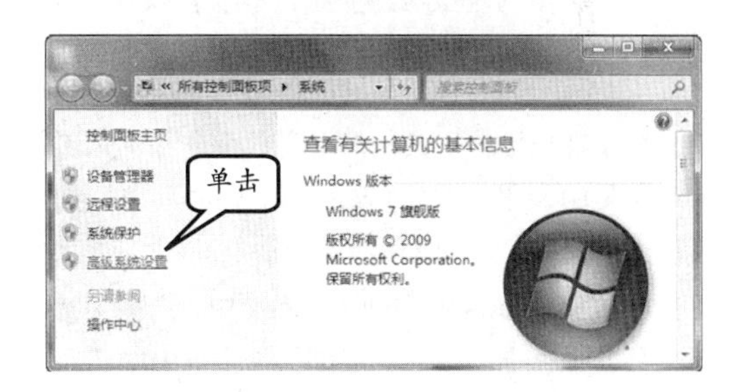

图 3-47　高级设置

在弹出的【系统属性】对话框中，选择【高级】选项卡，并单击【环境变量】按钮，如图 3-48 所示。

图 3-48　单击【环境变量】按钮

在弹出的【环境变量】对话框中，可以在上面列表框中选择变量名称，并单击【编辑】按钮。然后，在【编辑用户变量】对话框中，修改 TEMP 的变量值，即其位置，如图 3-49 所示。

图 3-49 修改用户变量

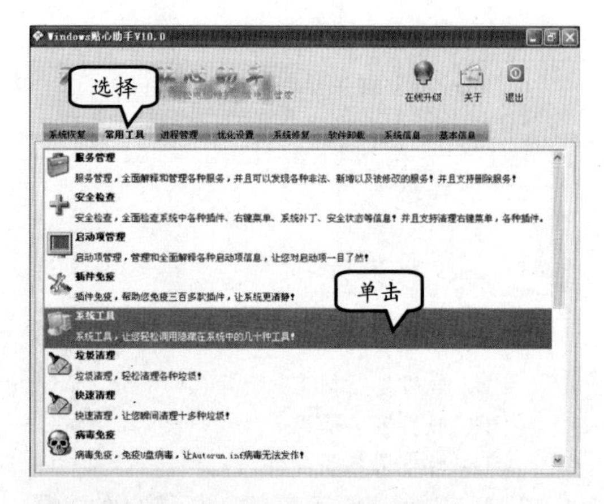

图 3-50 单击【系统工具】

图 3-51 Windows 操作系统自带的工具

2. 使用“Windows 贴心助手”调用系统工具

在 Windows 操作系统中，隐藏了很多实用的系统设置与维护工具，但大多数用户并不知道这些工具的调用方式。“Windows 贴心助手”提供了调用这些工具的方式。

在【Windows 贴心助手】界面中，选择【常用工具】选项卡，然后，即可单击列表中的【系统工具】选项，如图 3-50 所示。

弹出的【系统工具】对话框中，列出了各种 Windows 操作系统自带的工具，如图 3-51 所示。

第 4 章

文本编辑与朗读

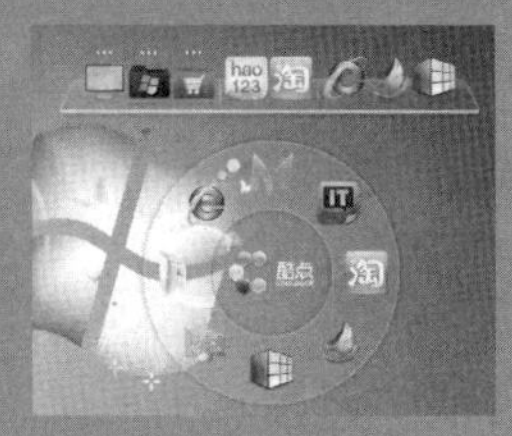

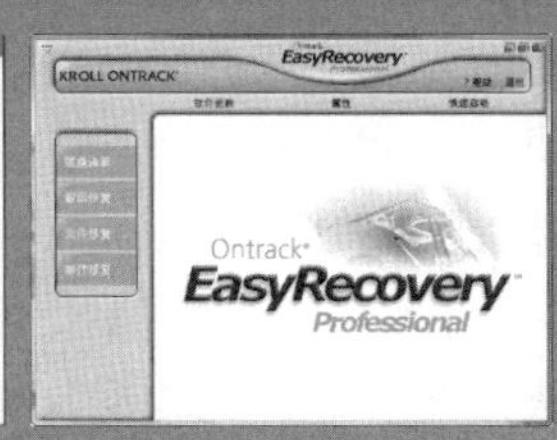

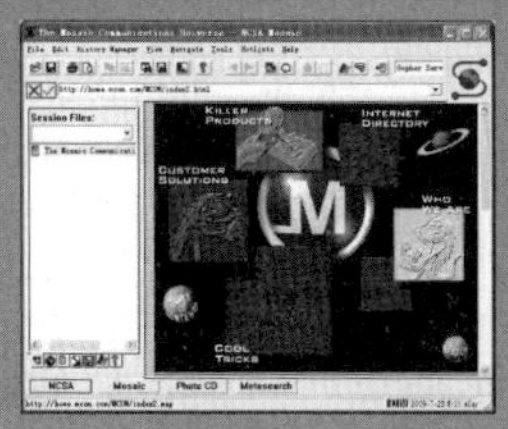

在计算机中，用到最多的工具是对文本进行相关操作的编辑工具，无论是打开某种格式的文本文件，还是对一篇文档进行编辑，要处理的对象都是一个个文本格式的文件。文本编辑的目的就是方便其他人浏览、组织信息。当然，用户不仅需要调整或者设计版式，更多的是语言的组织，方便其他人从中了解所表达的含义。在阅读过程中，用户还可以借助有声的阅读软件，将文本内容阅读出来。

本章学习要点：

- 文本编辑软件
- 文本阅读软件
- UltraEdit 文本编辑器
- EmEditor
- MyReader 语音阅读器
- 语音精灵

4.1 简述文本编辑与朗读

不管是文本编辑类工具，还是阅读类工具，人们都可以在网络中都可以方便地搜索出来。并且，用户可以按照自己的习惯及用途安装所需的软件。

4.1.1 文本编辑软件

文本编辑软件是在日常工作和生活中使用相当频繁的应用软件之一，主要包括两大类，即文本编辑器和文字处理器。

1．文本编辑器

几乎所有的操作系统和软件开发包都会提供文本编辑器，用于修改配置文件和代码。狭义的文本编辑器只提供一些基本的文本编辑功能（查找、替换、剪切、复制、粘贴等），例如 Windows 系统自带的记事本软件。

广义的文本编辑器主要包括一些功能强大的文本编辑器，它们会提供更多的功能。例如，多行折叠、自动行首缩进、行号排版、注释排版等，甚至可以针对某些编程语言或标记语言的语法校对，例如 UltraEdit。

早期的文本编辑器在撤销更改和恢复更改方面的功能并不强大，大多只支持一级编辑历史，只能撤销或恢复上一步的更改操作。随着软件技术的发展，现在新的文本编辑器往往可以支持多级编辑历史，甚至可以恢复到任意一步操作。

2．文字处理器

文字处理器的作用是为桌面出版系统提供排版支持。多数文字处理器并非作用于各种普通文字，而是按照特定的格式处理文档，帮助无程序编制经验的人员完成文稿的创建、修改、印发工作。文字处理器通常会具备以下几种功能。

- **定义字体类型和大小**

文字处理器往往可以指定文档中各种文本所使用的字体类型，例如宋体、微软雅黑等；也可以指定字体的大小。

- **定义字体颜色、斜体、粗体和下划线等样式**

大多数文字处理器都允许用户为字体设置前景色（字体本身的颜色）和背景色，同时可以对字体进行加粗、倾斜、上标、下标以及添加下划线和删除线，甚至还可以对英文中的字母进行处理，切换字母的大小写。

- **定义对齐方式、缩进和文字方向**

在日常文档书写中，经常需要将根据纸张和文字的段落类型，以左、右和居中等方式和横排、竖排等方式书写，同时在段落的首行还需要缩进两个字的距离。多数文字处理器也都会提供这些功能。

- **定义列表和表格**

早期的文字处理器往往只提供文字处理功能。随着技术的发展，越来越多的文字处理器允许在文字中插入各种列表和表格，并支持多种列表的项目符号。

❑ 插入图像和简单图像编辑

一些功能强大的文字处理器往往还会提供在文档中插入图像的功能，以及图文混排方式的选择和简单的图像编辑功能。

❑ 页面设置

为了面向打印输出，多数文字处理器都会提供设置各种纸张、页边距的功能，以帮助用户预览打印的效果。

3. 文本编辑器与文字处理器的区别

由于文本编辑器和文字处理器这两类文本编辑软件在用途上的不同，其功能上也有较大的区别。

文本编辑器编辑的各种文档往往是未编译的文本文档或十六进制文档，因此不支持各种文本样式的设置，只支持换行、制表符等简单的排版方式。使用文本编辑器打开文档，将显示文档中的所有字符。

文字处理器编辑的各种文档往往是经过编译或加密的文档格式，支持各种文本样式的设置，但往往无法显示文档中所有的字符（会隐藏各种定义样式的标签、标记等）。

4.1.2 文本朗读软件

所谓让文本发声是指将文本的内容变成声音输出，即让计算机读出文本的内容。这个功能在实际的工作和娱乐中无疑是很有用的。例如，最先是在 Office 的 Excel 中，就有“从文本到语音”的功能。

众所周知声音也是传播信息的媒介，是多媒体技术研究的一个重要内容。而声音又包括人的话音、乐器声、动物发出的声音、机器产生的声音以及自然界声音。

计算机可以把文本转化为语音，即把文本内容朗读出来，这种技术具有广泛的应用前景，例如电子政务、语音短信以及计算机软件的语音交互。

试想一下，如果能够将声音、图像展现到软件的操作界面上，定为软件增加不少色彩。不少软件设计者花了很多时间在用户界面，希望能做成更友好的界面，但未见有很大的改善。在软件编程中，特别是计算机能够根据文字朗读发声的程序，要把界面做得更友好，声音是一种吸引用户的方式。

文本朗读器又称文语转换（Text To Speech，TTS）系统，是语音合成技术的一个重要应用，其主要功能是把输入计算机的文本文件通过扬声器朗读出来。文本文件经过一定的软硬件转换后由计算机或其他语音系统输出语音，并尽量使合成的语音有较高的可理解度和自然度。

4.2 文本编辑软件

在操作系统中，一般用户都喜欢使用“记事本”来记录一些简单短的文本内容，或者，通过“记事本”来录入一些代码内容。但是，由于“记事本”在功能上的局限性，它已不能满足用户对文本编辑的需求。

4.2.1 UltraEdit 文本编辑器

UltraEdit 是一套功能强大的文本编辑器，可以编辑文本、十六进制、ASCII 码，完全可以取代记事本（如果电脑配置足够强大）。内建英文单字检查、C++及 VB 指令突显，可同时编辑多个文件，而且即使开启很大的文件速度也不会慢；软件附有 HTML 标签颜色显示、搜寻替换以及无限制的还原功能，一般用其来修改 EXE 或 DLL 文件，能够满足用户一切编辑需要的编辑器。

安装该软件后，打开 UltraEdit 窗口。该窗口主要包含有标题栏、菜单栏、常用工具栏、HTML 工具栏、输出窗口、模板列表、文件视图窗格和文本编辑窗格等，如图 4-1 所示。

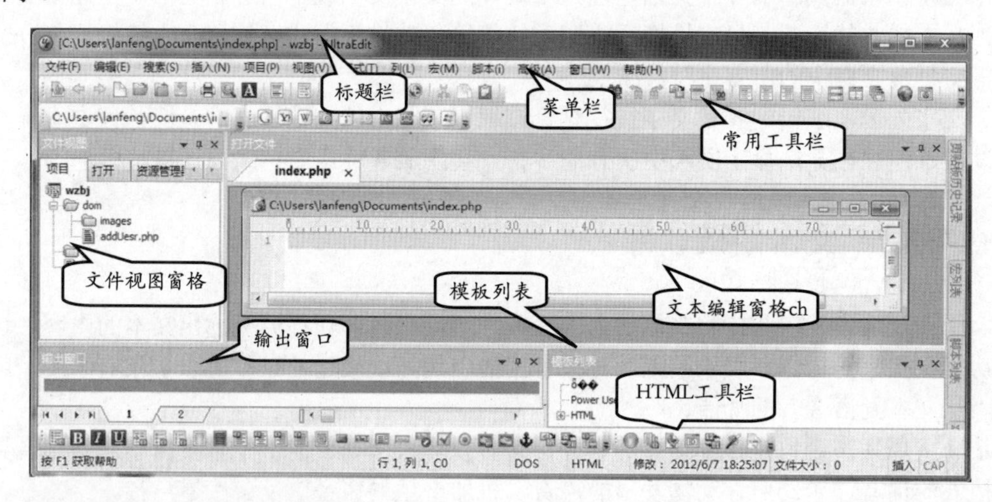

图 4-1　UltraEdit 窗口

UltraEdit 窗口中主要组成部分功能介绍如下。

- **文件视图窗格**　在此窗格中包含 4 个选项卡，分别为项目、打开、资源管理器和列表。
- **文本编辑窗格**　对文本进行编辑的区域，用户打开的文件就显示在这个位置。
- **输出窗口**　支持带 4 种不同标签的输出窗口，允许在不覆盖上次函数运行结果的情况下，写入、输出并储存。
- **模板列表**　在此列表中可以进行创建、编辑、调整模板排列顺序和应用模板等操作。
- **工具栏**　提供快速在 HTML 文档中插入常用标签的方法，如单选按钮、图像、Div 等。
- **HTML 工具工具栏**　提供在软件中调用工具的快速方法，如颜色选择器、样式编译器、精简等。

用户使用该软件可以方便、快捷地创建并应用 HTML 模板创建所需要的代码文件，具体操作如下。

在 UltraEdit 窗口的【模板列表】窗格中，右击 HTML 模板，并执行【修改模板】命令，如图 4-2 所示。然后，在弹出的【修改模板】对话框中，可以编辑及添加 HTML 的标签内容，单击【确定】按钮，如图 4-3 所示。

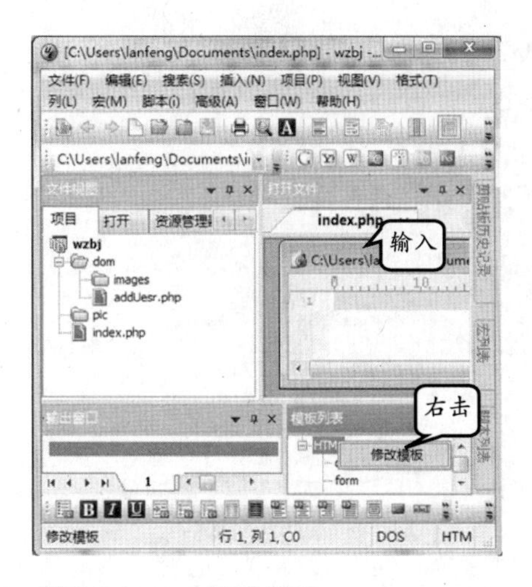

图 4-2　修改模板

图 4-3　修改标签内容

右击 HTML 模板列表中的 HTML5 模板，并执行【插入模板】命令，将在 Login.html 文档中插入 HTML 模板，如图 4-4 所示。

图 4-4　插入模板

此时，光标将选择<title></title>标签之间的内容，如图 4-5 所示。然后，用户可以将光标所选内容，修改为“第一个简单的网页”，如图 4-6 所示。

提　示

用户在对代码进行修改后，都需要单击工具栏中的【保存文件】按钮。

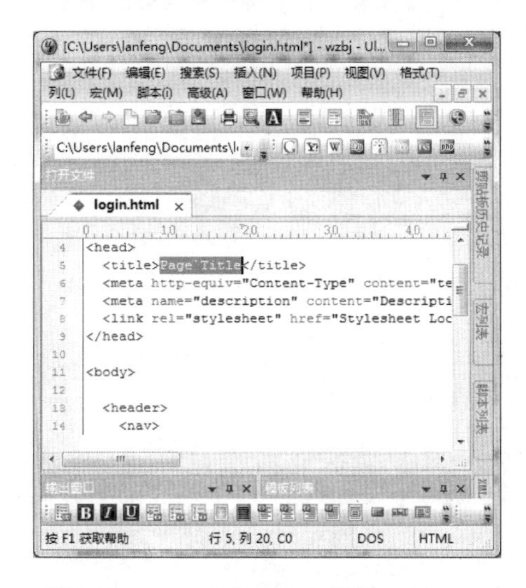

图 4-5　显示插入的代码

图 4-6　修改标题内容

将光标置于<body></body>标签之间，单击 HTML 工具栏中 HTML Div 按钮，如图 4-7 所示。然后，在<body></body>标签之间插入<div></div>标签，如图 4-8 所示。

图 4–7　选择标签插入位置

图 4–8　插入<div></div>标签

将光标置于<div>标签后面，单击 HTML 工具栏中【HTML 图像】按钮，如图 4-9 所示。然后，将在光标位置插入<img>标签，如图 4-10 所示，并修改<img>标签中所链接的图片位置。

图 4–9　插入图像代码

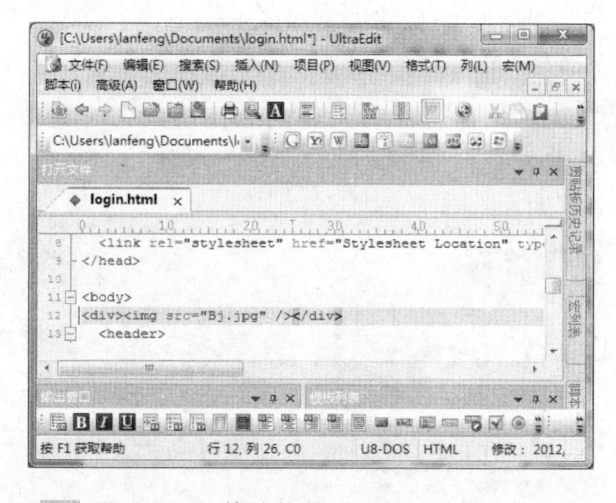

图 4–10　修改代码

在窗口中单击【保存文件】按钮，即可保存该文件中的代码，如图 4-11 所示。如果用户还需要修改，可以再次打开该文件进行修改。

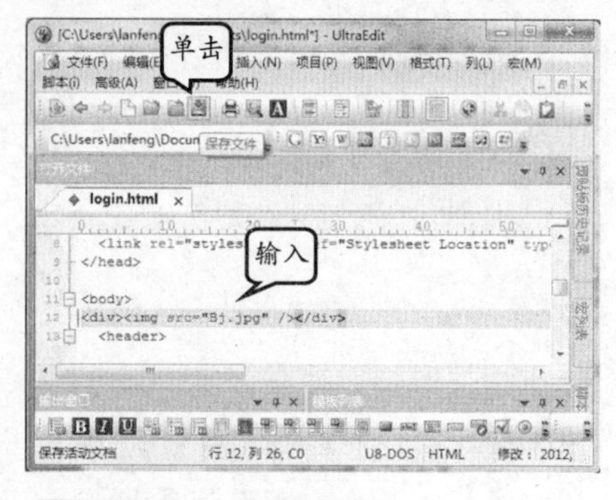

图 4–11　保存文件

4.2.2　EmEditor 文本编辑器

EmEditor 是日本江村软件公司（Emurasoft）所开发的一款在 Windows 平台上运行的文字编辑程序。EmEditor 以运作轻巧、敏捷而又功能强大、丰富著称，得到许多用户的好评。Windows 内建的记事本程序由于功能太过单薄，所以有不少用户直接以 EmEditor 取代。

1. 创建代码文件

对该编辑工具，用户不仅可以编辑文本内容，还可以修改及创建代码文件，并编辑代码内容。

打开已经安装好的 EmEditor 软件，并在该窗口中执行【文件】|【新建】| HTML 命令，如图 4-12 所示。

此时，将在【无标题*】选项卡的文本编辑区中，显示已经添加的 HTML 代码内容，如图 4-13 所示。

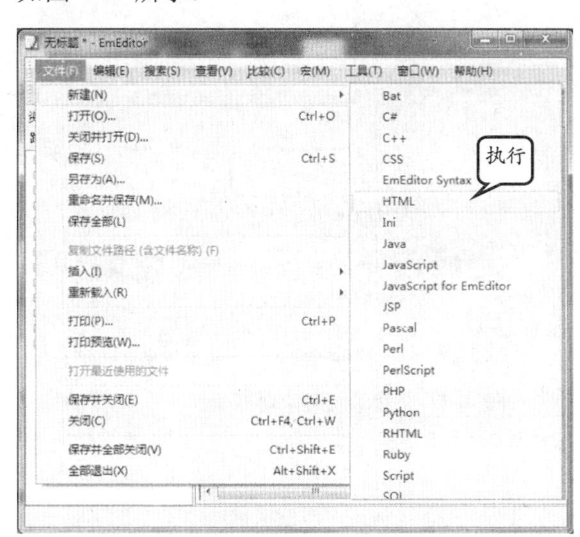

图 4-12　执行命令

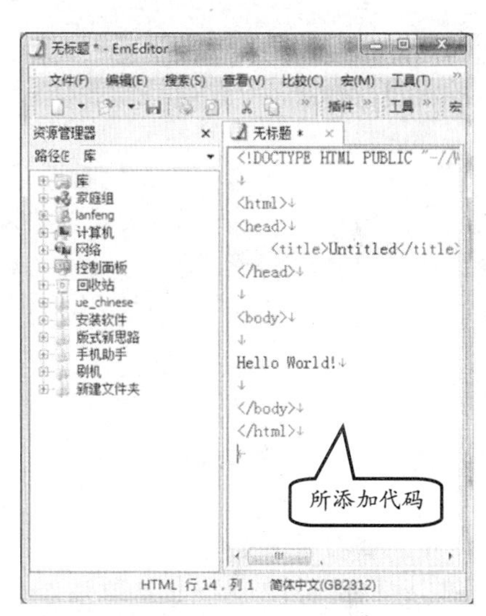

图 4-13　添加 HTML 代码

用户可以修改代码内容，如修改<title></title>标签之间的内容为“天下美食”，如图 4-14 所示。

选择“Hello World!”内容，并将其内容修改为“<h1>热烈庆祝美食节开幕！</h1>”内容，如图 4-15 所示。

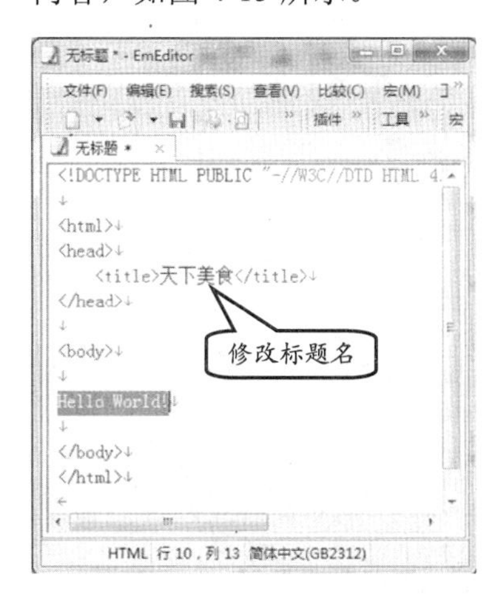

图 4-14　修改标题内容

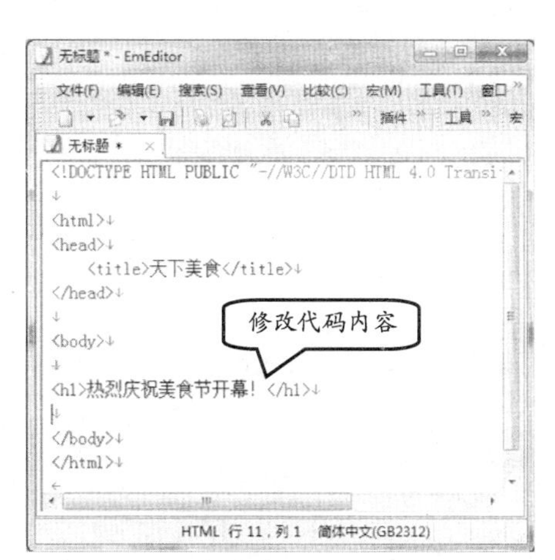

图 4-15　添加代码内容

提 示

标题标签（h1～h6）是指网页 HTML 中对文本标题进行着重强调的一种标签，以标签<h1>～<h6>依此显示重要性的递减，制作<h>标签的主要意义是告诉搜索引擎这个是一段文字的标题，起强调作用。

单击工具栏中的【保存】按钮，则对该代码文件进行保存，如图 4-16 所示。

在弹出的【另存为】对话框中，用户可以选择文件保存的位置，并修改文件为“index.htm”，然后单击【保存】按钮，如图 4-17 所示。

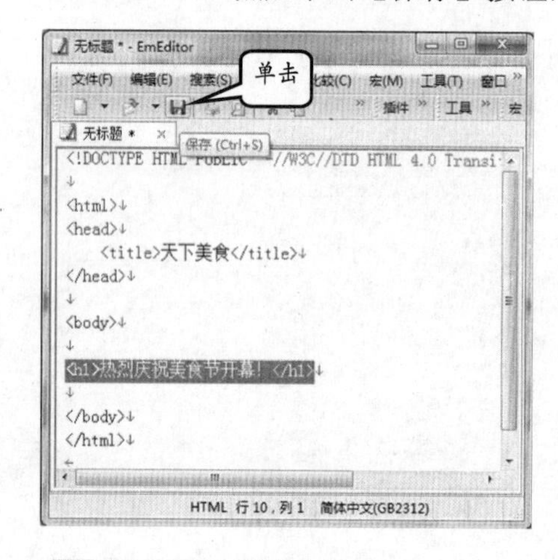

图 4-16 保存文件

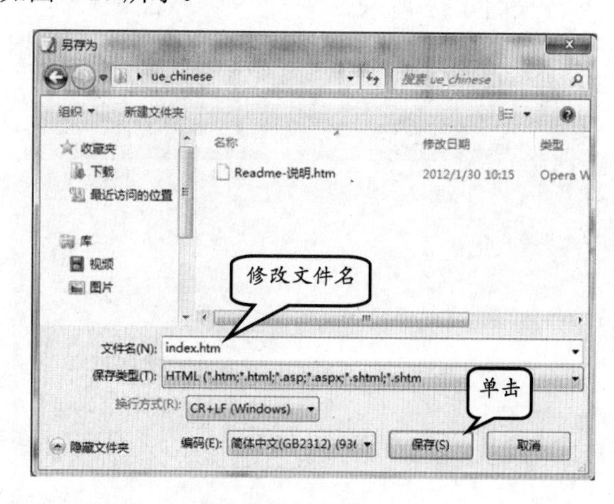

图 4-17 修改文件名并保存

2. 查看文本文件

在该编辑器中，还可以对文本文件进行修改等操作。当然，所编辑的文本一般都是 TXT 文件。

在窗口中，执行【文件】|【打开】命令，如图 4-18 所示。然后，在弹出的【打开】对话框中，选择文件位置，并选择需要打开的文件，单击【打开】按钮，如图 4-19 所示。

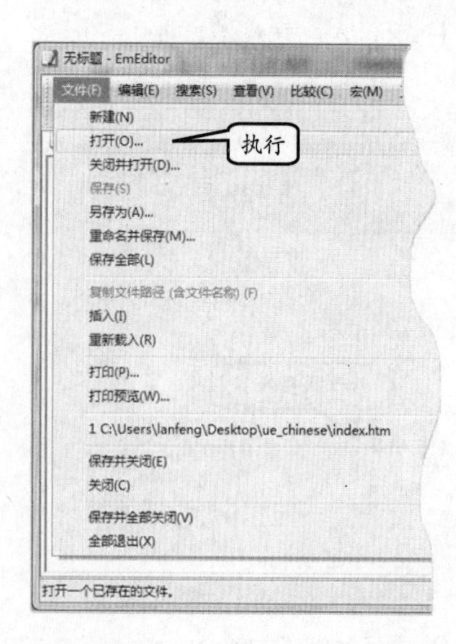

图 4-18 执行【打开】命令

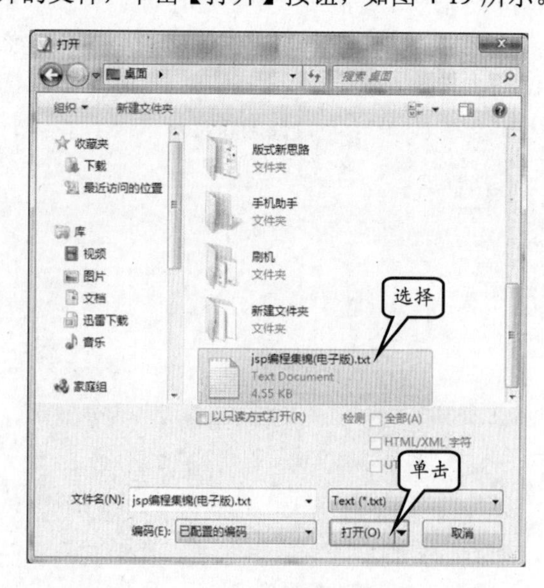

图 4-19 选择打开的文件

在该文件中，用户只能像在“记事本”中一样，对文本进行一些简单的修改。例如，修改文字样式，即执行【查看】|【字体】命令，如图 4-20 所示。

在弹出的【自定义字体】对话框中，单击【更改】按钮。然后，在弹出的【字体】对话框中，修改“字体”、“字形”和“大小”内容，并单击【确定】按钮，如图 4-21 所示。

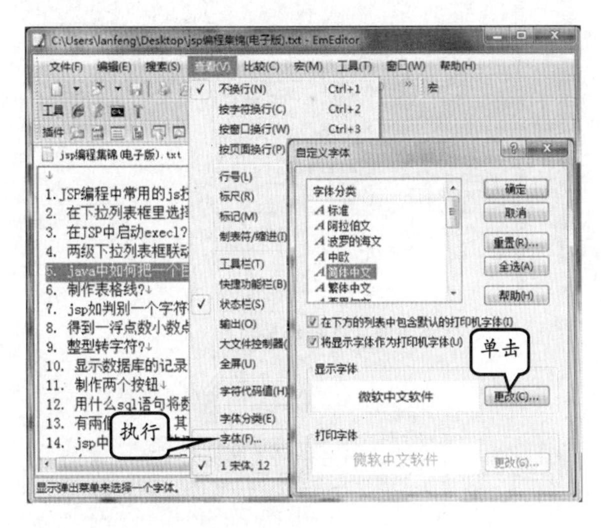

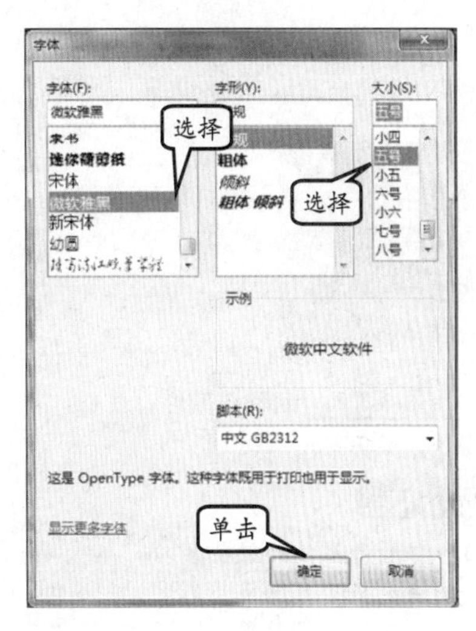

图 4-20 修改字体样式

图 4-21 更改字体内容

4.3 语音朗读软件

目前，针对语言朗读的软件非常之多，不仅在网页和软件中能够看到，而且，有一些硬件设备中也包含这些功能，如学习机。

4.3.1 MyReader 语音阅读器

MyReader 语音阅读器，自然地做到模拟人看书的方式，为用户看小说提供方便的阅读平台。它还能自动为用户朗读，支持中文、英文、日语、各地方言等，使用户不仅可以看小说，还能听小说（可以朗读段落和整篇文档），特别适合阅读各种文本格式的电子小说、范文。

用户在使用该软件时，可以通过右击对打开的小说或者其他文本内容进行翻页等操作。例如，通过右击鼠标调出主菜单。该软件的主要快捷键有如下几个。

- **空格键** 向前翻 1 页（无声音）。
- **右箭头** 向前翻 1 页（有声音）。
- **左箭头** 向后翻 1 页。
- **PageDn** 向前翻 20 页。
- **PageUp** 向后翻 20 页。

安装软件后，将在桌面显示该软件的快捷图标，双击该图标启动该软件，如图 4-22 所示。

单击右上角中的【打开新小说】按钮，并在弹出的【打开】对话框中，选择需要打开的小说TXT文件，然后，单击【打开】按钮即可打开该小说，如图4-23所示。

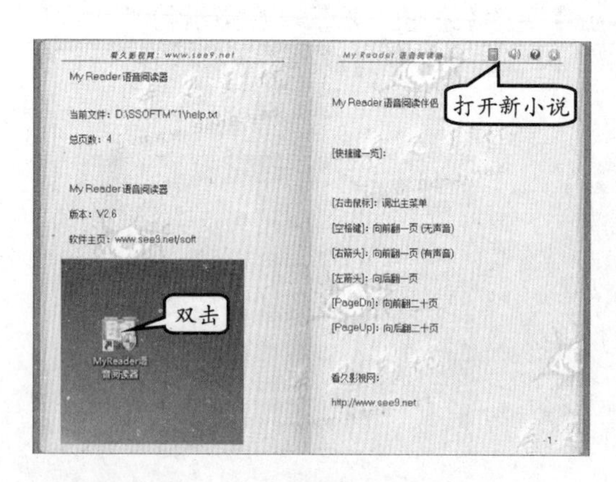

图4-22 启动该软件

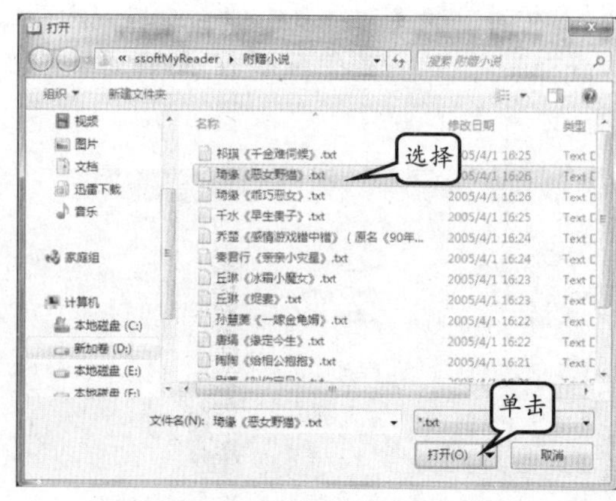

图4-23 选择小说

提 示

该软件一般只针对扩展名为“.txt”的文件。在【打开】对话框中，所显示的文件为该软件所带的一些测试文件。

此时，将在界面中显示已经打开的小说内容，在右侧的页面中显示小说内容，如图4-24所示。

再单击右上角中的【语言朗读】按钮，并弹出【语言朗读】对话框。在该对话框中，将显示语音、速度和音量等内容，如图4-25所示。

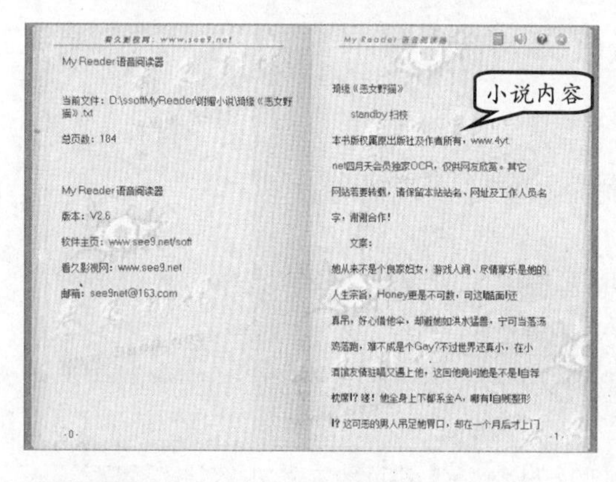

图4-24 打开小说文件

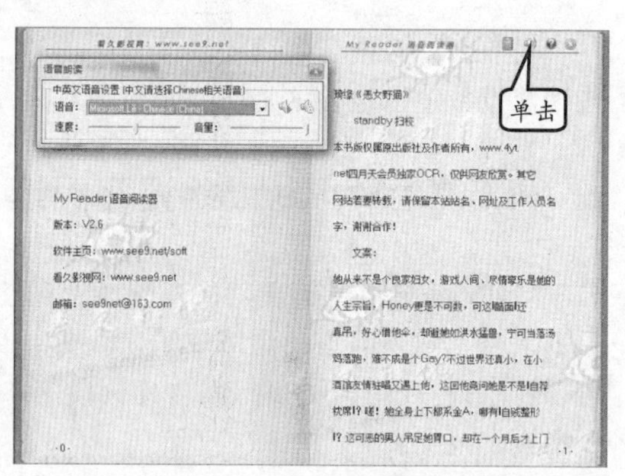

图4-25 打开【语音朗读】对话框

提 示

用户也可以右击界面，在弹出的快捷菜单中，执行【语音朗读】命令，弹出【语言朗读】对话框。

在【语音朗读】对话框中，单击【语音】后面的【开始朗读】按钮，即可有声阅读文本内容，如图4-26所示。

如果用户需要一边听一边看，则当读完一页内容后，可以右击界面，执行【翻页控制】|【向后1页】命令，如图4-27所示。

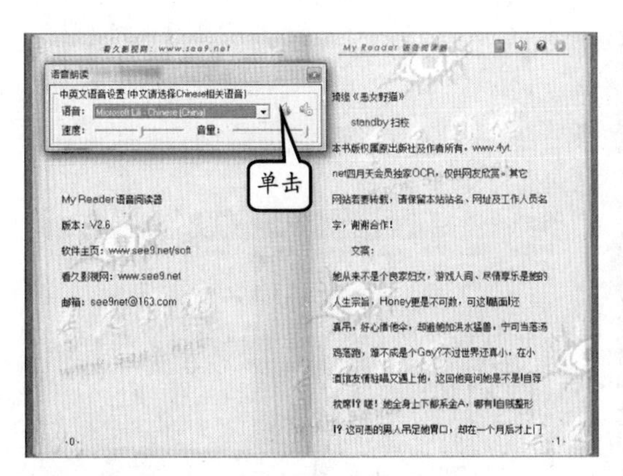

图 4-26 开始朗读

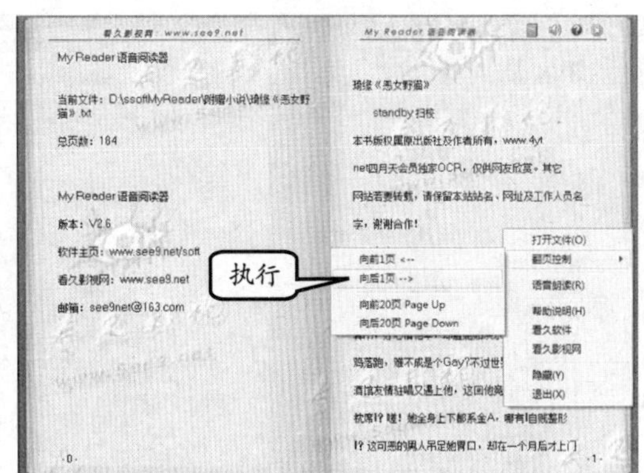

图 4-27 向后翻页

提 示

如果用户需要退出软件，可以右击界面执行【退出】命令。而在界面中，单击右上角【隐藏】按钮，只是将界面隐藏到【任务栏】中的通知区内。

4.3.2 语音精灵

语音精灵专门为 Windows Vista 和 Windows 7 操作系统设计开发，女性语音朗读，声音接近真实。

该软件可以朗读记事本文件、对输入文字进行朗读、网上阅读、阅读新闻等。在上网看书、阅读新闻时，感觉眼睛难受，可以使用该软件，如图 4-28 所示。

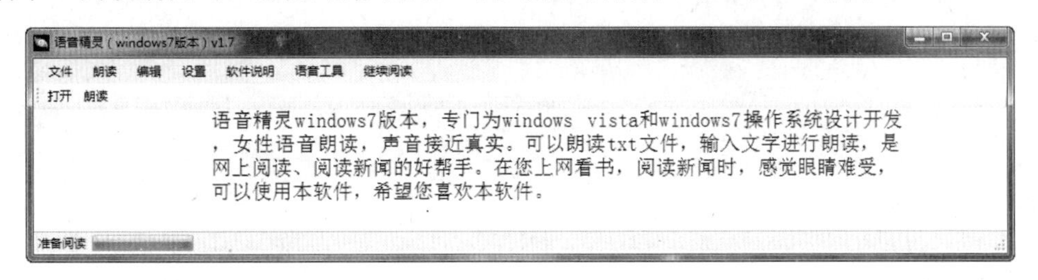

图 4-28 语音精灵

1．阅读 TXT 文件

在窗口中，用户可以执行【文件】|【打开文件朗读】命令，如图 4-29 所示。

图 4-29 打开文件

然后，在弹出的【打开】对话框中，选择已经保存好的 TXT 记事本文件，并单击【打开】按钮，如图 4-30 所示。

此时，在窗口中将显示 TXT 记事本中所保存的文本内容，单击【朗读】按钮，即可以有声方式阅读文本，如图 4-31 所示。

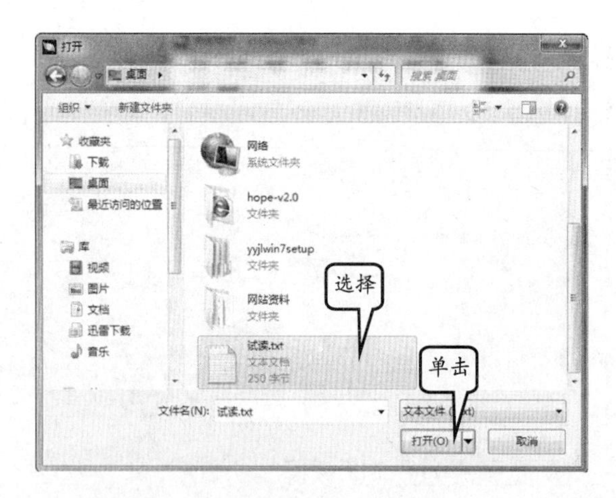

图 4-30 选择记事本文件

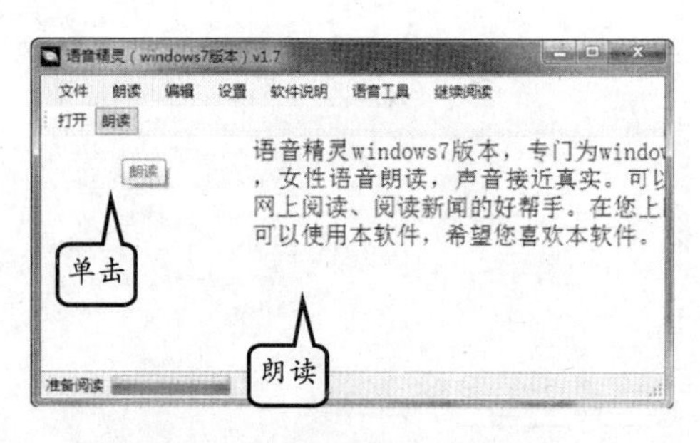

图 4-31 阅读内容

2. 将文本保存为声音文件

在该软件中，可以将用户输入的文本内容直接保存为声音文件。在窗口中，执行【文件】|【输入文字朗读或保存为 wav】命令，如图 4-32 所示。

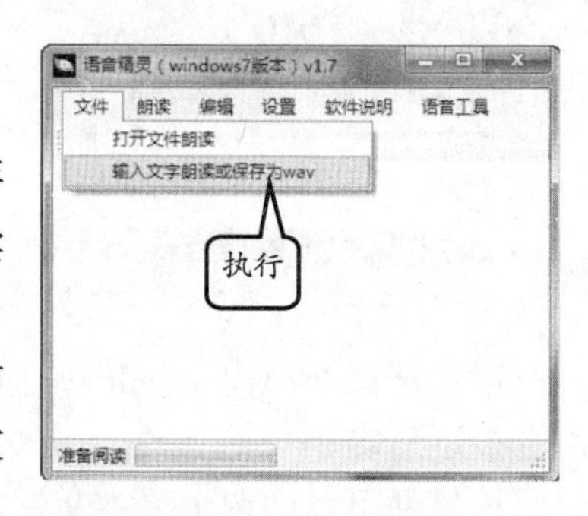

图 4-32 执行命令

在弹出的【输入你要朗读或保存为 wav 的内容】对话框中，输入文本内容。然后，再单击【保存为音频文件】按钮，如图 4-33 所示。

在弹出的【保存】对话框中，输入【文件名】为“咏鹅”，并单击【保存】按钮，如图 4-34 所示。

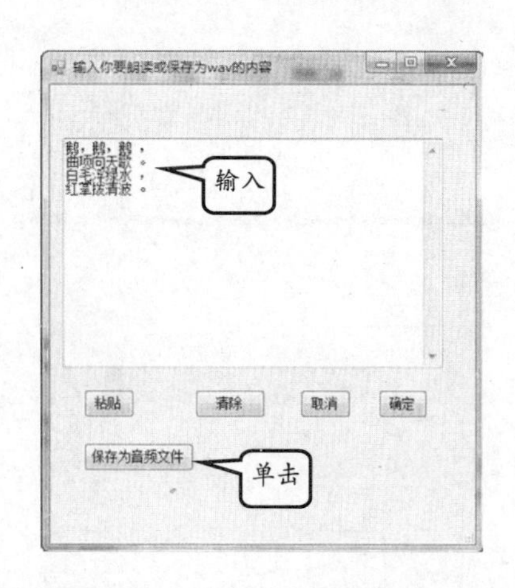

图 4-33 输入文本内容

图 4-34 输入文件名

在转换过程中，将弹出【询问】对话框，并提示“wav 文件保存完成，是否转换为同名的 mp3 文件？”内容，单击【确定】按钮，如图 4-35 所示。

现在，用户可以在桌面上看到已经转换的两个音频文件，如图 4-36 所示；并且，用户可以通过播放器聆听内容。

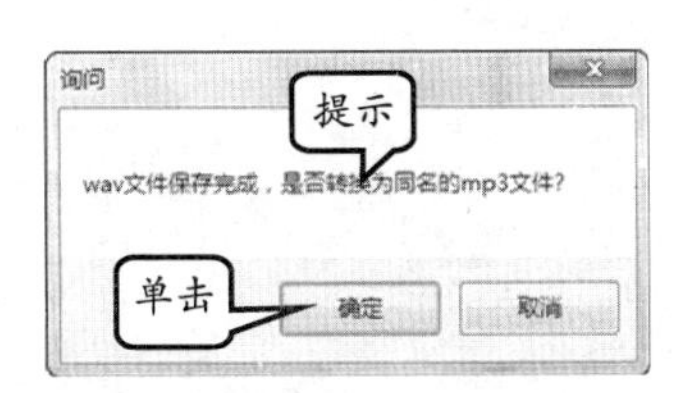

图 4-35 提示信息

图 4-36 音频文件

4.4 思考与练习

一、填空题

1. __________是在日常工作和生活中使用相当频繁的应用软件之一，它主要包括两大类，即__________和文字处理器。

2. __________主要包括一些功能强大的文本编辑器，它们会提供更多的功能。

3. __________作用是为桌面出版系统提供排版支持。多数文字处理器并非作用于各种普通文字，而是按照特定的格式处理文档，帮助无程序编制经验的人员完成文稿的创建、修改、印发工作。

4. 在日常书写中，经常需要将根据__________和文字的段落类型，以左、右和居中等方式和横排、竖排等方式书写。

5. __________是指将文本的内容变成声音输出，即让计算机读出文本的内容。

6. __________又称文语转换（Text To Speech，TTS）系统，是语音合成技术的一个重要应用，其主要功能是把输入计算机的文本文件通过扬声器朗读出来。

7. __________是日本江村软件公司所开发的一款在 Windows 平台上运行的文字编辑软件。

二、选择题

1. 以下哪种格式是文本文件格式？__________

A. EXE　　B. CHM
C. PDF　　D. TXT

2. UltraEdit 无法编辑以下哪种文件？__________

A. 文本　　B. 十六进制数据
C. ASCII 码数据　　D. PDF 文档

3. 在语音朗读软件中，可以导入__________格式文件，并进行有声阅读。

A. PDF 格式文件
B. EXE 格式文件
C. TXT 格式文件
D. 导入字体文件

4. 在 MyReader 语音阅读器软件中，__________是向前翻 1 页（无声音）操作。

A. 向右键　　B. 向左键
C. 空格键　　D. 向上键

5. 在“语音精灵”软件中，可以保存为__________格式的声音文件。

A. WAV　　B. MP3
C. MPG　　D. RM

三、简答题

1. 概述文本编辑器和文字处理器的区别。
2. 概述文本朗读含义。
3. 描述 EmEditor 软件中，如何格式化代码。
4. 简单描述通过“语音精灵”朗读文本的过程。

四、上机练习

1. Windows 7 中的写字板

写字板是一个可用来创建和编辑文档的文本编辑程序。与记事本不同，写字板文档可以包括复杂的格式和图形，并且可以在写字板内链接或嵌入对象（如图片或其他文档）。

单击【开始】按钮，并执行【所有程序】|【附件】|【写字板】命令，即可打开【写字板】窗口，如图 4-37 所示。

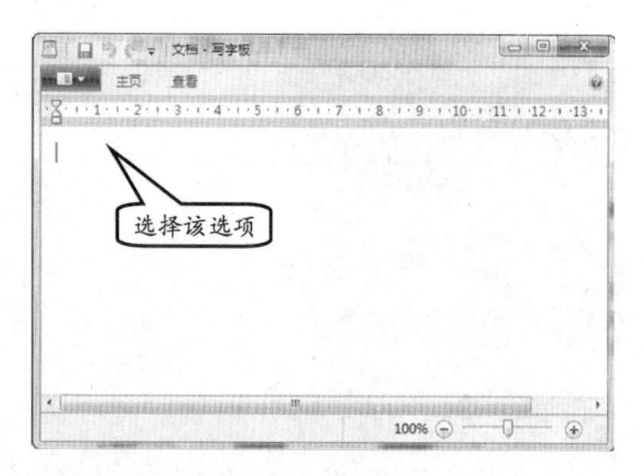

图 4-37　更改背景方案

然后，用户可以在该窗口的【工作区】中，输入文本内容。也可以，将其他文本内容，直接粘贴到该工作区中，如图 4-38 所示。

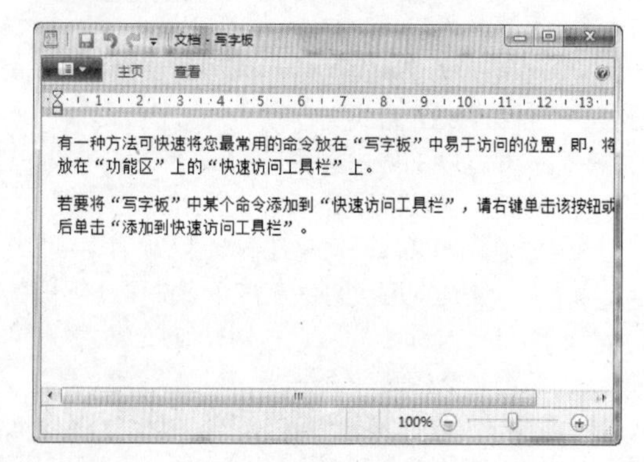

图 4-38　添加文本内容

用户也可以在【写字板】窗口中，输入代码内容，如图 4-39 所示。然后，单击【写字板】选项卡，执行【保存】命令，在弹出的【保存为】对话框中，输入【文件名】为“index.html”；【保存类型】为“Unicode 文本文档（*.txt）”，单击【保存】按钮，如图 4-40 所示。

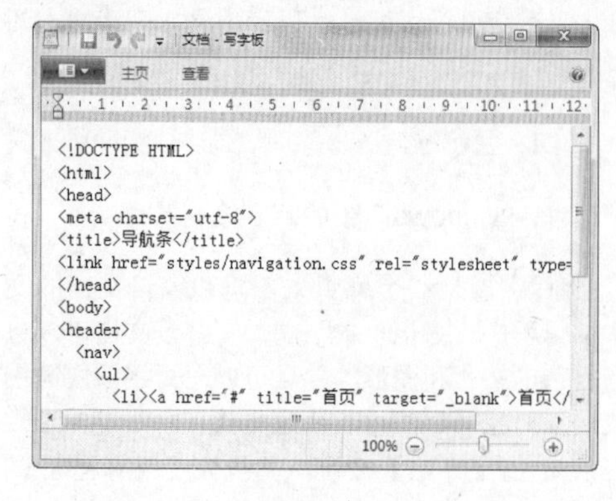

图 4-39　输入代码

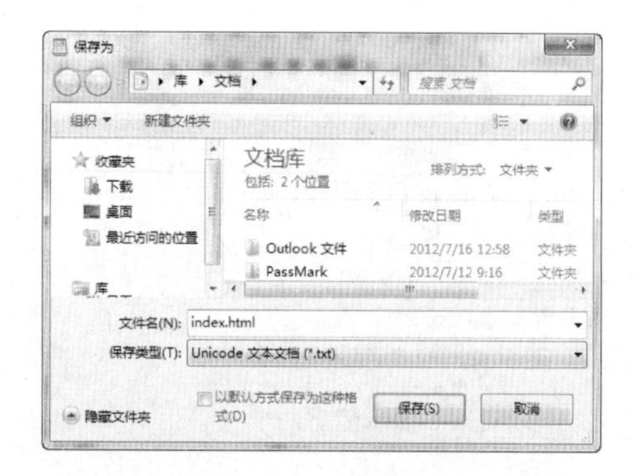

图 4-40　保存 HTML 文件

2. Windows 7 中的记事本

记事本是一个基本的文本编辑程序，最常用于查看或编辑文本文件。文本文件是通常由“.txt”文件扩展名标识的文件类型。

而在操作系统中，记事本除了记录一些文本文字以外，也可以作为一种代码文档编辑器使用。当然，更不用提做一些文本的编辑工具了。

打开“记事本”的方法，与打开“写字板”的方法相同。因为，它们都属性操作系统“附件”中的功能软件。单击【开始】按钮，并执行【所有程序】|【附件】|【记事本】命令，即可打开【记事本】窗口，如图 4-41 所示。

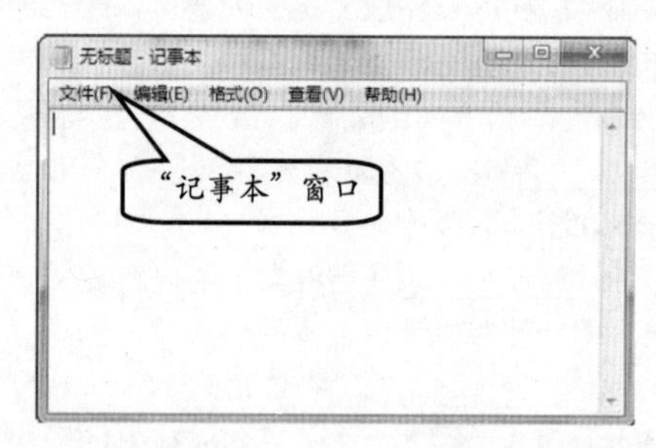

图 4-41　打开“记事本”工具

同时，用户可以输入文本内容，如图 4-42 所示。并且，也可以保存为 TXT 格式的文件。

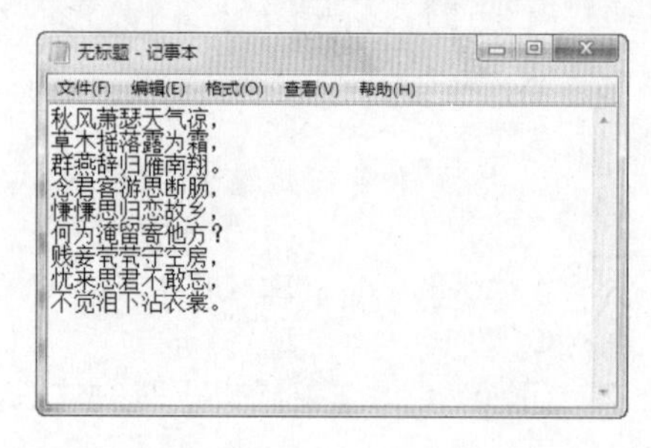

图 4-42　输入文本内容

第 5 章

文件管理软件

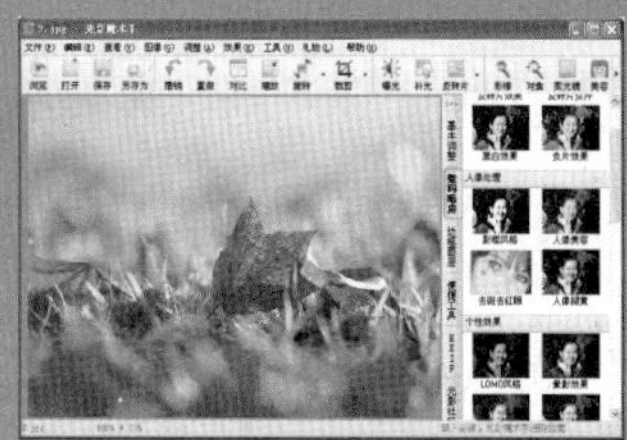

随着文件的逐渐增多，文件管理工作也会变得越来越繁琐。大量琐碎的文件既可能给用户查找和索引造成困难，同时也影响着计算机的性能。使用文件处理软件，可以有效地管理各种复杂的文件，帮助用户查找和索引各种不同的文件，避免影响计算机性能，提高使用计算机的效率。

本章将介绍文件处理的一些基本概念和常识，同时以一些常用的文件处理软件使用方法为例，帮助用户了解处理文件的技巧。

本章学习要点：

- 文件管理
- 文件加密
- 文件恢复
- 多可文件管理软件
- WinRAR
- 7-Zip 压缩软件
- 个人文件同步备份
- Recuva
- File Rescue Plus

5.1 文件管理常识

文件是操作系统管理数据的最基本单位。当大量文件充斥于计算机中时，会给用户查找、使用、编辑以及管理计算机带来很大的困扰。因此，文件越多，就越需要用户对文件进行合理有效的管理。

5.1.1 文件管理

文件管理对于用户使用计算机有重要的意义。对于计算机而言，文件管理就是对文件存储器的存储空间进行组织、分配和回收，对文件进行存储、检索、共享和保护；对于用户而言，文件管理则是将各种数据文件分类管理，以便查找、使用、修改等。

在了解文件管理这一概念时，需要了解文件在计算机中存储的特点，以及文件的分类方式等。

1. 文件在计算机中存储的特点

在计算机系统中，所有的数据都是以文件的形式存在的。操作系统本身的文件也不例外。了解文件在计算机中存储的特点，有助于合理地管理这些文件。

❑ **文件名的唯一性**

在同一磁盘的同一目录下，不允许出现相同的文件名。

❑ **文件的可修改性**

在有权限的情况下，用户可以对文件进行添加、修改、删除数据等操作，也可以删除文件。

❑ **文件的可移动性**

文件可以被存储在磁盘、光盘和 U 盘等存储介质中，并且可以实现文件在计算机和存储介质之间的相互复制，也可以实现文件在计算机和计算机之间的相互复制。

❑ **文件位置的固定性**

文件在磁盘中存储的位置是固定的，在一些情况下，需要给出文件的存储路径，从而告诉程序和用户该文件的位置，如 C:\Windows\system。

2. 文件的分类

计算机中的文件可以分为两大类。一类是没有经过编译和加密的、由字符和序列组成的文件，被称作文本文件，包括记事本的文档、网页、网页样式表等；而另一类则是经过软件编译或加密的文件，被称作二进制文件，包括各种可执行程序、图像、声音、视频等文件。

当需要规划文件具体的用途时，可能会涉及到更详细的文件分类，以更有效、方便地组织和管理文件。例如，根据文件在 Windows 操作系统中的作用，可以分为如下几大类。

❑ **程序文件**

由可执行程序代码组成。在系统中，程序文件的文件扩展名一般为.com 和.exe 等。

❑ **文本文件**

通常由数字和字母组成。一般情况下，文本文件的扩展名为.txt。

❑ **图像文件**

用于存放图片信息的文件。例如，常见的.bmp 位图文件便是图像文件。

❑ **数据文件**

一般包括由数字、名字、地址和其他数据库和电子表格等程序创建的文件。

❑ **多媒体文件**

是指以数字形式保存的声音或视频文件。在 Windows XP 系统中，常见的多媒体文件有很多，如扩展名为.wav 的文件。

了解文件在计算机中的存储特点和文件常见的分类方法，是对文件进行管理的基础。

5.1.2 文件加密

在使用计算机的过程中，经常需要对一些文件进行权限设置，防止未授权的访问。此时，就可以使用文件加密软件，为文件设置一个密码，使文件只有在用户输入正确密码后才可以被访问或修改。

1. 文件加密原理

文件加密软件为文件设置密码的过程被称作加密。加密的方式有许多种，但其原理是相同的。一个完整的文件加密流程如图 5-1 所示。

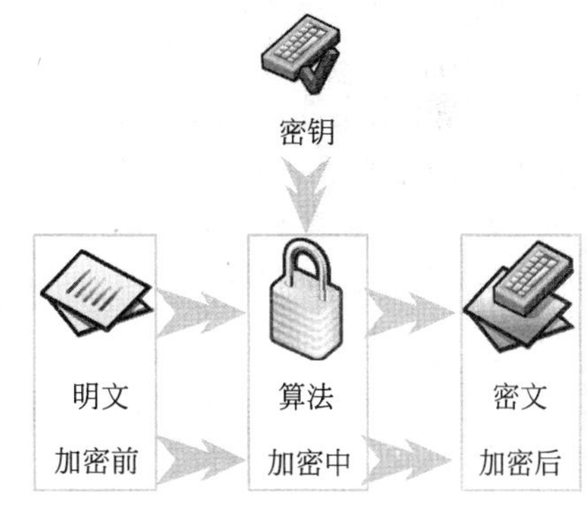

图 5-1 加密的流程

在上图所示中，包含了加密的 4 个要素，如下所示。

❑ **明文** 明文，又被称作原文，是指未进行加密处理的文件或文件内容。

❑ **算法** 广义的算法是指由基本运算以及规定的运算顺序组成的处理数据的步骤。在加密领域，则特指加密算法，即对明文或密文进行特殊运算的步骤。

❑ **密钥** 密钥是加密算法所使用的参数，是明文转换为密文或密文转换为明文过程中所输入的数据。

❑ **密文** 是指对明文使用算法和密钥进行加密处理后，生成的数据。

所谓的加密，就是将明文（普通的文本或数据内容）通过密钥按照指定的算法转换为密文的过程。举个简单的例子，将数字 1 进行加密，如下所示。

```
1+2=3
```

在上面的式子中，可以将 1 看作是明文，加法看作是算法，2 就是密钥，3 则是密文。

加密是一种可逆的过程。其逆向过程被称作解密，就是通过密钥和加密算法的逆运算（解密算法），将密文翻译为明文的过程。例如，使用解密算法（加密算法的逆运算），可以对之前举例的密文进行解密，如下所示。

```
3-2=1
```

在上面的过程中，3 是密文，减法就是解密算法，2 仍然是密钥，1 则是解密后的明文。

上面两个式子虽然简单，但却包含了加密和解密的所有组成部分。实际操作中，加密和解密的算法与密钥往往比这两个式子复杂得多。

2. 文件加密方式

文件加密的方式有很多种，针对不同类型的文件，往往需要选择最合适的加密方式。目前流行的文件加密方式主要有以下几种。

❑ **文件自加密**

在日常处理的各种文件中，有一些文件本身就支持加密。例如 Word 文档、Excel 电子表格、Access 数据库、PDF 文档等。编辑这些文件的软件直接可以对这些文件进行加密，限制打开和阅读。该方式往往受限于指定的文档类型。

❑ **单文件加密**

单文件加密，是指通过特殊的软件指定算法和密钥后，对文件中的数据进行加密处理，将可直接读取的文件转换为不可直接读取文件的方式。目前大多数文件加密软件都是使用这一方式。该方式适用于加密少量文件。

❑ **目录加密**

是指通过修改文件目录的目录树，限制目录访问的加密方式。目前很少文件加密软件使用这一方式。该方式适用于批量加密文件，优点是加密效率高，缺点则是读取、编辑某一个加密文件，往往需要将整个目录解密。

❑ **压缩加密**

除了以上的各种加密方式外，一些文件压缩软件也支持对压缩包进行加密。该方式使用非常简单，既支持加密单文件，也支持目录加密。然而，其缺点是解密时需要解压，消耗一定的时间和临时磁盘空间。同时，解压时的临时文件也容易造成泄密。

5.1.3 文件恢复

在使用计算机处理各种文件时，难免会误删除一些重要的文件，此时，就需要使用特殊的方法恢复文件，挽回损失。在恢复文件时，需要先了解一些数据存储和恢复的原理。

文件恢复软件是指把从硬盘或 U 盘等存储设备上永久删除（即从回收站里永久删除或按 Shift+Del 键永久删除）的文件恢复过来的软件。由于 NTFS、FAT 等文件系统在文件删除时并不是立即把文件所有内容从存储设备上清掉，因此利用一些工具软件可以把这些文件恢复过来。

在早期的操作系统中，删除一个文件时计算机会在文件存储的位置填充空数据，因此删除文件和写入文件所消耗的时间往往是相等的。

现代的操作系统为了提高文件操作的效率，在进行删除文件、重新分区并快速格式化、重整硬盘缺陷列表等操作时，都不会把数据从扇区中实际删除，而只是把文件的目录信息删除，文件的数据本身还是保留在原来的扇区中，直到有新的数据存储到该扇区。这样的优点在于删除数据速度快，对存储器硬件的损耗也较小。

文件恢复正是利用了这样的原理，通过对磁盘分区中每一个存储扇区进行扫描，读取扇区中的数据；然后再对数据进行分析，将可能为同一文件的几个扇区中数据组合，同时根据文件的内容分析文件的类型；最后，根据分析的结果重新建立整个分区的目录树。

还有一些恢复方法，如采用最新的多线程引擎，扫描速度极快，能扫描出磁盘底层的数据，经过高级的分析算法，能把丢失的目录和文件在内存中重建出来，数据恢复效果极好。同时，不会向硬盘内写入数据，所有操作均在内存中完成，能有效地避免对数据的二次破坏。

注 意

在数据丢失之后，如果立即停止对损失数据的磁盘分区进行任何写入操作，马上使用数据恢复软件对其进行扫描恢复，理论上是可以完全恢复丢失数据的。

然而，随着磁盘分区使用的时间越来越长，不同时段删除的数据往往会混乱地排放在磁盘各扇区中。因此，不同的数据恢复软件由于分析算法的不同以及分析能力的缺陷，往往会造成恢复能力的强弱区别。

5.2 文件管理软件

在长期使用计算机的过程中，随着磁盘中文件的增多，管理文件也变得越来越困难，因此需要专业的文件管理工具来辅助管理磁盘中的文件。

通过文件的管理工具，可以轻松地将文件进行分类、集中存放，方便文件的查找、浏览和使用。

5.2.1 NexusFile 管理软件

NexusFile 是一个功能非常强大的资源管理器，它除了可以实现 FTP 管理和多窗口文件管理功能外，还有强大的、可扩展的快捷键支持（大多数的操作都能通过快捷键完成，有效节省时间）。

使用 NexusFile 可以通过 Favorite folders 快速进入常用的文件夹，支持标签（Tab），还有智能的地址条以及强大的批量重命名工具，还有就是磁盘清理功能和硬盘文件夹树的功能，帮助用户快速找到需要的文件。

1．更改皮肤

用户安装该软件后，即可双击桌面中的图标启动该软件。打开该软件窗口后，将看到黑底白字，或者红字的界面，如图 5-2 所示。

在窗口中，用户可以执行【查看】|【皮肤】| classic 命令，如图 5-3 所示。此时，将可以更改窗口菜单和工具栏的背景颜色。

此时，可以看到已经更改的工具栏和菜单的背景颜色，而工作区中的内容还是以黑底红色字或者蓝色字为显示颜色，如图 5-4 所示。

图 5-2 打开的窗口

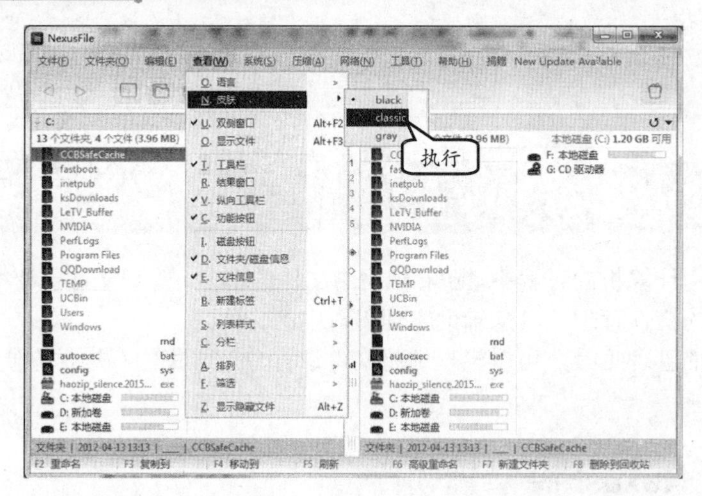

图 5-3 执行命令

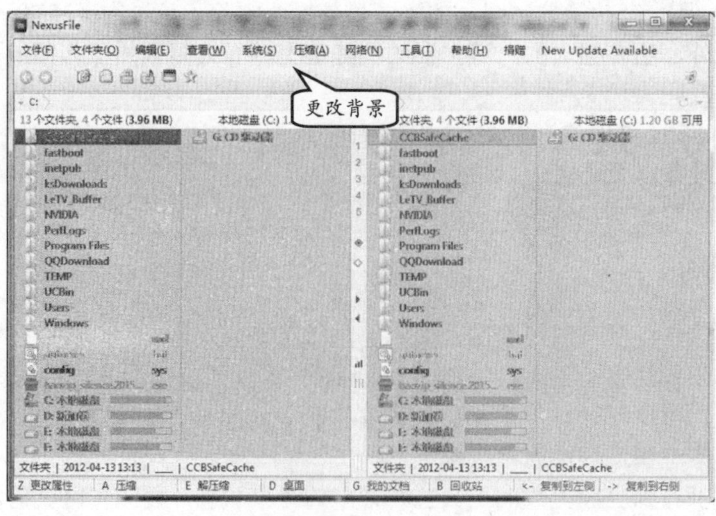

图 5-4 显示更改颜色后效果

2. 配置 FTP 站点

因为，该软件具有强大的 FTP 网络管理功能，所以用户可以执行【网络】|【FTP 连接】|【FTP 站点管理器】命令，如图 5-5 所示。

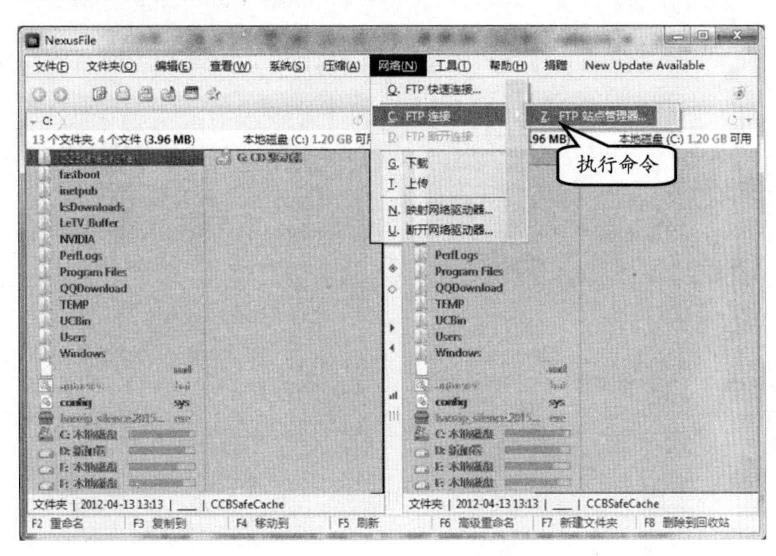

图 5-5 设置 FTP 连接

在弹出的【FTP 站点管理器】对话框中，用户可以再单击【添加】按钮，然后，在弹出的【FTP 站点管理器】对话框中，输入站点名称，如图 5-6 所示。

在返回【FTP 站点管理器】对话框后，再输入其他 FTP 站点信息，如地址、用户名、密码、远程目录（如果没有远程目录，可以空）。最后，单击【确定】按钮即可，如图 5-7 所示。

图 5-6 添加站点

图 5-7 添加 FTP 信息

3. 更改文件位置

在该软件中，如果用户需要将一个文件或者文件夹移到另外一个位置，则可以分别在左侧和右侧选择需要移动文件的位置和移至的位置。

例如，在左侧选择目录位置为“C:\Users\lanfeng\Documents”（文档位置），如图 5-8 所示。用户可以执行【系统】|【我的文档】命令，打开该目录位置。

然后，在右侧可以双击【D:新加卷】图标，再双击“flash 与 flex”文件夹，即可打开该文件夹中的内容，如图 5-8 所示。

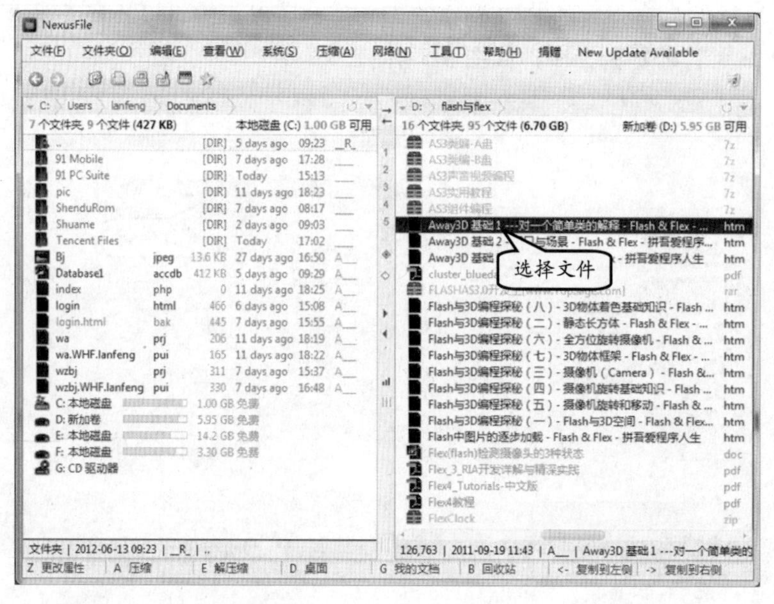

图 5-8　打开文件位置

在右侧，选择一个需要移动的文件，并拖至左侧的文件夹中，然后释放鼠标左键，如图 5-9 所示。

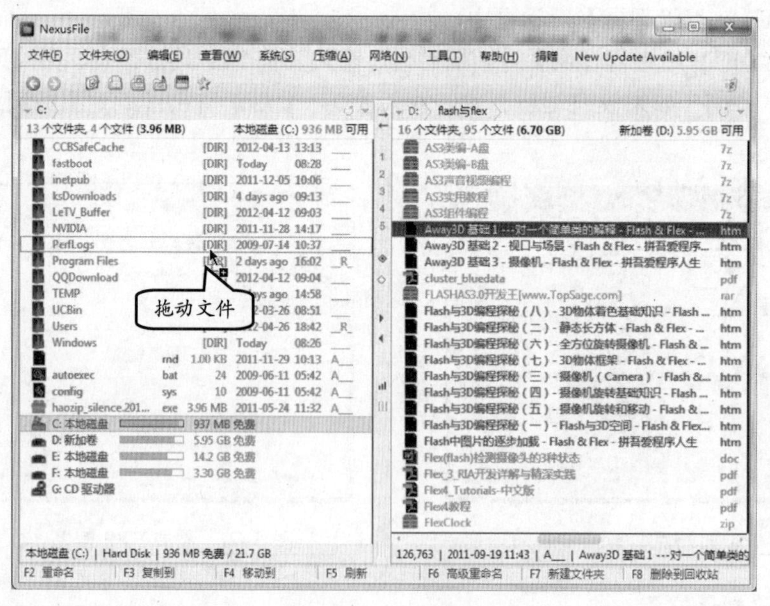

图 5-9　移动文件

5.2.2　多可文档管理

多可文档管理系统提供给企业一个易用、安全、高效的文档管理软件。通过该系统软件，企业可以集中存储和管理海量的文档和各类数字资料（如 Office 文档、视频、音频、图片、AutoCAD 文档等）。系统提供了严谨、灵活的权限管理机制和文档共享机制。

通过文档管理系统，企业可以很安全和便捷地管理文档的存储、分发、打印和下载。系统安装使用非常简单，使用成本和维护成本都非常低。多可文档管理系统包含超过 60 多项系统功能，并且新的功能还在持续不断的升级和完善中。

1. 启动服务及修改密码

该软件安装完成后，则双击桌面上的程序图标时，将弹出 dk service tools 对话框，如图 5-10 所示；并弹出一个 IE 浏览器窗口，打开该软件的主页面。

在启动服务的同时，将弹出【提示】对话框，并提示“数据库密码为系统默认密码，为了系统安全建议马上修改数据库密码，是否修改？”信息，单击【是】按钮。

在弹出的【修改数据库用户密码】对话框中，将显示用户的登录名称、原密码，以及用户可以输入的新密码，如图 5-11 所示。输入新密码后，可以单击【修改密码】按钮，保存新密码信息。

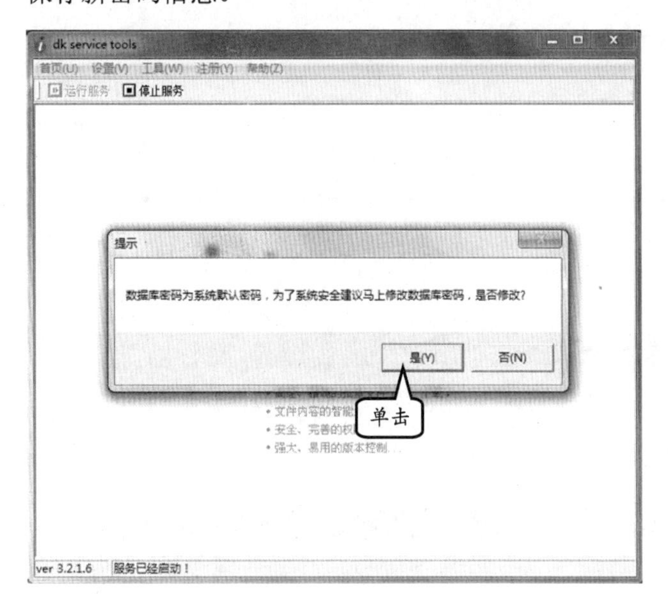

图 5-10 启动服务

图 5-11 修改密码

在弹出的【提示】对话框中，单击【是】按钮，并停止服务进行密码修改操作。然后，在弹出的【提示】对话框中，将显示“修改密码成功！”，此时单击【确定】按钮，如图 5-12 所示。

图 5-12 修改密码成功

最后，可以在 dk service tools 对话框中显示服务已经运行，并且单击【关闭】按钮，该服务将隐藏到【任务栏】的【通知区域】内，如图 5-13 所示。

2. 创建文件夹及上传文件

在启动服务时，将自动弹出 IE 浏览器，并打开该软件指定的本地服务地址，如

"http://192.168.0.102/index"，如图 5-14 所示。

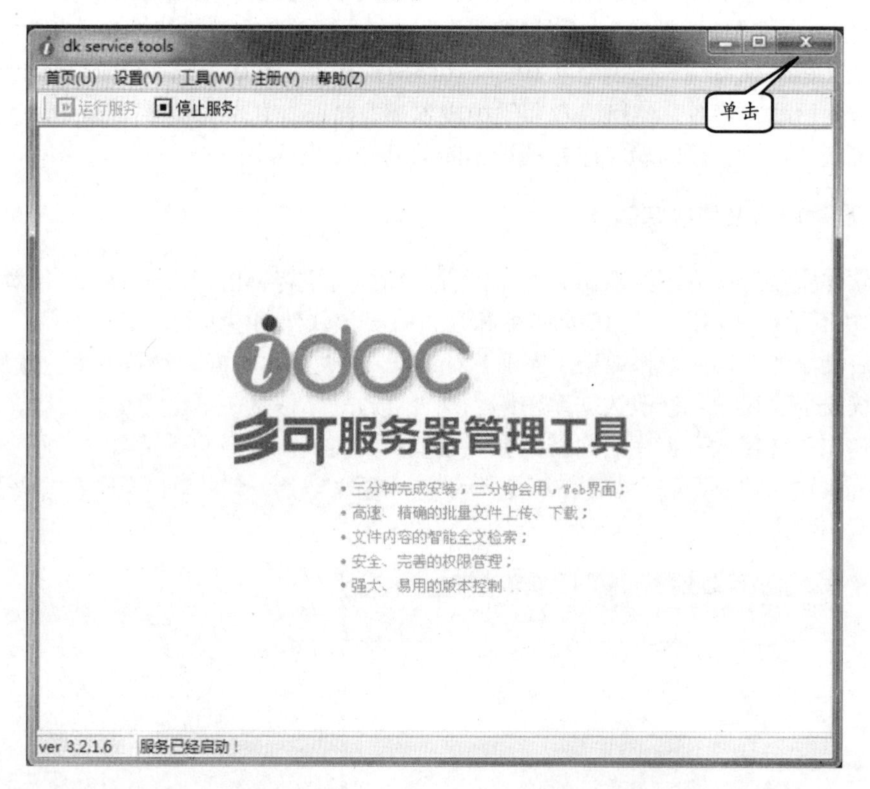

图 5-13 最小化服务

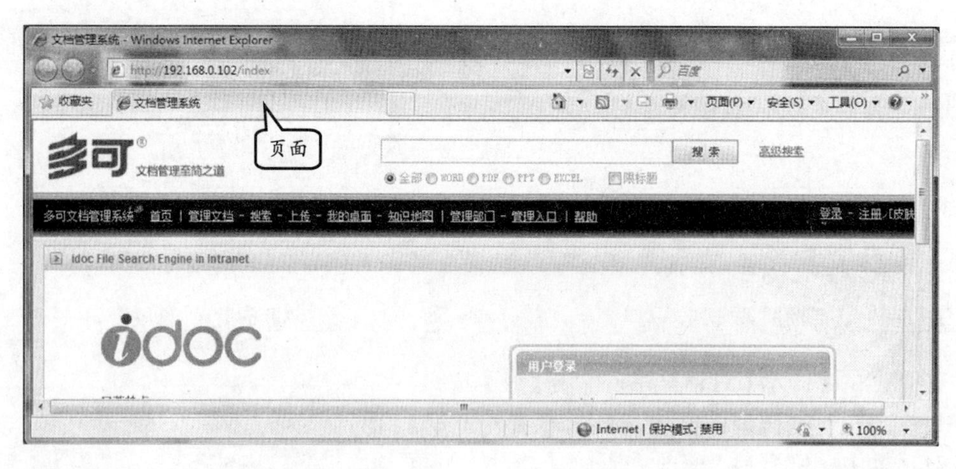

图 5-14 打开软件指定的页面

在该页面中，用户可以找到"用户登录"框，并输入【用户名】为 admin，而初次登录的密码与用户名相同。然后，单击【登录】按钮，如图 5-15 所示。

在该界面中，主要分为左、右两部分。左侧为目录，右侧为操作及内容，如图 5-16 所示。

在左侧，用户可以右击需要添加的目录信息，如添加一个文件夹。例如，右击【演示组】目录选项，并执行【新建文件夹】命令，如图 5-17 所示。

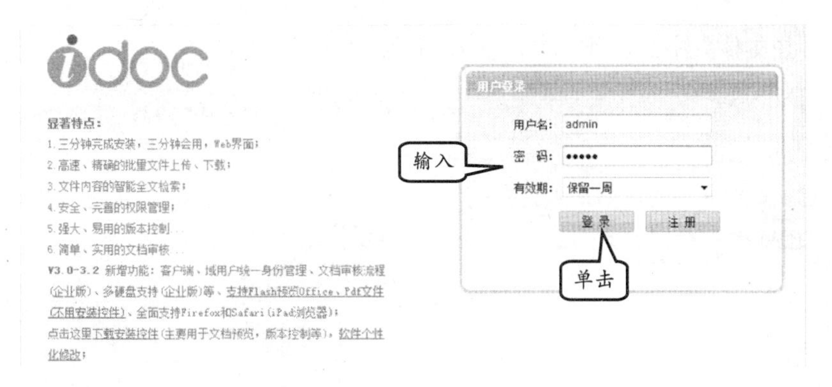

图 5-15　登录用户

图 5-16　进入管理页面

此时，在弹出的【新建文件夹】对话框中，输入新文件夹名称、文件夹描述等信息，并单击【新建】按钮，如图 5-18 所示。

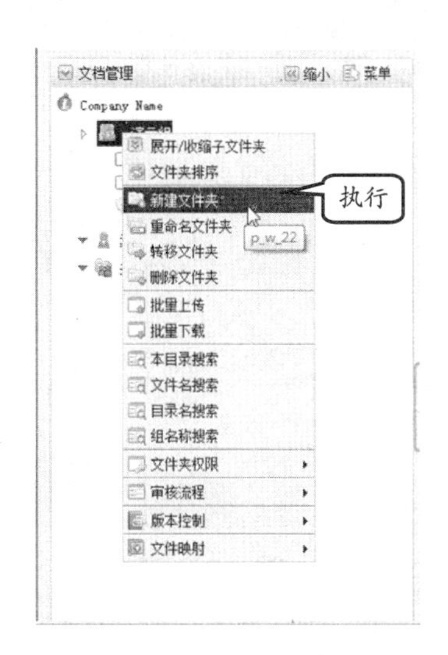

图 5-17　新建文件夹

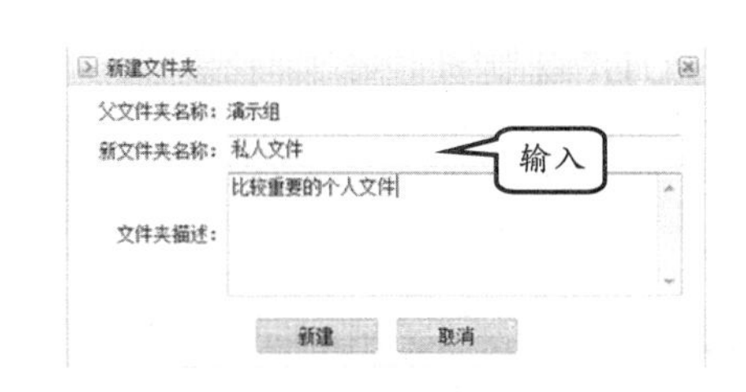

图 5-18　新建文件夹

这样，将在左侧显示已经创建的新文件夹，如“私人文件”。若选择该文件夹，在右侧会显示一些文件夹中的操作，如图 5-19 所示。

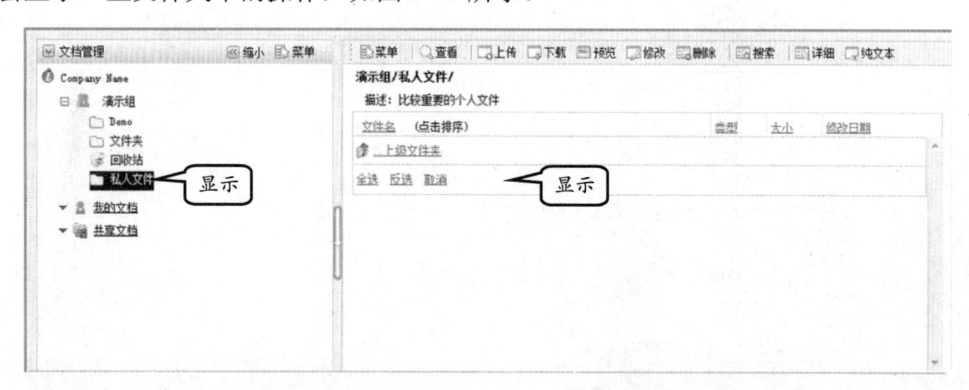

图 5-19 选择新建的文件夹

在右侧，用户可以单击工具栏中的【上传】按钮，然后，在弹出的【选择要加载的文件】对话框中，选择需要添加的文件，并单击【打开】按钮，如图 5-20 所示。

图 5-20 添加文件

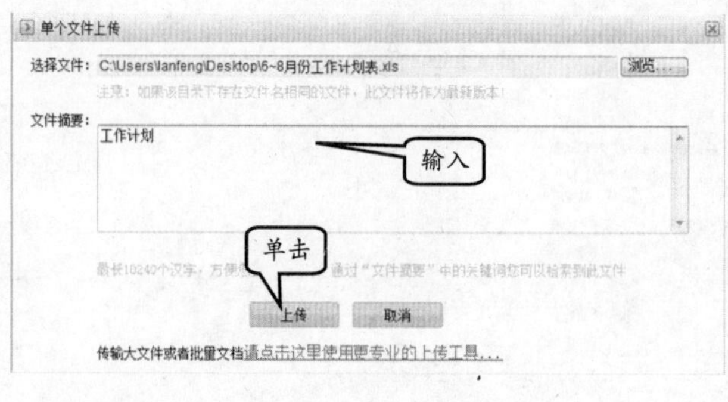

图 5-21 上传文件

现在，可以看到所弹出的【单个文件上传】对话框，并且显示文件上传的路径和填写文件摘要。然后，单击【上传】按钮，该文件将上传到本地的服务器中，如图 5-21 所示。

如果上传文件成功，将弹出【来自网页的消息】对话框，并显示“成功上传文件！”，单击【确定】按钮，如图 5-22 所示。

最后，可以在页面的右侧看到已经上传的文件，同时显示该文件的一些参数信息，如类型、大小、修改日期等，如图5-23所示。

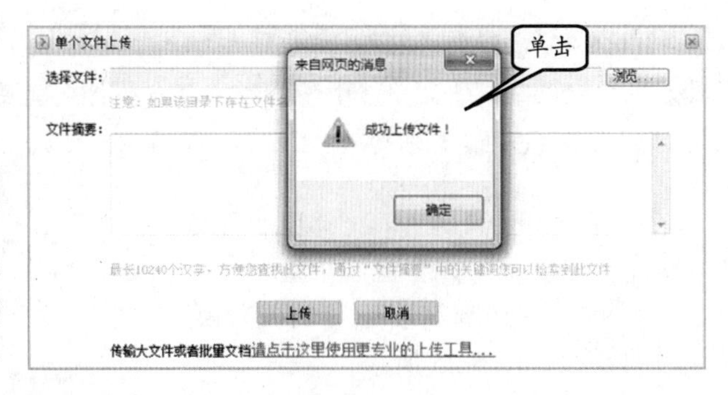

图 5-22 文件上传成功

5.3 文件压缩软件

在使用计算机存储文件时，经常需要对文件进行压缩，以节省磁盘空间和传输文件时消耗的网络带宽。

目前，压缩技术可以分为无损数据压缩和有损数据压缩两大类，其压缩技术的本质是一样的，即通过某种特殊的算法达到数据压缩目的。

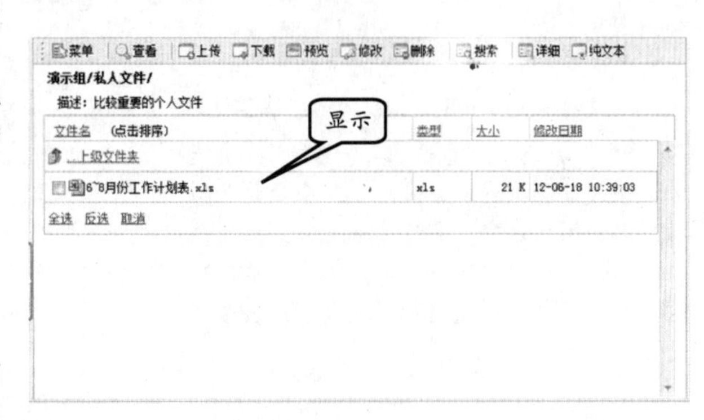

图 5-23 显示上传的文件

5.3.1 WinRAR

WinRAR是Windows版本的RAR压缩文件管理器，一个允许用户进行创建、管理和控制压缩文件的强大工具。

WinRAR图形界面可以是两种基本模式中的一种：文件管理模式或压缩文件管理模式，如图5-24所示。

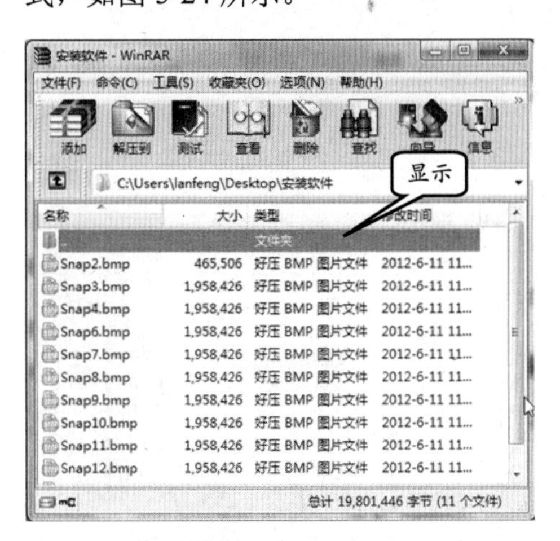

图 5-24 WinRAR 的两种模式

在文件管理模式，将会显示当前工作文件夹的文件和文件夹列表。用户可以使用鼠标或键盘等常用的Windows方式来选择文件和文件夹，以及运行不同文件操作，例如压缩或者删除文件。这些模式也可以用压缩文件组来运行测试和解压操作。

在压缩文件管理模式，将会显示当前打开的压缩文件的压缩文件和文件夹列表，用户也可以选择文件和文件夹，并运行如解压、测试或注释等压缩文件指定操作。

1. 压缩文件

打开 WinRAR 软件，将弹出【需要压缩的文件-WinRAR】窗口。然后，在文件位置栏中选择需要压缩的文件或者文件夹，如图 5-25 所示。

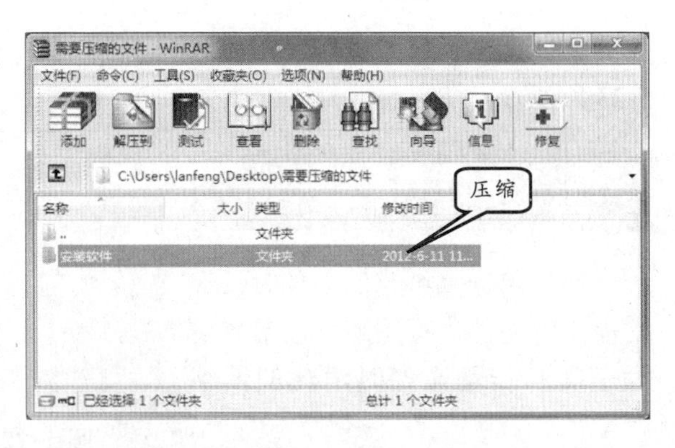

图 5-25 选择压缩文件

技 巧

如果用户只选一个文件，只要移动光标到那个文件便可开始操作。文件的选择有数种方式，就像其他的 Windows 应用程序一样。

用户可以在按方向键或鼠标左键时，按住 Shift 键来选择文件组。要选择数个分散开的项目则按住 Ctrl 键，然后在每一个想要的项目上单击。按 Ctrl+A 键或者从文件菜单使用【全选】命令，可以在当前文件夹选择全部的文件和文件夹。

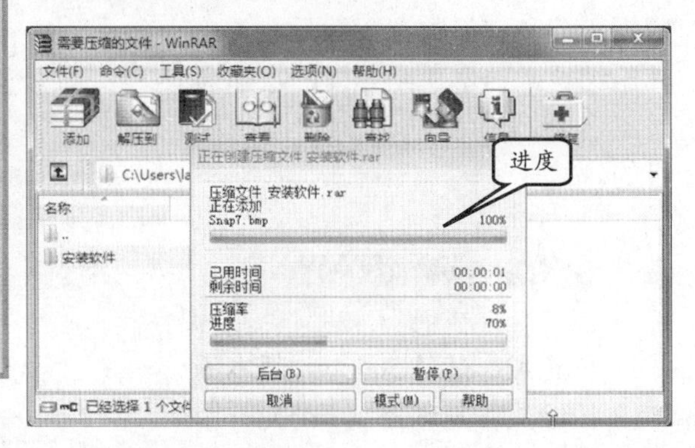

图 5-26 压缩文件

此时，用户可以单击【工具栏】中的【添加】按钮，并弹出压缩文件夹的进度，如图 5-26 所示。

当文件夹压缩好之后，即可在窗口中显示所压缩的文件，如图 5-27 所示。

当然，用户也可以直接右击需要压缩的文件，进行压缩。其操作过程比上述操作还要简单方便，如图 5-28 所示。

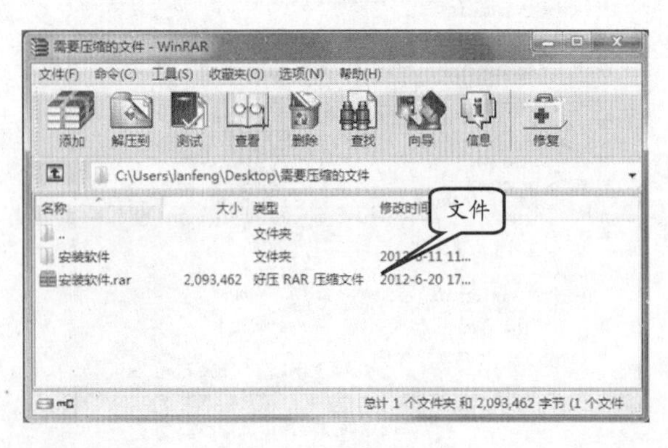

图 5-27 显示压缩的文件

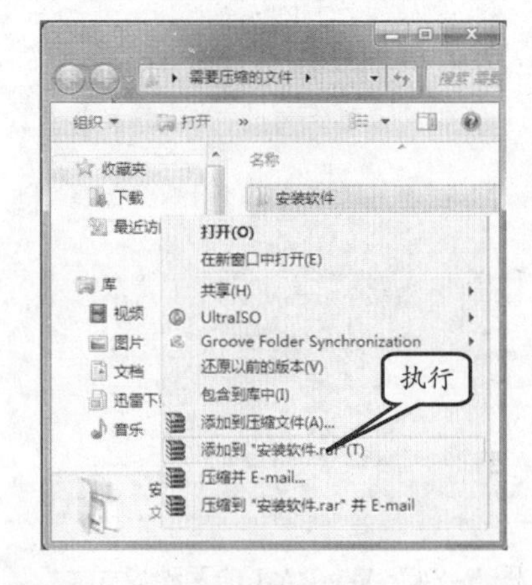

图 5-28 直接压缩文件夹

提 示

当 WinRAR 浏览磁盘上的文件时，用户必须首先选择要压缩的文件和文件夹，然后运行命令菜单的【添加到压缩文件】命令。单击工具栏上的【添加】按钮或按 Alt+A 打开压缩文件名和参数对话框，选择压缩文件名和参数，然后按下 Enter 键开始压缩。

2. 解压缩文件

多数文档在压缩后，用户使用起来并不是太方便。所以，很多时候用户需要将压缩的文件进行解压操作。

例如，在打开的【需要压缩的文件 - WinRAR】窗口中，双击需要解压的压缩文件，如图 5-29 所示。

图 5-29 选择压缩文件

此时，用户可以看到已经打开压缩文件中的内容。并且，在该软件的【地址栏】中，显示出压缩软件的大小等信息，如图 5-30 所示。

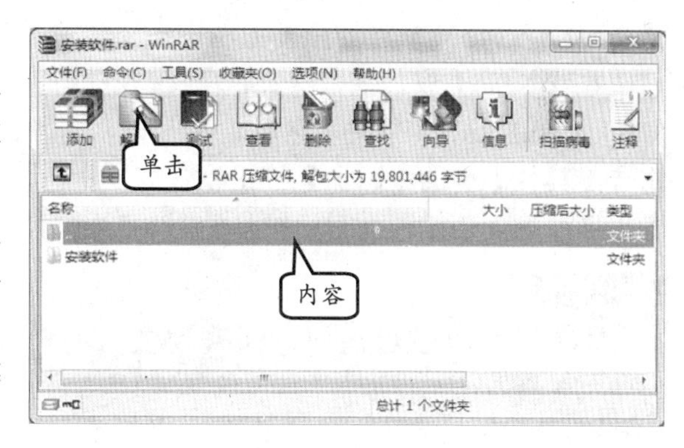

图 5-30 打开压缩软件

然后，在该窗口中，再单击【工具栏】中的【解压到】按钮，将弹出【解压路径和选项】对话框，如图 5-31 所示。

在解压压缩文件时，可以在【解压路径和选项】对话框中，设置解压文件的位置。若解压的位置有源文件内容，则可以更改解压后文件的替换、更新等方式。

5.3.2 7-Zip 压缩软件

7-Zip 是一款压缩比很高的无损数据压缩软件，支持 ZIP 、TAR 等目前较流行的压缩和解压缩格式。该软件在保证压缩质量的同时，给用户带来更高的压缩比效果。

当用户安装该软件后，单击【开始】按钮，执行【所有程序】|【7-Zip】|【7-Zip 文档管理（File Manager)】命令，弹出【7-Zip】窗口，如图 5-32 所示。

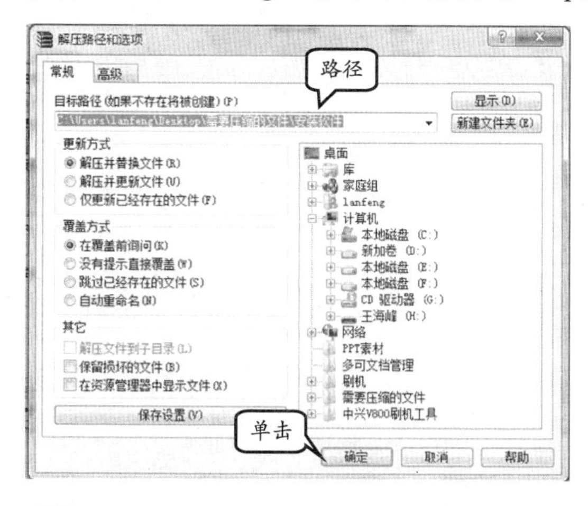

图 5-31 解压压缩文件

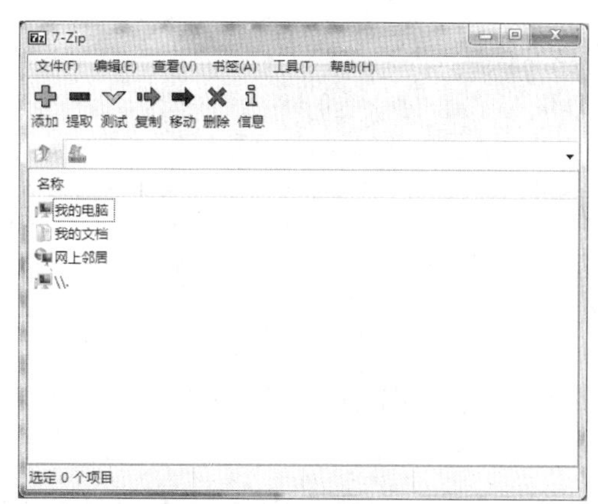

图 5-32 7-Zip 运行窗口

窗口由菜单栏、工具栏、地址栏和文件窗口组成。通过菜单栏中的命令，可以操作该软件的一些功能，通过工具栏可以调用菜单命令，通过地址栏可以快速访问磁盘中的文件，在文件窗口中可以显示磁盘中的文件。

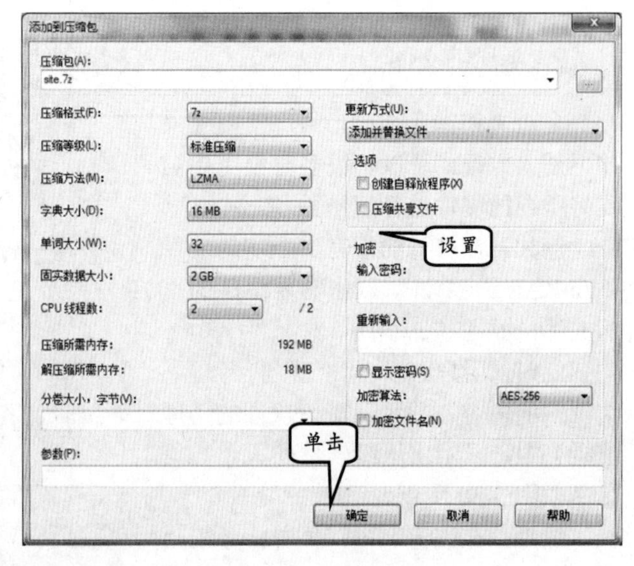

图 5-33 添加文件到压缩包

1. 压缩文件

在 5.3.1 节的内容中，已经介绍过 WinRAR 软件的压缩方法，下面来学习一下 7-Zip 软件的压缩方法。

在【7-Zip】窗口中，选择位于【D：\】中的 site 文件夹，然后，单击【工具栏】中的【添加】按钮，弹出【添加到压缩包】对话框，如图 5-33 所示。

提　示

在【添加到压缩包】对话框中，【压缩格式】下拉列表中提供 7z、Tar、Zip 和 Wim 等 4 种压缩格式，默认为 7z 格式；【压缩等级】下拉列表中提供标准压缩、仅存储、最快压缩、快速压缩、正常压缩、最大压缩和极速压缩等多种等级，默认为标准压缩等级；【压缩方法】下拉列表中提供了 LZMA、LZMA2、PPMd、BZip2 等 4 种压缩算法，默认为 LZMA 压缩算法。

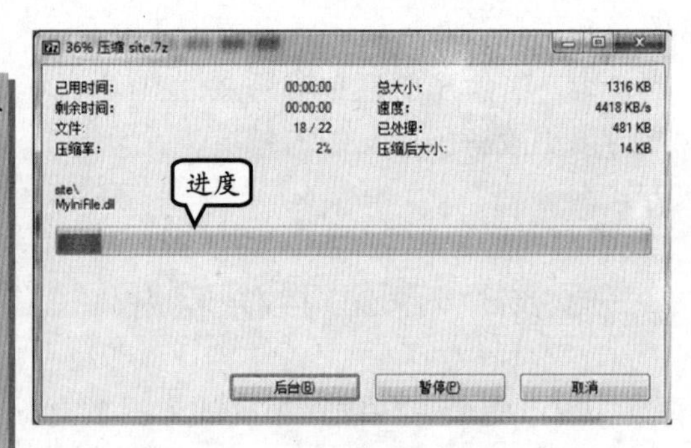

图 5-34 压缩进度窗口

在【添加到压缩包】对话框中，单击【确定】按钮，弹出小文件的压缩进度显示窗口，如图 5-34 所示。

技　巧

用户也可以右击需要进行压缩的文件或者文件夹，执行【7-Zip】|【添加到压缩包】命令进行压缩操作。

2. 解压文件

使用 7-Zip 软件对【本地磁盘（D:)】中的【图像合成器 2.0.zip】压缩文件进行解压，具体操作步骤如下。

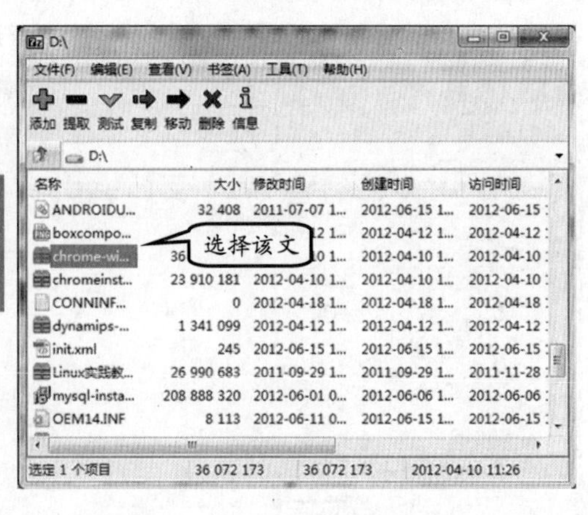

图 5-35 选择文件窗口

在【7-Zip】窗口中，选择位于【本地磁盘（D:)】中的【chrome-wi…】压缩文件，如图 5-35 所示。

技　巧

在【本地磁盘（D:）】的窗口中，右击【chrome-wi…】压缩文件，执行【7-Zip】|【释放文件】命令，也可弹出【释放】对话框。

如果用户双击该压缩文件，则该软件将打开该压缩文件内容，并查看【chrome-wi…】压缩文件内部的内容，如图 5-36 所示。

此时，可以单击【工具栏】中的【提取】按钮，如图 5-37 所示。随后，软件会弹出【提取】对话框，单击该对话框中的【浏览】按钮，如图 5-38 所示。在弹出的【浏览文件夹】窗口中选择【桌面】项。

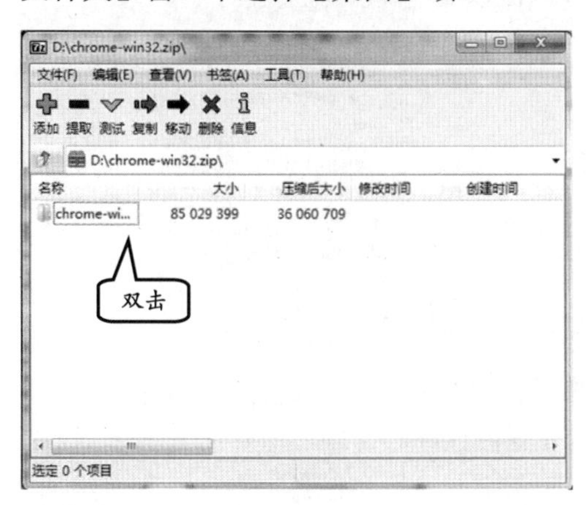

图 5-36　查看压缩文件内容

图 5-37　单击【提取】按钮

在【提取】对话框中，单击【确定】按钮，即可开始提取压缩文件中的内容，并释放到指定的位置，如图 5-39 所示。

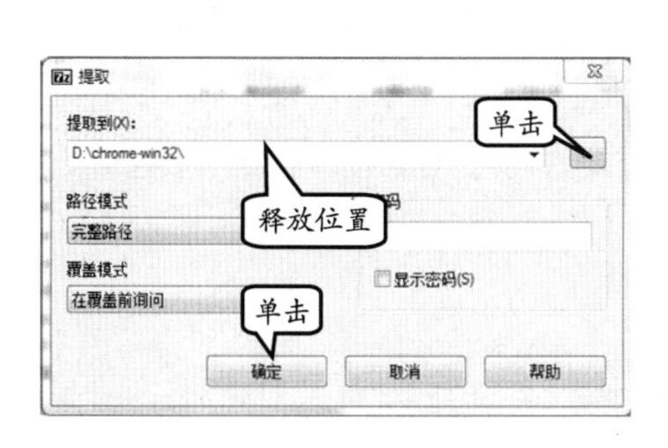

图 5-38　选择提取到位置

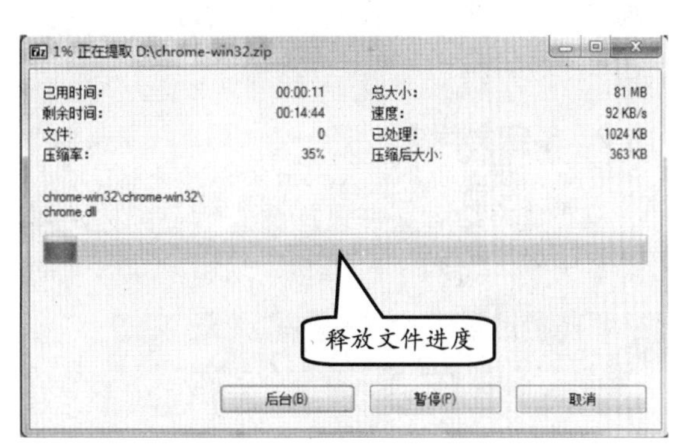

图 5-39　释放压缩文件内容

5.4　文件加密与备份

文件加密是保护个人文件免遭恶意修改或访问的常用方法。文件的备份相当于将文件另行保存一份，当计算机因不安全的因素，如病毒发作和系统崩溃等造成文件丢失时，可轻松恢复。

5.4.1 终结者文件夹加密大师

终结者文件夹加密大师是一款用于文件夹加密/解密的免费软件，它支持文件夹普通加密和高级加密两种加密模式；其加密、解密操作十分简便，直接将需要加密或加密后的文件夹拖放到软件窗口即可实现文件夹加密或解密。

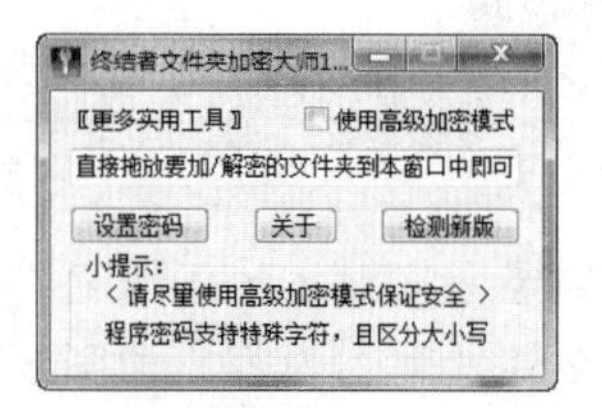

图 5-40 终结者文件夹加密大师界面

该软件为一款免安装软件，双击软件的可执行文件（扩展名为“.exe”的文件），即可打开【终结者文件夹加密大师】的界面，如图 5-40 所示。

1. 加密文件夹

在窗口中，可以单击【设置密码】按钮，打开【设置密码】对话框，输入密码，单击 OK 按钮，如图 5-41 所示。

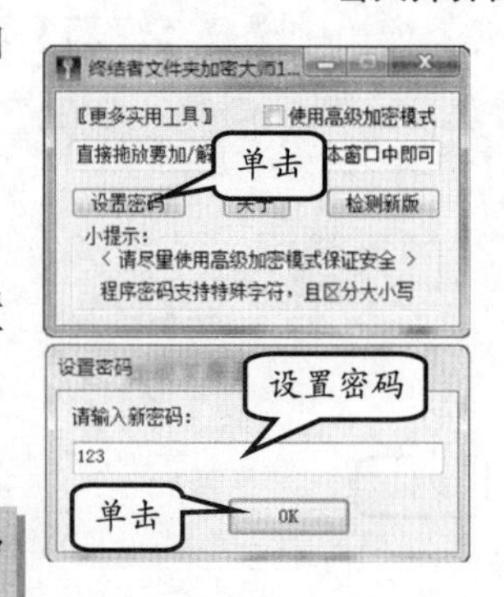

图 5-41 设置密码

提 示

终结者文件夹加密大师会在启动的时候检测是否已设置密码，如果密码为空则直接进入主界面，否则会弹出一个密码输入对话框，输入正确的密码方可使用软件。

然后，再次输入，单击 OK 按钮，弹出【设置密码】对话框，即可完成密码设置，如图 5-42 所示。

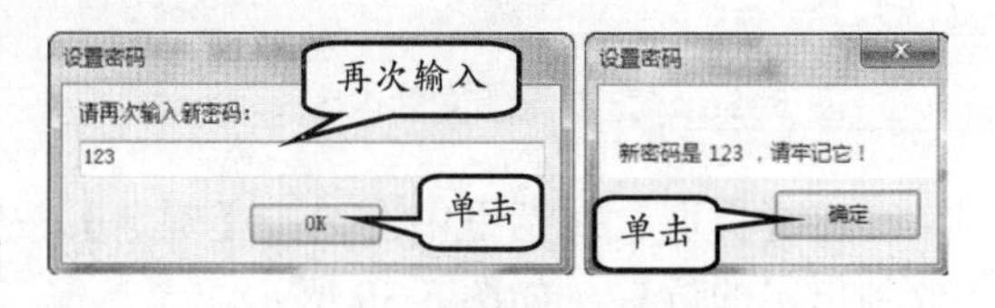

图 5-42 设置成功提示对话框

最后，用鼠标将需要加密的文件夹拖到软件窗口中，即可完成文件夹的普通加密，如图 5-43 所示。

2. 解密文件夹

双击【终结者文件夹加密大师】图标，弹出【需要密码!】对话框。在【需要密码!】对话框中输入密码，单击 OK 按钮，如图 5-44 所示。

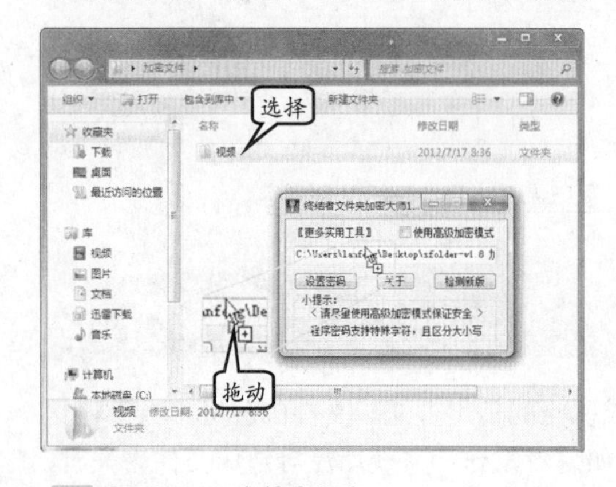

图 5-43 文件夹加密

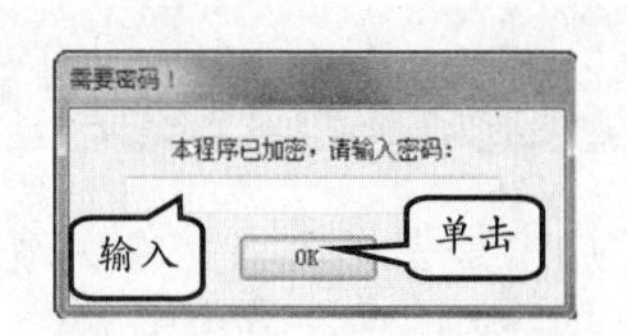

图 5-44 输入密码

提　示

被加密的文件夹只有解密后才能使用，否则既不能读取，也不能修改或删除。

然后，在弹出的对话框中，用鼠标将需要解密的文件夹拖到软件窗口中，即可完成文件夹的普通解密，如图 5-45 所示。

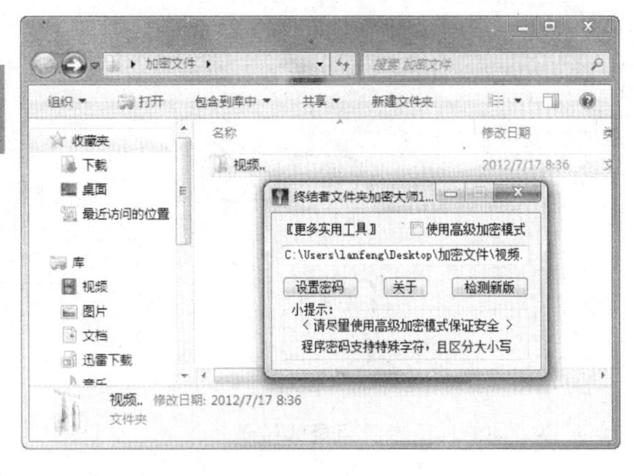

图 5-45　文件夹解密

5.4.2　FileGee 个人文件同步备份系统

FileGee 个人文件同步备份系统是 Windows 平台下一款免费的文件同步与备份软件。除了文件同步与备份的功能外，FileGee 个人文件同步备份系统还附带了文件加密与分割的功能。

该软件界面非常人性化，除主界面外，该软件包含诸多辅助窗口。为方便讲解软件，将辅助窗口关闭，只留下菜单栏、工具栏和任务视图窗口，如图 5-46 所示。

在【任务】选项卡中，单击【任务】组中的【新建任务】按钮。在打开的【类型与名称】对话框中，设置任务类型和任务名称，单击【下一步】按钮，如图 5-47 所示。

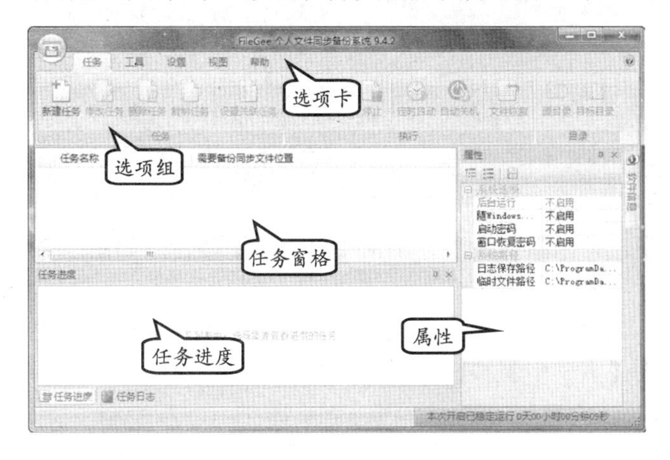

图 5-46　FileGee 个人文件同步备份系统

图 5-47　设置任务类型与名称

提　示

单向同步，即当任务运行时，源目录中新建或更新的文件将被复制或覆盖到目标目录中，如果源目录中进行删除操作，则目标目录中对应的文件，也将被删除。任务将忽略目标目录中发生的变化。

在弹出的对话框中，设置源目录，单击【下一步】按钮，如图 5-48 所示。

在弹出的对话框中，设置目标目录的位置，连续单击两次【下一步】按钮，如图 5-49 所示。

在弹出的【文件过滤】对话框中，可以选择/取消选择【包含源目录的子目录】、【根据文件名过滤】和【对文件进行选择】等复选框，单击【下一步】按钮，如图 5-50 所示。

图 5-48 设置源目录的位置

图 5-49 设置目标目录的位置

在弹出的【自动执行】对话框中，设置执行模式，并单击【下一步】按钮，如图 5-51 所示。

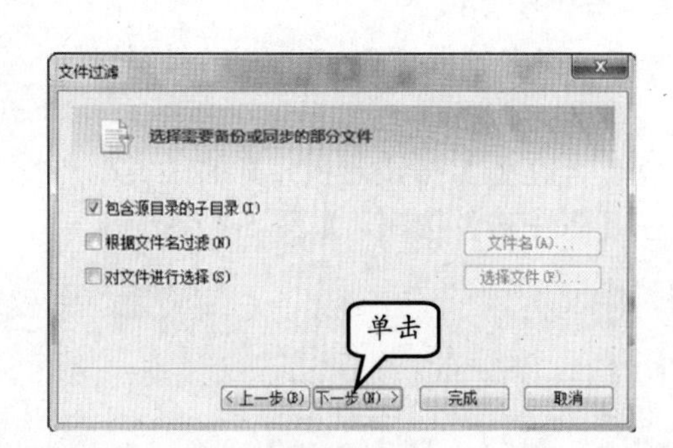

图 5-50 设置目录中子操作

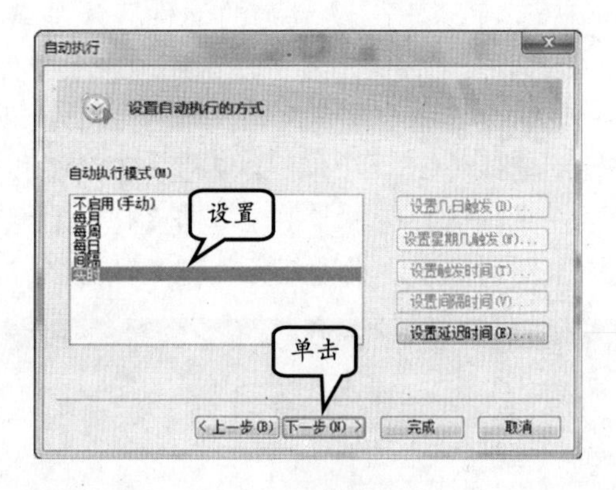

图 5-51 设置执行模式

在弹出的【自动删除】对话框中，使用默认设置，单击【下一步】按钮，如图 5-52 所示。

在弹出的【一般选项】对话框中，可以设置多个选项，主要针对备份的一些操作内容。用户可以不选择其复选框，单击【下一步】按钮，如图 5-53 所示。

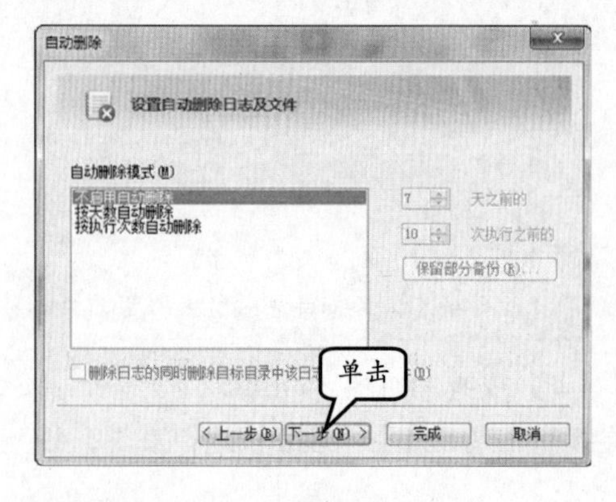

图 5-52 设置删除日志方式

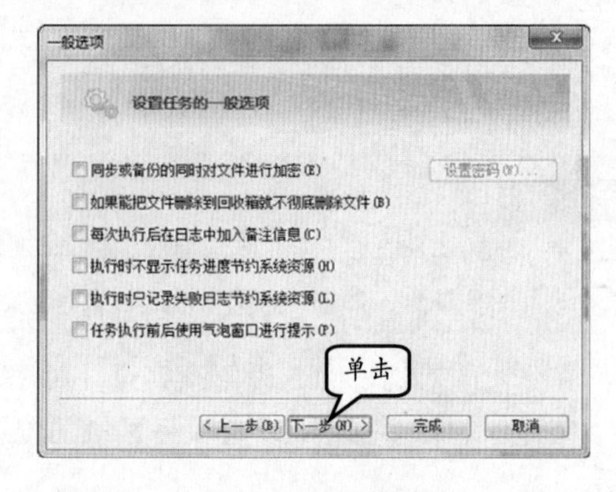

图 5-53 扩展设置对话框

在弹出的【高级选项】中，可以直接单击【下一步】按钮，如图 5-54 所示。因为，对话框中所有复选框为灰色显示，代表无法进行设置操作。

在弹出的【执行命令行】对话框中，使用默认设置，单击【完成】按钮，如图 5-55 所示。

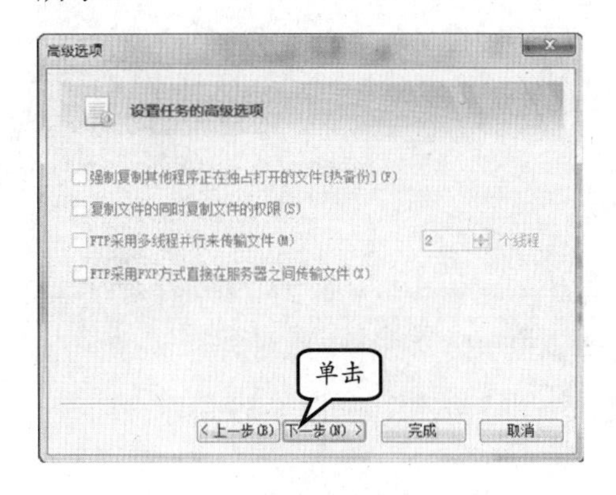

图 5-54 任务高级选项

图 5-55 执行命令行对话框

至此，即可完成同步项目的创建，如图 5-56 所示。这时在窗口的【任务】窗格中，将显示所创建的任务内容，如名称、任务类型等。

图 5-56 创建单向同步项目

5.5 文件恢复工具

在计算机操作过程中，可能会因个人误操作而丢失一些重要的数据。使用数据恢复工具，可以对磁盘分区进行扫描，尽最大可能将这些数据恢复。

5.5.1 Recuva

Recuva 是 Windows 平台下一款免费的数据恢复软件，它支持 FAT16、FAT32 和 NTFS 文件系统下所有格式文件的恢复。

无论删除还是格式化，只要磁盘中的文件没有被新写入的数据覆盖，均可直接恢复。现在，用户可以启动该软件，并打开 Recuva 的界面，如图 5-57 所示。

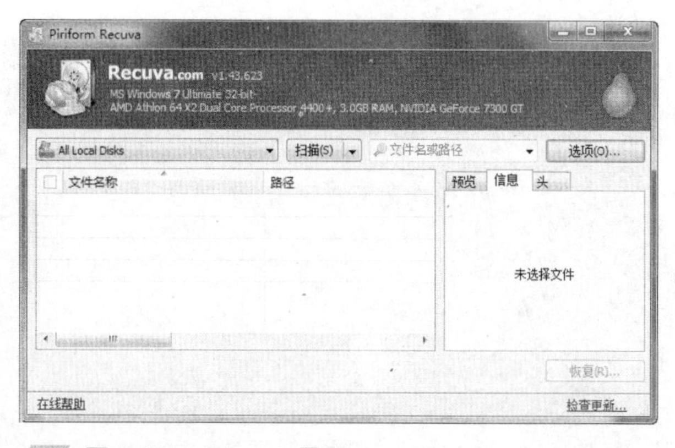

图 5-57 Recuva 界面

1．使用 Recuva 向导恢复数据

单击【选项】按钮，在打开的【选项】对话框中，单击【运行向导】按钮，如图 5-58 所示。

在打开的【Recuva 向导】对话框中，单击【下一步】按钮，如图 5-59 所示。

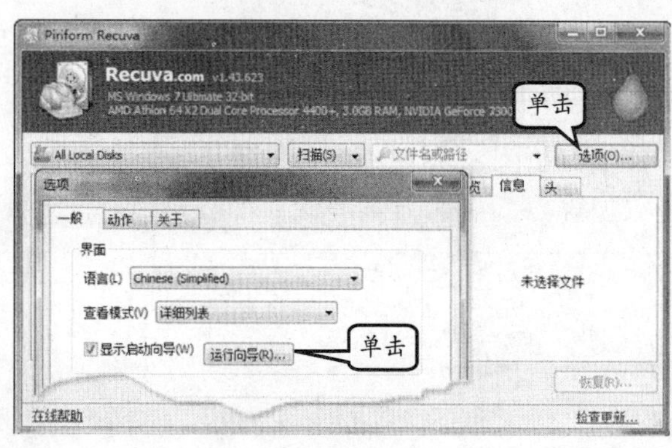

图 5-58 打开选项对话框

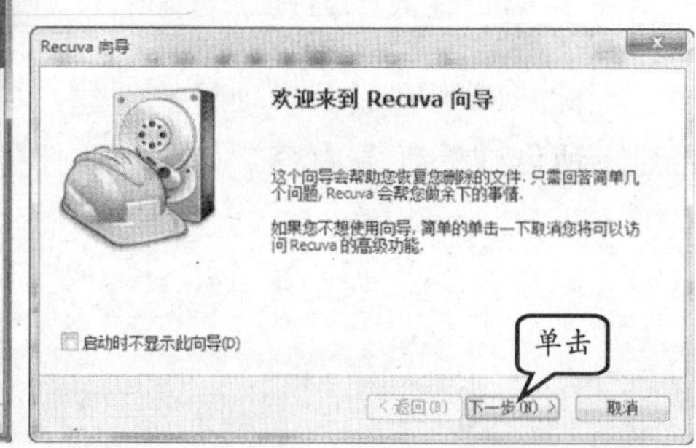

图 5-59 打开 Recuva 向导对话框

在打开的【文件类型】向导中，设置文件类型，单击【下一步】按钮，如图 5-60 所示。

提 示

如果丢失文件的类型是图片、音频、文档或者视频，则可以直接选择对应的单选按钮，否则选择【其他】单选按钮，即显示所有扫描到的已删除文件。

在打开的【文件位置】向导中，选择文件位置，单击【下一步】按钮，如图 5-61 所示。

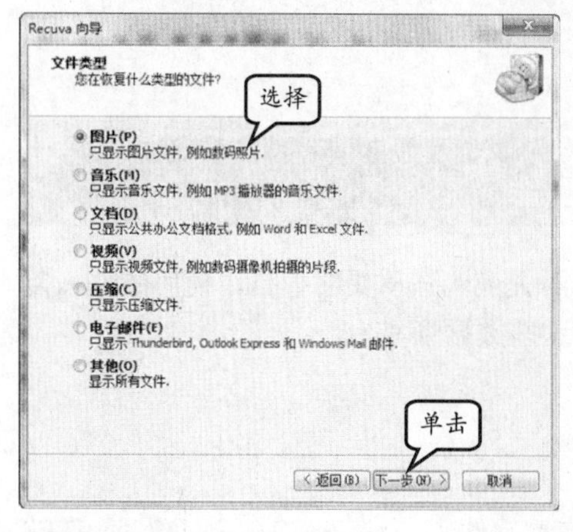

图 5-60 设置文件类型

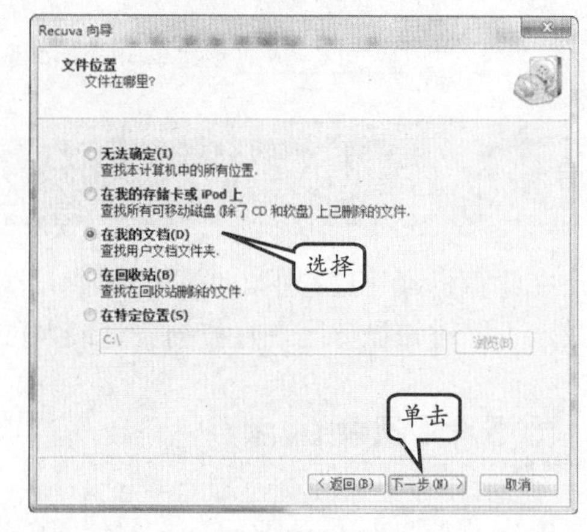

图 5-61 文件位置选择向导

提　示

Recuva 既可以恢复位于存储卡、IPod 等移动存储器上的文件，也可以恢复位于【我的文档】、【回收站】等本地计算机目录的文件。

除此之外，还允许用户指定文件所在的目录。如用户不知道该文件存储的目录，则可选择【我不确定】，然后在本地计算机以及连接的移动存储设备中搜索。

此时，用户可以单击【开始】按钮，如图 5-62 所示。当然，用户也可以选择【启用深度扫描】复选框，并进行更复杂、更深入的查询。

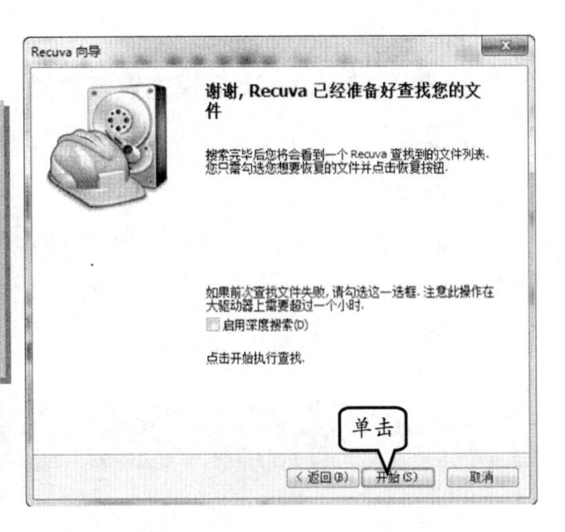

图 5-62　就绪向导

提　示

深度扫描即对分区中每一个簇进行扫描。簇是操作系统管理的最小单位，每一个簇中可以包括 2、4、8、16、32 或 64 个扇区，扇区是磁盘最小物理存储单元，其大小是 512 字节，可见磁盘中簇的数量是巨大的，所以深度扫描在扫描大容量磁盘的时候将十分耗时。

现在，弹出 Scan 对话框，并对指定位置进行扫描，如图 5-63 所示。在第一次扫描时，速度非常快。但进入深度扫描时，则速度非常慢。

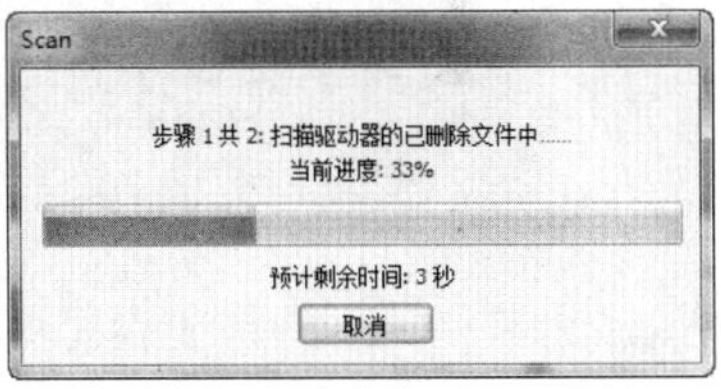

图 5-63　扫描

提　示

如果第一遍扫描失败，则可以选择就绪向导中的【启动深度扫描】复选框，后单击【开始】按钮进行深度扫描。

扫描完成后，在扫描到的已删除文件列表中，选择需要恢复的文件前面的复选框，单击【恢复】按钮，如图 5-64 所示。

在打开的【浏览文件夹】对话框中，选择存放恢复文件的位置，单击【确定】按钮，即完成文件恢复的操作，如图 5-65 所示。

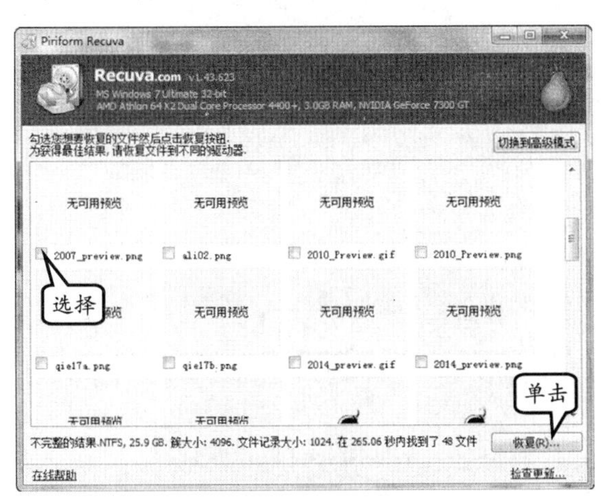

图 5-64　扫描结果

图 5-65　浏览文件夹对话框

2. 使用 Recuva 高级模式恢复数据

在【选择驱动器】下拉列表中选择【本地磁盘（E:）】，单击【扫描】按钮进行扫描，如图 5-66 所示。

然后，在扫描到的已删除文件列表中，选择需要恢复文件前面的多选框，单击【恢复】按钮，如图 5-67 所示。打开【浏览文件夹】对话框，设置文件存放的位置，单击【确定】按钮，即可恢复文件。

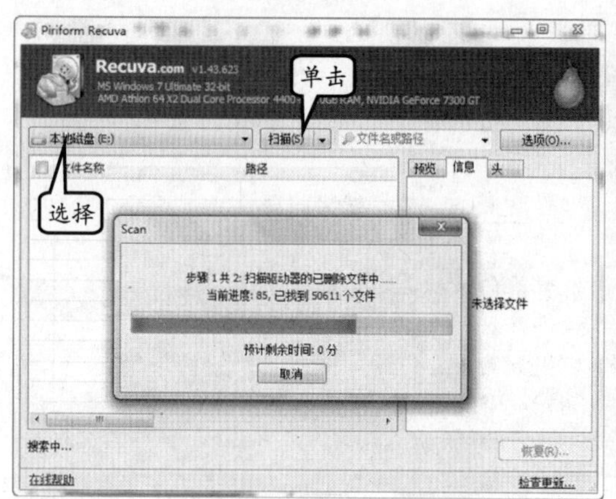

图 5-66 扫描

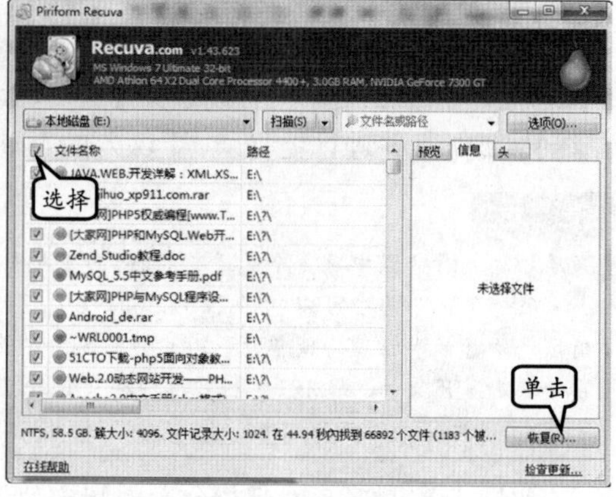

图 5-67 扫描结果

5.5.2 File Rescue Plus

File Rescue Plus 是 Windows 下一款恢复删除文件的专用工具，它可以将被删除的文件以清单的形式分类显示出来。用户可以有选择地恢复文件，恢复的文件可以存储在原来的位置，也可以存储到其他位置或存储器。

双击 File-Rescue Plus 图标，打开 File-Rescue Plus 窗口。在该界面中，主要由菜单栏、工具栏、分类选项卡、查找文本框、文件窗口、进度条等构成，如图 5-68 所示。

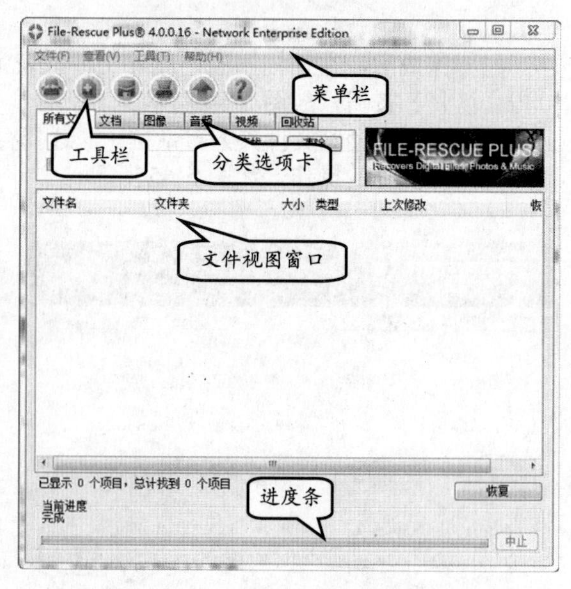

图 5-68 File-Rescue Plus 界面

同时还将弹出【选择驱动器】对话框，选择要搜索的驱动器再选择【快速扫描】选项，单击【扫描】按钮，如图 5-69 所示。

然后，等扫描完成后，在扫描结果窗口中选择需要恢复的文件，例如“?.bmp”文件，单击【恢复】按钮，如图 5-70 所示。

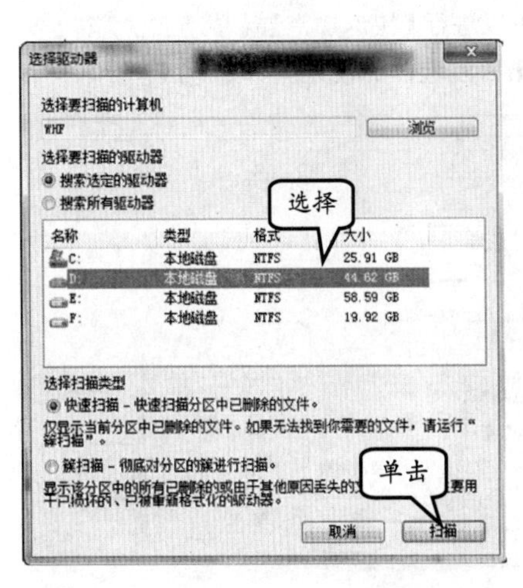

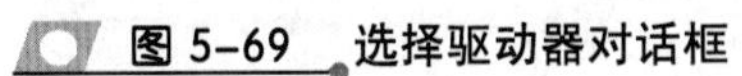

图 5-69 选择驱动器对话框

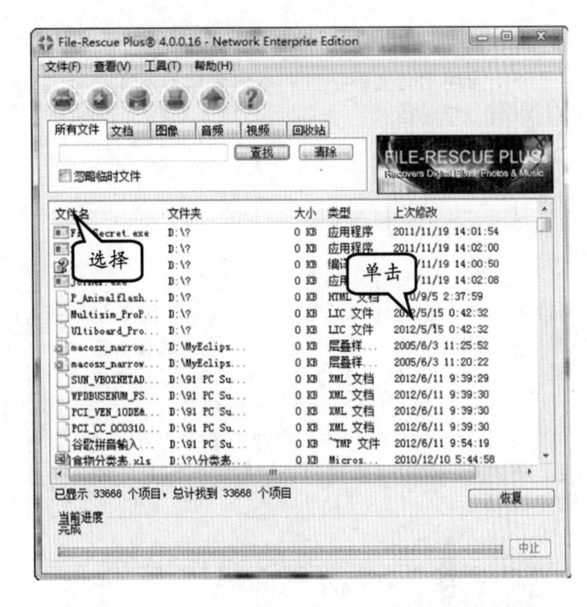

图 5-70 扫描结果

在打开的【恢复选项】对话框中，设置其恢复路径等恢复选项，单击【恢复】按钮，即可完成数据恢复的操作，如图 5-71 所示。

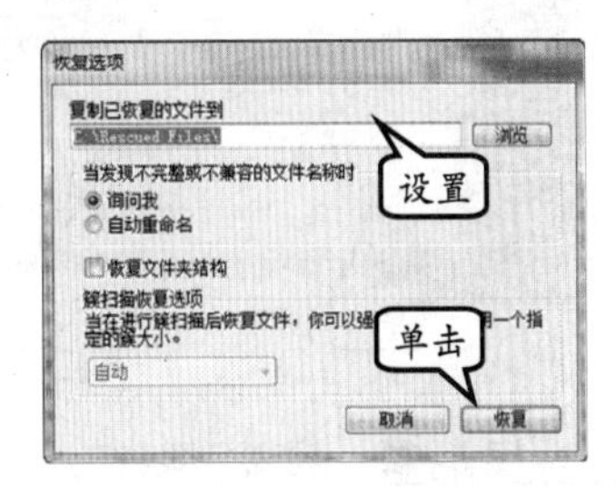

图 5-71 恢复选项对话框

5.6 思考与练习

一、填空题

1. __________是计算机系统对数据进行管理的基本单位。

2. 计算机中的文件可以简单分为____________和____________等两大类。

3. 7-Zip 文件压缩工具软件支持_________、_________、_________、__________和__________等多种压缩格式。

4. “终结者文件夹加密大师”支持文件夹普通加密和__________两种加密模式。

5. Recuva 数据恢复软件支持_________、_________和_________文件系统下所有格式文件的恢复。

二. 选择题

1. _________是磁盘存储器可以写入和读取的最基本单位。

A. 簇　　B. 扇区
C. 分区　　D. 硬盘

2. 以下哪种方法不属于加密方法？_________

A. 单文件加密　　B. 目录加密
C. 文件自加密　　D. 数字加密

3. 在下面的选项中，终结者文件夹加密大师 v1.7 所不具有的功能是_________。

A. 文件加密保护
B. 解密已加密的文件
C. 高级加密模式
D. 文件分割合并

4. 在 Recuva 向导中，不包含哪种直接恢复的文件类型？_________

A. 图片　　B. 数据库
C. 文档　　D. 音频

三. 简答题

1. 简述文件处理工具的作用。

2．简述对计算机文件进行管理的意义。

3．简述学习文件加密、备份和恢复等工具软件使用方法的意义。

四．上机练习

1．文件夹加密精灵

“文件夹加密精灵”是一款使用方便、安全可靠的文件夹加密利器，具有安全性高、简单易用、界面漂亮友好特点。其主要功能有快速加/解密、安全加/解密、移动加/解密、伪装/还原文件夹、隐藏/恢复文件夹、文件夹粉碎等。

在安装该软件过程中，将弹出【登录密码设定】对话框，此时可以输入登录的密码信息，如图 5-72 所示。

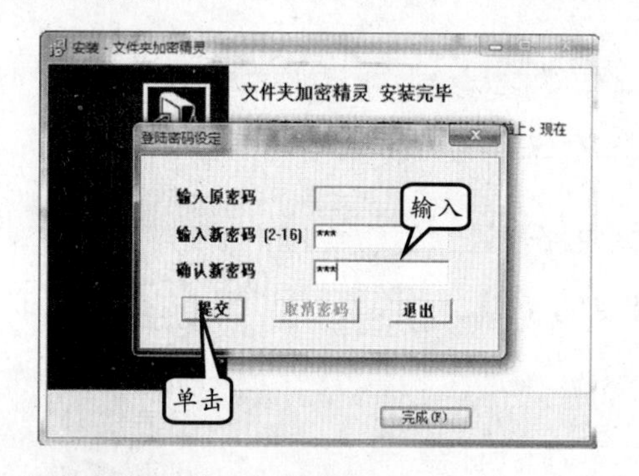

图 5-72　设置登录密码

提　示

在此，本书只介绍软件的应用，所以并没有对软件进行注册操作。用户在使用过程中，可以先对该软件进行注册。

在弹出窗口中，用户可以单击【文件夹路径】后面的【浏览】按钮，并弹出【浏览文件夹】对话框，如图 5-73 所示。然后，在该对话框中指定加密文件夹的路径，并单击【确定】按钮。

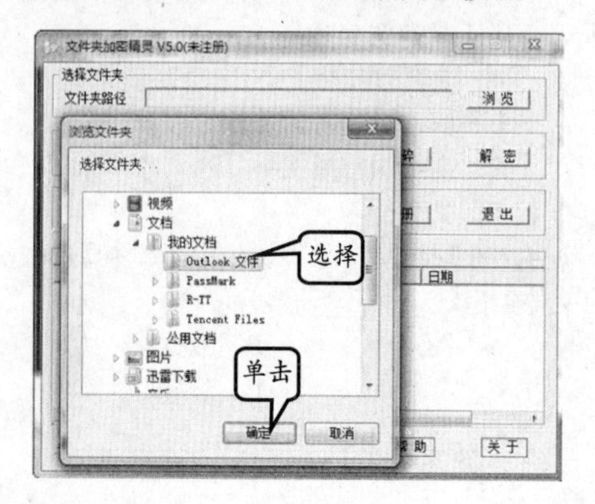

图 5-73　指定文件夹

此时，在窗口中单击【加密】按钮。在弹出的【设置操作信息】对话框中，可以设置密码信息，并可以进行【快速加密】、【移动加密】和【安全加密】等复选框的设置，如图 5-74 所示。

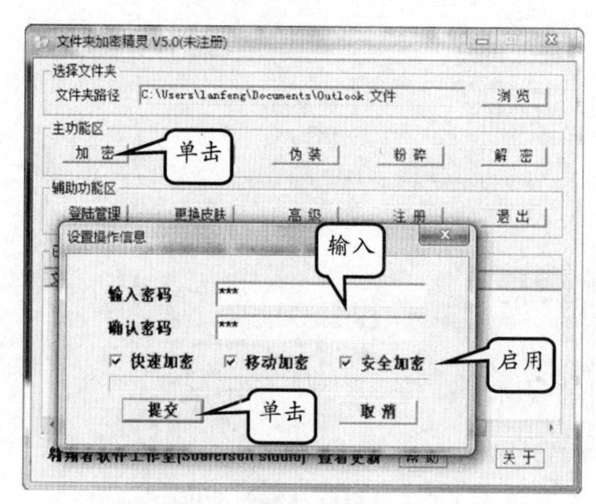

图 5-74　对文件夹加密操作

2．文件备份专家

“文件备份专家”是一款功能强大的文件同步工具，能够将用户重要的文件资料进行自动备份。用户不但能够自由设置文件备份的时间，而且软件还提供完善的日志供参考。

用户可以安装该软件，并启动该软件。然后，在窗口中，单击【源文件目录】后面的【浏览】按钮，设置需要备份的源文件；单击【目标文件目录】后面的【浏览】按钮，设置文件备份的位置，如图 5-75 所示。

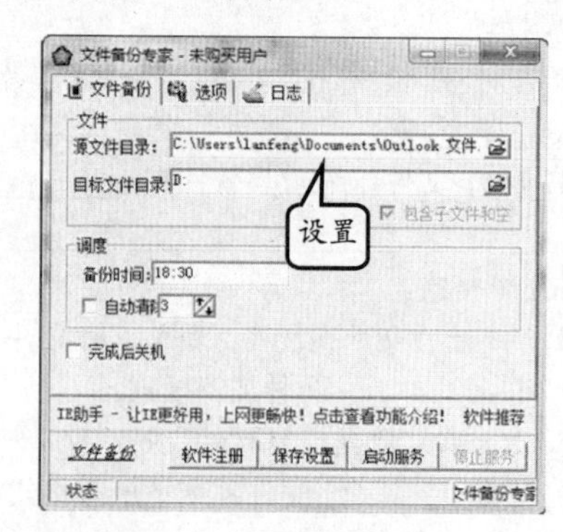

图 5-75　文件备份

当然，在该对话框中，用户还可以设置备份的时间、进行日志设置等操作，从而更加完善备份功能。

第 6 章

个性桌面软件

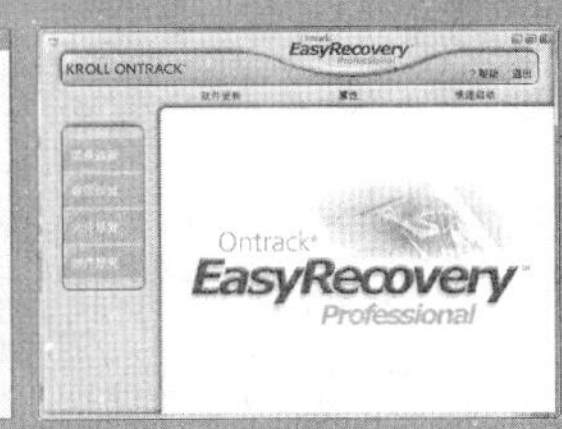
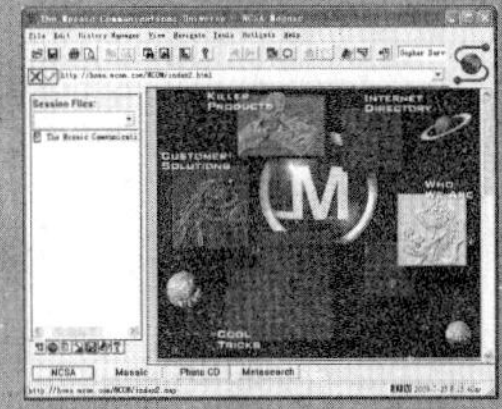

在桌面操作系统诞生之前，一般用户都在使用 DOS 操作系统。而该操作系统没有界面，都是由命令提示，通过执行命令进行操作的。为了方便用户对计算机的操作，桌面操作系统基本上是根据用户在键盘和鼠标发出的命令进行工作，对用户的动作和反应在时序上的要求并不很严格。从应用环境来看，桌面操作系统面向复杂多变的各类应用，并且，使用户操作计算机过程变得如此轻松、自然、快捷。

本章学习要点：

- Windows XP 桌面介绍
- Windows 7 桌面
- Linux 桌面
- 添加桌面主题
- Windows 7 动态背景
- 将幻灯片设置为桌面

6.1 桌面工具概述

在不同的操作系统中，桌面的设计也有所不同。尤其，从 Windows 操作系统家族来看，从最初的 Windows 3.2 至 Windows 8，经历了多少风霜，其桌面界面也在不断地发生着改变。

6.1.1 Windows XP 桌面介绍

Windows XP 是微软公司于 2001 年发布的一款视窗操作系统，原来的名称是 Whistler。Windows XP 是基于 Windows 2000 代码的产品，拥有新的用户图形界面（叫做月神 Luna），它包括了一些细微的修改，其中有些看起来是从 Linux 的桌面环境（Desktop Environment）如 KDE 中获得的灵感，带有用户图形的登录界面就是一个例子，如图 6-1 所示。

Windows XP 引入了一个“选择任务”的用户界面，使用户可以由工具条访问任务细节，如图 6-2 所示。它还包括简化的 Windows 2000 用户安全特性，并整合了防火墙，试图解决一直困扰微软的安全问题。

图 6-1 Windows 登录界面

6.1.2 Windows 7 桌面

虽然 Windows 8 已经发布了预览版本，但是 Windows XP 和 Windows 7 还占据着多数的市场。

2008 年，微软宣布将 7 作为正式名称，成为现在的最终名称——Windows 7。它主要供个人、家庭及商业使用，一般安装于笔记本电脑、平板电脑、多媒体中心等；它提高了屏幕触控支持和手写识别，支持虚拟硬盘，改善了多核心处理器的运作效率、开机速度和内核改进。

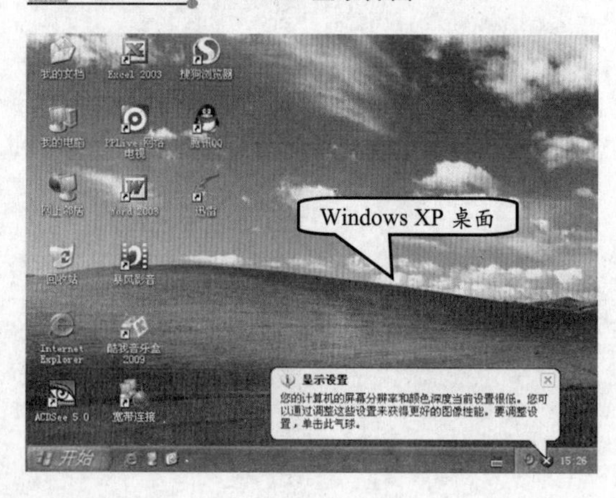

图 6-2 Windows XP 桌面

另外，Windows 7 增加的功能大致上包括：支持多个显卡、新版本的 Windows Media Center、一个供 Windows Media Center 使用的桌面小工具、增强的音讯功能、内建的 XPS 和 Windows Power Shell，以及一个包含了新模式且支持单位转换的新版计算器。

介绍 Windows 7 不得不提到美化。美化就是将自己的系统界面打扮得更漂亮。通常情况下，用户可以对界面进行的修改包括：主题、壁纸、图标、小工具、Dock、任务栏等。

1. 主题、壁纸

主题很简单，因为在 Windows 7 中，Aero 界面已经是非常好看了，如图 6-3 所示。漂亮的任务栏加上一些特效，用户完全没有必要再去破解主题而安装第三方主题。

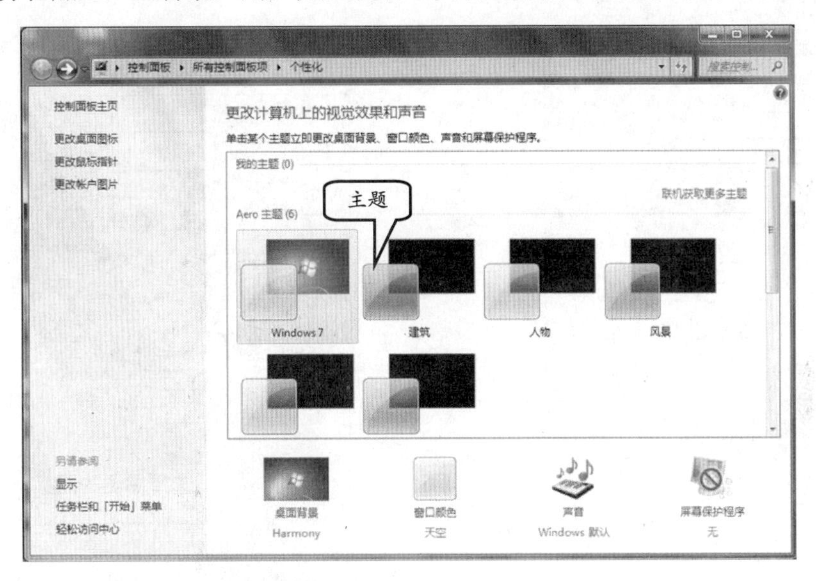

图 6-3 【个性化】窗口

2. 图标

图标其实是系统中各功能的展示，尤其在 Windows 7 中图标可以放大（桌面上按住 Ctrl 键并滑动滚轮），加上任务栏也可以锁定图标，无处不在的图标可以让桌面变得更美！

用户可以手动替换这些图标，方法也非常简单。例如，在需要修改的程序快捷方式上右击，并执行【属性】命令；或者，右击桌面中的空白处，并执行【个性化】命令，如图 6-4 所示。

然后，在弹出的窗口中，直接单击左侧列表中的【更改桌面图标】链接，如图 6-5 所示。

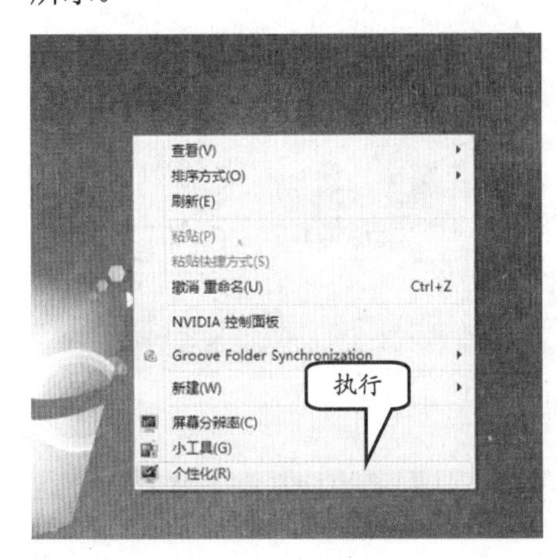

图 6-4 个性化设置

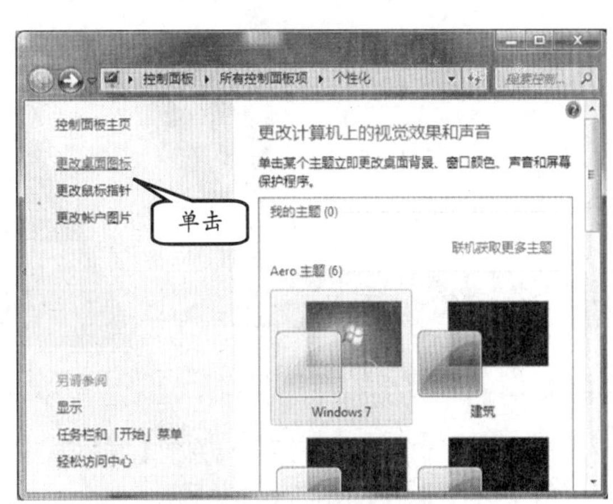

图 6-5 单击【更改桌面图标】链接

在弹出的【桌面图标设置】对话框中，可以选择系统图标，并单击【更改图标】按钮，如图 6-6 所示。

最后，在弹出的【更改图标】对话框中，选择更改后的图标，并单击【确定】按钮，如图 6-7 所示。

图 6-6 选择图标

图 6-7 选择需要的图标

3．小工具

Windows 7 中的小工具是美化的最简单方法之一，小工具的搭配能够让桌面锦上添花。而所添加的这些小工具，对有些用户非常有帮助意义。例如，右击桌面空白处，并执行【小工具】命令，如图 6-8 所示。

然后，可以看到小工具界面，双击相应小工具或拖动到桌面即可添加该小工具到桌面，如图 6-9 所示。

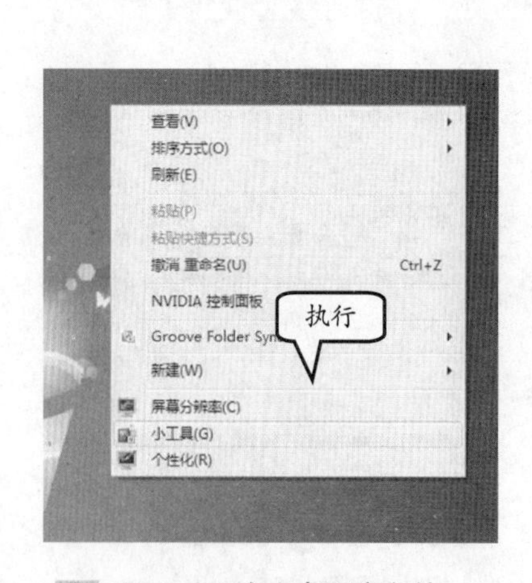

图 6-8 右击桌面空白处

图 6-9 小工具

当然，用户也可以单击右下方的【联机获取更多小工具】链接，并进入官方小工具库来获取更多小工具，如图 6-10 所示。

通过上述网页，用户可以看到一些在【小工具】窗口中没有的小工具软件。这些小工具非常实用，下面来简单地介绍一下。

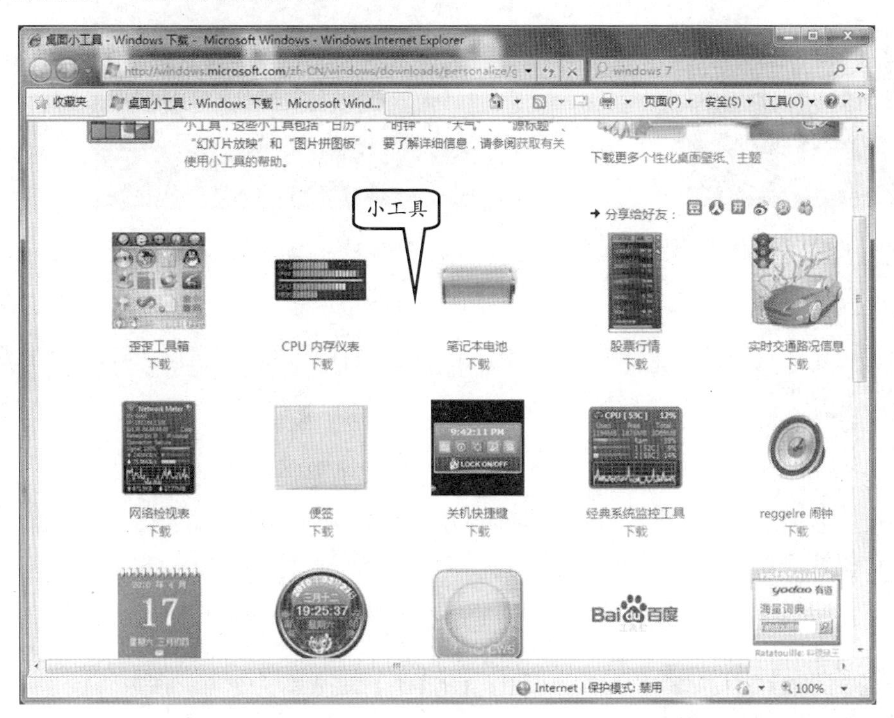

图 6-10　联机小工具

❑ **屏幕标尺**

用户可以方便地测量屏幕上某段距离的长度，如图 6-11 所示。

❑ **CPU 内存仪表**

用户可以查看计算机 CPU 和内存的使用情况。另外，将鼠标放置该工具之上，还可以查看 CPU 和内存的配置情况，如图 6-12 所示。

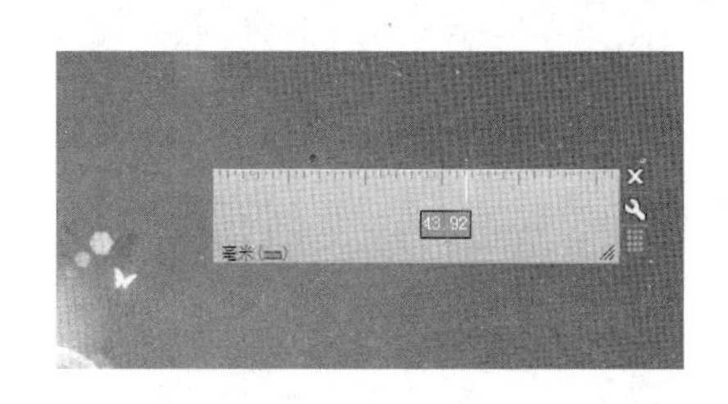

图 6-11　标尺工具

图 6-12　CPU 内存仪表工具

❑ **笔记本电池**

如果用户添加笔记本电池工具，则在小工具中显示笔记本电脑电池的使用情况。但是，由于目前使用台式计算机，所以在小工具中显示电池电量为 100%，如图 6-13 所示。

❑ **中国天气**

用户可以在联机帮助中下载并安装“中国天气”小工具，然后，在桌面右侧将显示该工具，并显示城市为“北京”的天气情况，如图 6-14 所示。当然，用户也可以设置为其他城市，并显示该城市的天气信息。

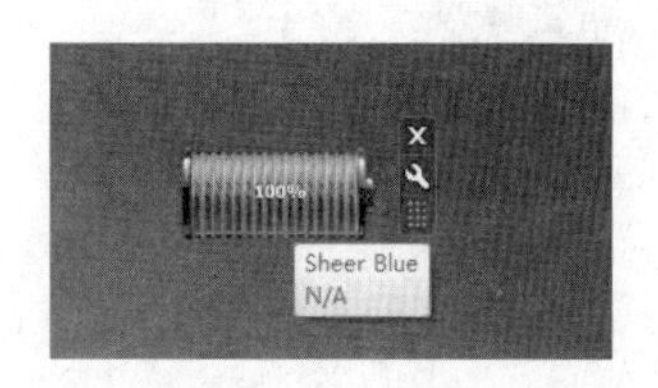

图 6-13　显示电池电量

图 6-14　显示天气信息

❑ 日历

用户可以在【小工具】窗口中，双击【日历】图标，并在桌面右侧显示“日历”工具，如图 6-15 所示。

❑ 中国农历

虽然，“日历”与“中国农历”在显示上没有太大的区别，但其应用也有着不同之处。例如，在“中国农历”小工具中，包括阴阳历显示、阴阳历生日、纪念日、日程、也及设置闹钟提醒等功能，如图 6-16 所示。

图 6-15　显示日历信息

图 6-16　显示农历信息

❑ 网络收音机

用户可以通过添加“网络收音机”小工具，直接收听广播电台的节目，如图 6-17 所示。

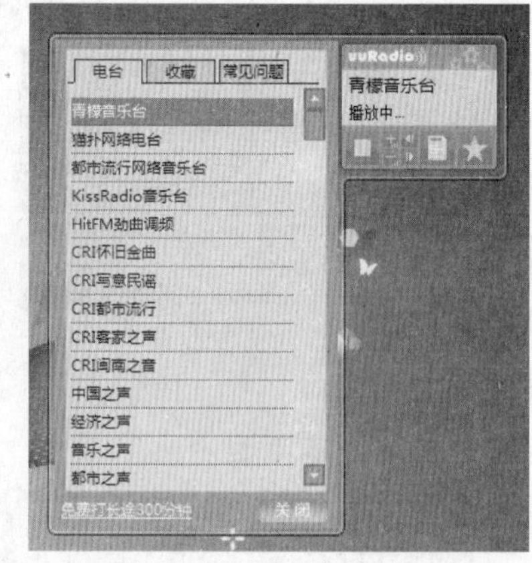

图 6-17　收听广播节目

6.1.3　Linux 桌面

Linux 开放源代码的特性，降低了封闭源代码软件潜在的安全性忧虑，这使得 Linux 操作系统有着更广泛的应用领域。

随着 Linux 操作系统在图形用户接口方面的发展，Linux 在桌面应用方面也有显著的提高，越来越多的桌面用户转而使用 Linux。

启动 Linux 系统以后，首先会进入系统的登录界面。这时，用户只需要输入正确的用户名和密码，就可以进入 Linux 图形界面，如图 6-18 所示。

而当用户登录系统之后，即进入到 Linux 界面，即 GNOME 环境，如图 6-19 所示。

用户可以像使用 Windows 操作系统一样来使用 GNOME 环境，在该环境中一些鼠标或窗口的基本操作与 Windows 操作系统中相同。

图 6-18　Linux 登录界面

图 6-19　Linux 界面

6.2　添加桌面主题

桌面主题表示 Windows 操作系统桌面各个模块的风格，具有个性化。它是对桌面的一种新型表达和诠释方式，富有生命力和个性化及多样化，所以现在逐步受到用户喜爱。

6.2.1　酷鱼桌面

鱼鱼桌面的华丽转身——酷鱼桌面正式发布了！酷鱼桌面就是鱼鱼桌面秀的原作者经过 2 年多的开发完全重写的一款软件，功能完全超越之前的鱼鱼桌面秀，是鱼鱼桌面秀的下一代产品。

酷鱼桌面是一个完全免费的桌面小工具（Widget）平台，它拥有轻便、快速、流畅的用户体验和华丽的动画特效，如图 6-20 所示。附带的可视化编辑器功能强大且简单易用，能轻松 DIY 出独具个性特色的超酷桌面小工具。

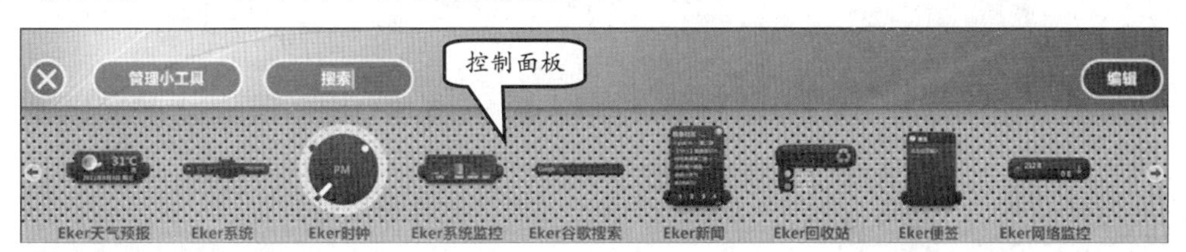

图 6-20　酷鱼桌面控制面板

1. 添加小工具

在酷鱼桌面控制面板中，单击左上方的【管理小工具】按钮，将弹出【管理小工具】对话框，如图 6-21 所示。

在该对话框中，选择【已安装】选项卡，并双击需要添加的工具选项，例如双击【Eker天气预报】选项，即可在桌面查看小工具及显示的信息，如图 6-22 所示。

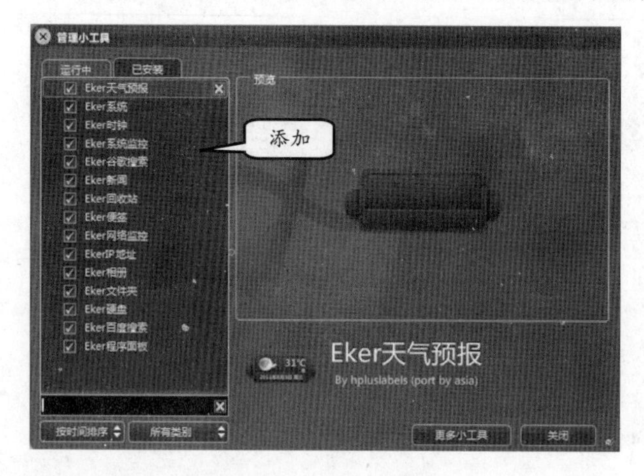

图 6-21 【管理小工具】对话框

图 6-22 添加小工具

2. 编辑时钟

如果用户已经添加小工具，但对于小工具所显示内容不满意，可以对该工具进行编辑。

例如，已经添加【Eker 时钟】小工具，可以右击该时钟图标，执行【编辑】命令，如图 6-23 所示。

此时，将弹出【酷鱼小工具编辑器 - Eker 时钟】窗口，并在编辑区中显示时钟图标，如图 6-24 所示。

图 6-23 执行【编辑】命令

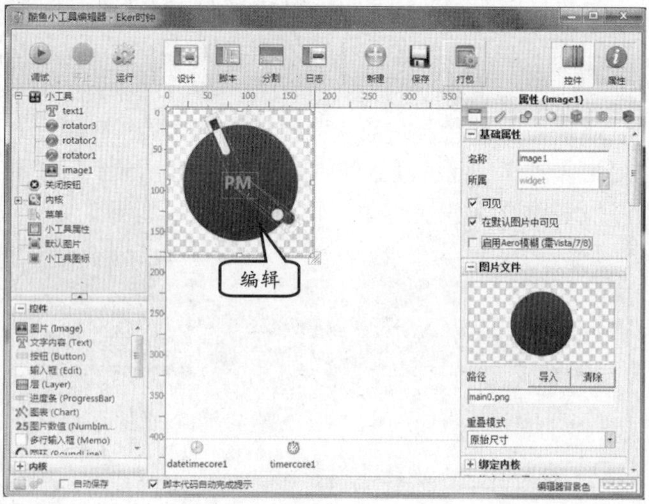

图 6-24 编辑时钟

在时钟图片中，选择时钟中图片某部分，可以在右侧的面板中进行相关的设置。例如，在右侧单击【图片文件】面板中的【导入】按钮，将弹出 Import image 对话框，选择图片并单击【打开】按钮即可替换图片，如图 6-25 所示。

提　示

用户也可以在右侧的面板中，直接更改所选择图形的颜色。

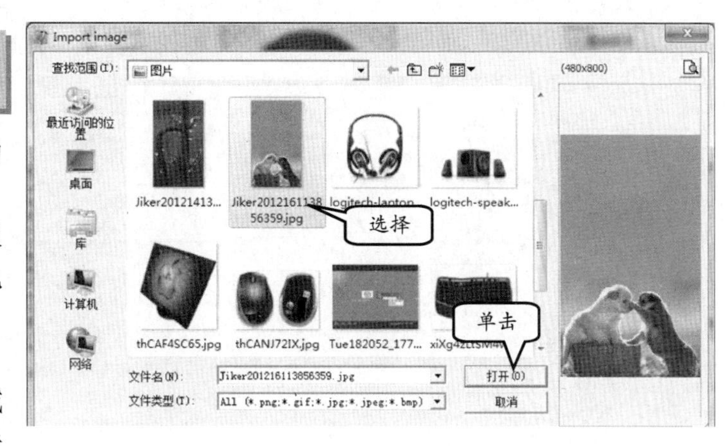

图 6-25　选择替换图片

然后，再选择时钟中的指针图形，并选择【填充】选项卡，在【纯色】面板中单击【颜色】后面的颜色图块，如图 6-26 所示。

在弹出的【选择颜色】对话框中，可以在颜色区域选择合适的颜色，并单击【确定】按钮，如图 6-27 所示。

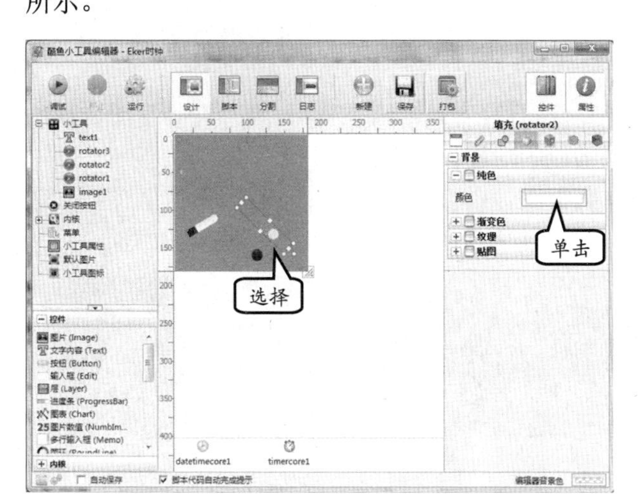

图 6-26　更改颜色

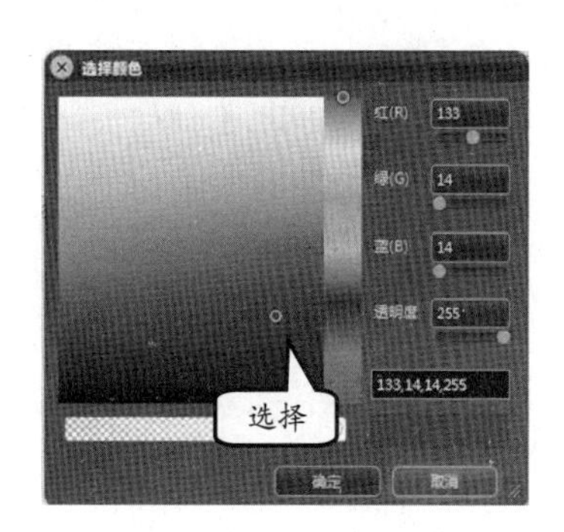

图 6-27　选择颜色

最后，再对时钟图形的其他部分进行相关的设置，如图 6-28 所示。从图 6-28 中可以看出，其分别对时钟的指针进行了颜色的修改。

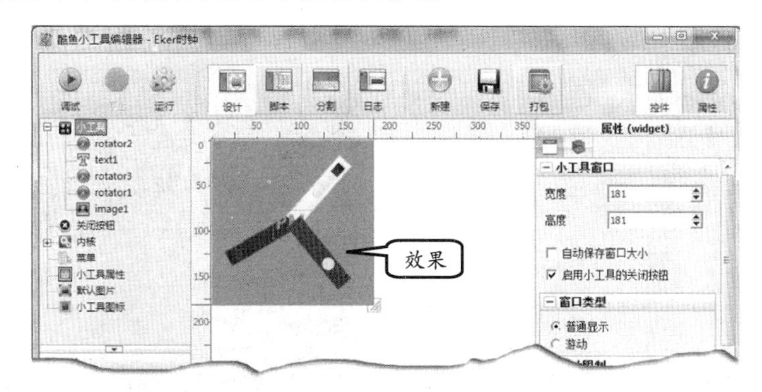

图 6-28　更改的颜色

现在，可以单击工具栏中的【保存】按钮，并单击左侧的【调试】按钮，对所修改的图形进行运行测试，如图 6-29 所示。

图 6-29 调试效果

3. 制作相册

桌面相册功能可以让用户在不更改桌面背景的前提下，添加一个小型的“桌面背景”。值得一提的是，该桌面相册还具有自动播放的功能。

例如，双击通知区域的【酷鱼桌面秀】图标，打开【酷鱼桌面控制面板】窗口。在该窗口中，单击【Eker 相册】图标，即可将该工具添加到桌面，如图 6-30 所示。

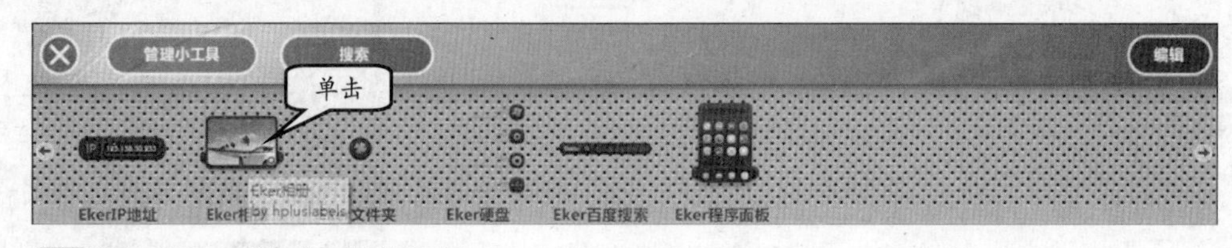

图 6-30 酷鱼桌面控制面板

在桌面上，右击【Eker 相册】工具图标，并在快捷菜单执行【相册设置】命令，如图 6-31 所示。

在弹出的【相册设置】对话框中，用户可以更改相册的图片位置、更换图片间隔时间、过滤图片文件大小等，如图 6-32 所示。

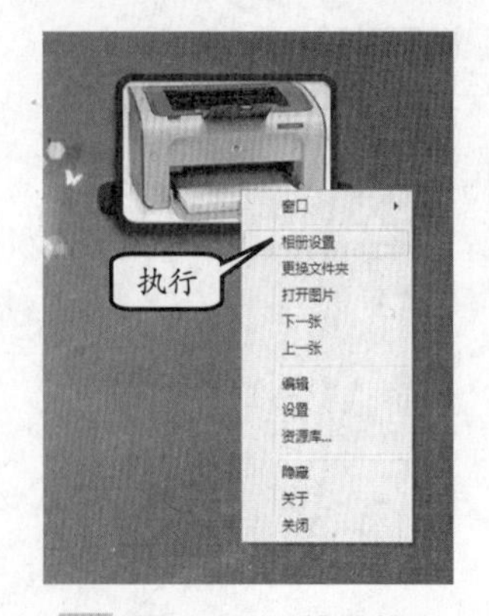

图 6-31 设置相册

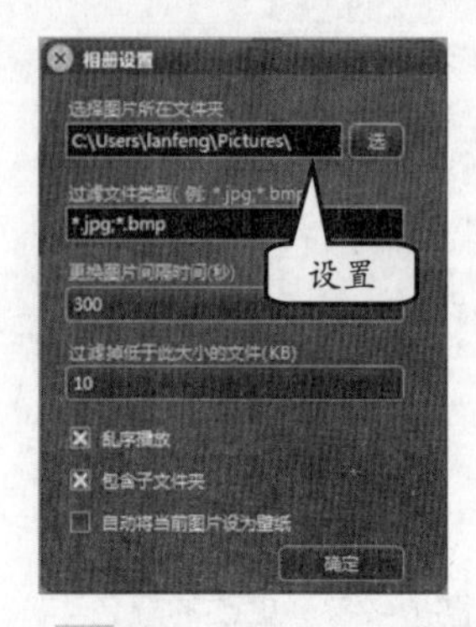

图 6-32 相册设置

提 示

在【相册设置】对话框中，用户单击【自动将当前图片设为壁纸】前面的复选框，将在该框中显示"叉号"（表示已经选择该项）。

6.2.2 酷点桌面工具

酷点是一个支持 Windows 7/Vista/XP/2008/2003/2000 的一个桌面工具，可以使 Windows 桌面不再保留眼花缭乱的各种图标。用户把这些图标都拖到酷点所提供的圆形和矩形面板中，让桌面从此干干净净。

酷点有 3 个默认面板，一个圆形，一个矩形（可以自动隐藏在您的桌面边缘），还有一个搜索框。用户可以看到拖入图标、拖出图标时候的一些动态效果，在后期会提供更多的动画效果，包括声效等都是可以提供自定义选择的，如图 6-33 所示。

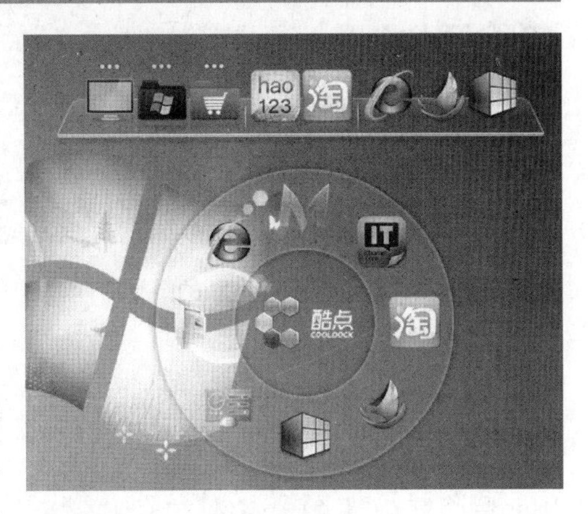

图 6-33 酷点桌面工具

1. 在图标中添加快捷方式

在"矩形面板"中，用户可以将鼠标放置到图标之上，然后弹出工具图标框，并显示多个图标内容，如图 6-34 所示。

然后，单击工具图标框中的【添加】按钮，并弹出【打开】对话框。在该对话框中，用户可以选择需要添加的软件程序图标，如图 6-35 所示。

图 6-34 显示图标框

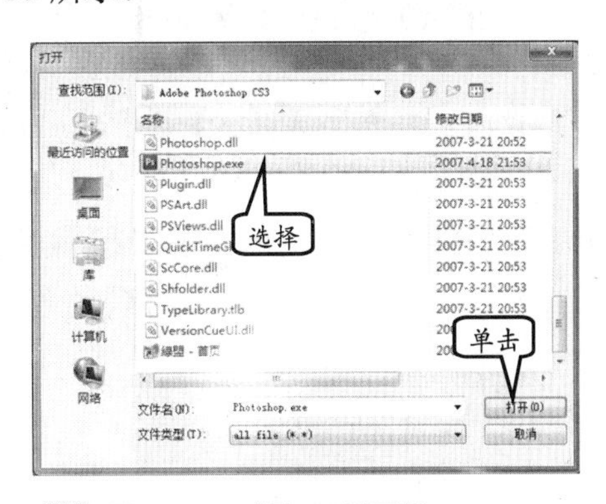

图 6-35 添加工具图标

此时，用户再选择"矩形面板"中的图标，将在弹出的工具图标框中显示已经添加的软件图标，如图 6-36 所示。

当然，如果用户需要删除工具图标框中的图标，也可以右击该图标，执行【更改图标操作】|【从面板上删除】命令，如图 6-37 所示。

提 示

用户也可以在【快捷图标管理】对话框中，依次展开图标目录选项，并右击需要删除的图标，执行【删除】命令。

图 6-36 显示已经添加的图标

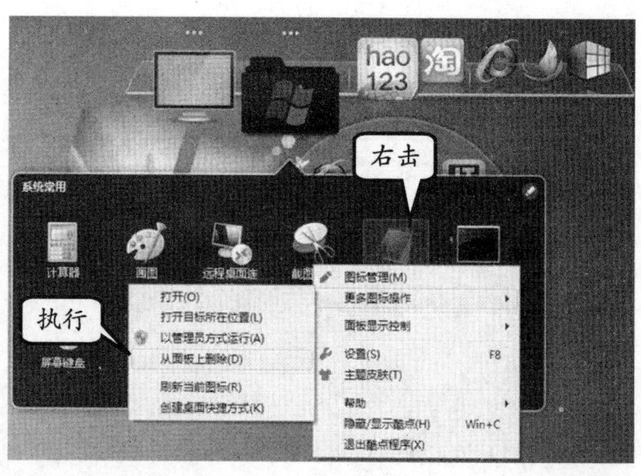

图 6-37 删除图标

2. 删除面板中的图标

可以看到，在“矩形面板”中有些图标及网络连接，对一般用户没有什么用处。而这些图标，用户可以自行删除或者更换。例如，右击“矩形面板”中的图标，并执行【图标管理】命令，如图 6-38 所示。

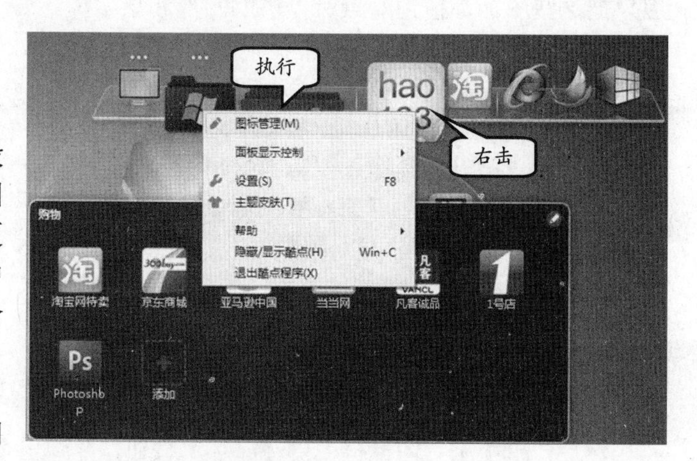

图 6-38 图标管理

在弹出的【快捷图标管理】对话框中，用户可以选择左侧列表中的目录选项，并单击对话框中的【删除】按钮，如图 6-39 所示。

此时，将弹出【提示】提示框，并提示“你确定要删除此分组，以及分组中的图标么？”等内容，如图 6-40 所示。然后，单击【是】按钮删除图标组。

图 6-39 选择删除图标

图 6-40 提示信息

当用户删除图标组之后，则对话框中的左侧将不再显示该图标及图标下面的子图标内容，如图 6-41 所示。

此时，在“矩形面板”中也不再显示该图标及工具图标框中的内容，如图 6-42 所示。

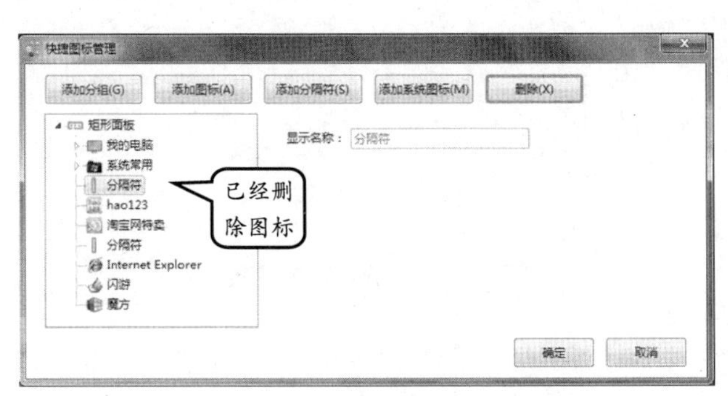

图 6-41 已经删除图标

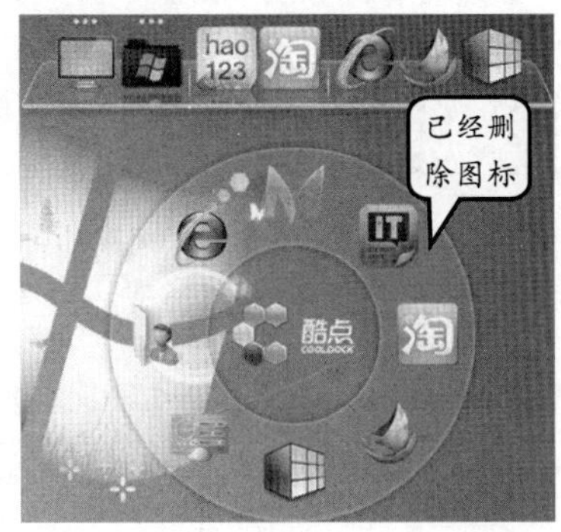

图 6-42 查看“矩形面板”图标

6.3 添加动态桌面

动态桌面说明桌面中的背景不只是一张静止的图像，而是在背景中有动的元素。在这里用户可以通过手动或者工具软件两种方式，来添加动态桌面内容。

6.3.1 Windows 7 动态背景

在 Windows 7 操作系统中，设置动态背景需要用户先进行一系列的设置。首先，要确定计算机已经打开 Aero 效果。

1. 系统性能设置

对完全安装版的 Windows 7 操作系统来说，一般该设置都已经处于打开的状态。而对于其他方式安装的 Windows 7 操作系统版本，可能用户需要先设置该功能。例如，右击桌面中的【计算机】图标，执行【属性】命令，如图 6-43 所示。

在弹出的【系统】窗口中，单击左下角的【性能信息和工具】链接，如图 6-44 所示。

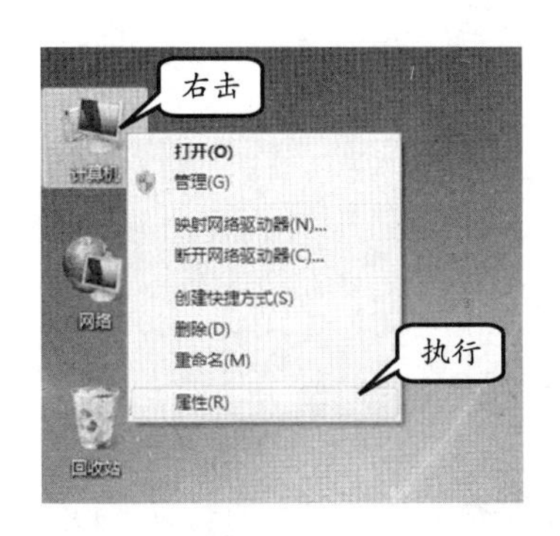

图 6-43 执行【属性】命令

图 6-44 【性能信息和工具】窗口

在【性能信息和工具】窗口中，再单击左侧的【调整视觉效果】链接，如图 6-45 所示。

在弹出的【性能选项】对话框中，用户可以选择【视觉效果】选项卡，并选择“让 Windows 选择计算机的最佳设置”选项，再单击【确定】按钮，如图 6-46 所示。

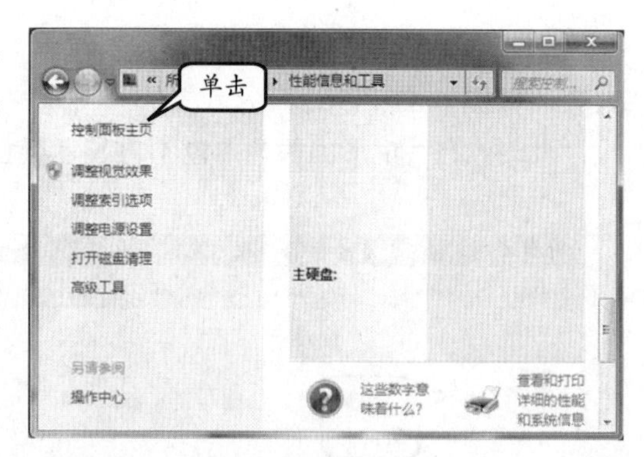

图 6-45　调整视频效果

2. 安装与设置背景

下面用户可以下载 Windows 7-DreamScene 桌面补丁小工具，并双击该软件。在弹出的命令提示符窗口中，按任意键安装该工具，如图 6-47 所示。

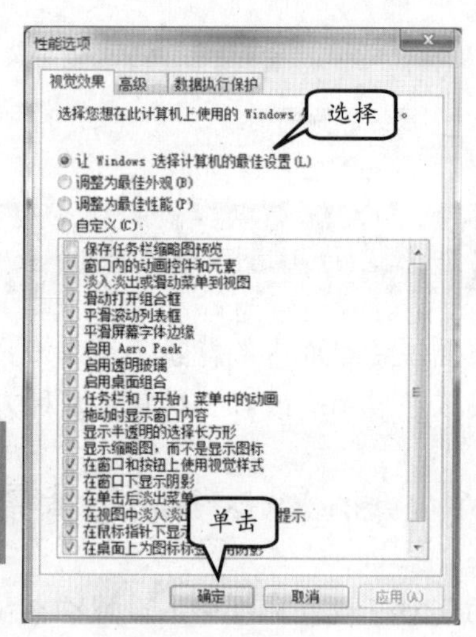

图 6-46　设置选项

然后，右击 WMV 格式的动态桌面背景，并执行【Set as Desktop Background】命令，即可设置动态桌面背景，如图 6-48 所示。

提　示

由于是微软 Windows 7 操作系统自身的一个功能，所以它仅支持自家的 Windows Media Video 格式（简称 WMV）。

当用户将视频文件设置为背景后，桌面中的背景将以动态的方式显示该动画效果，如图 6-49 所示。

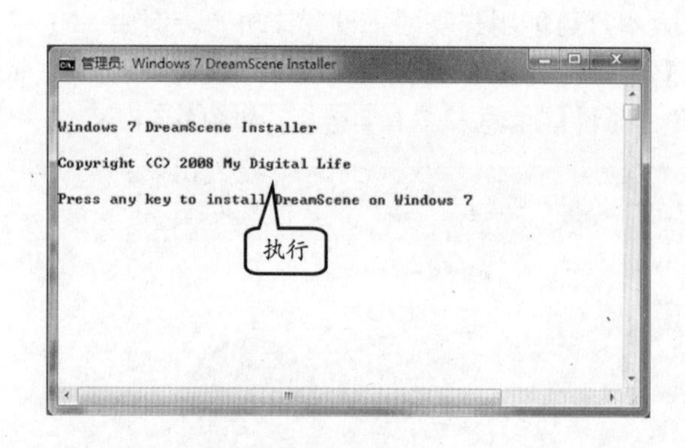

图 6-47　安装工具软件

图 6-48　设置背景

如果用户需要暂时停止动画效果，可以右击桌面的空白处，并执行【Pause DreamScene】命令，如图 6-50 所示。

图 6-49 动态背景

图 6-50 暂停播放动画

6.3.2 将幻灯片设置为桌面

除了上述通过工具制作动态桌面背景的方法以外，还可以将幻灯片设置为背景。这样，背景将在多张图片之间随时地更改，也不止是一张静态的图片了。

图 6-51 程序菜单

1. 设置电源管理

用户可以单击桌面左下角中的【开始】按钮，并弹出程序菜单内容，如图 6-51 所示。然后，在【搜索】框中，输入“电源选项”文本，如图 6-52 所示。

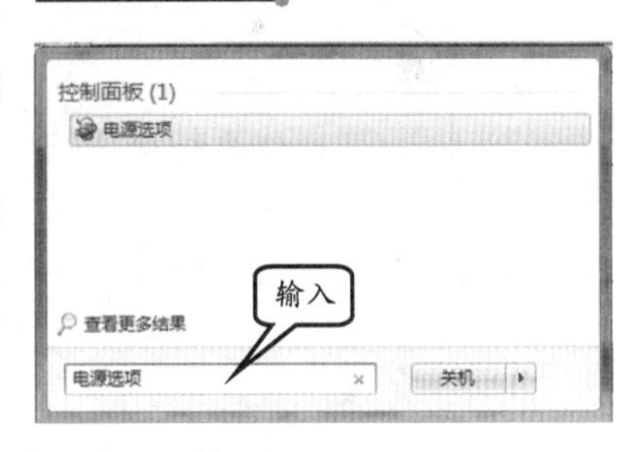

图 6-52 电源选项

在弹出的【电源选项】窗口中，单击【平衡（推荐)】后面的【更改计划设置】链接，如图 6-53 所示。

在弹出的【编辑计划设置】窗口中，再单击左下角中的【更改高级电源设置】链接，如图 6-54 所示。

在弹出的【电源选项】对话框中，单击列表框上方的【更改当前不可用的设置】链接，如图 6-55 所示。

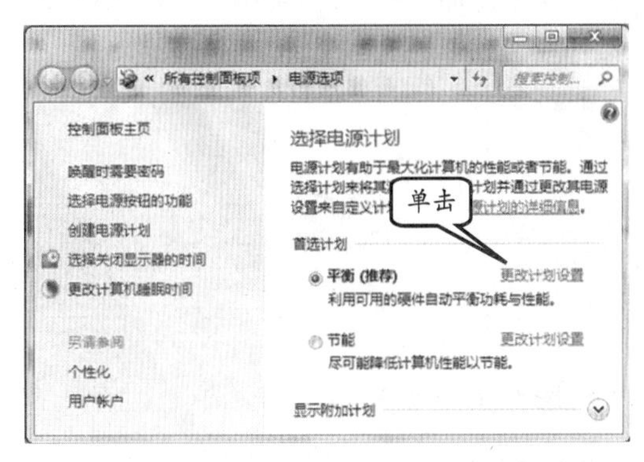

图 6-53 设置电源计划

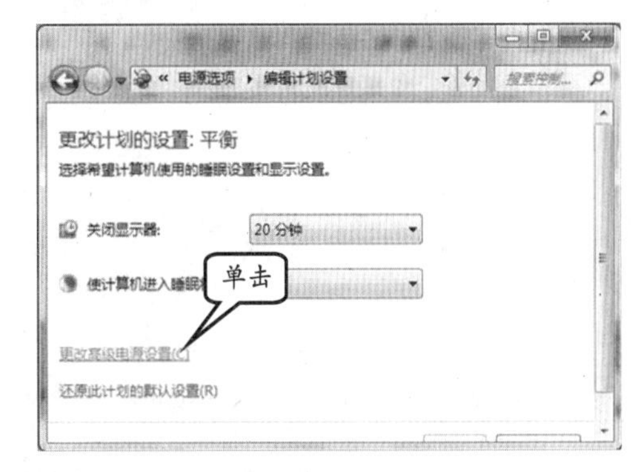

图 6-54 电源高级设置

提　示

用户在设置过程中，如果不是管理员身份进入，则将弹出【用户账户控制】窗口，并且需要输入具有管理员权限的账户密码。

然后，用户可以在列表框中，依次展开【桌面背景设置】|【放映幻灯片】|【设置:】选项，并显示“可用”内容，如图 6-56 所示。

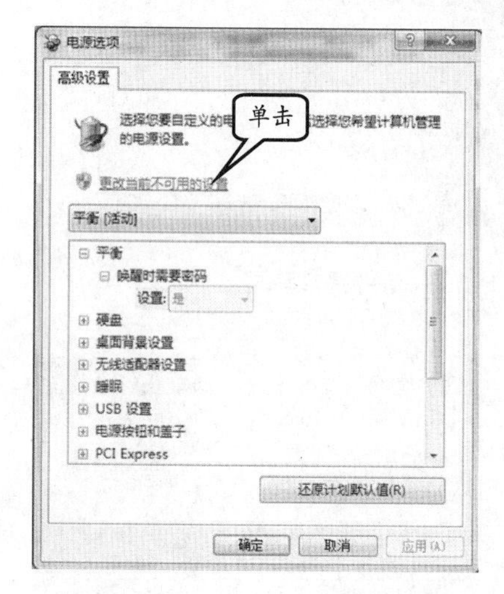

图 6-55　更改不可用选项

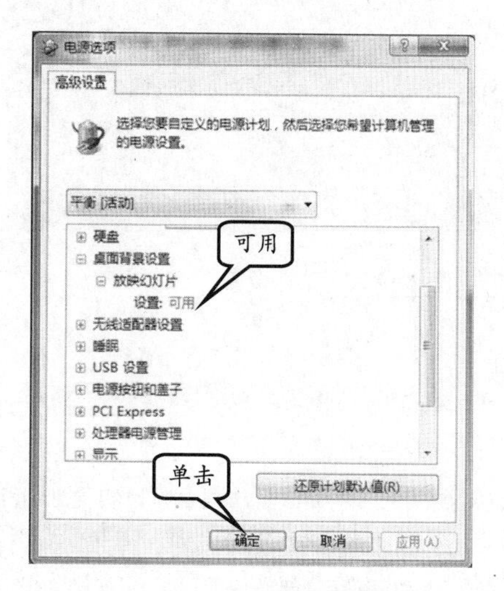

图 6-56　显示幻灯片是否可用

最后，用户可以单击【确定】按钮，进行后续的幻灯片设置内容。

2. 设置背景

Windows 7 操作系统自带幻灯片功能，个性化桌面，幻灯片展示只需几步操作即可完成。

首先，在系统内创建一个桌面壁纸的文件夹，用来存放海量图片。

然后，在 Windows 7 系统右击桌面空白处，执行【个性化】命令，如图 6-57 所示。

在弹出的【个性化】窗口中，单击左下方的【桌面背景】链接，如图 6-58 所示。

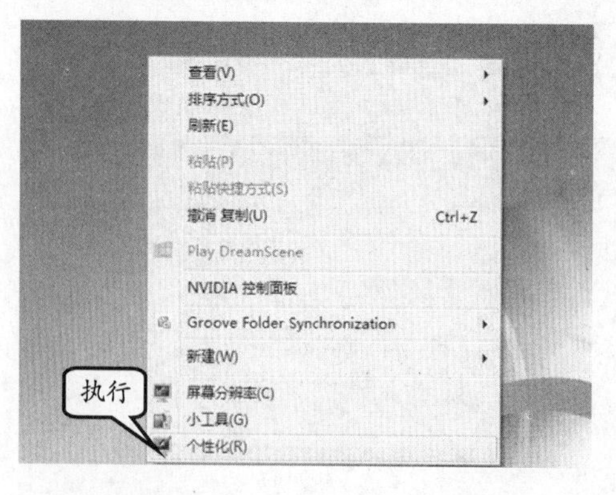

图 6-57　执行【个性化】命令

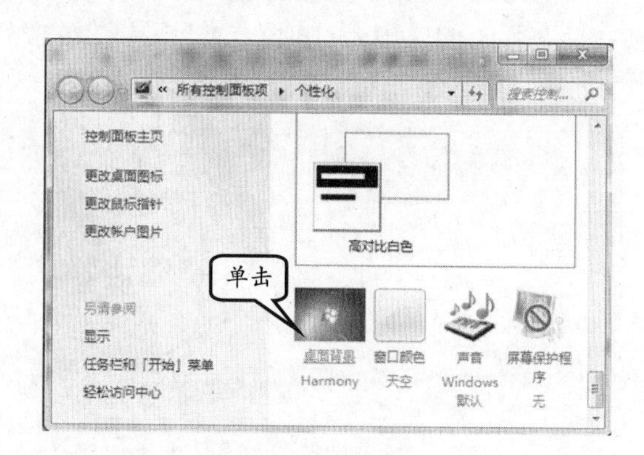

图 6-58　设置桌面背景

在弹出的【桌面背景】窗口中，单击【图片位置】后面的【浏览】按钮，如图 6-59 所示。

在弹出的【浏览文件夹】对话框中，可以选择已经创建好的图片文件夹。当然，用户也可以选择【库】中的图片文件夹，如 Pictures 文件夹，如图 6-60 所示。

图 6-59 单击【浏览】按钮

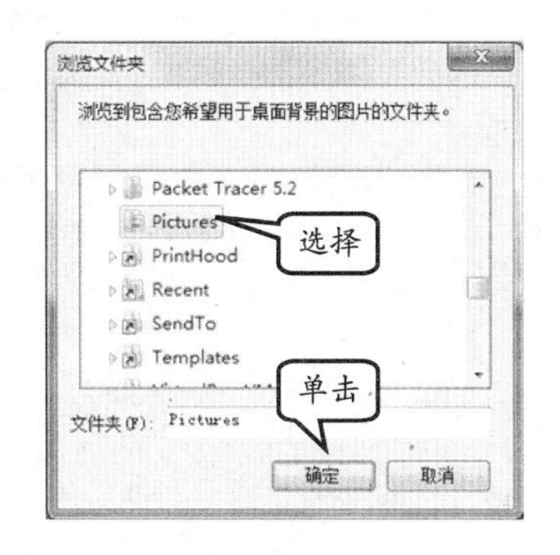

图 6-60 选择图片文件夹

此时，在列表中将显示该文件夹中所有的图片，用户可以单击图片左上角方框，来选择或者放弃图片，如图 6-61 所示。

拖动滚动条至下方，并设置图片的位置、更换图片的时间、播放的序列等，如图 6-62 所示。

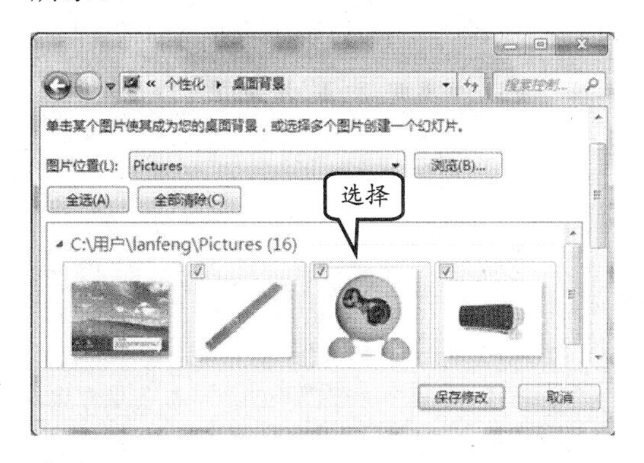

图 6-61 选择图片

图 6-62 设置图片播放选项

最后，可以单击【保存修改】按钮，如图 6-63 所示，对幻灯片的设置就完成了。用户可以在桌面上查看这些图片交替的效果。

图 6-63 保存对幻灯片选项的设置

6.4 思考与练习

一、填空题

1. ＿＿＿＿＿是微软公司于2001年发布的一款视窗操作系统，原来的名称是Whistler。

2. 图标其实是系统中各功能的展示，尤其在＿＿＿＿＿操作系统中，图标可以放大。

3. ＿＿＿＿＿搭配到桌面，能够锦上添花，并且对有些用户非常有帮助意义。

4. 启动Linux系统以后，首先会进入系统的＿＿＿＿＿。

5. 当用户登录Linux系统之后，即进入到Linux界面，即＿＿＿＿＿环境。

6. ＿＿＿＿＿功能可以让用户在不更改桌面背景的前提下，添加一个小型的“桌面背景”，具有自动播放的功能。

二、选择题

1. Windows不可以美化下列哪项内容？＿＿＿＿

A. Windows外观样式

B. 系统图标

C. 鼠标指针

D. 屏幕保护程序

2. 在酷鱼桌面中，下列哪项工具可以在不改变原桌面背景的前提下，添加一个小型的“桌面背景”？＿＿＿＿

A. Aero相册　　B. CPU仪表盘

C. 网络流量　　D. mini电池

3. 酷点有3个默认面板，一个圆形，一个矩形（可以自动隐藏在您的桌面边缘），还有一个＿＿＿＿＿。

A. 搜索框　　B. 快捷菜单

C. 工具栏　　D. 面板

4. Windows 7通过添加补丁，可以将＿＿＿＿＿格式的文件，作为动态背景。

A. MPG　　B. WMV

C. AVI　　D. MP3

5. ＿＿＿＿＿表示Windows操作系统桌面各个模块的风格，具有个性化。

A. 桌面主题　　B. 公历时间

C. 硬件性能　　D. 小工具

三、简答题

1. 什么是桌面工具，桌面工具都有哪些常见功能?

2. 简单介绍一下目前有哪些桌面系统?

3. 如何通过Windows 7系统添加动态桌面?

四、上机练习

1. Win7美化大师下载主题

“Win7美化大师”属于系统美化软件，里面包含官方主题，其中多张精美的壁纸都备受青睐。使用它可以修改Windows 7操作系统各类显示效果，如图6-64所示。

图6-64　Win7美化大师更换桌面

2. Win7 美化大师更改壁纸

用户还可以通过“Win7 美化大师”更改壁纸，而无需到网上下载。在该软件中，直接搜索并进行设置即可。

例如，选择【壁纸搜索】选项卡，然后在【搜索关键字】框中，输入“风景”；【壁纸规格】下拉列表中，选择“1024×768”选项，并单击【百度搜索】按钮，如图 6-65 所示。

图 6-65 搜索壁纸

然后，用户可以从搜索的图片中选择自己喜欢的图片，并将鼠标置于上面，即可显示“壁纸预览”和“设为桌面”内容。此时，单击“设为桌面”即可，如图 6-66 所示。

图 6-66 设置壁纸

第 7 章

多媒体编辑软件

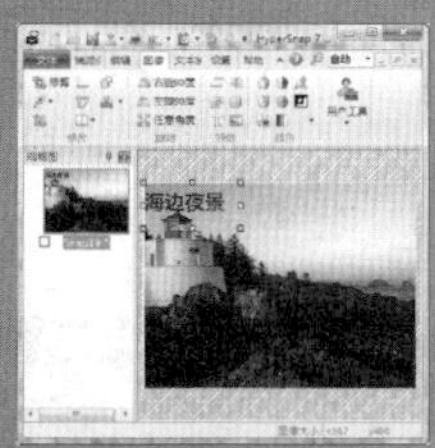

多媒体技术的出现，使计算机的娱乐功能更加强大。如今，计算机已经可以在功能上代替传统的录音机、录像机、VCD 和 DVD。人们可以使用计算机播放各种音乐、电影，并使用计算机处理一些音频和视频文件。但是，想要在计算机中展示多媒体的应用，离不开各种多媒体应用软件的帮助，例如，音频播放器、视频播放器等。

本章学习要点：

- 多媒体技术概述
- 音频文件类型
- 视频文件类型
- 酷我音乐盒
- QQ 音乐播放器
- 暴风影音
- PPLive 网络电视
- GoldWave 音频编辑
- 超级转换秀

7.1 多媒体技术

诞生于20世纪80年代末期的多媒体是计算机技术发展的产物。它是一种将文字、图像、动画、影视、音乐等多种媒体元素以及计算机编程技术融于一体，具有一定交互能力的新型信息表现形式。

7.1.1 多媒体技术概述

在1995年推出了新的MPC Level 3标准之后，多媒体开始走向普通计算机用户，其发展速度也越来越快。

1. 多媒体的组成

顾名思义，多媒体是多种媒体的结合，主要包括文本、图像、动画、音频和视频等几种元素，如图7-1所示。

❑ 文本

文本是以文字和各种符号表达的信息媒体，是现实生活中相当常用的信息存储和传递方式。使用文本表达各种信息，可以使信息清晰、易于辨识，因此，主要用于对知识进行描述性表示，如阐述概念、定义、原理和问题以及显示标题、菜单等内容。

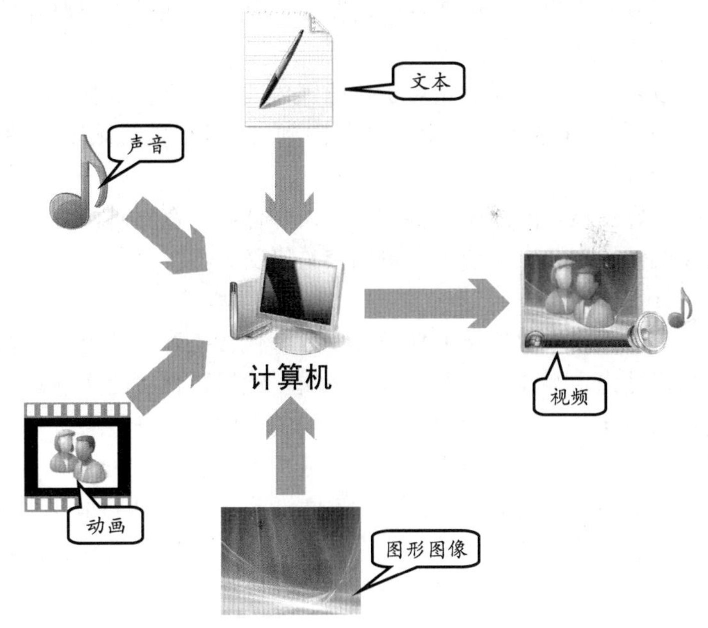

图7-1 多媒体示意图

❑ 图像

图像媒体是文本媒体的发展，是多媒体技术中最重要的信息表现形式之一。图像决定了多媒体的视觉效果，使信息更加清晰、形象和美观。

❑ 动画

动画媒体是利用人类视觉暂留的特性，快速播放一系列连续的图像，或对图像进行缩放、旋转、变换、淡入淡出等处理而产生的媒体。

使用动画媒体可以把抽象的内容形象化，使许多难以理解的教学内容变得生动有趣，合理使用动画可以达到事半功倍的效果。

❑ 声音

声音是人类进行交流最早使用的工具，也是用来传递信息、交流情感的最熟悉、方便的媒体之一。声音又可划分为语声、乐声和环境声等 3 种。语声是指人类说话发出的声音；乐声是指由各种人造乐器演奏而发出的声音；而其他的所有声音则都被归纳到环境声中。

❑ 视频

视频是随着摄影技术发展而产生的一种新媒体，具有时序性与丰富的信息内涵，常用于交待事物的发展过程。视频非常类似于人们熟知的电影和电视，有声有色，在多媒体中充当起重要的角色。

2. 多媒体技术的特点

相比传统媒体，多媒体技术具有更大的灵活性，可以广泛应用于各种生产、生活活动中。多媒体技术有如下几种特点。

❑ 交互性

交互性是多媒体技术的关键特征。在传统媒体中，更多的是媒体发行者将信息传递给用户，用户只有被动地接受，无法选择自己需要的信息。

多媒体技术的出现，可以使用户更有效地控制和使用信息，增加对信息的理解，同时，还允许用户自行选择各种需要的信息，增加了用户对媒体的兴趣。

❑ 复合性

复合性也是多媒体相对于传统媒体的一个重要特征。在传统媒体中，例如各种报纸、杂志、广播、电视，由于其介质的限制，往往只能局限于一种或两三种媒体，种类较少，而且表现形式单一。

多媒体技术的出现，将这些传统媒体结合在一起，将媒体信息多样化和多维化，丰富了媒体的表现力，使用户更加容易接受。

❑ 即时性

即时性使多媒体技术真正拥有了替代传统媒体的能力。在传统媒体中，所有的媒体信息都是先由媒体发布者录入、编辑，然后再传播给用户。多媒体技术诞生以前，媒体信息的传输是非常困难的，记者访问的新闻往往需要经过数天甚至数月的时间才能到达用户手中。这里编辑的过程也往往浪费了大量的时间。

多媒体技术的诞生，加快了信息传递的时间，同时，还支持实时处理各种媒体信息，处理和发布几乎在同一时间内进行。这样，用户接收到的信息和媒体发布者是同步的，节省了大量的时间，保护了信息的时效性。

7.1.2 音频文件类型

在计算机中，有许多种类的音频文件，承担着不同环境下声音提示等任务。音频文件是计算机存储声音的文件，而音频文件大体上可以分为无损格式和有损格式等两大类。

1. 无损格式

无损格式是指无压缩，或单纯采用计算机数据压缩技术存储的音频文件。这些音频文件在解压后，还原的声音与压缩之前并无区别，基本不会产生转换的损耗。无损格式的缺点是压缩比较小，压缩后的音频文件占用磁盘空间仍然很大。常见的无损格式音频文件主要有以下几种。

❑ **WAV**

WAV（WAVE，波形声音）是微软公司开发的音频文件格式。早期的 WAV 格式并不支持压缩。随着技术的发展，微软和第三方开发了一些驱动程序，以支持多种编码技术。WAV 格式的声音，音质非常优秀，缺点是占用磁盘空间最多，不适用于网络传播和各种光盘介质存储。

❑ **APE**

APE 是 Monkey's Audio 开发的音频无损压缩格式，它可以在保持 WAV 音频音质不变的情况下，将音频压缩至原大小的 58%左右，同时，支持直接播放。使用 Monkey's Audio 的软件，还可以将 APE 音频还原为 WAV 音频，还原后的音频和压缩前的音频完全一样。

❑ **FLAC**

FLAC（Free Lossless Audio Codec，免费的无损音频编码）是一种开源的免费音频无损压缩格式。相比 APE，FLAC 格式的音频压缩比略小，但压缩和解码速度更快，同时在压缩时也不会损失音频数据。

2. 有损格式

有损文件格式是基于声学心理学的模型，除去人类很难或根本听不到的声音，对声音进行优化，例如：一个音量很高的声音后面紧跟着的一个音量很低的声音等。

在优化声音后，还可以再对音频数据进行压缩。有损压缩格式优点是压缩比较高，压缩后占用的磁盘空间小。缺点是可能会损失一部分声音数据，降低声音采样的真实度。常见的有损音频文件主要有以下几种。

❑ **MP3**

MP3（MPEG-1 Audio Layer 3，第三代基于 MPEG1 级别的音频）是目前网络中最流行的音频编码及有损压缩格式，也是最典型的音频编码压缩方式。它舍去了人类无法听到和很难听到的声音波段，然后再对声音进行压缩，支持用户自定义音质，压缩比甚至可以达到源音频文件的 1/20，而仍然可以保持尚佳的效果。

❑ **WMA**

WMA（Windows Media Audio，Windows 媒体音频）是微软公司开发的一种数字音频压缩格式，其压缩率比 MP3 格式更高，且支持数字版权保护，允许音频的发布者限制音频的播放和复制的次数等，因此受到唱片发行公司的欢迎，近年来用户群增长较快。

7.1.3 视频文件类型

视频文件是计算机存储各种影像的文件，是计算机多媒体中最重要的组成部分。视频应用于生活的各个方面，如影视剪辑与制作、电视节目编辑，以及 DV 拍摄等。视频文件的类型也比较多，常见的视频文件主要有以下几种。

❑ **AVI**

AVI（Audio Video Interactive，音频视频界面）最初是由微软公司开发的一种视频数据存储格式。早期的 AVI 视频压缩比很低，且不提供任何控制功能。

随着多媒体技术的发展，逐渐出现了许多基于 AVI 格式的视频数据压缩方式，例如 MPEG-4/AVC，以及 H.264 等。这些压缩格式的视频，有些仍然以 AVI 为扩展名，在播放这些视频时，需要安装特定的解码器。

❑ **WMV**

WMV（Windows Media Video，Windows 媒体视频）是微软公司开发的新一代视频编码解码格式，其具有较高的压缩比以及较好的视频质量，因此在互联网中受到不少好评。

WMV 格式的视频与 WMA 格式一样，支持数字版权保护，允许视频的发布者设置视频的可播放次数及复制次数，以及发布解码密钥才可以播放等，受到了网上流媒体发布者的欢迎。WMV 格式的文档扩展名主要包括 ASF 和 WMV 等两种。

❑ **MPEG**

MPEG（Moving Picture Experts Group，移动图像专家组）是由 ISO 国际标准化组织认可的多媒体视频文件编码解码格式，被广泛应用在计算机、VCD、DVD 及一些手持计算机设备中。

MPEG 是一系列的标准，最新的标准为 MPEG-4。同时，还有一个 MPEG-4 简化版本的标准 3GP 被应用在准 3G 手机中，用于流传输。MPEG 编码的视频文件扩展名类别较多，包括 DAT（用于 VCD）、VOB、MPG、MPEG、MP4、AVI 以及用于手机的 3GP 和 3G2 等。

❑ **MKV**

MKV（Matroska Video，Matroska 视频）是 Matroska 公司开发的一种视频格式，是一种开源免费的视频编码格式。该格式允许在一个文件中封装 1 条视频流以及 16 种可选择的音频流，并提供很好的交互功能，因此被广泛应用于互联网的视频传输中，其扩展名为 MKV。

❑ **Real Video**

Real Video（保真视频）是由 RealNetworks 开发的一种可变压缩比的视频格式，具有体积小，压缩比高的特点，非常受网络下载者和网上视频发布者的欢迎。其扩展名包括 RM、RMVB 等。

❑ **QuickTime Movie**

由苹果公司开发的视频编码格式。由于苹果计算机在专业图形图像领域的应用非常广泛，因此 QuickTime Movie 几乎是电影制作行业的通用格式，也是 MPEG-4 标准的基础。QuickTime Movie 不仅支持音频和视频，还支持图像、文本等，其扩展名包括 QT、MOV 等。

7.2 音频播放软件

如果没有音频播放软件的存在，那么存储在计算机中的音频文件就无用武之地了。音频播放软件，将计算机可以识别的二进制码的音频内容，转换成人们可以识别的声音内容。

7.2.1 酷我音乐盒

酷我音乐盒是一款集歌曲和 MV 在线搜索、在线播放、以及歌曲文件下载于一体的音乐播放工具。

酷我音乐盒提供国内外百万首歌曲的在线检索、试听和下载服务，其中还包括歌曲MV、同步歌词和歌手写真的配套检索和下载服务，如图 7-2 所示。

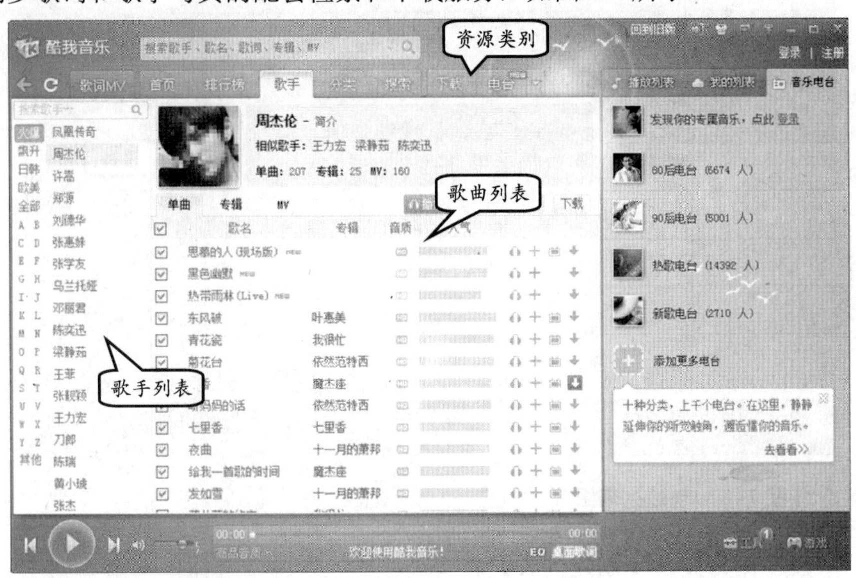

图 7-2 丰富的歌曲资源

除了在线音乐搜索、下载和播放等常见功能外，酷我音乐盒还提供了歌词、图片秀、MV 点播、音频指纹、CD 架、酷我 K 歌等强大功能。利用它的高清 MV 点播功能可以使用户在线欣赏清晰、流畅的高品质 MTV 视频，如图 7-3 所示。

图 7-3 收看歌曲 MV

1．创建并播放歌曲列表

在酷我音乐盒中，用户不仅可以在播放列表内添加本地计算机中的歌曲文件，还可以将网络曲库内的歌曲文件添加至播放列表中，具体操作方法如下。

启动酷我音乐盒软件，选择【播放列表】选项卡，并在【默认列表】后面，单击【分组列表】按钮，如图7-4所示。

图7-4 创建列表组

然后，在左侧将显示【创建列表】和【最近播放】两个按钮，单击【创建列表】按钮，则在【最近播放】下面显示一个文件框，此时可以输入列表名称，如输入“喜欢的音乐”，如图7-5所示。

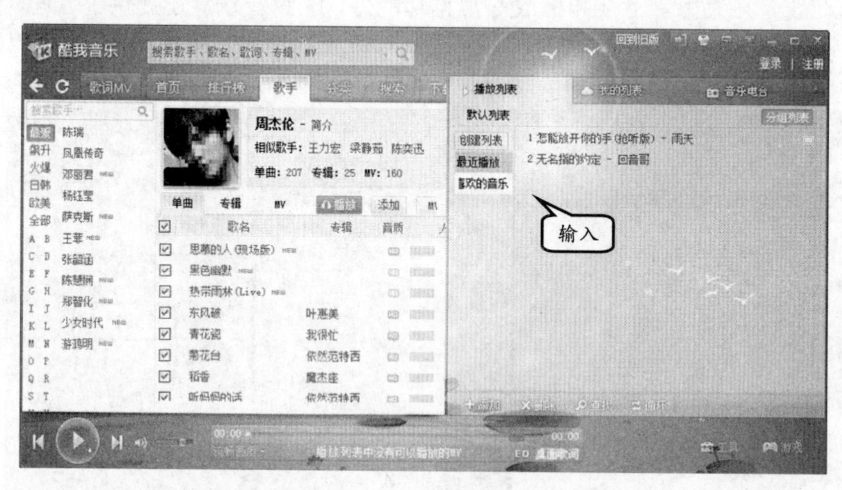

图7-5 输入列表名称

此时，用户可以在【歌手】选项卡中，从左侧选择自己喜欢的歌手名字，中间列表中将显示该歌手的所有歌曲。

用户可以从【单曲】选项所列出的所有歌曲中，选择自己喜欢的歌，单击该歌曲后面【添加】列中的【添加歌曲】按钮，如图7-6所示。

图 7-6　将歌曲添加至播放列表

提　示

用户右击自己喜欢的歌曲，并执行【添加到播放列表】|【喜欢的音乐】命令，可以将歌曲添加到播放列表中。

提　示

在列表中单击【添加歌曲】按钮，则所添加的歌曲将添加到【默认列表】中，而并非自己所创建的列表。

在【播放列表】中，可以单击【添加】按钮，执行【添加本地歌曲文件】命令，如图 7-7 所示。

图 7-7　添加本地歌曲

在弹出的【打开】对话框内，选择包括歌曲文件的文件夹，并选择需要添加的歌曲，如图 7-8 所示。然后，单击【打开】按钮，即可将该文件添加到播放列表中。

当然，用户可以在歌曲列表中，单击【播放歌曲】图标按钮，播放所选择的歌曲，并将该歌曲添加到列表中，如图 7-9 所示。

图 7-8　添加计算机内的歌曲文件

2. 播放歌曲

如果要播放歌曲，用户需要先将播放的歌曲添加到播放列表。在【播放列表】选项卡中，双击需要播放的歌曲，即可播放当前选择歌曲，以及连续播放列表中所有歌曲，如图 7-10 所示。

图 7-9　播放歌曲并添加至播放列表

提　示

用户也可以在【播放列表】中右击歌曲，并执行【播放】命令，从而播放所选择的歌曲。

如果要查看当前播放歌曲的歌词信息，可以直接单击左侧的【歌词 MV】选项卡，并切换到该选项卡中，查看正在播放的歌曲歌词信息，如图 7-11 所示。

3. 播放歌曲 MV

播放歌曲 MV 是酷我音乐盒特有的功能之一，利用该功能用户可以随时欣赏到清晰、流畅的歌曲 MV 视频。使用酷我音乐盒播放歌曲 MV 的方法极为简单，具体操作方法如下。

图 7–10　播放歌曲

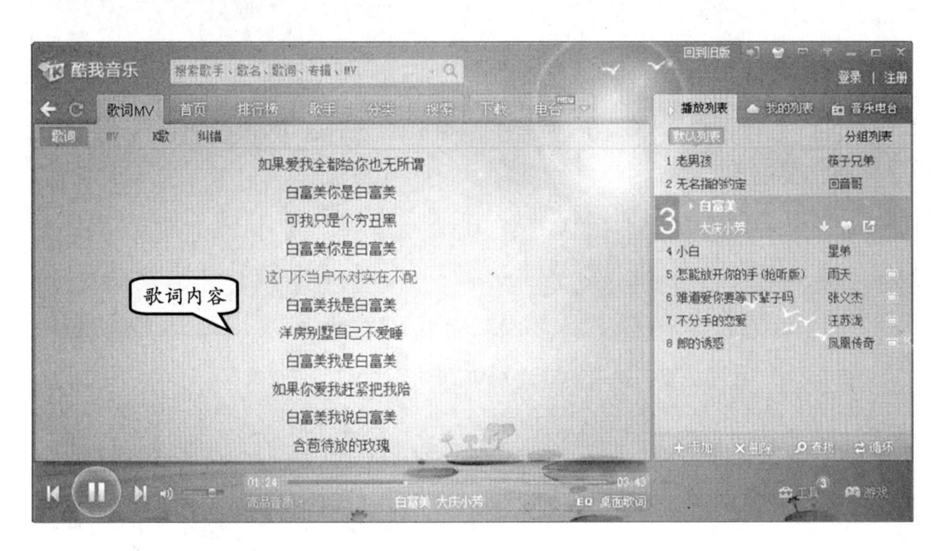

图 7–11　查看歌词

在右侧的【播放列表】选项卡中，可以看到歌曲名称后面带有【观看 MV】图标，而双击该图标即可播放歌曲的 MV，如图 7-12 所示。

提　示

在搜索结果列表内，只有 MV 栏中含有【观看 MV】按钮的歌曲，才能播放相应的 MV 资源。

也可以在【搜索】选项卡、【歌手】选项卡、【分类】选项卡列表中，直接单击【观看 MV】按钮，播放该歌曲的 MV，如图 7-13 所示。

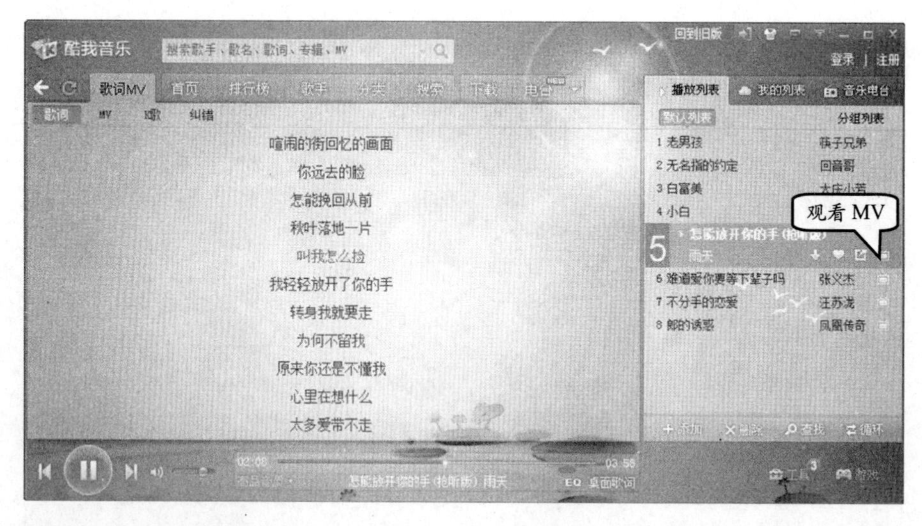

图 7-12　观看 MV

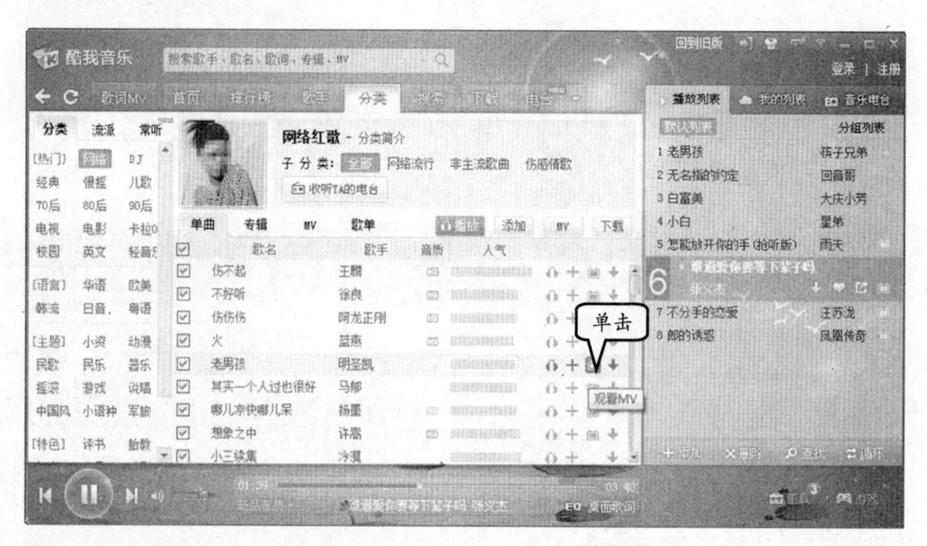

图 7-13　在【分类】选项卡播放 MV

4．选项设置

“酷我音乐盒”的设置方法极为简单，用户只需进行简单的操作，即可对“酷我音乐盒”缓存文件、歌词文件等多项内容进行设置。

在【酷我音乐】窗口中，单击【主菜单】按钮，执行【选项设置】命令，如图 7-14 所示。

在弹出的【选项设置】对话框中，选择左侧的【系统】选项卡，如图 7-15 所示。用户可以设置【启动退出设置】、【宠物设置】、【酷我音频指纹识别】、【缓存资源设置】等内容。

在左侧选择【歌词显示】选项卡，用户可以设置歌词的字体样式，如字体、字形、字体大小、颜色等，如图 7-16 所示。

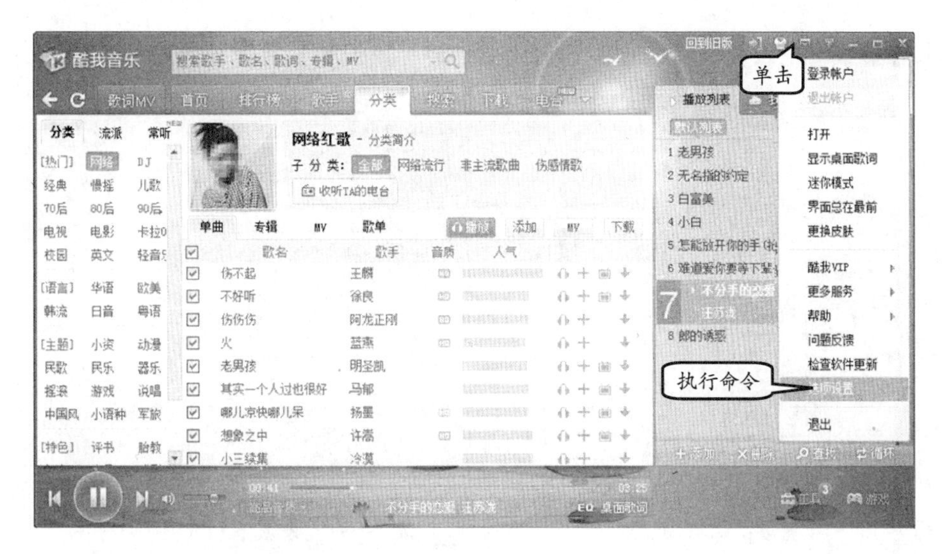

图 7-14　“酷我音乐盒”程序菜单

图 7-15　系统设置

图 7-16　设置歌词样式

选择【桌面歌词】选项卡，即可对桌面上显示的歌词内容进行简单的设置，如快速设置、歌词显示设置、未播放歌词、已播放歌词等，如图 7-17 所示。

图 7-17　桌面歌词设置

在【歌词文件】选项卡中，可以在右侧添加歌词和歌曲所保存的路径，以及设置歌词文件所保存的位置，如图 7-18 所示。而在列表框中所设置的歌词和歌曲的位置，主要用于软件方便内容的搜索。

另外，在【下载】选项卡中，可以设置【下载任务设置】、【下载习惯设置】、【下载目录设置】、【添加本地歌曲文件夹习惯设置】等内容，如图 7-19 所示。

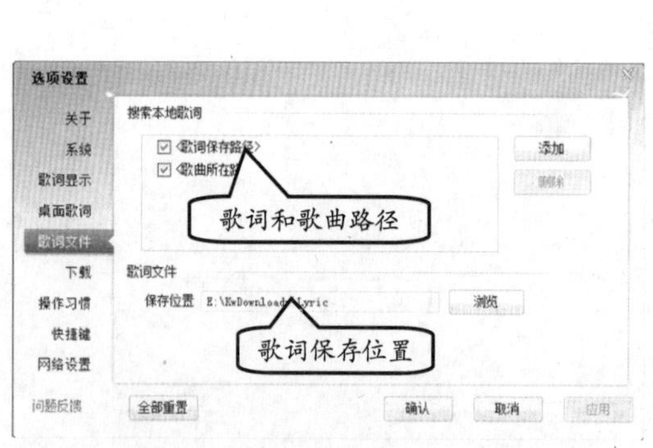

图 7-18　设置歌词和歌曲位置

图 7-19　设置下载选项

7.2.2　QQ 音乐播放器

QQ 音乐播放器由播放器和内容库两大主体结构组合而成，不仅向用户提供播放音乐的基础功能，更通过贴心的设计、海量的曲库、最新的流行音乐、丰富的空间背景音乐、音乐分享等社区服务，成为了网民在线音乐生活的首选品牌，如图 7-20 所示。

QQ 音乐播放器包含 3 个列表，即播放列表、分组收藏和随便听听，可通过选择不同选项卡或者按 Tab 键实现选项卡之间的切换，如图 7-21 所示。

图 7-20　QQ 音乐播放器

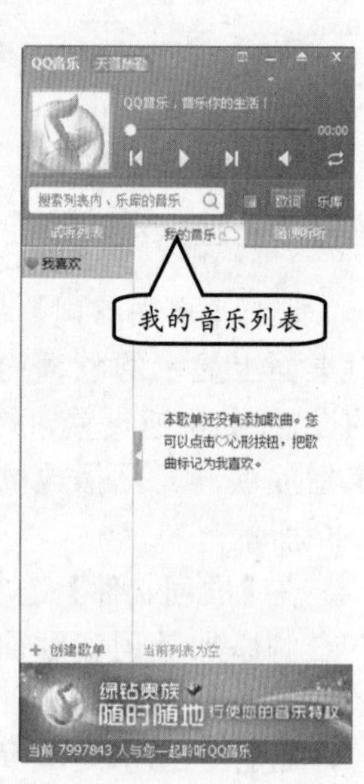

图 7-21　列表方式

1．添加及播放歌曲

用户可以在【搜索】框后面，单击【乐库】按钮，打开【乐库】窗口，如图 7-22

所示。

用户可以在窗口中，找到海量的高音质正版音乐，单击【播放】按钮可立即收听；单击【添加】按钮，可将音乐添加到列表中，如图 7-23 所示。

图 7-22 【乐库】窗口

图 7-23 播放歌曲

当用户播放歌曲时，该歌曲将添加到【试听列表】中，同时播放该歌曲内容，如图 7-24 所示。

用户也可以单击【添加】按钮，将所选择的歌曲全部添加到【试听列表】中，如图 7-25 所示。

图 7-24 播放歌曲

图 7-25 添加歌曲到列表中

2. 播放 MV

在【乐库】窗口中，用户可以单击导航栏中的 MV 按钮切换到 MV 页面，如图 7-26 所示。

此时，点击选择 MV 将弹出【QQ 音乐】窗口，并播放 MV 内容，如图 7-27 所示。在窗口中下方，有视频控制的按钮。

提 示

在播放控制按钮中，用户可以控制 MV 的播放进度、声音、暂停、全屏播放等。另外，单击【视频设置】按钮，可以对播放的 MV 视频设置其显示尺寸、播放清晰度等选项。

图 7-26　MV 页面

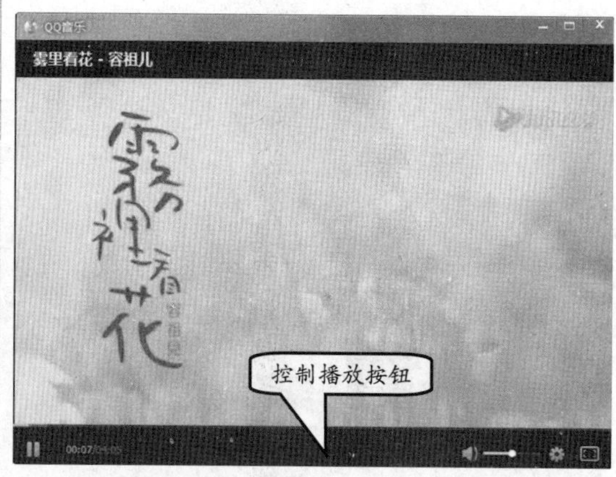

图 7-27　播放 MV 文件

用户也可以在导航的子菜单中，单击【MV库】按钮，并在页面中显示 MV 的所有视频文件，如图 7-28 所示。

图 7-28　显示所有 MV 文件

7.3　视频播放软件

视频播放软件是一类集影音播放、格式转换于一体的多功能播放系统，支持 MPEG4、AVI、DIVX、RMVB、RM、WMV、ASFDivX 等多种格式的文件播放。

7.3.1　暴风影音

2003 年开始，暴风就致力于为互联网用户提供最简单、便捷的互联网音视频播放解决方案。暴风影音是一款全球领先的万能播放软件，使用该软件可轻松管理本机硬盘中的所有媒体，能方便快速地进行查看、播放等操作。启动该软件，在弹出的【暴风影音】窗口中，单击【添加到播放列表】按钮，选择需要添加的视频即可播放视频。

暴风影音主界面包含有视频播放窗格、播放列表和播放控制栏等，如图 7-29 所示。

图 7-29　暴风影音主界面

在【在线影视】列表中，用户可以展开要

播放的内容，并在弹出的【暴风盒子】窗口显示影视内容，如图 7-30 所示。

图 7-30 展开在线影视

提 示

如用户想关闭【暴风盒子】窗口，除了单击右上角的【关闭】按钮外，还可以单击播放器右下角的【暴风盒子】按钮。

1. 添加/删除播放列表

用户可以在【暴风盒子】窗口中，选择自己喜欢的电影或者电视剧，单击该视频链接即可在播放器中播放该影片内容，如图 7-31 所示。

图 7-31 播放影片

提 示

用户也可以在【在线影视】列表中，双击需要播放的视频名称播放该视频内容。

当用户播放电视剧或者多集影片时，在【正在播放】列表中会自动添加该影片相关的所有影片目录，如图 7-32 所示。当前影片播放完毕后，将自动播放下一集（目录下面的）影片。

对于【正在播放】列表中的影片目录，用户可以清除。右击列表空白处，并执行【从播放列表删除】|【清空播放列表】命令，即可清除列表中所有视频连接，如图 7-33 所示。

图 7-32 正在播放目录

图 7-33 清空播放列表

提 示

如果用户需要删除单个播放目录选项，则可以右击该目录选项，并执行【从播放列表删除】|【删除选中项】命令。

2. 打开本地影片

用户除了播放网络影片外，还可以在列表中添加本地视频内容，并且播放本地影片。例如，在【播放控制栏】中单击【打开文件】按钮⏏，或者，在播放影片区域内单击【打开文件】按钮，如图 7-34 所示。

此时，在弹出的【打开】对话框中，选择需要播放的本地磁盘中的影视文件，如图 7-35 所示，然后，单击【打开】按钮即可添加并播放该影片。

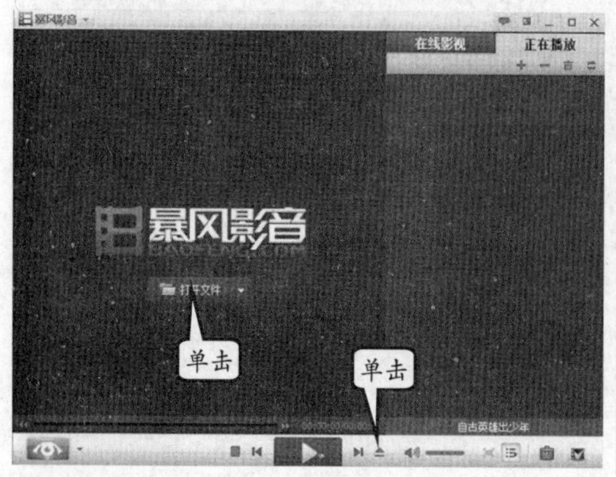

图 7-34 打开本地文件

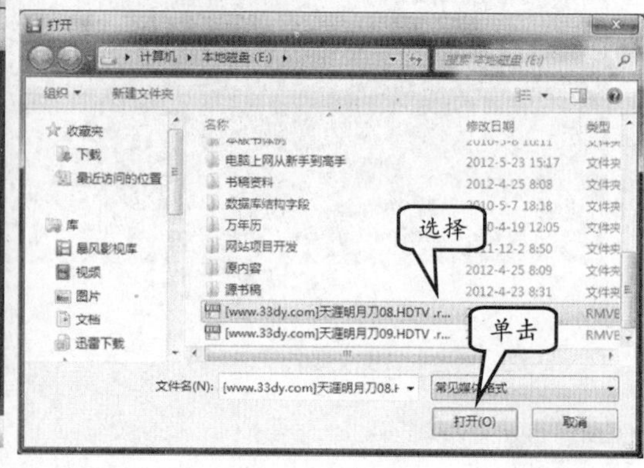

图 7-35 选择影片

在播放列表中，将显示所打开的磁盘或者文件夹内的所有影片内容，并播放所选择的影片文件，如图 7-36 所示。

3. 左眼键

左眼键为暴风影音于2011年10月推出的视频优化功能。左眼键的作用是提升效果不仅仅体现在色彩饱和度、色调、明暗对比等方面，关键是能够将画面中对象的边界进行锐化处理，使之清晰可辨，还能让细节纹理变得更清晰、更真实。

在播放器中，单击左下角【开启“左眼键”】按钮，即可打开“左眼键”功能，如图 7-37 所示。

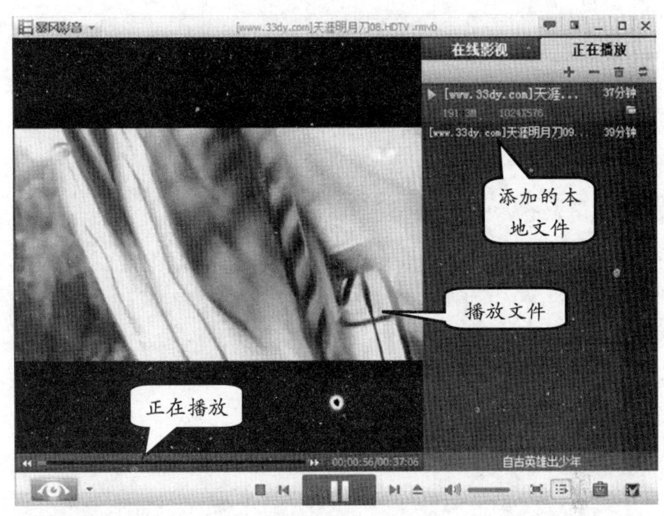

图 7-36 播放本地影片

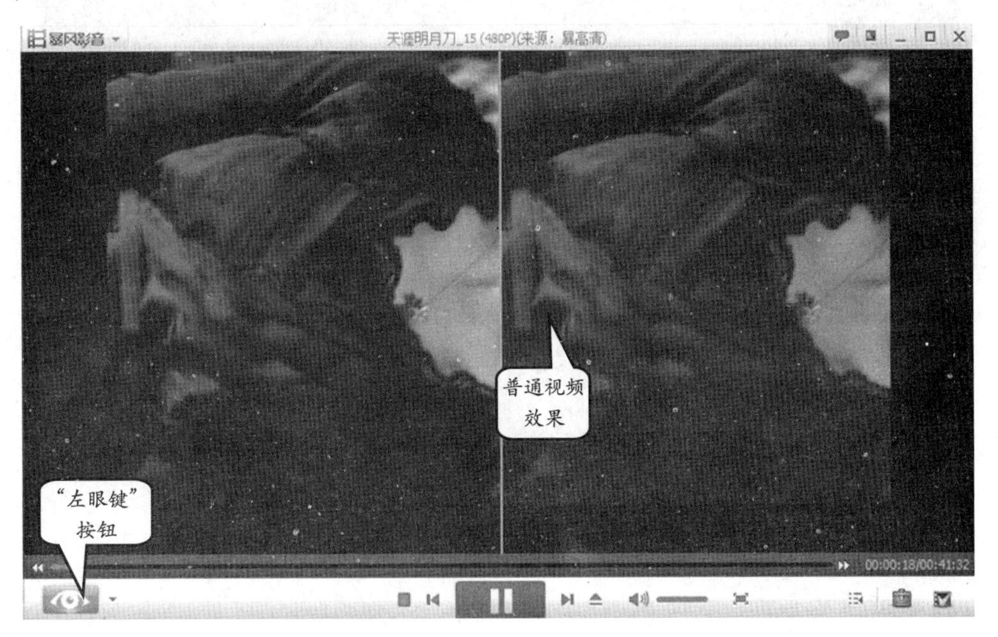

图 7-37 开启“左键键”功能

提 示

当用户打开“左眼键”功能按钮之后，可以左、右对比两幅视频画面，并且明显地看到两者在色彩、清晰度上有着很大的区别。

当然，用户也可以单击该按钮右侧下拉按钮，弹出【[左眼]】对话框，并显示“左眼键”一些参数信息，如图 7-38 所示。用户通过这些参数，可以调整“左眼键”的显示效果。

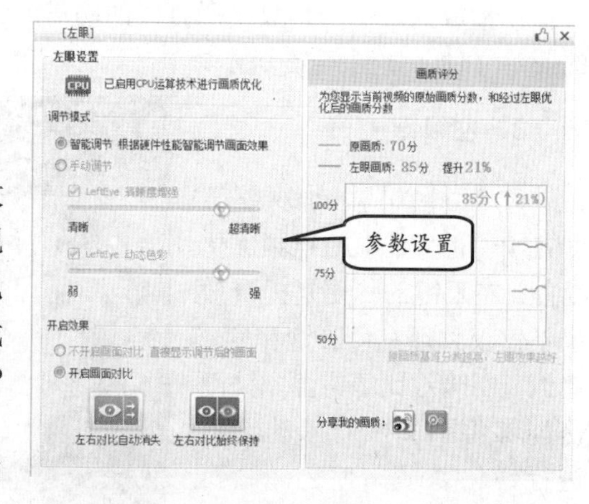

图 7-38 设置“左眼键”

7.3.2 PPLive 网络电视

PPLive 网络电视是一款全球安装量大的 P2P 网络电视软件，支持对海量高清影视内容的“直播+点播”功能；可在线观看电影、电视剧、动漫、综艺、体育直播、游戏竞技、财经资讯等丰富视频娱乐节目。P2P 传输，越多人看越流畅、完全免费。

启动该软件后，将弹出 PPTV 窗口，如图 7-39 所示。该窗口主要包含有导航条、大家都在看、体育赛事和今日聚焦等。

图 7-39 PPTV 窗口

1. 在线收看直播

PPTV 提供了丰富齐全的频道列表信息，用户通过简单的操作即可在线收看精彩视频。

首先，在导航条中单击【直播】按钮，即可切换到电视直播频道，如图 7-40 所示。在该页面中，包含了许多的电视频道，如“直播精选”、“电视台-全部卫视、地方台”、“电视栏目索引”等。

在【直播】中，用户可以选择与电视节目同步的电视频道。例如，在【电视台-全部卫视、地方台】中，单击【湖南卫视】选项即可播放湖南卫视频道，如图 7-41 所示。

图 7-40　直播内容

图 7-41　选择直播频道

此时，将在【播放器】中播放所选择的频道内容，如图 7-42 所示。在该窗口中，用户可以查看“最近观看”、“播放列表”等内容。

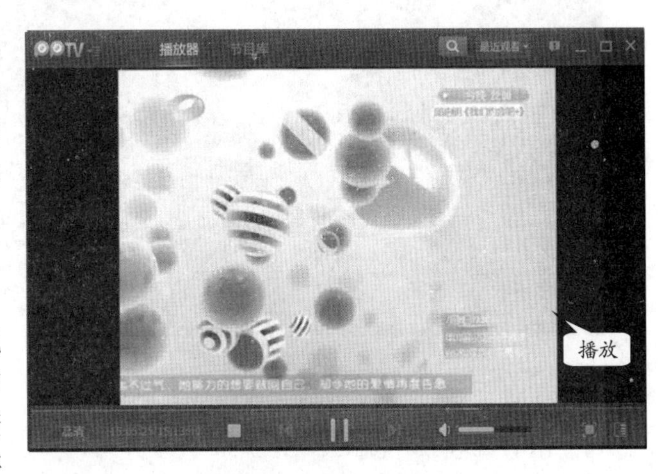

图 7-42　播放电视节目内容

2. 收藏和搜索视频

为了方便下次继续收看视频，用户可以收藏当前播放的节目，还可以通过关键字的搜索查找视频和通过节目的热度排序等方式显示节目列表。

在导航条中，单击【电视剧】按钮，将显示电视剧所有影视内容，如图 7-43 所示。其中，包含有宫廷虐恋、韩娱频道、腐女宅男帮、欲望都市、同步更新、电视剧节目索引、即将播出等。

图 7-43　电视剧

然后，用户可以单击窗口中自己喜欢的一部电视剧索引图片或者文本链接，查看该剧情内容，如图 7-44 所示。

图 7-44　选择电视剧

在弹出的窗口中，将显示电视剧的详细介绍，如别名、主演、导演、类型、地区、上映时间等。用户可以单击右侧的【收藏】链接，并在计算机【通知栏】中弹出提示信息，如“真爱故事收藏成功!”，如图 7-45 所示。

图 7-45　收藏电视剧

当然，用户也可以通过搜索的方式，来查找自己喜欢的影视内容。例如，在窗口的最上方，搜索框中输入“沉浮”，然后单击【搜索】按钮，如图 7-46 所示。

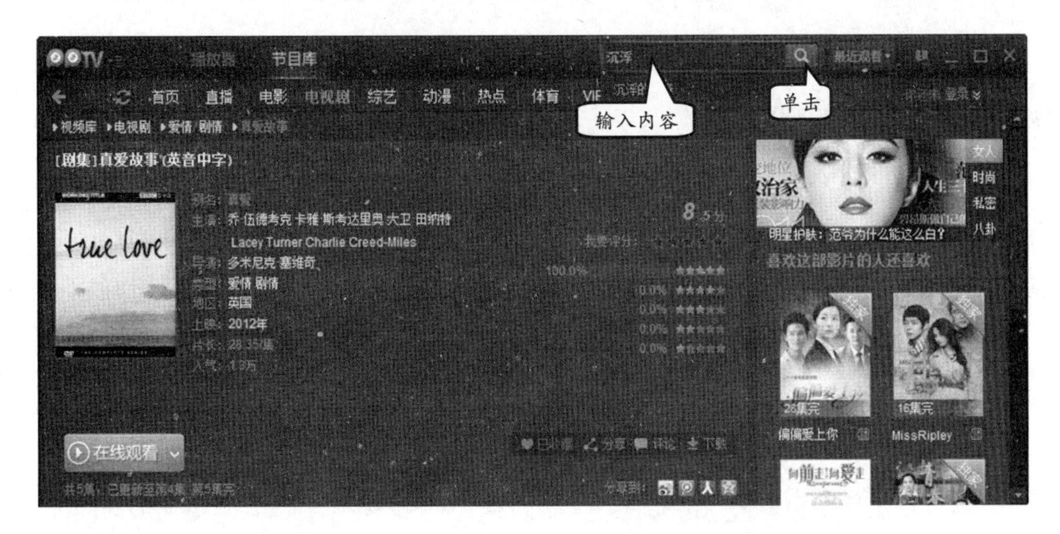

图 7-46　输入搜索内容

搜索后，在窗口中将显示搜索的结果，而搜索结果中的影片名称包含搜索文本。用户可以在搜索结果中，查找自己所需的影片，并单击【马上观看】按钮进行播放，如图 7-47 所示。

图 7-47　查看搜索结果

7.4　音频及视频编辑软件

音频及视频处理软件可以对各种音频和视频进行合并、切割、连接、截图及转换等基本操作。尤其，一些特殊的视频文件并非支持所有的播放设备，这就需要用户将音频或视频格式进行转换。

7.4.1　GoldWave

GoldWave Editor Pro 版是 GoldWave Editor 标准版的升级版，增加了音频文件合并（Audio File Merger）、音频 CD Ripper（Audio CD Ripper）、音频刻录（Audio CD Burner/Eraser）、WMA 信息编辑（Change WMA metadata/WMA tags）等非常实用的功能。

它是一个功能强大的音频编辑工具，可以将录音带、唱片、现场表演、互联网广播、电视、DVD 或其他任何声源保存到磁盘上，如图 7-48 所示。

1．裁剪 MP3 文件长度/大小

该方法广泛用于手机铃声的制作。大家都知道手机铃声只需要一首歌曲的高潮部分即可，而用 GoldWave 来操作是非常方便的。

启动 GoldWave 软件，单击【打开】按钮，如图 7-49 所示。然后，在弹出的【打开声音文件】对话框中，选择需要编辑的 MP3 格式的音乐文件，如图 7-50 所示。最后，单击【打开】按钮，即可将选择的 MP3 文件载入到 GoldWave 中。

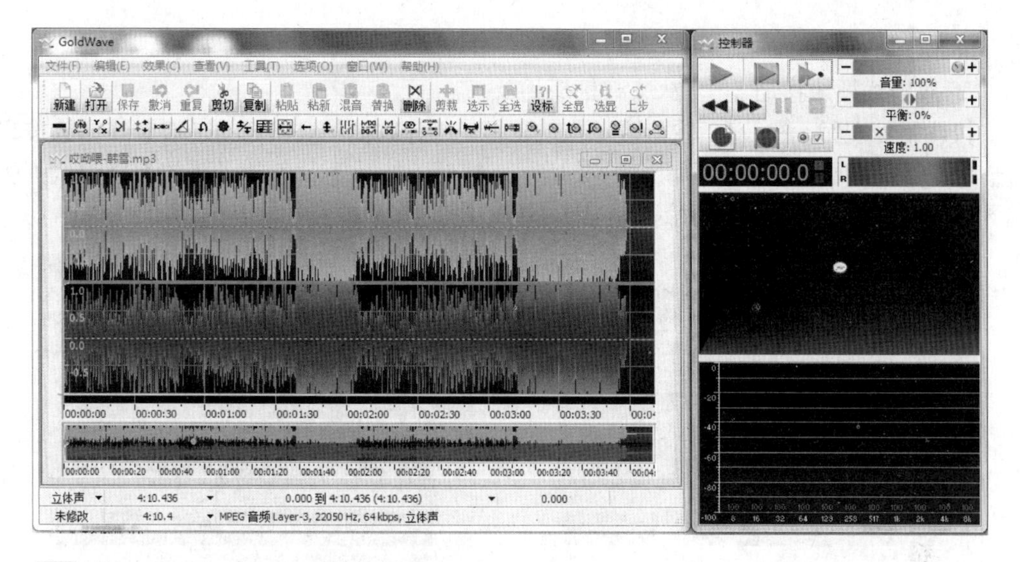

图 7-48　GoldWave 音频编辑器

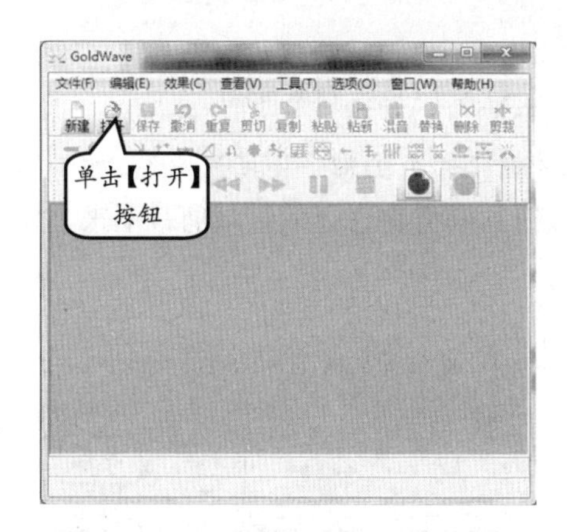

图 7-49　打开声音文件

图 7-50　选择声音文件

载入 MP3 文件后，在 GoldWave 窗口中，可以看到绿色和红色波形，如图 7-51 所示。

此时，在窗口中将显示出对该声音文件进行编辑的一些按钮。其中，比较常用的按钮含义如下。

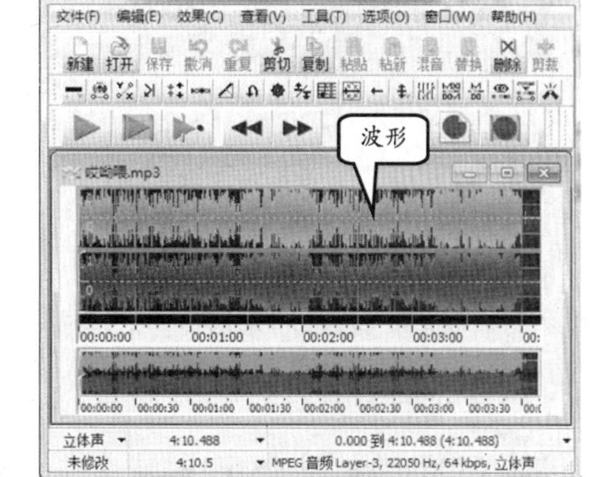

图 7-51　载入声音文件

- ❑ **撤销**　当用户编辑 MP3 文件时，如果不小心操作错了，按这个可以返回上一步操作。
- ❑ **重复**　如果执行了【撤销】操作后，发现刚才做的操作是正确的，无需撤销，就可以用这个操作。
- ❑ **删除**　将选中的部分删除掉。
- ❑ **剪裁**　将选择的声音波形删除，也就是相当于将声音文件中某一段剪裁掉。
- ❑ **选示**　显示 MP3 所有波形。

❑ **播放按钮** 从MP3最开始播放。

❑ **双竖线播放按钮** 从选择区域播放。

按住鼠标左键，在MP3波形区域拖动鼠标，选择歌曲的高潮部分（双竖线播放按钮听一遍记下高潮部分位置），如图7-52所示。然后，按一下黄色的【播放】按钮试听所选区域是否满意，如图7-53所示。

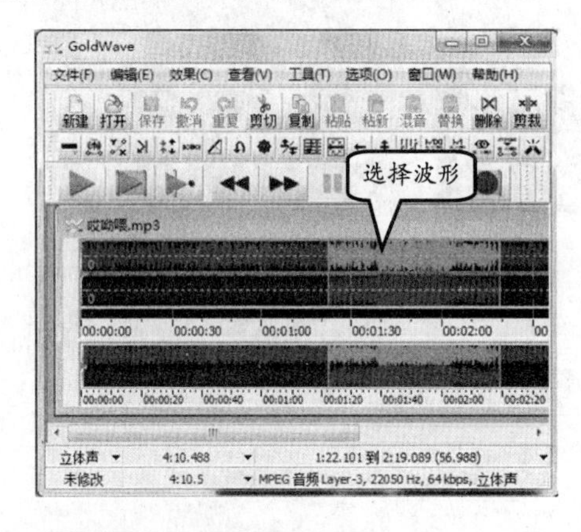

图7-52 选择波形

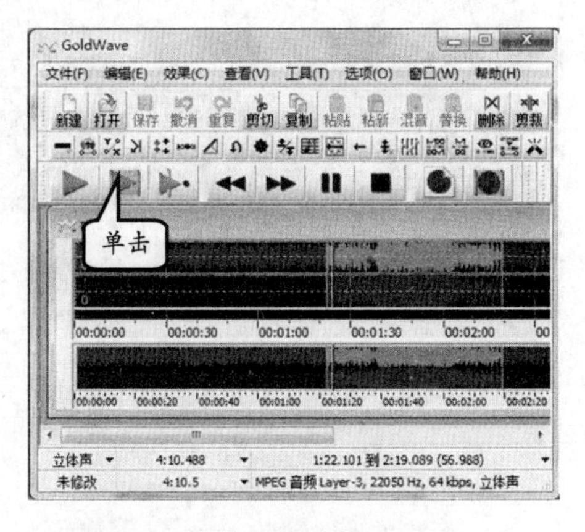

图7-53 播放音频

如果不满意，可以将鼠标放到所选区域边上的青色线上调整一下所选区域，如图7-54所示。选择好所剪裁的区域后，单击【剪裁】按钮，即可将选择的区域剪裁下来，如图7-55所示。

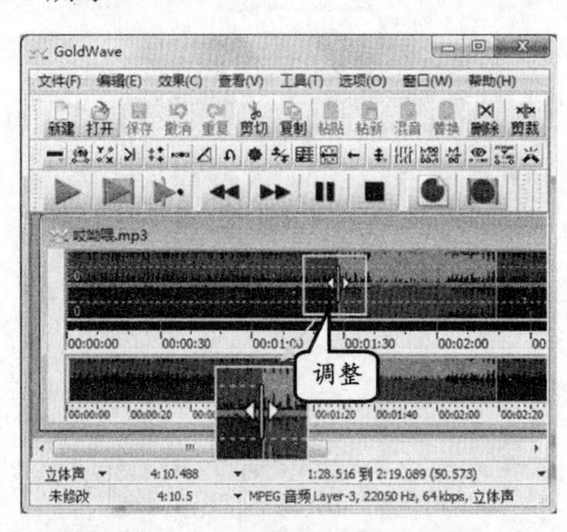

图7-54 调整波形区域

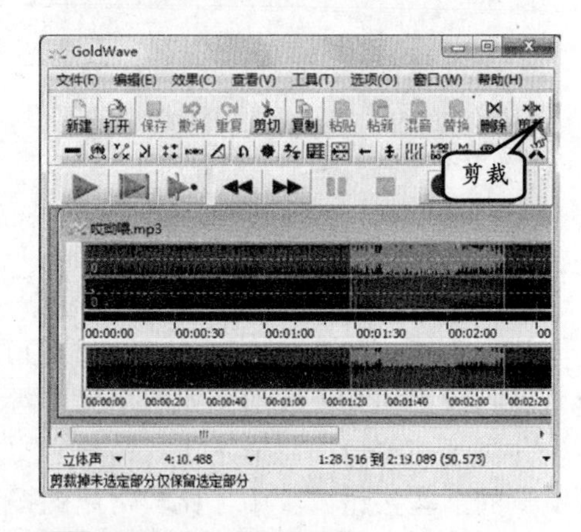

图7-55 剪裁波形

最后，执行【文件】|【另存为】命令，如图7-56所示。在弹出的【保存声音为】对话框，修改其文件名称，单击【保存】按钮即可，如图7-57所示。

2. 提高声音音量

用GoldWave修改MP3格式文件声音大小的方法比较多，其达到的效果相差不远。但是，用户选择什么样的方法，需要根据具体的情况而决定。

在GoldWave软件中，打开需要修改音量的MP3文件，如图7-58所示。然后，执行【效果】|【音量】|【自动增益】命令，如图7-59所示。

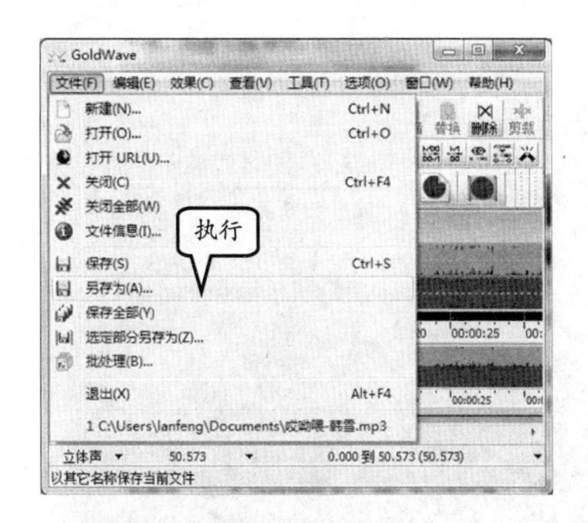

图 7-56　执行【另存为】命令

图 7-57　保存声音文件

提　示

自动增益，并非起到直接将声音放大的效果，而是将声音保持均衡。但是，用户可以通过其方案，扩大声音。

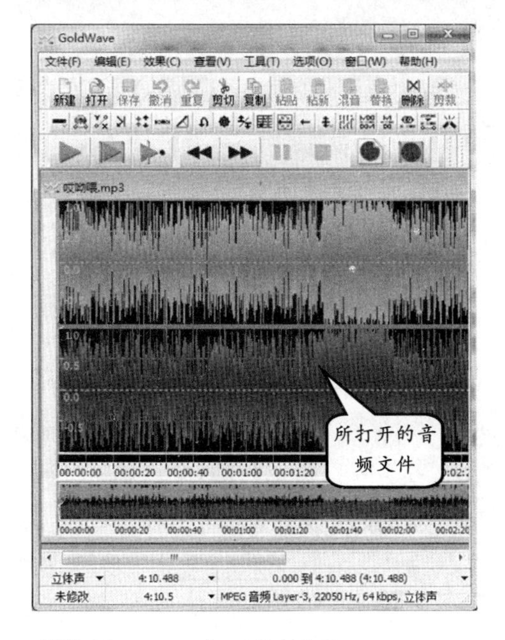

图 7-58　打开声音文件

图 7-59　执行【自动增益】命令

在弹出的【自动增益】对话框中，用户可以单击【预置】下拉按钮，并在弹出的列表中，选择方案，如图 7-60 所示。

提　示

用户可以添加【预置】方案后，拖动上面的【目标音量】滑块扩大声音效果。当然，用户也可以不选择方案，直接调整声音大小。

最后，在【自动增益】对话框中调整声音后，单击【确定】按钮。此时，返回到窗口，将看到波形有所变化，如图 7-61 所示。

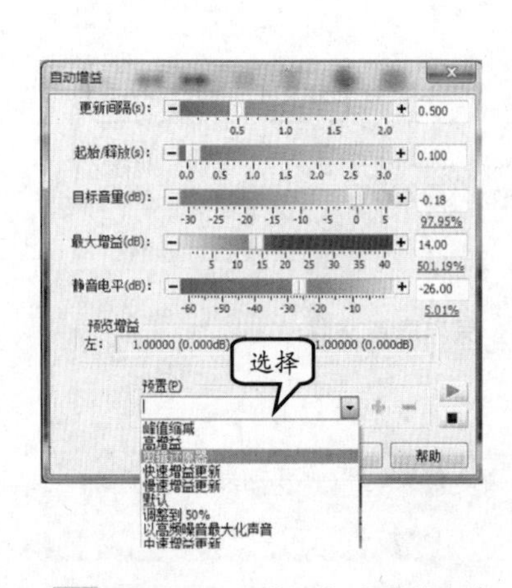

图 7-60 选择自动增益方案

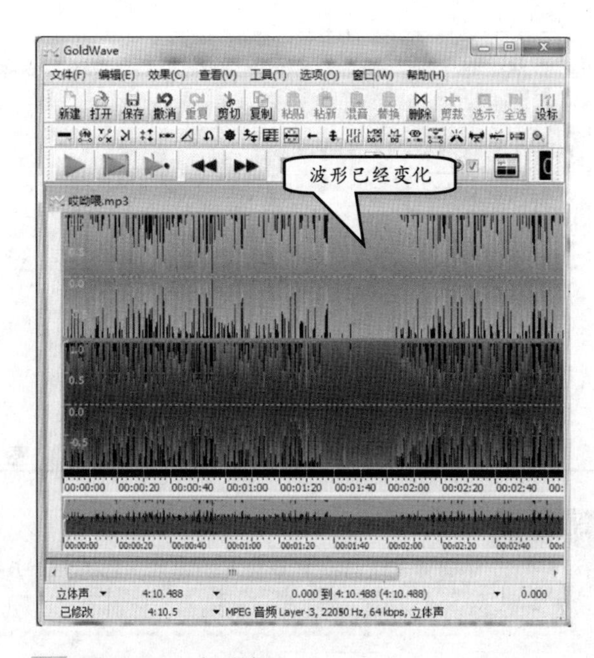

图 7-61 查看波形

另外，用户还可通过其他方法，来调整声音文件的音量。如执行【效果】|【音量】|【更改音量】命令，即可弹出【更改音量】对话框，选择预置方案或者拖动滑块可以调整音量大小，如图 7-62 所示。

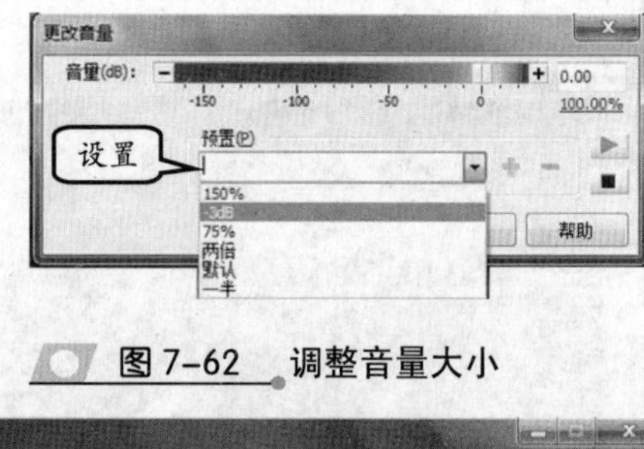

图 7-62 调整音量大小

7.4.2 超级转换秀

超级转换秀是一款集视频转换、音频转换、CD 抓轨、音视频混合转换、音视频切割/驳接转换、叠加视频水印、叠加滚动字幕/个性文字/图片等于一体的优秀影音转换工具。

启动该软件后，将弹出超级转换秀主窗口，如图 7-63 所示。在该窗口包含有功能选项卡、选项菜单栏、转换栏和转换列表等。

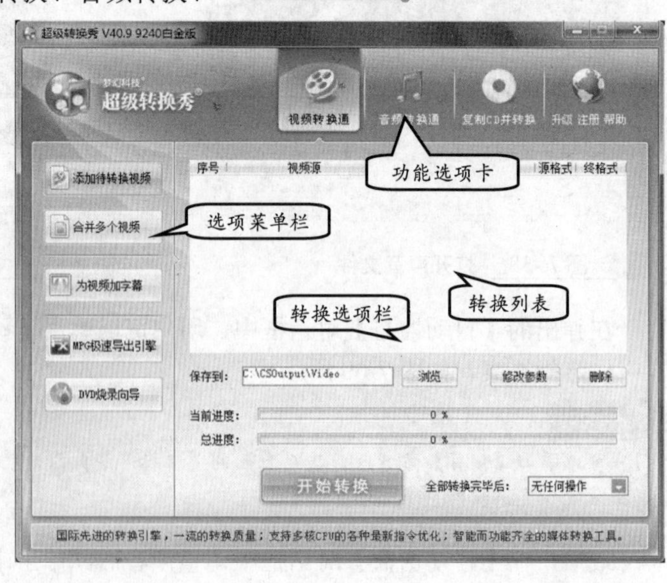

图 7-63 “超级转换秀”窗口

在超级转换秀窗口中可以方便、快捷地将音频转换为 WAV 格式的音频文件，具体操作如下。

单击【音频转换通】选项

卡中【添加待转换音频】按钮，如图 7-64 所示。

在弹出的菜单中执行【添加一个音频文件】命令，如图 7-65 所示。在弹出的【请选择待转换的视频文件】对话框中，选择要转换的音频文件，单击【打开】按钮，如图 7-66 所示。

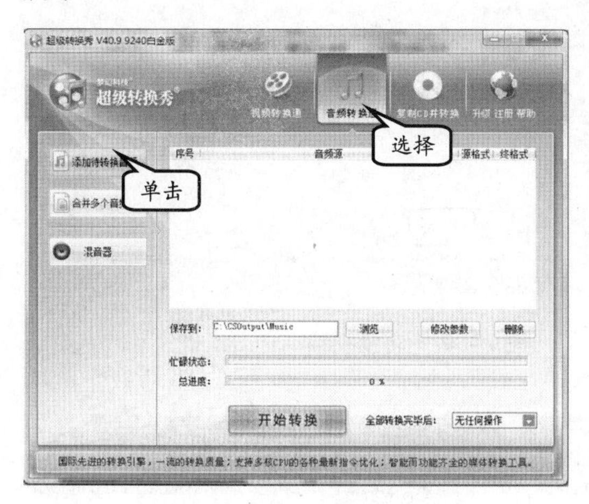

图 7-64　添加音频文件

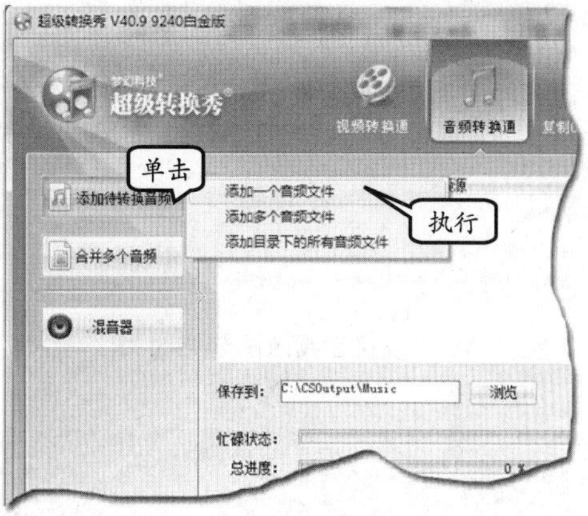

图 7-65　打开音频文件

在弹出的【设置待转换的视频参数】对话框中，可以设置转换后的格式、视频尺寸、压缩模式等，然后单击【下一步】按钮，如图 7-67 所示。

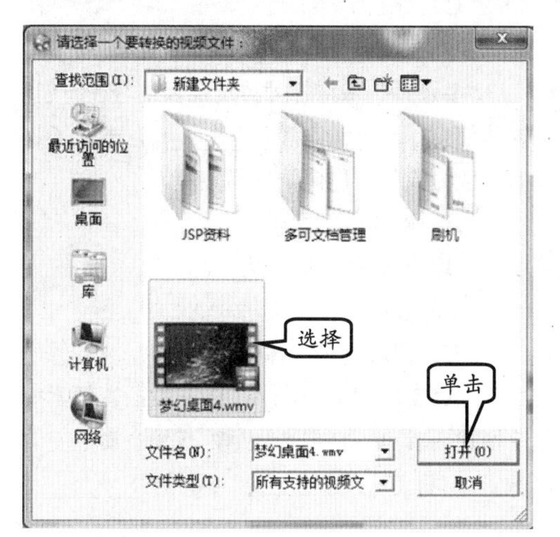

图 7-66　选择视频文件

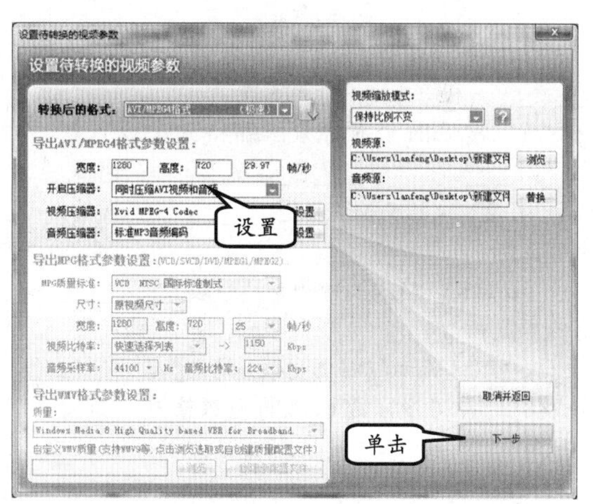

图 7-67　设置转换格式

在弹出的【其他功能设置】对话框中，可以进行截取分割视频、个性标志添加等设置，如图 7-68 所示。

提　示

在“个性标志添加”中，用户可以设置视频上的叠加文字、滚动字幕、个性商标、视频相框等效果。

单击【确定】按钮后，返回超级转换秀主窗口。然后，单击【开始转换】按钮，该视频将开始转换，如图 7-69 所示。

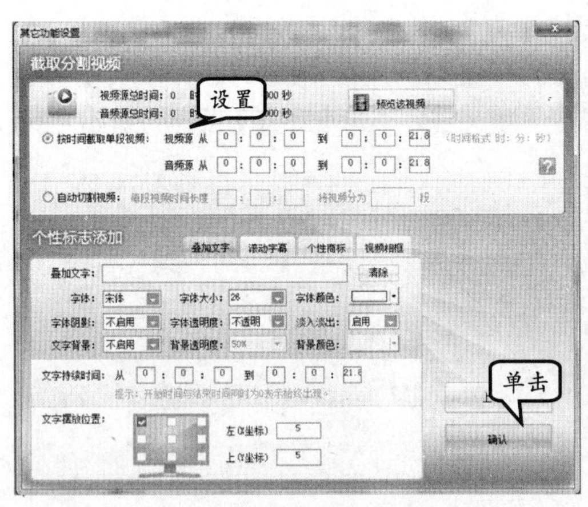

图 7-68　设置音频源的起始时间

图 7-69　转换视频

7.5　思考与练习

一、填空题

1．多媒体技术是多种媒体的结合，这些媒体包括________、________、________、________和________等。

2．声音媒体可以划分为________、________和________等 3 种。

3．常见的无损音频压缩格式主要包括________、________和________等几种。

4．WMA 和 WMV 都是________开发的，且都支持________________。

5．MKV 格式的视频支持封装________条视频流和________条音频流。

6．Real Video（保真视频）是由________开发的一种可变压缩比率的视频格式，具有________、________的特点。

二、选择题

1．顾名思义，多媒体是多种媒体的结合。目前多媒体主要包括文本、图像、________、音频和视频等几种元素。

A．广告

B．音乐

C．报纸

D．动画

2．语声是指人类说话发出的声音；乐声是指由各种________演奏而发出的声音；而其他的所有声音都被归纳到环境声中。

A．钢琴

B．人造乐器

C．吉他

D．电子乐器

3. 多媒体技术将各种传统媒体结合在一起，将媒体信息________和________，丰富了媒体的表现力，使用户更加容易接受。

A．多样化、即时化

B．即时化、多维化

C．多样化、多维化

D．即时化、立体化

4．APE 是 Monkey's Audio 开发的音频无损压缩格式，其可以在保持 WAV 音频音质不变的情况下，将音频压缩至原大小的________左右。

A．58%

B．60%

C．42%

D．40%

5．MPEG-4 标准的视频格式，是由哪一个公司产品作为基础而制定的？________

A．RealNetworks

B．微软公司（Microsoft）

C．苹果公司（Apple）

D．Matroska 公司

三、简答题

1．简述多媒体技术的特点。

2．简述无损压缩音频格式的特点，以及典型的几种无损压缩音频格式。

3．列举两种支持数字版权保护的多媒体文件，简要概述数字版权保护的内容。

4．列举 MPEG 编码所使用的各种文件扩展名。

四、上机练习

1．使用千千静听播放音频文件

千千静听是一款完全免费的音乐播放软件，集播放、音效、转换、歌词等众多功能于一身。其小巧精致、操作简捷、功能强大的特点，深得用户喜爱，如图 7-70 所示。

用户可以通过本地添加音频文件，或者【音乐窗】中添加网络音频文件。然后，双击【播放列表】中的音频文件名称，即可播放该音频文件，如图 7-71 所示。

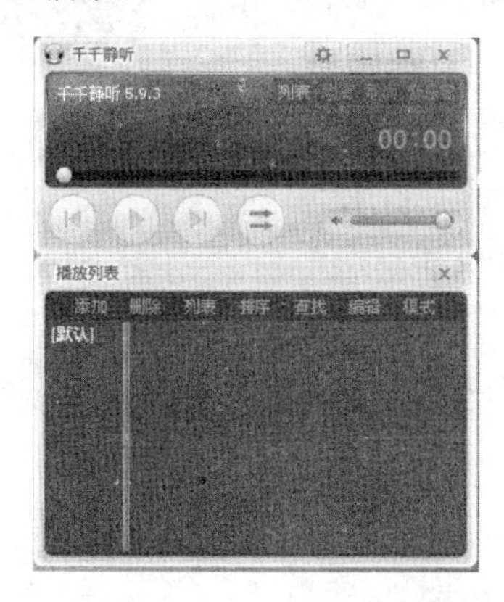

图 7-70 千千静听播放器

2．在千千静听中添加本地音频文件

在上述操作中，已经了解了“千千静听”播放音频文件的方法。那么，如何将本地计算机中的音频文件，添加到该播放器中呢？

首先，用户可以在【千千静听】播放器中单击【列表】按钮，然后，弹出【播放列表】对话框，执行【添加】|【文件】命令，如图 7-72 所示。

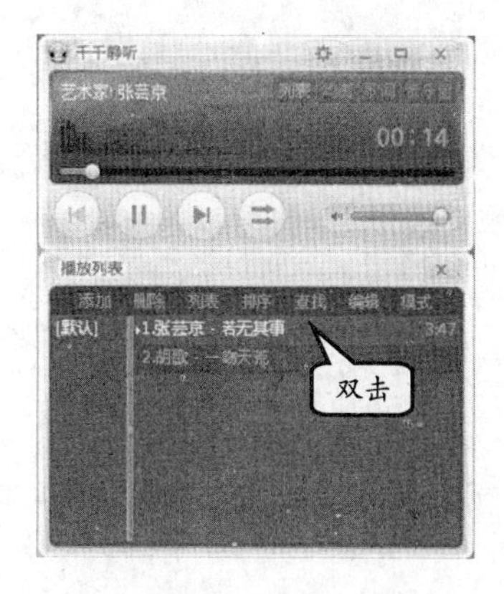

图 7-71 播放音频文件

然后，在弹出的【打开】对话框中，单击【查找范围】下拉按钮，并选择音频文件所存储的位置。接着，选择该音频文件并单击【打开】按钮，即可添加该文件，如图 7-73 所示。

图 7-72 执行【文件】命令

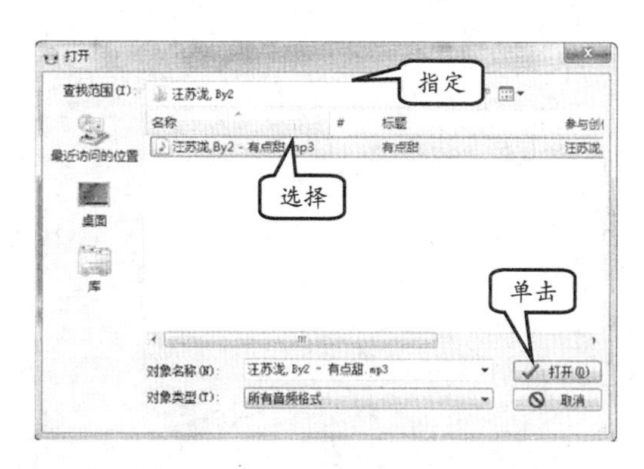

图 7-73 添加音频文件

第 8 章

图形图像处理软件

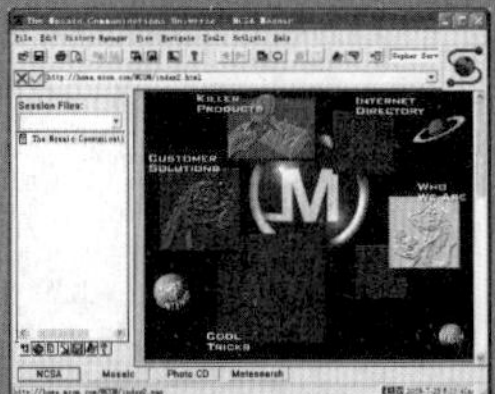

在使用数码相机拍摄照片后，很多用户都会将这些照片存储在计算机中，并通过计算机来对照片进行各种基本的处理。此时，就需要使用各种图形图像处理软件。图形图像软件的种类较多，既有各种非常专业化且功能强大的软件，例如 Photoshop 等，也有一些为业余爱好者设计的软件，例如光影魔术手等。本章将通过介绍图像浏览与管理、图像捕捉和处理以及电子相册制作等 3 类软件，帮助用户掌握图像管理、处理以及制作电子相册的方法。

本章学习要点：

- 图形图像基础知识
- iSee 图片专家
- ACDSee
- HyperSnap
- 光影魔术手
- 易达电子相册制作系统
- 虚拟相册制作系统

8.1 图形图像基础

在日常工作和生活中，经常需要使用各种软件绘制图形和处理图像。因此，了解图形和图像的基础知识，可以帮助用户更好地管理各种图片文档，提高工作效率，丰富业余生活。

8.1.1 图形和图像概述

计算机中的图片主要包括矢量图形和位图图像等两大类。其中，矢量图形主要来自各种图形绘制软件，而位图图像则主要来自于数码相机、扫描仪等外部设备。大多数矢量图形可以方便地转换为位图图像，而位图图像转换为矢量图形则较为困难。

1. 矢量图形

矢量图形，是由计算机中各种点、笔触线条和填充色块等基于数学方程式的元素构成的几何图形。矢量图形主要有以下几个特点。

❑ **占用磁盘空间小**

矢量图形文件的存储是完全以数学公式的形式存在的，因此其文件内容和编译过的文本文件非常类似，占用磁盘空间较小，而且可以很方便地压缩存储。

❑ **可以任意地放大和缩小**

矢量图形文件是由计算机即时运算而显示的，因此其可以任意地放大和缩小而不会模糊或挤压，影响显示的效果。矢量的线条无论如何放大或缩小，都不会变粗或变细。

❑ **修改十分方便**

如果使用矢量图形处理软件，用户可以方便地修改图形中的任意曲线、直线、点和填充色块。

基于以上这些特点，矢量图形主要应用在各种计算机绘图（例如各种商业平面设计）、计算机辅助设计领域（计算机绘制各种工程图、机械设计图等）、计算机动画领域（Flash 动画等）以及各种虚拟现实技术（3D 游戏、影视 CG）中。

2. 位图图像

位图图像，即平时所说的位图或光栅图像。在位图中，最基本的图像单位被称作像素。每一个像素就是一个非常微小的点。在这个点上，会存储颜色信息或灰度信息。一张位图由无数的像素点组成，根据不同像素点的颜色，显示出整个图像。

提 示

颜色信息主要是各种色彩，例如 RGB 色彩体系，就是由红色（Red）、绿色（Green）和蓝色（Blue）等组成的；灰度信息是指在无色时，以百分比或数字表示由白色到黑色之间的颜色深度幅度。

在了解位图的基本概念后，还需要了解位图的几个常用概念。详细概念如下所述。

❑ **位图的色彩位数**

位图根据每个像素点表述的颜色的复杂程度不同，可以分为 1、4、8、16、24 及 32

位等，表示 2 的乘方次数。1 位表示 2^1，即黑白双色，4 位表示 2^4，即 16 色。位数越高，则说明每个像素点表示的色彩越丰富；相应的，存储位图所需要的磁盘空间也就越大。

通常 16 位色彩可以表示 2^{16}（即 65536）种颜色，即可被认为是相当精细的图像，被称作高彩色。目前很多手机、数码相机的显示屏就是 16 位色的。

在 Windows 操作系统中，多数用户的显示器使用的是 24 位色（2^{24}，约 1677 万种颜色，接近人眼可以识别的极限），又被称作真彩色。

提 示

日常处理图像时，24 位色已经足够显示出非常逼真的效果。虽然目前家用的 CRT 显示器最多可以显示的色彩位数是 32 位（2 的 32 次方，接近 43 亿）颜色（需要一些较新的显卡支持，被称作全彩色）。但是，人的肉眼是识别不出这么多颜色的，24 位色与 32 位色在人眼识别起来并无太大差别。

❑ **位图的分辨率**

分辨率是表示位图清晰度的一个概念，即在位图的单位面积中，包含最小单位色块的数量。在计算机显示器上，这个最小的单位是像素，因此显示器的分辨率被称作 ppi（pixels per inch，像素每英寸）；而在各种印刷品中，则是点（派卡），因此印刷领域的分辨率被称作 dpi（dots per inch，点每英寸）。

分辨率直接影响到位图的清晰度和占磁盘的空间。一张位图，分辨率越大，则在单位面积中包含的最小单位色块（像素或点）越多，其数据量也就越大。

ppi 和 dpi 是可以相互转换的。目前常用的图像处理软件基本都支持这一转换。在制作或处理位图时，往往需要根据位图所适用的范围确定位图的分辨率大小以及分辨率。例如，在网页中显示的位图，分辨率为 72ppi 即可；而用于印刷或冲洗的照片，分辨率往往需要 300dpi。

8.1.2 图形图像文件格式

由于各种图形图像文件的编码有很大区别，因此，图形图像文件的格式有很多种。每一种图形图像文件往往都有其最适合的使用领域。在处理图形图像时，应根据不同的需要，选择输出图形图像的类型。

在计算机中，图形图像文件的格式是根据其文件扩展名区分的。一种图形图像文件，往往只对应一种或几种扩展名。了解了图形图像文件的扩展名，就可以方便地区分各种图像，如下所述。

1. 矢量图形格式

矢量图形格式具有一些独到的特点（例如，便于修改、可以自由放大或缩小等），在日常使用计算机时，经常会遇到一些矢量图形。

❑ **SWF**

Adobe Flash 的矢量图形文件，既可以用于静态矢量图形的输出，也可以用于矢量动画的输出。几乎所有的计算机都安装了 SWF 文件的播放器，因此，多数计算机可以直接浏览该格式的图形。

❑ **AI**

Adobe Illustrator（Adobe 开发的一种专业矢量图形绘制软件）的标准图形文件保存

格式。在网上有很多该格式的矢量图形背景下载。

❑ **CDR**

Corel Draw（Corel 开发的一种专业矢量图形绘制软件）的标准图形文件保存格式，也是很常见的矢量图形文件格式，在网上同样有很多该格式的矢量图形素材下载。

❑ **SVG**

基于 XML（eXtensible Markup Language，可扩展的标记语言）的矢量图形格式，是由 W3C 制定的开放标准，目前 Opera 和 FireFox 等网页浏览器已支持这种矢量图形的浏览。

❑ **WMF**

在 Windows 操作系统中广泛应用的一种矢量图形格式（Windows MetaFile，Windows 图元文件格式）。

2. 位图图像格式

大多数显示器在显示矢量图形时，通常都是即时将其转换为位图图像再显示的。在日常生活中，遇到的多数图像都是位图图像。以下介绍常用的几种位图图像格式。

❑ **BMP**

BMP（BitMap，位图）是 Windows 操作系统中的标准位图图像格式，是一种使用非常广泛的无压缩位图格式。几乎所有的图形图像处理软件都可以直接打开和编辑这种图像格式。

❑ **JPEG**

JPEG（Joint Photographic Experts Group，联合图像专家组）是针对照片等位图而设计的一种失真压缩标准格式。使用 JPEG 格式的图像，可以定义图像的保真等级；保真等级越高，则图像越清晰，图像占磁盘空间也越大。JPEG 格式的图像扩展名包括许多种，例如，JPG、JPE、JFIF、JIF、JFI 等。多数图像处理软件都支持处理这种图像。

提 示

JPEG 格式的图像保真等级分 0～10 共 11 级。其中 0 级压缩比最高，图像品质最差。即使采用细节几乎无损的 10 级质量保存时，与 BMP 格式相比，压缩比也可达 5:1。在处理日常照片时，通常采用第 8 级压缩可以获得最佳的存储大小与图像质量平衡。

❑ **GIF**

GIF（Graphics Interchange Format，图形交换格式）是一种 8 位色彩的、支持多帧动画和 Alpha 通道（透明通道）的压缩位图格式，是互联网中最常见的图像格式之一。

常用于各种小型位图，如按钮和图标等。由于其只支持 8 位色彩（256 种颜色），所以不适用于照片处理。

❑ **PNG**

PNG（Portable Network Graphics，便携式网络图形）是一种非失真性压缩位图的位图图像格式。其支持最低 8 位、最高 48 位彩色以及 16 位灰度图像和 Alpha 通道（透明通道），并使用了无损压缩。

PNG 是一种新兴的图像格式，使用 PNG 往往可以获得比 GIF 更大的压缩比率。

❑ **PSD**

Photoshop（Adobe 开发的一种专业图像处理软件）的标准图像保存格式，支持 8～32 位的 RGB、CMYK、Lab 等色彩系的图像，支持图层、Alpha 通道，同时，还支持保存对图像进行操作的各种历史记录。

但除 Photoshop 以外，只有少数软件可以浏览和打开这类图像。

❑ **TIF**

TIF 是横跨苹果和个人计算机两大操作系统平台的跨平台标准文件格式，广泛支持图像打印的规格，如分色处理功能。

TIF 格式类似 PNG，也是采用一种非破坏性压缩算法且不支持矢量图形。各种扫描仪输出的图像就是 TIF 格式。

8.1.3 电子相册简介

电子相册是一种新兴的计算机多媒体内容，是通过计算机技术将各种数码照片用多媒体技术制作而成的动画或可执行程序。

目前，由于各种图像处理与多媒体技术的普及，人们无需学习各种专业的计算机知识，即可制作出效果丰富的电子相册。

1. 电子相册的优点

电子相册与传统的实体相册相比具有多种优点，所以越来越多的用户开始学习制作电子相册的技术。

❑ **保存安全，便于复制**

在实体相册中，保存的纸质照片需要一些较苛刻的条件。例如，照片需要防潮、防霉等。在长期存放后，纸质照片往往会发黄，影响效果。而且，复制纸质照片，还需要冲印，非常麻烦。

电子相册是存储于计算机中的软件，所以不需要防潮和防霉，无论存放多长时间，相册中的照片效果都不会被破坏。

复制电子相册中储存的照片也非常容易，只需要简单的复制操作即可。人们可以随时将电子相册存放到硬盘、闪存、光盘及互联网中，而不必考虑丢失或损坏。

❑ **制作精美，易于修改**

人们购买的实体相册往往是由制造商设计的样式，未必能够满足个性化的要求。而且，大多数用户并没有手工制作实体相册的技术和能力。

电子相册相比实体相册，具有更强的可编辑性。很多电子相册制作软件都会提供电子相册的制作、修改功能。

同时，用户还可以为电子相册中的照片添加各种特效，如渐显、渐隐、马赛克等，增加相册的美观和个性化。

❑ **输出方便，随时打印**

由于实体相册保存的麻烦，所以人们很难将相册中的照片与亲戚、朋友分享。即便将实体相册带到亲戚、朋友处，也很容易损坏。

电子相册则可以方便地输出到任何计算机的输出设备中，如可以用喷墨打印机打印，也可以刻成 VCD 或 DVD 光盘；还可以通过闪存、移动硬盘等复制到亲戚或朋友的计算机中；或通过网络传输，方便地与他人共享。

2. 电子相册的制作流程

电子相册的制作方法和软件有很多，可以做成静态图片浏览形式，也可以制作成动态视频来播放。

按照制作电子相册时所用软件和播放形式来划分，电子相册主要分为：用刻录软件制作的静态电子相册、用视频编辑软件制作的动态电子相册、用电子相册软件制作的电子相册和可完全还原图像品质的电子相册 4 类。

电子相册的制作流程有处理图像素材、准备片头片尾、准备音频素材、编辑电子相册以及输出相册文档等 5 个步骤，如图 8-1 所示。

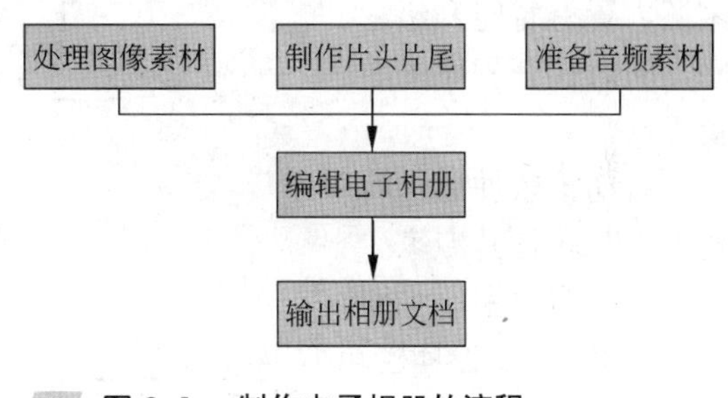

图 8-1　制作电子相册的流程

❑ **处理图像素材**

在处理图像素材时，需要使用各种图形图像处理工具，先对图像素材进行基本的处理。例如，调整亮度、去除红眼、设置图像大小等。

为保证相册的输出效果，往往需要将照片处理为统一大小的图片以便于导入相册。

❑ **制作片头片尾**

多数电子相册制作软件都会提供一些片头、片尾模板，以供用户选择。一些高级用户也可自行制作电子相册的片头和片尾视频等。

❑ **准备音频素材**

可以向电子相册放入一些悦耳的背景音乐，所以用户需要准备好音频文件，如歌曲、伴奏、轻音乐等。

❑ **编辑电子相册**

在这一步骤，用户需要设置相册各图像之间切换的动画，如相册的图像播放顺序、转场效果、特效效果等。

该步骤是制作电子相册的最主要步骤，通过一些系统的编辑，可以达到电视剧或者电影的一些特殊场景、特技效果等。

❑ **输出相册文档**

在制作完成电子相册后，即可将电子相册输出到各种存储设备中。输出的电子相册文档类型有许多种，如用于计算机中播放的 Flash 动画、视频，以及 VCD 光盘和 DVD 光盘等。

8.2　图像浏览和管理工具

使用图像浏览和管理工具，可以实现以多种方式对图像文件进行浏览、查看和编辑操作。例如，用户可以对图像进行裁剪、调整大小、调整颜色等一系列常用的编辑操作。

8.2.1 iSee 图片专家

iSee 图片专家是一款功能全面的数字图像处理工具，能够实现浏览、编辑处理、管理数码照片和电脑图片。

该软件的功能主要体现在：支持 100 多种常用图像的浏览与修改、允许快速浏览、编辑、保存 Flash；将图像设置为壁纸、登录背景；傻瓜式图像处理方法；强大的图像编辑处理功能；强大的数码照片辅助支持。

同时，iSee 图片专家还内置有智能升级程序，随时保证程序的更新等。

启动该软件后，将弹出“iSee 图片专家”窗口。该窗口中，主要包括有菜单栏、工具栏、图片管理工具栏、文件夹目录窗格、图片预览窗格和图片视图窗格等，如图 8-2 所示。

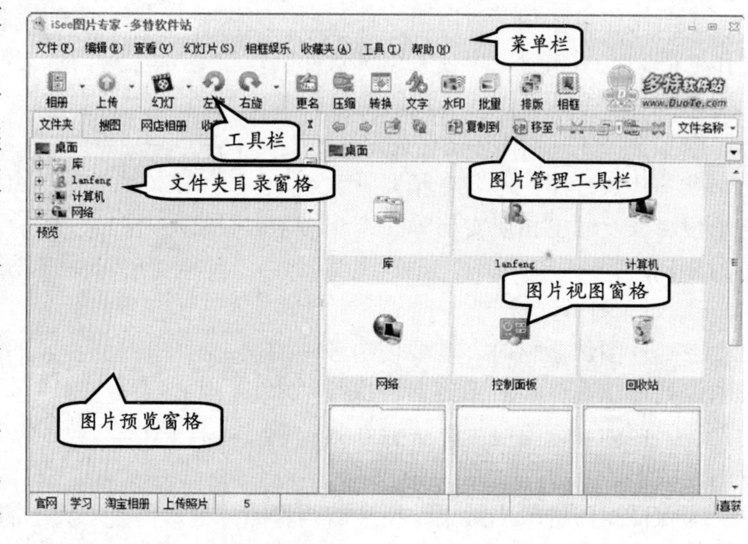

图 8-2 iSee 图片专家窗口

1. 浏览图像

在 iSee 软件中，用户可以方便、快捷地浏览图像；并对图像执行命名、删除等管理操作。

例如，在 iSee 图片专家窗口的【图片管理】工具栏中，按住【缩略图】滑块，可以向左或者向右拖动，来放大或缩小图片视图窗格中的图像，如图 8-3 所示。

图 8-3 切换查看方式

提　示

用户也可以在【缩略图】滑块附近直接单击横线，则滑块向鼠标单击位置跳跃性移动，并缩小或者放大图像。

单击工具栏中【幻灯】按钮，打开的图片将以全屏播放特效幻灯片的形式浏览，如图 8-4 所示。

图 8–4　播放特效幻灯片

用户还可以通过该软件所附带的“看图精灵”工具来浏览图像。例如，右击图像，并执行【看图精灵】命令，如图 8-5 所示。

在弹出窗口中，将类似于 Windows 7 所带的 Windows 照看查看器一样，非常方便地浏览图像，如图 8-6 所示。

图 8–5　执行命令

图 8–6　看图精灵

2. 重命名图像

在 iSee 图片专家窗口中，选择“沙漠.jpg”图片，并执行【编辑】|【重命名】命令，如图 8-7 所示。

此时，“沙漠.jpg”的名称将以可编辑的文本框显示，如图 8-8 所示。然后，再修改图像名称即可。

提　示

选择多个图片，单击工具栏中【更名】按钮，在弹出的窗口中即可实现对多个图片进行更名。

图 8-7　更改图片的名称

3．删除图片

选择需要删除的图像，单击工具栏中【删除】按钮。例如，选择“水母.jpg”图像，并单击【删除】按钮，如图 8-9 所示。

在弹出的【文件删除】对话框中，单击【是】按钮，将窗口中“水母.jpg”图像删除，如图 8-10 所示。

图 8-8　修改图像名称

提　示

选择多个图片，单击工具栏中【删除】按钮，在弹出的提示对话框中，单击【是】按钮，即可将图像移至【回收站】中。

4．添加水印

数字水印是向多媒体数据（如图像、声音、视频信号等）中，添加某些数字信息以达到文件真伪鉴别、版权保护等功能。嵌入的水印信息隐藏于宿主文件中，不影响原始文件的可观性和完整性。

图 8-9　删除“水母.jpg”图片

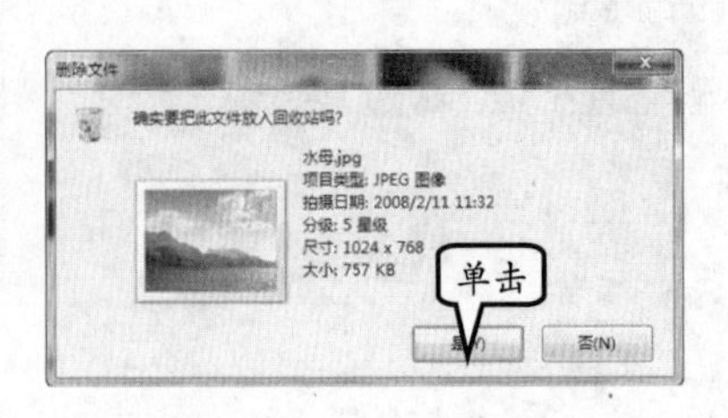

图 8-10　确定删除图像

选择需要添加的水印的图像，如选择“企鹅.jpg”图像，并单击工具栏中的【水印】按钮，如图 8-11 所示。

在弹出的【批量水印】对话框中，单击【选择文件夹】按钮，并选择处理后图片保存的位置，再单击【开始处理】按钮，如图 8-12 所示。

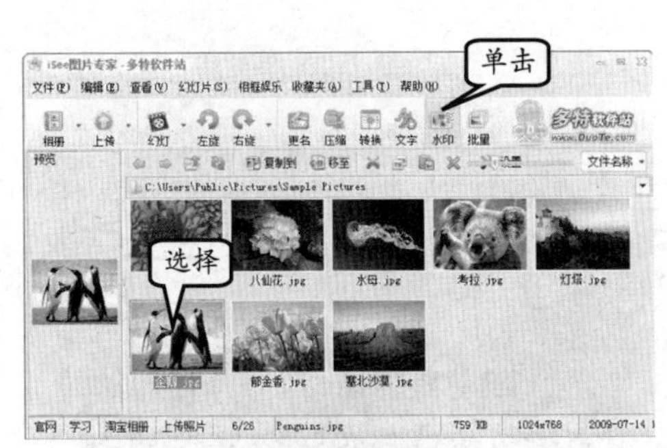

图 8-11　选择图像

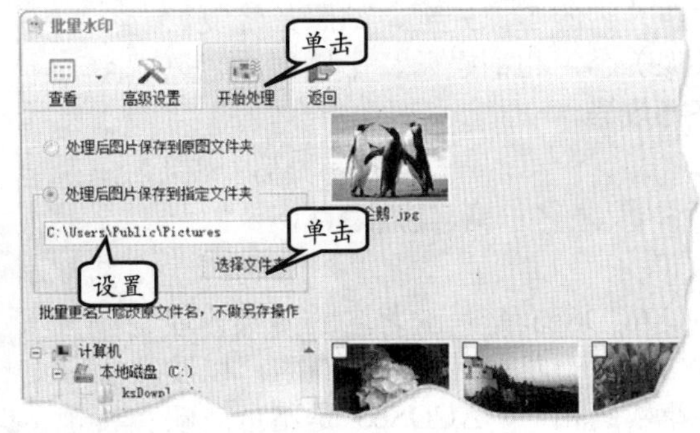

图 8-12　处理水印

在弹出的【批量添加水印】对话框中，单击【选择水印】按钮，并在弹出对话框中，选择水印文件，如图 8-13 所示。

图 8-13　选择水印文件

此时，将在图片之前显示作为水印的图片。而在右侧可以设置水印图片的一些样式效果，如位置、混合、透明、旋转、阴影等，如图 8-14 所示。最后，单击【确定】按钮。

提　示

在添加水印文件时，用户可以多次单击【选择水印】按钮，并添加多个水印文件，并在图像上测试水印效果。

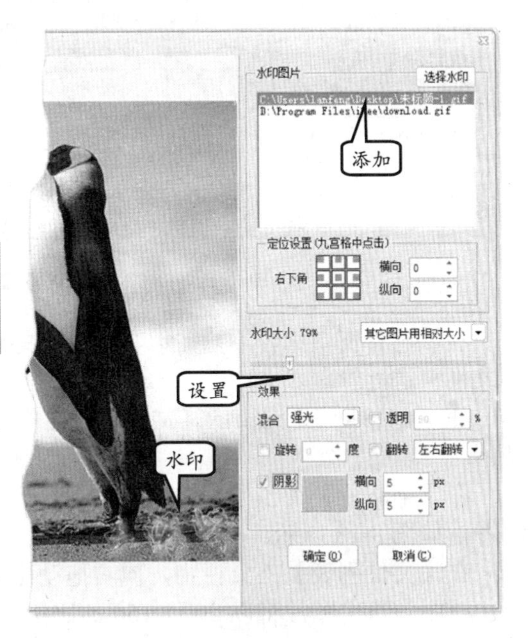

图 8-14　设置水印效果

5．编辑图像

在该软件中，提供了非常丰富的图像编辑功能，如双击窗口中的图像，即可转换到图像编辑模式，如图 8-15 所示。

在图像左侧包含了一些对图像处理的功能，如一键、补光、减光、文字、水印、相框和涂鸦等功能。而在右侧，则是针对数码照片类的图像处理，如照片修复、人像美容、相框娱乐、影楼效果、风格特效等。

图 8-15 图像编辑模式

8.2.2 ACDSee

ACDSee 是一款著名的图像管理软件，对于获取、整理、查看，以及共享数码相片，ACDSee 是不可或缺的工具。

在 ACDSee 中，用户可以选择查看任意大小的图像缩略图，或使用详细的文件属性列表为文件排序。

除了这些功能以外，ACDSee 还包含多种功能强大的搜索工具以及“比较图像”的功能，帮助用户删除重复的图像。

启动该软件后，将弹出 ACDSee 窗口。该窗口中，主要包含有菜单栏、工具栏、文件夹目录窗格、文件列表工具栏、整理窗格、预览窗格和缩略图（官方帮助称“略图”）窗格等，如图 8-16 所示。

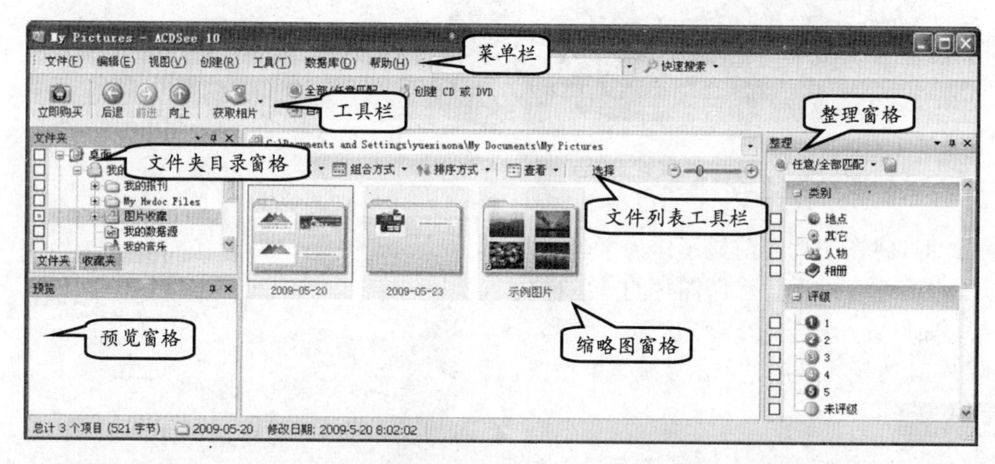

图 8-16 My Pictures – ACDSee 10 窗口

在该软件窗口中，用户可以自定义缩略图的大小预览图片，还可以把图片移动到其他文件夹进行管理。

在 ACDSee 10 窗口的【文件夹】窗格中，选择需要打开的图片文件夹，如图 8-17 所示。

在【缩略图】视图中，将鼠标移动到“1.jpg”图片上时，将弹出“1.jpg”图片的缩略图，如图 8-18 所示。

在【文件列表】工具栏中，向右拖动【缩略图大小】滑块，拖动至 200×150 的比例，视图窗格中图片将以 200×150 的比例显示，如图 8-19 所示。

在【缩略图】窗格中，双击“2.jpg”图片，将切换至【查看器】查看图片。然后，单击工具栏中【自动播放】按钮，图片将以自动播放方式显示，如图 8-20 所示。

图 8-17　打开图片文件夹

图 8-18　弹出式预览

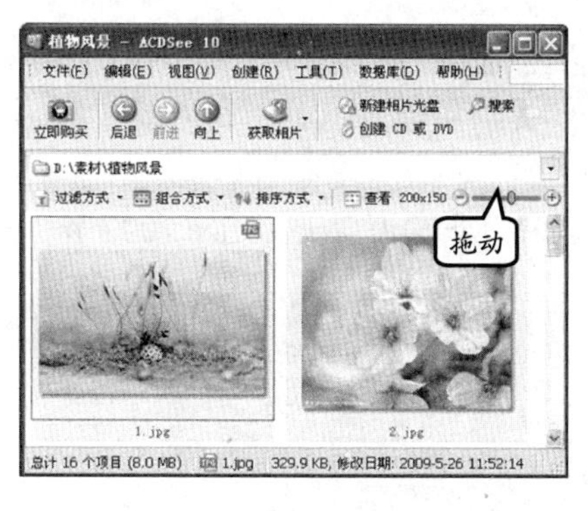

图 8-19　调整缩略图的大小

图 8-20　自动播放图片

当自动播放到“4.jpg”图片时，单击工具栏中【工具栏选项】按钮，在弹出的菜单中执行【移动到】命令，在弹出的对话框中将其移动至其他文件夹，并单击【确定】按钮，如图 8-21 所示。

单击【关闭】按钮，返回原先浏览模式，在【缩略图】窗格中右击“4.jpg”图片，并执行【设置类别】|【人物】命令，设置图片的类别为人物，如图 8-22 所示。

图 8-21　修改图片的存储路径

图 8-22　设置图片的类别

8.3 图像捕捉和处理工具

图像捕捉工具和图像处理工具是处理图形图像的常用工具。捕捉工具可以帮助用户捕捉当前屏幕显示的图像内容，包括整个屏幕、活动窗口和选定区域等；图像处理工具可以帮助用户方便、快捷地编辑和处理图像。

8.3.1 HyperSnap

HyperSnap 是一款专业的屏幕抓图工具，不仅能捕捉标准普通的应用程序，还能抓取使用 DirectX、3Dfx Glide 技术开发的各种全屏游戏，以及正在播放的视频等。该软件能以 20 多种图形格式（包括 MP、GIF、JPEG、TIFF、PCX 等）保存图片，同时还支持对这些图像的浏览。

HyperSnap 的操作十分简便，用户可以使用热键或自动计时器从屏幕上捕捉，还可以在所捕捉的图像中获取鼠标轨迹。HyperSnap 提供了收集工具、调色板工具，允许用户设置捕捉的分辨率。

启动该软件后，将弹出 HyperSnap 窗口。该窗口非常类似于 Office 2007 界面布局格式，其中包含有选项卡、选项组，以及不同的按钮、设置选项等，如图 8-23 所示。

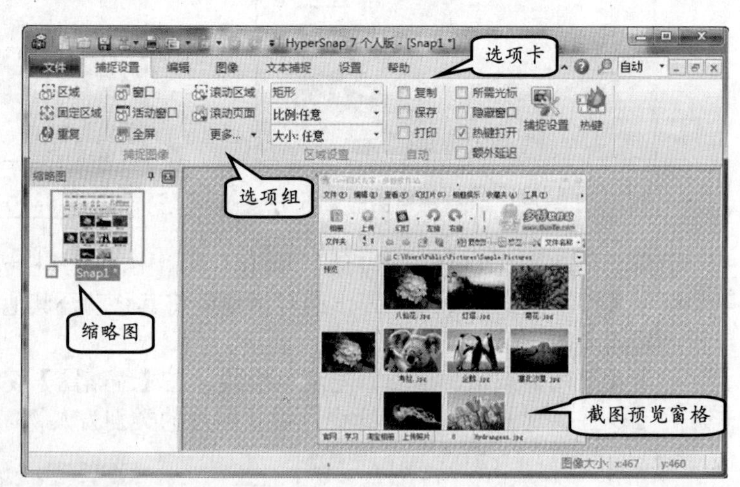

图 8-23　HyperSnap 窗口

1．捕获之前设置

在使用该软件进行捕获之前，用户需要先进行一番设置。例如，在【捕捉设置】选项卡中，单击【捕捉设置】按钮，如图 8-24 所示。

在弹出的【捕捉设置】对话框中，设置【捕捉前延迟时间】为 0 毫秒；禁用【包含光标指针】复选框，如图 8-25 所示。

提　示

在【捕捉设置】对话框中，除了设置光标指针和延迟外，还可以设置捕捉的多项内容，如播放声音、关闭字体平滑、隐藏 HyperSnap 窗口、关闭透明效果等。

在【捕捉设置】选项卡中，单击【热键】按钮，如图 8-26 所示。此时，即可对捕捉时一些快捷键进行设置。

然后，在弹出的【屏幕捕捉热键】对话框中，可以设置停止计时自动捕捉、特殊计时、打印键处理的快捷键，如图 8-27 所示。

图 8-24 单击【捕捉设置】按钮

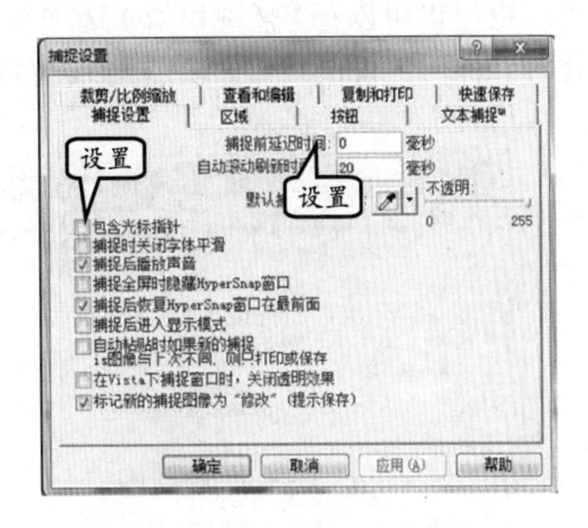

图 8-25 设置光标和延迟

图 8-26 单击【热键】按钮

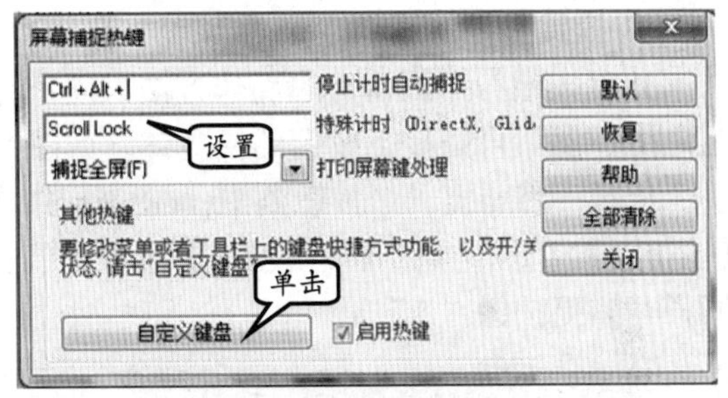

图 8-27 屏幕捕捉键设置

而在该对话框中，再单击【自定义键盘】按钮，即可对捕捉的不同方式进行快捷键设置，如窗口、区域、按钮等捕捉的快捷键设置，如图 8-28 所示。

提 示

在【自定义】对话框的【键盘】选项卡中，用户可以对不同类型的内容捕捉进行相应的设置。因为，在计算机操作系统中，包含有窗口、按钮、鼠标光标等不同类型的界面组成部分，所以，用户需要对不同类型内容的捕捉进行设置。

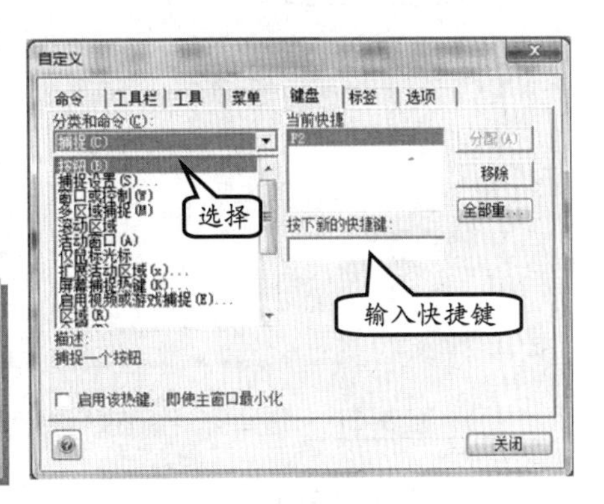

图 8-28 设置快捷键

2. 捕捉图像

通过对快捷键的设置，可以明白在捕捉过程中，用户可以捕捉不同的内容。

❑ 捕捉窗口

在捕捉窗口时，用户可以使用刚刚设置的快捷键方式。例如，按 Ctrl+F1 键，即弹出一个闪烁的线框并将鼠标移至窗口上，且线框将在窗口四边闪烁。然后，单击鼠标左键，即可捕捉该窗口，如图 8-29 所示。

用户也可以在【捕捉设置】选项卡中，单击【捕捉图像】组中的【窗口】按钮，此时将弹出闪烁的线框，并选择需要捕捉的窗口，如图 8-30 所示。

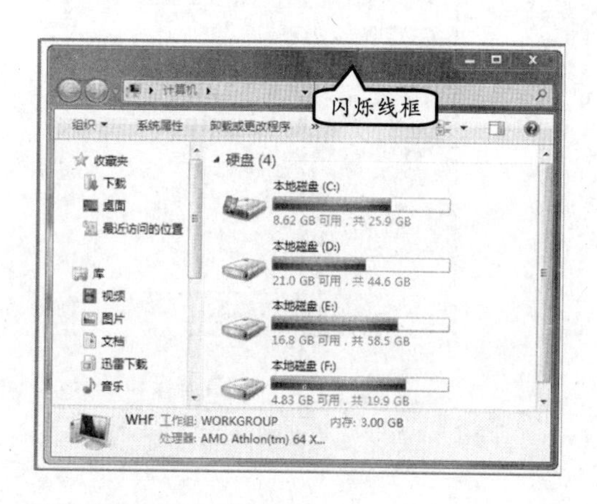

图 8-29 捕捉窗口

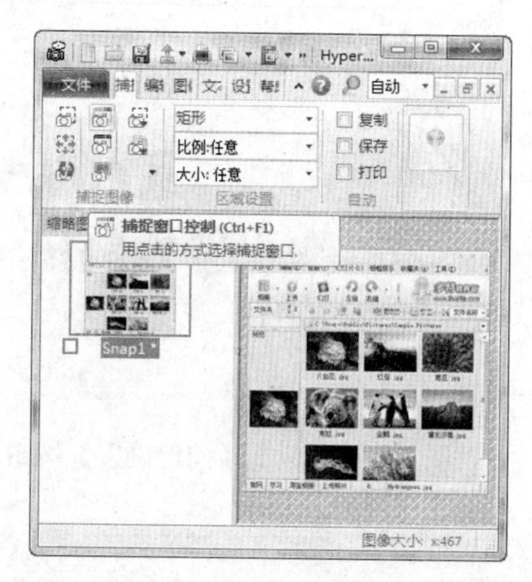

图 8-30 单击【窗口】按钮

❑ 捕捉按钮

捕捉按钮与捕捉窗口的操作方法大同小异。用户可以先将鼠标放置于需要捕捉的按钮之上，然后再按捕捉按钮的快捷键，如图 8-31 所示。

此时，将捕捉一个按钮到 HyperSnap 窗口中，如图 8-32 所示。当然，用户也可以在【捕捉设置】选项卡的【捕捉图像】组中，单击【更多】下拉按钮，并执行【按钮】命令，同样可捕捉按钮。

图 8-31 选择需要捕捉的按钮

图 8-32 显示捕捉的按钮

❑ 区域捕捉图像

在捕捉一些不规则或者无法使用捕捉窗口进行捕捉的图像时，可以使用区域捕捉方式。默认情况下，按 Ctrl+Shift+R 键即可使用区域捕捉。

例如，当捕捉一个区域时，按 Ctrl+Shift+R 键，即可使用出现的“十”字线来定义捕捉区域，如图 8-33 所示。

斜对角拖动鼠标，即可选定要捕捉的区域范围，如图 8-34 所示。当完成选定区域时，单击鼠标左键即可。

图 8-33　区域捕捉

图 8-34　选择区域

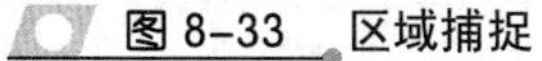

捕捉区域后，可在 HyperSnap 工具中显示选区中所捕捉的图像，如图 8-35 所示。

图 8-35　显示已经捕捉图像

3. 编辑图像

在窗口中，包含有【图像】选项卡，其中包含在捕捉的图像上需要使用的绝大多数工具，包括更改大小、形状、颜色以及更多。此选项卡被分成了 4 组，即修改、旋转、特效和颜色，以及一个工具栏。

❑ 修剪图像

选定图像的一个区域/部分，并且仅保留选中的区域。例如，单击【修剪】按钮将会出现两条交叉的直线，如图 8-36 所示。然后，单击并按住鼠标左键，斜对角拖拉鼠标指针直到包含了保留的区域，如图 8-37 所示。

图 8-36　单击【修剪】按钮

图 8-37　选择保留区域

❑ 分辨率

使用此功能来改变每英寸规格内的点数值，这将使不同的设备或程序呈现出的此图像有所不同。

例如，如果从标准的计算机屏幕上以 96 dpi 的分辨率捕捉图像，设定所捕捉图像的分辨率为 200 dpi，则打印出来的图像将是原来图像的一半大小。

为什么呢？因为，每英寸内的点数被设定的更高了，所以打印机驱动程序将点之间的距离调整得更近以便与图像内的 dpi 相匹配。

其中，【水平分辨率】表示以每英寸内的点数为单位来定义所捕捉图像的横向分辨率。而【垂直分辨率】表示以每英寸内的点数为单位来定义所捕捉图像的纵向分辨率。

例如，在【修改】组中，单击【分辨率】按钮，即可弹出【图像分辨率】对话框，并设置分辨率值，如图 8-38 所示。

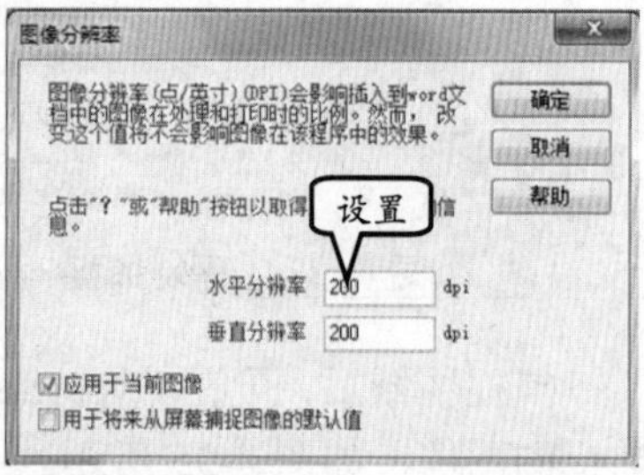

在选择【应用于当前图像】复选框时，将这些设定应用到当前的图像。而选择【用于将来从屏幕捕捉图像的默认值】复选框时，则表示将此设置作为以后捕捉图像的默认设置。

图 8-38 设置分辨率

❑ 添加水印

水印是对图片内容和版权等信息的解说，可以由图片，文本等组成，叠加在现有图片之上。水印文本通常包含当前日期、时间及文件名称等的宏指令。

用户可以将水印添加到图像的任何位置，也可以附加到图像的顶端作为页眉或是底端作为页脚或作为图像的标题。

例如，在【修改】组中，单击【水印】下拉按钮，并执行【创建水印】命令，如图 8-39 所示。

在弹出的【编辑水印】对话框中，选择【文本】选项卡，并输入“海边夜景”文本内容，如图 8-40 所示。

图 8-39 添加水印

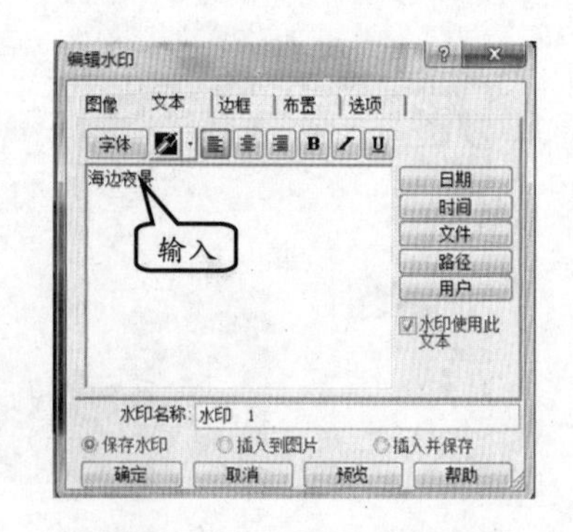

图 8-40 输入文本内容

然后，用户还可以添加其他内容，如日期、时间、文件、路径、字体格式等，再选择“插入并保存”选项，单击【确定】按钮，如图 8-41 所示。

此时，将在图像显示所添加的水印效果，并且以“白色”为背景，如图 8-42 所示。

最后，再双击水印效果，并弹出【编辑文本】对话框，并选择【使透明】复选框，如图 8-43 所示。

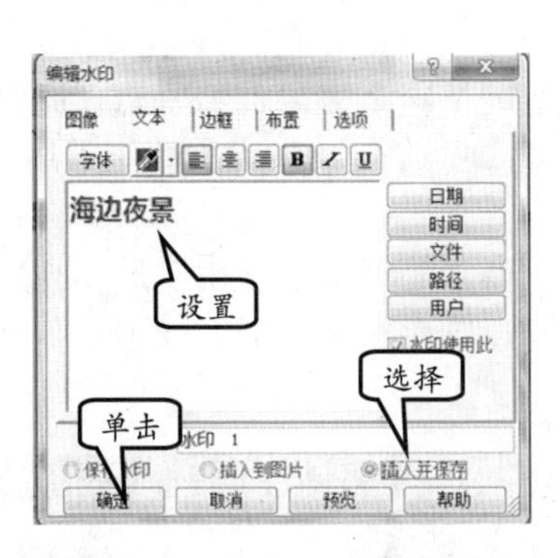

图 8-41 设置水印效果

图 8-42 插入水印

现在，在图像中，可以看到已经修改后的水印效果，如图 8-44 所示。

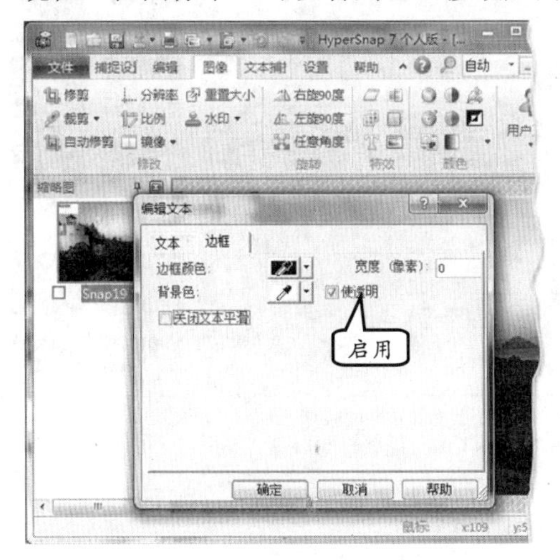

图 8-43 修改水印

图 8-44 最终水印效果

8.3.2 光影魔术手

光影魔术手（nEOiMAGING）是一个对数码照片画质进行改善及效果处理的软件，可以为用户提供最简便易用的图像处理工具。用户不需要任何专业知识，即可掌握图像处理技术，制作出精美的相框、艺术照、专业胶片效果。光影魔术手具有以下特色功能。

❑ **正片效果**

经处理后，照片反差更鲜明、色彩更亮丽，红色还原十分准确，色彩过渡自然艳丽，提供多种模式供用户选择。

❑ **反转片负冲**

主要特色是画面中同时存在冷暖色调对比。亮部的饱和度有所增强，呈暖色调但不夸张；暗部发生明显的色调偏移，提供饱和度等的控制。

❑ **数码减光**

利用数码补光功能，暗部的亮度可以有效提高，同时，亮部的画质不受影响，明暗之间的过渡十分自然，暗部的反差也不受影响。对于追补效果欠佳的照片，可以调节“强力追补”参数增强补光效果。

❑ **高 ISO 去噪**

这个高 ISO 去噪的功能，可以在不影响画面细节的情况下去除红绿噪点。同时画面仍保持有高 ISO 的颗粒感，效果类似高 ISO 胶片，使 DC 的高 ISO 设置真正可用。

❑ **晚霞渲染**

这个功能不仅局限于天空，也可以运用在人像、风景等情况。使用以后，亮度呈现暖红色调，暗部则显蓝紫色，画面的色调对比很鲜明，色彩十分艳丽。暗部细节亦保留得很丰富。

启动该软件后，在光影魔术手窗口打开“2.jpg”图片。该软件的整个界面中，包含有菜单栏、工具栏、功能窗格、和预览窗格，如图 8-45 所示。

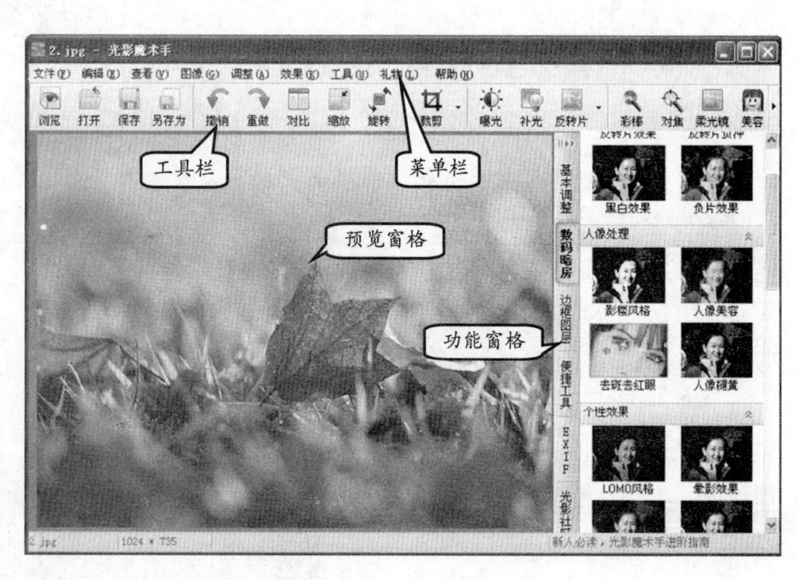

图 8-45　光影魔术手窗口

1. 人物美容

使用人物美容处理相片可以自动识别人像的皮肤，把粗糙的毛孔磨平，令肤质更细腻白晰；同时可以选择加入柔光的效果，产生朦胧美；还可以为图像添加撕边效果。其具体的操作步骤如下。

例如，在光影魔术手软件中，单击工具栏中【打开】按钮，在弹出的对话框中，打开“20.jpg”图片，如图 8-46 所示。

单击工具栏中【美容】按钮，在弹出的【人物美容】对话框中设置磨皮力度、亮白和范围参数，如图 8-47 所示。

图 8-46　打开图片

图 8-47　人物美容

执行【工具】|【撕边边框】命令，在弹出的对话框中选择名称为“shuo”的边框，如图 8-48 所示。

2. 影楼风格人像和虚化背景

在该软件中，可以根据需要调节图片的大小，给图片添加影楼效果模仿出那种冷艳、唯美的感觉，还可以虚化背景。其具体的操作步骤如下。

打开“28.jpg”图片，单击工具栏中【缩放】按钮，在弹出的【调整图像尺寸】对话框中设置图片的宽度和高度，如图 8-49 所示。

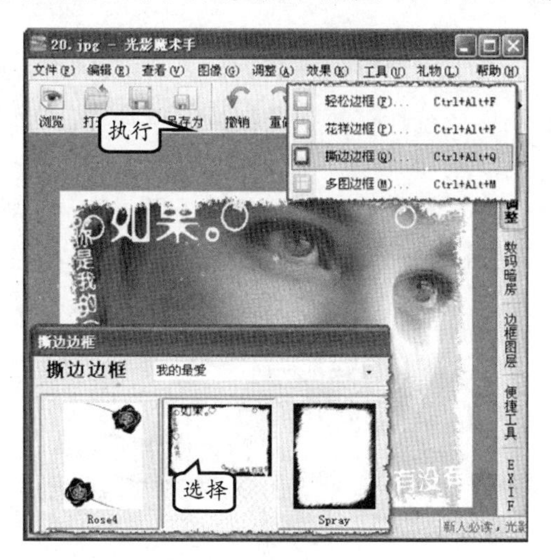

图 8-48 添加撕边边框

图 8-49 调整图片的尺寸

单击工具栏中【影楼】按钮，打开【影楼人像】对话框。在该对话框中设置【力量】为 50，如图 8-50 所示。

单击工具栏中【彩棒】按钮，打开【着色魔术棒】对话框。在该对话框中设置【着色半径】为 3，如图 8-51 所示。

图 8-50 添加影楼风格效果

图 8-51 使用着色魔术棒

8.4 电子相册制作软件

使用电子相册制作软件，可以帮助用户快速、简便地制作出专业效果的电子相册。该类软件通常具有强大的功能，如支持背景音乐、内置多种图片显示特效、自带多种精美的菜单模板、支持相册刻录成光盘等。

8.4.1 易达电子相册制作系统

易达电子相册制作系统可以通过近200种播放方式展示用户的相片，可以使相片变得丰富多彩、绘声绘色。同时，易达电子相册制作系统拥有超强的相片编辑功能，可以使相片更具个性化。

启动该软件后，在弹出的【易达电子相册制作系统】窗口中，单击【导入照片】按钮，可以打开图片素材文件夹。该窗口中主要包含有文件夹列表窗格、功能栏、图片预览窗格和图片列表窗格等，如图8-52所示。

使用该软件，可以方便快捷地制作电子相册，实现设置背景图片、为图片添加文字修饰、去色等效果，还可以为相册添加背景音乐，使相册更加精美。

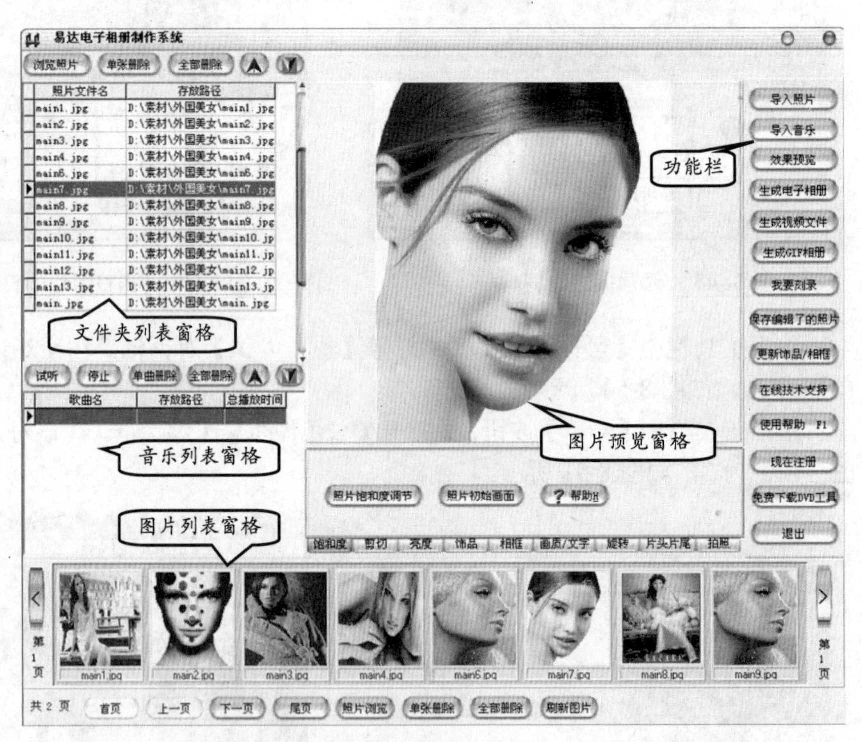

图8-52 【易达电子相册制作系统】窗口

例如，在【易达电子相册制作系统】窗口【图片列表】窗格中，选择“main6.jpg”图片，该图片将在【图片预览】窗格中显示，如图8-53所示。

单击【亮度】选项卡中【黑白照】按钮，将“main6.jpg”图片变为黑白照。然后，单击【旋转】选项卡中【照片旋转】按钮，在弹出的对话框中设置【旋转】为35，如图8-54所示。

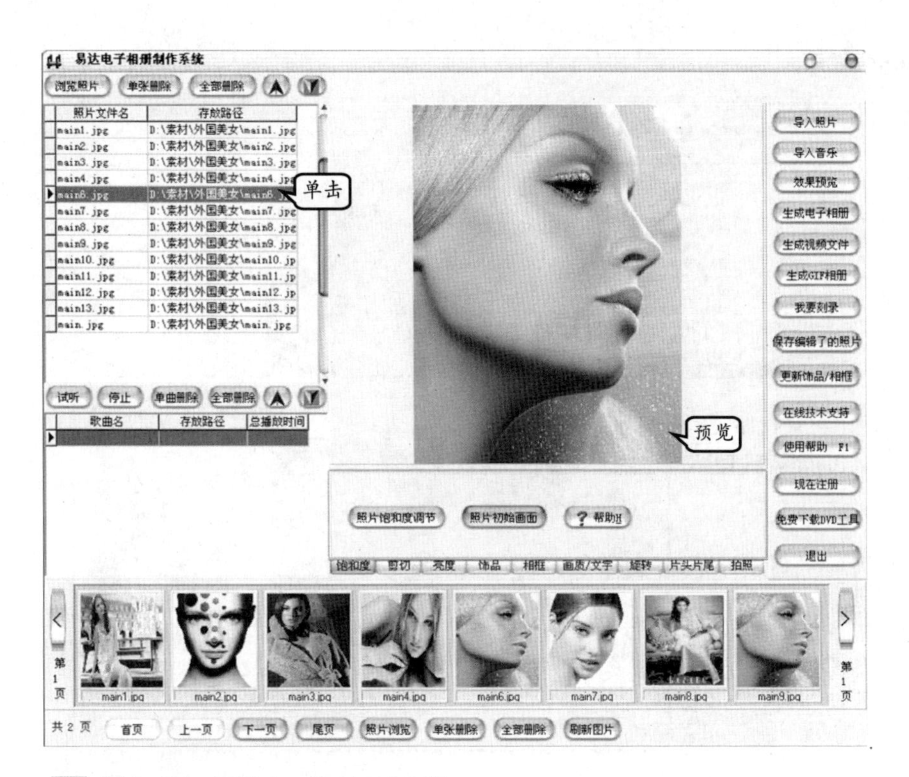

图 8-53 显示“main6.jpg”图片

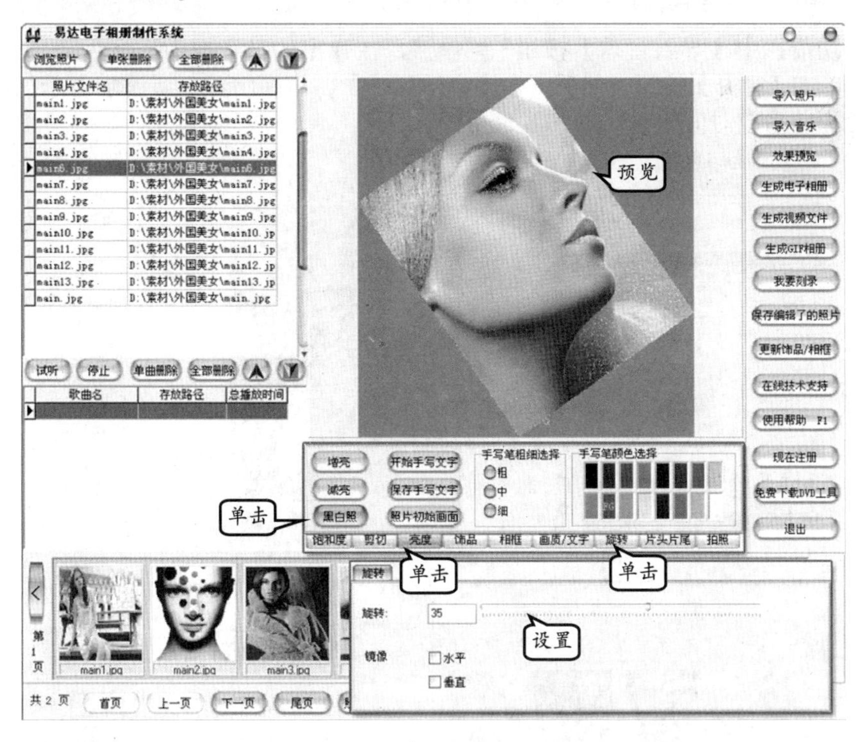

图 8-54 对图片去色和旋转

单击【导入图片】按钮（导入照片），在弹出的对话框中，选择导入“main5.jpg”图片。然后，在【图片列表】窗格中，单击“main5.jpg”图片，将在视图窗格中显示该图片，如图 8-55 所示。

图 8–55　导入“**main5.jpg**”图片

单击功能栏中【导入音乐】按钮（导入音乐），在弹出的对话框中选择需要导入的背景音乐，并单击【打开】按钮。然后，在【音乐列表】窗格中将显示所添加音乐的歌曲名、存储路径和总播放时间信息，如图 8-56 所示。

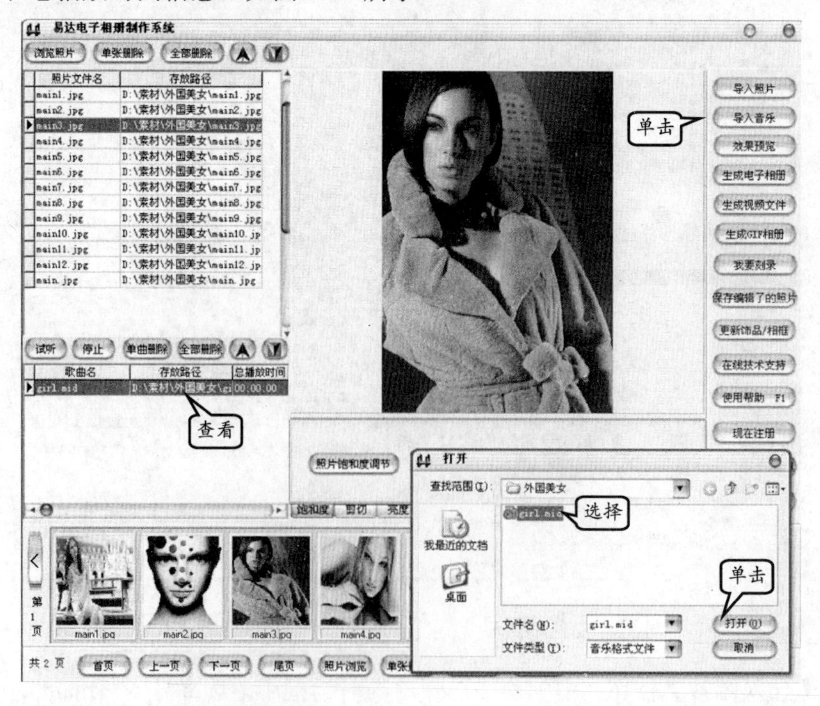

图 8–56　导入背景音乐

单击功能栏中【生成电子相册】按钮（生成电子相册），在弹出的【生成电子相册】对话框中输入存储路径，并单击【开始生成】按钮，如图 8-57 所示。

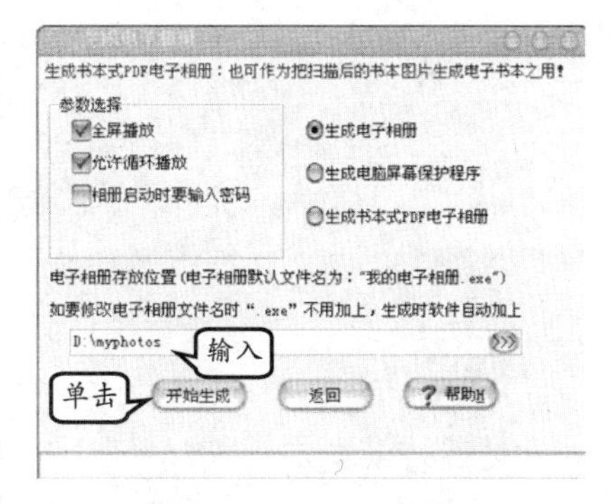

图 8-57　生成电子相册

8.4.2　虚拟相册制作系统

“虚拟相册制作系统”具有完美的组织、保护、共享照片的功能。其采用向导式操作，能帮助用户轻松地制作“家庭相册”、“宝贝相册”、“爱人相册”等。

启动该软件后，即可以弹出虚拟相册制作系统主界面窗口，在该窗口中，可以看到许多制作模板以及【工作任务】窗格等内容，如图 8-58 所示。

图 8-58　虚拟相册制作系统主界面

在制作相册时，用户可以从右侧选择某个相册模板，并通过向导添加相关素材。

例如，在虚拟相册制作系统窗口中，单击【下一步】按钮后，在弹出的窗口中，单击左侧【工作任务】窗格中的【添加照片】链接。

然后，在弹出的【打开】对话框中，选择需要添加的照片、图片，并单击【打开】按钮，如图 8-59 所示。

提　示

用户在【打开】对话框中，可以按住 Ctrl 键选择不同的照片文件。或者，选择 1 个文件，然后按住 Shift 键不松开，再选择其他文件，同样可以选择多个文件。

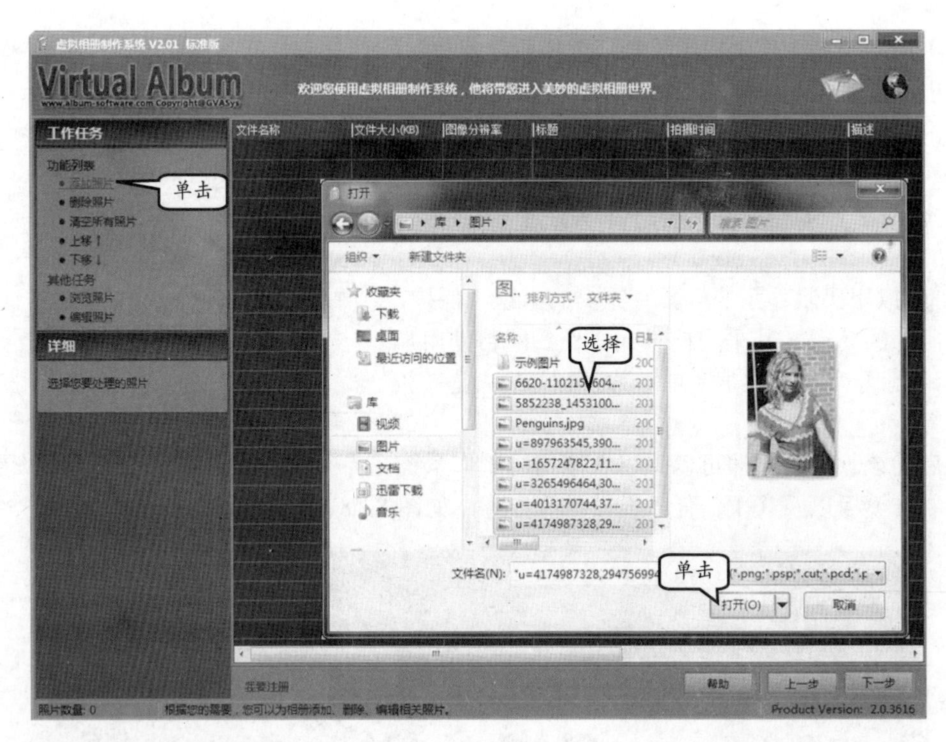

图 8-59　添加照片

此时，用户可以在窗口中选择照片，查看照片效果及修改时间和标题名称（文件名称），如图 8-60 所示。用户也可以选择某个照片文件，并单击【工作任务】窗格中的【上移】或者【下移】链接，来调整照片显示的顺序。

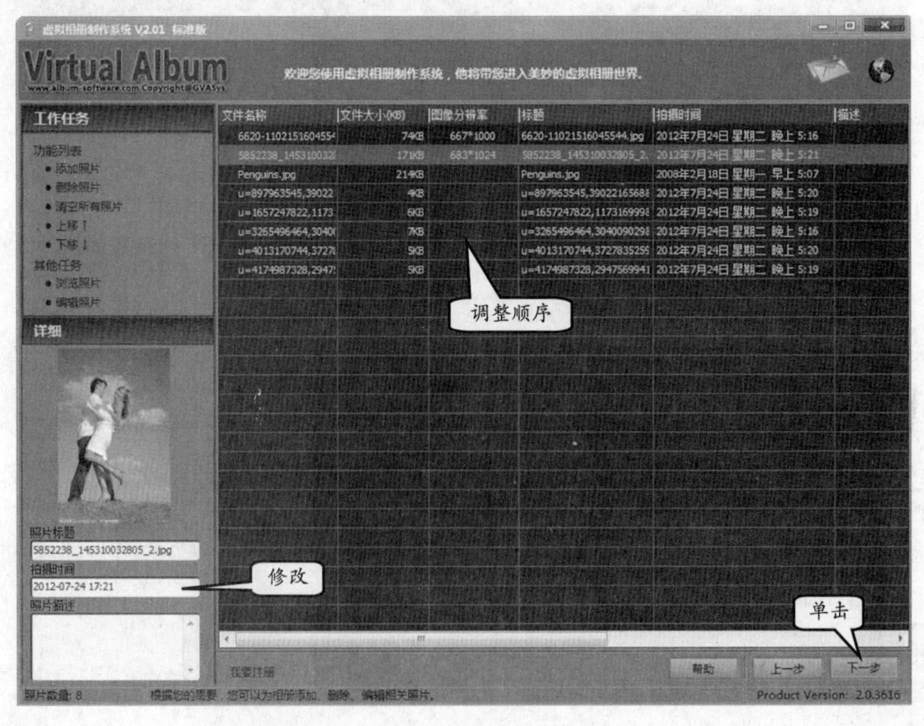

图 8-60　修改及调整照片

再单击【下一步】按钮，在弹出的窗口中，用户可以调整相册的相框、添加背景音乐、插入照片、添加文字等，如图 8-61 所示。

图 8-61　编辑照片

如果用户不需要调整相册内容，可以单击【完成】按钮，则弹出【生成相册】对话框，如图 8-62 所示。

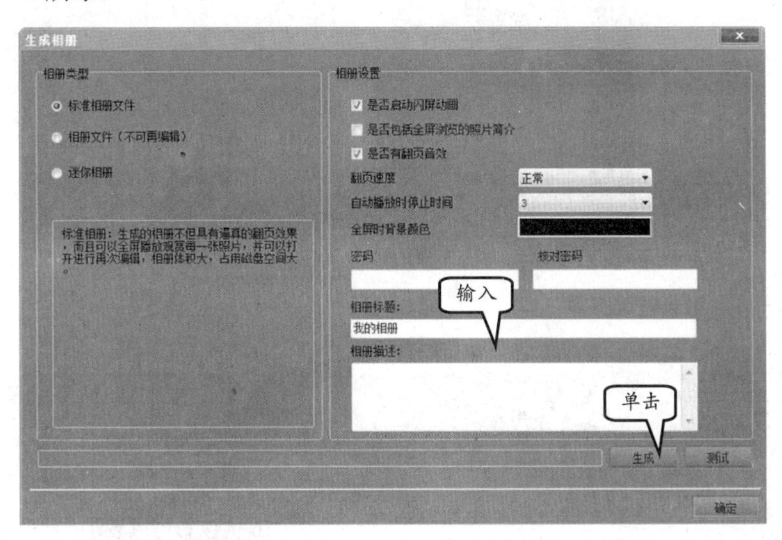

图 8-62　生成相册对话框

提　示

设置【密码】和【核对密码】参数，可以为电子相册设置密码，保护用户隐私。

在【生成相册】对话框中，单击【生成】按钮，即可弹出【另存为】对话框，可以输入【文件名】为“相册”，单击【保存】按钮，如图 8-63 所示。

此时，再在【生成相册】对话框中，单击【完成】按钮，即可生成相册。然后，用户可以打开保存相册的位置，并双击“相册.exe”文件，如图 8-64 所示。

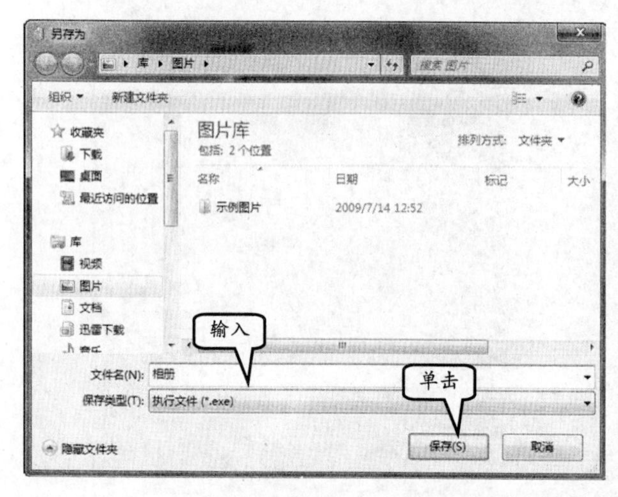

图 8-63 生成 EXE 文件

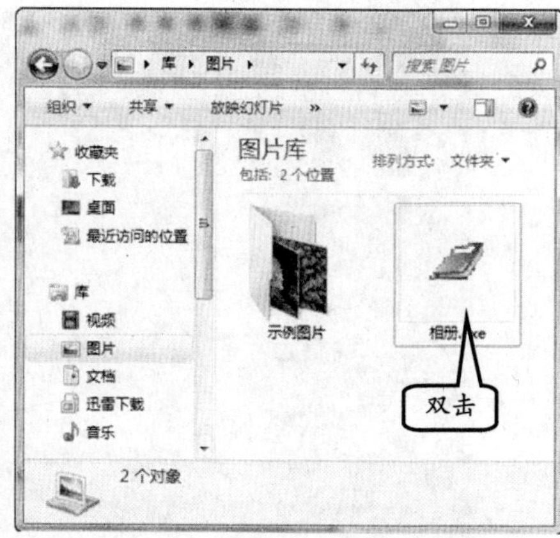

图 8-64 打开“相册”文件

在打开的相册中，将显示相册的封面内容，并显示相册的名称。当然，用户单击【打开】按钮，即可显示相册的第 1 页和第 2 页内容，如图 8-65 所示。

图 8-65 浏览相册内容

8.5 思考与练习

一、填空题

1．计算机中的图片主要包括________和________等两大类。

2．矢量图形主要应用于________、________、________和________等领域中。

3．16 位色彩可以表示________种颜色，而 24 位色彩可以表示________种颜色。

4．分辨率直接影响到位图的清晰度和占磁盘的空间。一张位图图像，分辨率越大，则清晰度越_____，占用的磁盘空间也就越_____。

5．JPEG 图像允许用户定义图像的__________。__________越高，则图像越清晰。

6．电子相册的制作流程主要包括__________、__________、__________、__________和__________等5步。

二、选择题

1．下面 4 句话中，哪句不是矢量图形的特点？________

A．占用磁盘空间小

B．适用于各种数码相机、扫描仪等数字家电

C．可以任意地放大和缩小

D．修改十分方便

2．下列图像文件格式中，属于矢量图形文件格式的是__________。

A．JPG 格式

B．BMP 格式

C．AI 格式

D．GIF 格式

3．接近人类肉眼可识别的色彩极限的色彩数位是__________。

A．8 位

B．16 位

C．24 位

D．32 位

4. JPEG 是用于照片处理和显示的一种常见的图像格式。下面哪一条不是 JPEG 图像的特点？__________

A．这是一种失真压缩标准格式

B．这种格式允许用户自定义保真等级

C．多数图像处理软件都支持处理这种图像

D．这种格式是 Windows 操作系统中的标准位图图像格式

5．“便携式网络图形”是哪种格式图像的中文翻译？__________

A．JPEG

B．GIF

C．BMP

D．PNG

三、简答题

1．简单叙述矢量图形与位图图像的特点和区别。

2．简单叙述分辨率的概念，以及常用的几种分辨率类型。

3．分别列举 4 种矢量图形格式和位图图形格式。

4．电子相册的优点主要有哪些？

四、上机练习

1．通过“光影魔术手”对照片补光

拍照时若现场光照不尽理想。在无法改变灯光或光照的设定，又没能使用闪光灯等一切方法补光的情况下，拍摄暗处显著及反差极大的结果是可以预期的。数字补光小技巧，能让一些照片起死回生，进而达到满意的结果。

例如，在窗口中，通过单击【打开】按钮，并在弹出的【打开】对话框中，选择需要调整的照片；然后，单击【打开】按钮，即可打开需要调整的照片，如图 8-66 所示。

图 8-66　打开照片

然后，用户可以单击右侧的【曝光】列表中的【数码补光】按钮，并弹出【数码补光】对话框，如图 8-67 所示。同时，照片将根据补光默认值，进行轻微的调整。

图 8-67　添加数码补光

而照片效果调整不是太理想时，用户还可以拖动不同的滑块，进行手动调整补光效果，如图 8-68 所示。

图 8-68　手动调整补光效果

当然，用户也可以通过单击【高级调整】列表中的【严重白平衡校正】按钮，来校正图片效果，如图 8-69 所示。

图 8-69　校正图片效果

2. 通过“光影看看”浏览图片

“光影看看”是“光影魔术手”附带的一个工具，可以查看计算机中不同类型的图片。

例如，在光影管理器窗口中，用户可以右击图片，执行【查看】命令，如图 8-70 所示。

图 8-70　查看图片

然后，将通过“光影看看”窗口，打开该图片，如图 8-71 所示。当然，在“光影看看”窗口中，还可以缩/放图片、添加相框、旋转图片等，图 8-72 所示为添加相框效果。

图 8-71　浏览图片

图 8-72　添加相框

第 9 章

磁盘管理软件

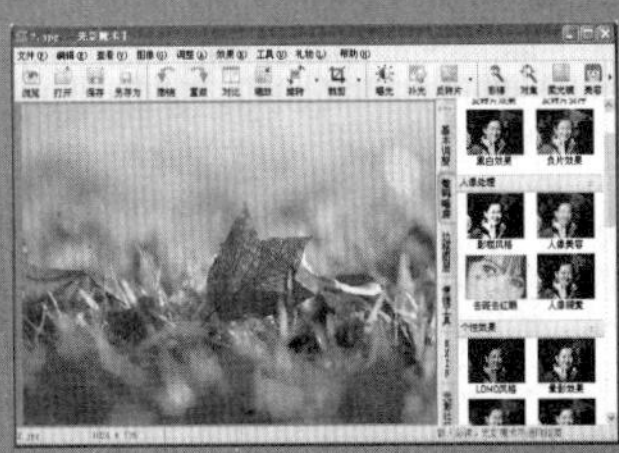

计算机硬盘也称为磁盘，是计算机标配硬件中的一部分。它用来存储计算机所需要的数据。在使用磁盘时，用户需要对磁盘中的数据进行管理，以保证数据的安全性、磁盘的运行稳定性等。常见的磁盘管理工作包括磁盘分区与备份、磁盘数据恢复等。

本章学习要点：

- 磁盘概述
- 磁盘分区
- 磁盘碎片整理
- Easeus Partition Master
- Windows 7 自带分区
- R-Studio
- EasyRecovery Pro
- Diskeeper
- Auslogics Disk Defrag

9.1 磁盘管理常识

磁盘管理是一项计算机使用时的常规任务，它是以一组磁盘管理应用程序的形式提供给用户的。在计算机操作系统中，都有相应的磁盘管理功能。

而下面所介绍的磁盘管理，主要包含有磁盘分区和磁盘整理，这两项操作是必不可少的。

9.1.1 磁盘概述

磁盘是磁盘驱动器的简称，泛指通过电磁感应，利用电流的磁效向带有磁性的盘片中写入数据的存储设备。

广义的磁盘包括早期使用的各种软盘，以及现在广泛应用的各种机械硬盘。狭义的磁盘则仅指机械硬盘，是在铝合金圆盘上涂有磁表面记录层的磁记录载体设备。磁盘的最大优点是能够随机存取所需数据，存取速度快，适合用于存储可检索的大容量数据。由于软盘技术目前已经被淘汰，本节之后所提到的磁盘概念均指机械硬盘。机械硬盘的结构如图 9-1 所示。

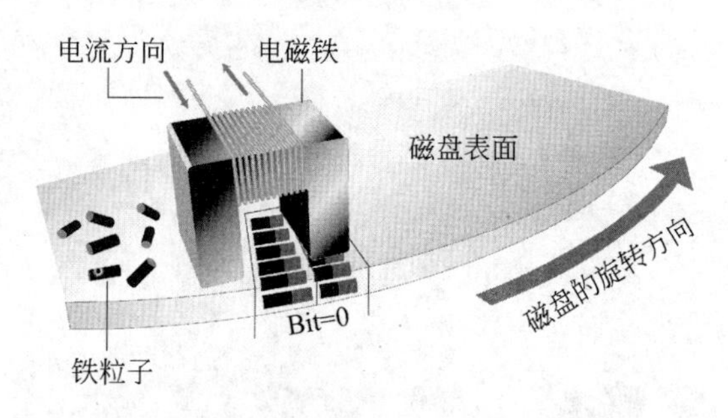

图 9-1　机械硬盘的结构

注　意

有时，人们也将一些大容量的永久性存储设备称作磁盘。例如，各种闪存、固态硬盘等，这样称呼纯粹是因为习惯，或这些存储设备的性能或功能与磁盘类似。一个典型的例子就是，在 Windows 操作系统中，将所有以 HDD 模式工作的 USB 闪存、内存卡都称作本地磁盘。事实上，这些存储器既不使用电磁感应来存储数据，也不包含盘片。

早期的磁盘驱动器和软驱类似，都是安装在计算机内部，然后用户可以替换磁盘驱动器中的盘片。这样的磁盘驱动器优点在于，用户可以方便地对硬件进行升级；缺陷则是盘片容易因灰尘、潮湿空气而受损。

随着微电子技术的进步，人们制造的磁盘磁头（读取盘片数据的激光发射器）越来越灵敏，盘片中的数据也越来越密集，一点灰尘吸附到磁盘盘片上都会造成盘片的损坏。因此，为了保障数据的安全，人们开始将磁盘的盘片封装到驱动器中，如图 9-2 所示。

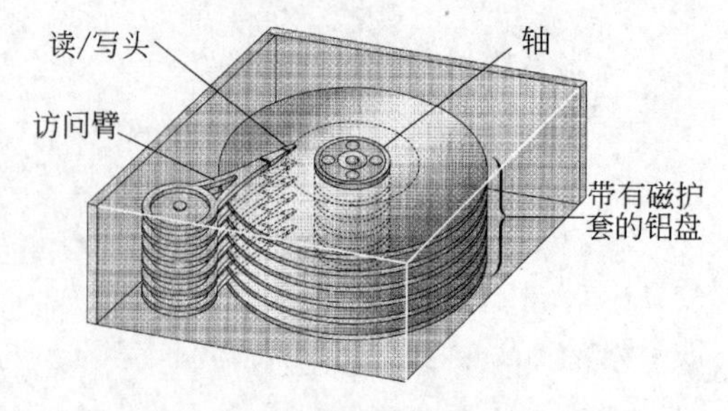

图 9-2　封装的多盘片磁盘驱动器

注　意

由于磁盘盘片很容易被灰尘损坏，所有磁盘盘片都被要求在无尘环境下生产。维修这些磁盘同样也需要在无尘环境下进行。除非在无尘环境下，否则用户不能打开磁盘。

目前在使用的主流磁盘主要包括如下 4 种技术规格。

❑ **ATA**

ATA（Advanced Technology Attachment，先进技术附件）是 20 世纪 90 年代时流行的磁盘技术标准，使用老式的 40 针并口数据线连接主板和硬盘，外部接口理论最大速度为 133MB/s，目前已逐渐淘汰，但仍有部分用户在使用。

❑ **SATA**

SATA（Serial Advanced Technology Attachment，串口先进技术附件），即使用串口的 ATA 硬盘。该标准又分 SATA I 和 SATA II，其抗干扰能力强，支持热插拔功能，已逐渐取代 ATA 标准。SATA I 标准的理论传输速度为 150MB/s，而 SATA II 标准的理论传输速度更达 300MB/S。其传输线比 ATA 传输线细得多，有利于机箱散热。

❑ **SCSI**

经历多年的发展，SCSI（Small Computer System Interface，小型计算机系统接口），从早期的 SCSI-II 到现在的 Ultra320 SCSI 和 Fiber-Channel，支持多种接口。同时，SCSI 标准的硬盘转速要比普通的 ATA 和 SATA 快许多，可以达到 15000RPM，因此，磁盘存取的效率更高，然而价格也相当昂贵，因此多在网络服务器中使用。

❑ **SAS**

SAS（Serial Attached SCSI，串口附加 SCSI），是新一代的 SCSI 技术，其存取的速度可以达到 3GB/S，价格也最昂贵，目前只在很少的服务器中使用。

9.1.2 磁盘分区

磁盘分区，又称为“硬盘分区”。硬盘从厂家生产出来后，是没有进行分区激活的，而若要在磁盘上安装操作系统，必须要有一个被激活的活动分区，才能进行读写操作。例如，在计算机中，用户可以将一个硬盘分成多个区（如“本地磁盘（C:）”为一个区），如图 9-3 所示。

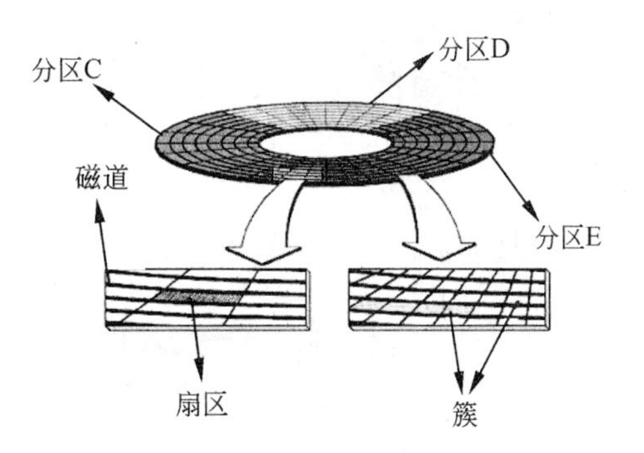

图 9-3 硬盘分区

磁盘的格式化分为物理格式化和逻辑格式化。物理格式化又称低级格式化，是对磁盘的物理表面进行处理，在磁盘上建立标准的磁盘记录格式，划分磁道（Track）和扇区（Sector）。

逻辑格式化又称高级格式化，是在磁盘上建立一个系统存储区域，包括引导记录区、文件目录区 FCT、文件分配表 FAT。

在格式化磁盘分区时，还要确定磁盘分区所使用的文件系统。文件系统是操作系统存储文件和数据的规范和标准。每一种操作系统通常都会支持一种乃至几种文件系统。常见的文件系统主要有以下几种。

❑ **FAT/FAT32 文件系统**

FAT（File Allocation Table，文件分配表）/FAT32 是在 Windows Vista 出现之前，个人计算机最常用的文件系统，是一种简单文件系统。

从 1996 年 8 月发布的第二版 Windows 95 开始，发布了支持 32 位的 FAT 文件系统，被称作 FAT32 文件系统。

FAT32 文件系统作为一种简单文件系统，几乎被所有的操作系统乃至各种数码外置设备支持；例如，Linux、MAC、UNIX 等操作系统以及各种 MP3、数码相机和数码摄像机等。

理论上，FAT32 格式允许用户使用不超过约 8TB 的磁盘分区。事实上，由于 Windows 自带的 Scandisk 工具限制，每个 FAT32 格式的磁盘分区不得超过 124.55GB，这也是大多数磁盘管理软件格式化 FAT32 格式磁盘分区的最大限制。

提 示

在 Windows 自带格式化工具下，最多只允许用户格式化不超过 32GB 的磁盘，但 Windows 2000、Windows XP 和 Windows Vista 等版本号超过 5.0 的 Windows 系统可以读写任意大小的 FAT32 格式磁盘。FAT32 格式的文件系统下，单个文件最大限制是 4GB。

❑ **NTFS 文件系统**

NTFS（New Technology File System，新技术文件系统）是 Windows NT 及之后 NT 内核操作系统所使用的标准文件系统。自 Windows XP 操作系统发布以后，逐渐取代了 FAT/FAT32，成为最常见的文件系统。

NTFS 系统支持加密、压缩和磁盘限额管理，允许为每一个用户划分指定大小的空间。在任意 Windows 操作系统下，都允许用户创建不超过 2TB 的磁盘分区。如超过 2TB，则需要用户建立动态分区。在 NTFS 文件系统下，允许用户创建不超过 16TB 的单个文件。

在当前的 Windows 操作系统中，使用 NTFS 文件系统功能更强，也更加稳定。因此，越来越多的用户开始使用 NTFS 系统。

❑ **UDF 文件系统**

UDF（Universal Disk Format，通用光盘格式）文件系统是一种通用的文件系统，被广泛应用于各种光存储设备中（包括 CD、DVD 等）。目前几乎所有的操作系统都支持读取 UDF 文件系统的光盘。少数操作系统（例如 Vista、Windows 2008 以及 MAC OS 等）甚至支持直接写入 UDF 文件系统（需要刻录机的支持）。

9.1.3 磁盘碎片整理

磁盘碎片应该称为文件碎片，是因为文件被分散保存到整个磁盘的不同地方，而不是连续地保存在磁盘连续的簇中形成的，如图 9-4 所示。

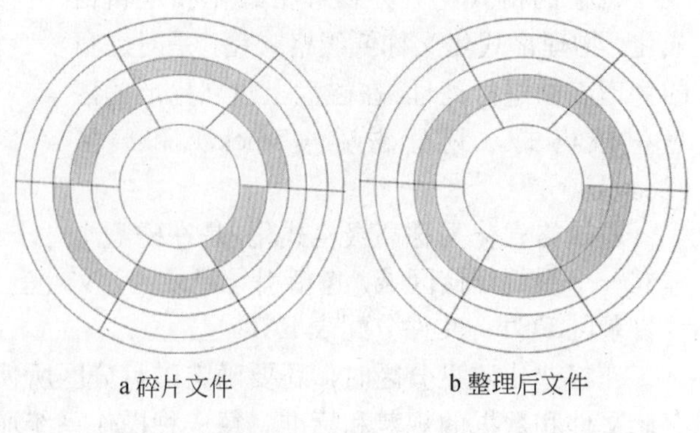

图 9-4 文件碎片

当应用程序所需的物理内存不足时，一般操作系统会在硬盘中产生临时交换文件，用该文件所占用的硬盘空间虚拟成内存。虚拟内存管理程序会对硬盘频繁读写，产生大量的碎片，这是产生硬盘碎片的主要原因。另外，浏览器浏览信息时生成的临时文件或临时文件目录的设置也会造成系统中形成大量的碎片。

文件碎片一般不会在系统中引起问题，但文件碎片过多会使系统在读文件的时候来回寻找，引起系统性能下降，严重的还要缩短硬盘寿命。另外，过多的磁盘碎片还有可能导致存储文件的丢失。

因此，定期整理文件碎片是非常重要的。当然，碎片整理对硬盘里的运转部件来说的确是一项不小的工作。但实际上，定期的硬盘碎片整理减少了硬盘的磨损。

注 意

如果硬盘已经到了它生命的最后阶段，碎片整理的确有可能是一种自杀行为。但在这种情况下，即使用户不进行碎片整理，硬盘也会很快崩溃的。

9.2 磁盘分区

硬盘不能直接使用，必须对硬盘进行分割，分割成的一块一块的硬盘区域就是磁盘分区。在传统的磁盘管理中，将一个硬盘分为两大类分区：主分区和扩展分区。主分区是能够安装操作系统、能够进行计算机启动的分区，这样的分区可以直接格式化，然后安装系统，直接存放文件。

9.2.1 EASEUS Partition Master

EASEUS Partition Master 是一款多功能的硬盘分区管理工具，可轻松进行分区管理和磁盘管理，完全可与同类软件 Partition Magic 相媲美。

该软件简单易用，使用它，可以在不损失硬盘数据的前提下，调整大小/移动分区、扩展系统驱动器、复制磁盘及分区、合并分区、分割分区、重新分配空间、转换动态磁盘、分区恢复等，如图 9-5 所示。

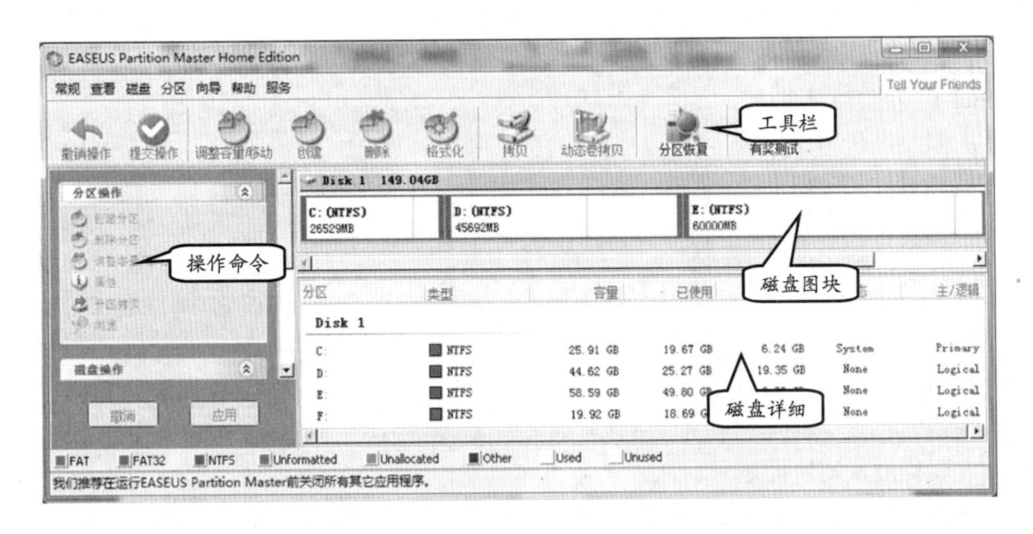

图 9-5 **EASEUS Partition Master 窗口**

1. 调整逻辑分区

如果某一个磁盘中的空间不够使用，而想让另外一个磁盘中的空间分隔到相邻磁盘时，用户可以通过该软件来调整磁盘的空间大小。

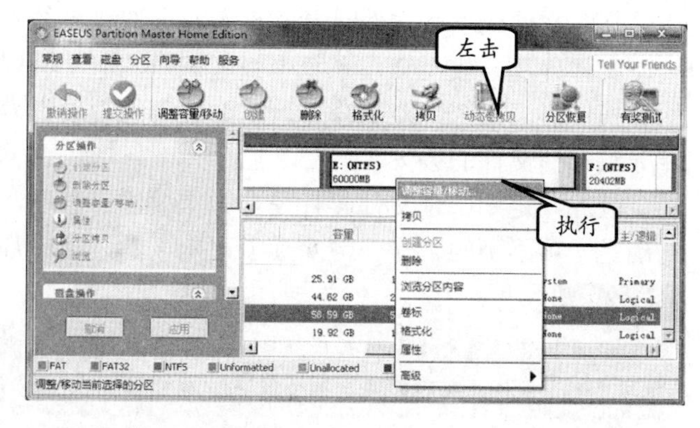

图 9-6 执行调整命令

例如，用户在该软件中，右击需要调整空间的磁盘，并执行【调整容量/移动】命令，如图 9-6 所示。

然后，将鼠标放置到【容量和位置】图块后面箭头位置，当鼠标变成双向箭头时，拖动鼠标至左即可改变【E：磁盘】的容量，如图 9-7 所示。

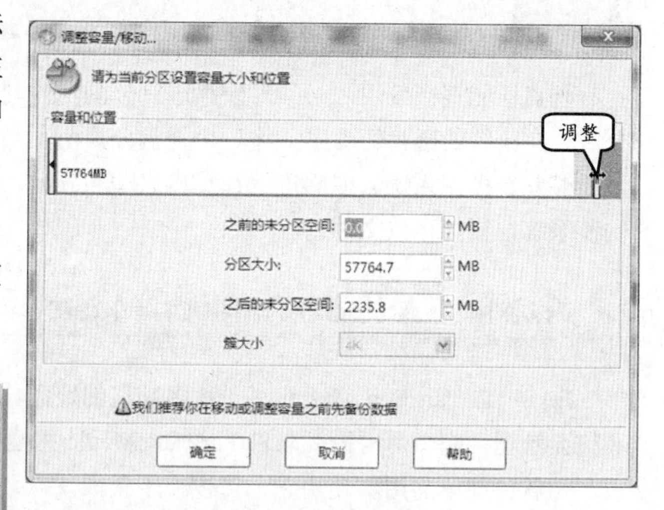

图 9-7 调整【E:磁盘】的容量

此时，用户可以在【E:磁盘】和【F:磁盘】之间，多出一个区域，如图 9-8 所示，而该区域是一个空白磁盘。

提 示

在调整磁盘空间时，用户需要先确定增加哪个磁盘空间；然后，再查看相邻磁盘上哪一个磁盘有空间可以调整出来一部分；最后，再调整需要增加空间的磁盘。

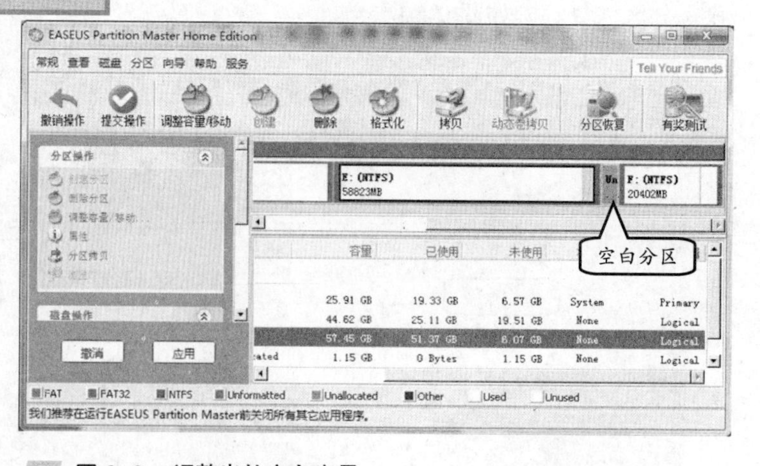

图 9-8 调整出的空白容量

用户也可以选择需要调整的磁盘，并单击工具栏中的【调整容量/移动】按钮，如图 9-9 所示。例如，选择【F：磁盘】图块，并单击该按钮。

此时，在弹出的【调整容量/移动】对话框中，将在图块之前显示已经调整出来的空间区域，如图 9-10 所示。

将鼠标放置图块的左侧箭头上，并拖动鼠标向左，使箭头拖至最左侧。用户可以看到【之前的未分区空间】和【分区大小】之间数据的变化，如图 9-11 所示。

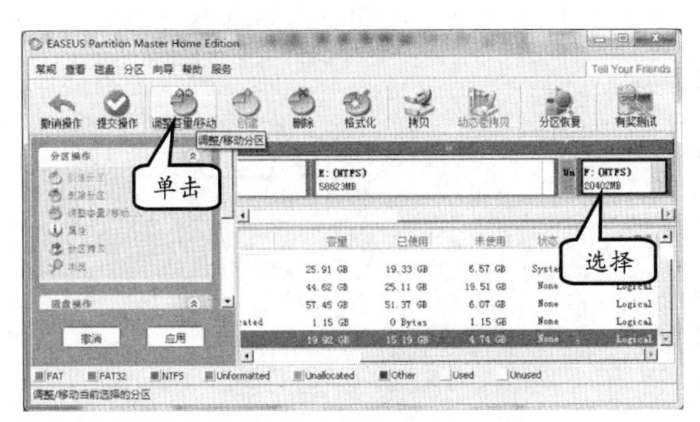

图 9-9　选择需要增加容量的磁盘

图 9-10　显示已经调整出的容量

单击【确定】按钮，返回到窗口时，可以看到【F:磁盘】容量的变化。这样就实现了将【E:磁盘】部分的空间划分给【F:磁盘】，如图 9-12 所示。

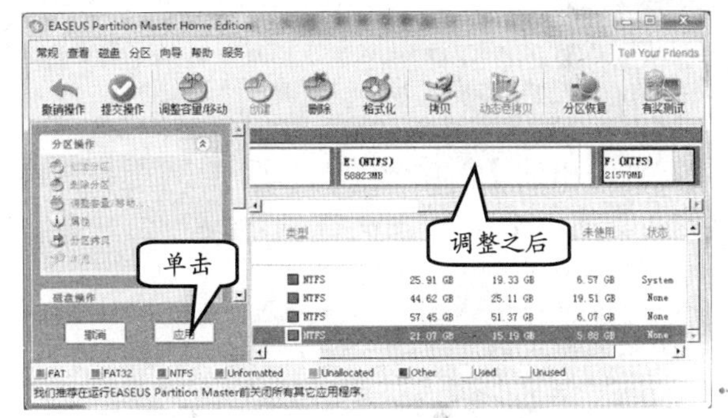

图 9-11　调整磁盘容量

图 9-12　磁盘调整步骤已经完成

最后，用户在窗口中，单击【应用】按钮，将上述所操作步骤，让软件进行执行操作。此时，将弹出提示信息框，提示“2 项任务待操作，需要现在执行吗？”，单击【是】按钮。然后，再次提示“一个或多个操作需要重启后执行。如果选择‘是’，计算机将重启执行操作。”，如图 9-13 所示。

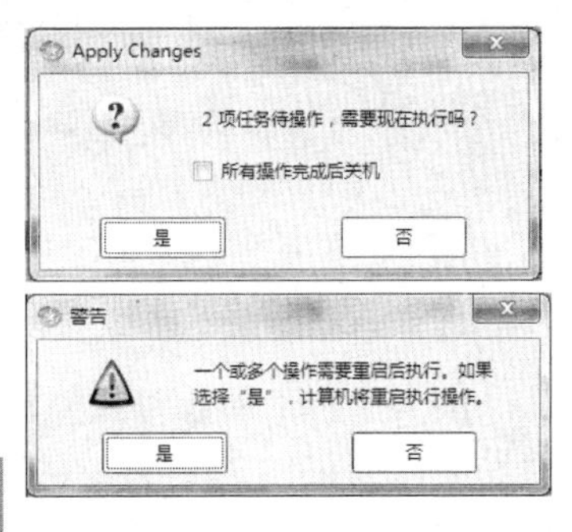

图 9-13　提示信息

提　示

虽然，该软件对磁盘进行无损调整，但为防止万一出错，用户在执行磁盘操作之前，还需要将磁盘中重要的文件进行其他存储介质的备份操作。

2．格式分区及添加卷标

除了调整分区大小外，在磁盘中创建分区及卷标也非常重要。例如，用户可以先从其他分区中，划分出一个空白的区域，如选择【D:磁盘】图块，并单击工具栏中的【调整容量/移动】按钮，如图 9-14 所示。

在弹出的【调整容量/移动】对话框中，拖动鼠标调整出一块空白区域，如图 9-15 所示，图中该区域大约为 3.3GB 左右。

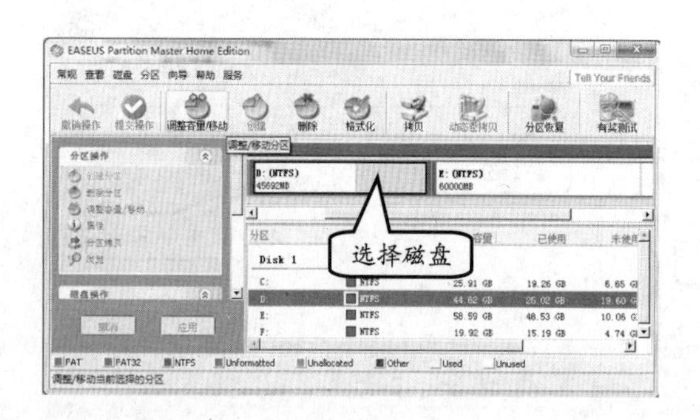

图 9-14 划分容量

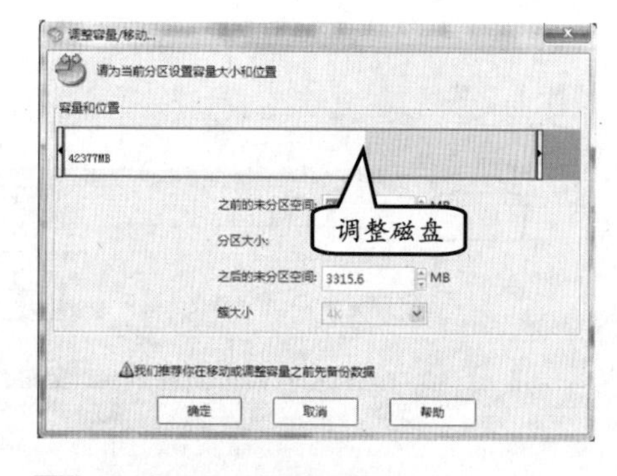

图 9-15 调整分区

此时，在窗口中可以看到已经划分出来的空白区域，并选择该区域，单击工具栏中的【创建】按钮，如图 9-16 所示。

提 示

对划分出来的区域，如果用户不创建该区域，则在操作系统的【计算机】或者【我的电脑】窗口中，看不到该区域，更无法使用该区域。

在弹出的【创建分区】对话框中，用户可以输入【分区卷标】为“相册”，并设置【盘符】为“H:”，如图 9-17 所示。

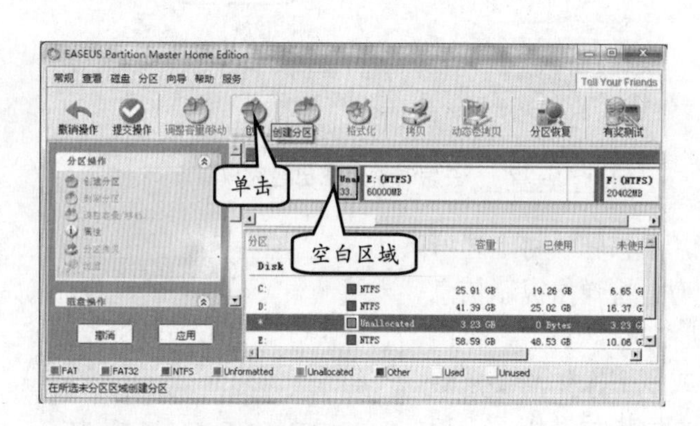

图 9-16 创建分区

图 9-17 设置盘符与卷标

单击【确定】按钮，即可返回到窗口中，并可以看到已经创建的磁盘。在该磁盘盘符后面，显示所添加的卷标内容，如图 9-18 所示。

提 示

卷标是一个磁盘的一个标识，不唯一；由格式化自动生成或人为设定；仅仅是一个区别于其他磁盘的标识而已。

最后，用户在窗口中，再单击左侧的【应用】按钮，并将所操作进行执行。否则，将对磁盘不会做任何改变。

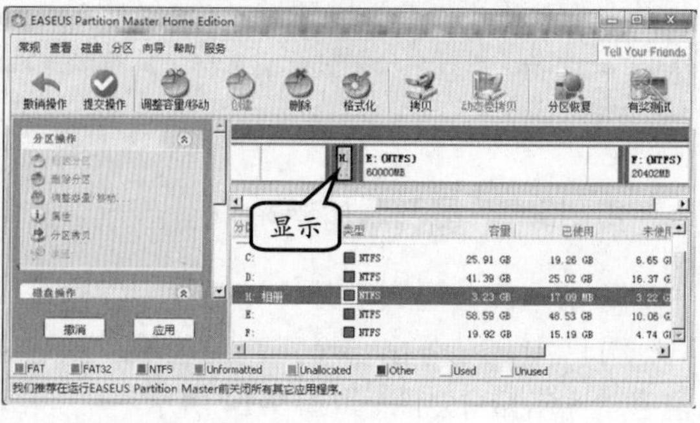

图 9-18 查看所创建磁盘

9.2.2 Windows 7 自带分区

不管在 Windows 7 或 Windows XP 操作系统中，用户都可以使用磁盘管理工具或者分区工具，对磁盘进行操作。

但是，在 Windows 7 操作系统中，还包含了一个自带的分区工具，它可以非常方便地对硬盘中的分区进行操作。

例如，在桌面上右击【计算机】图标，并执行【管理】命令，如图 9-19 所示。此时，弹出【计算机管理】对话框，如图 9-20 所示。

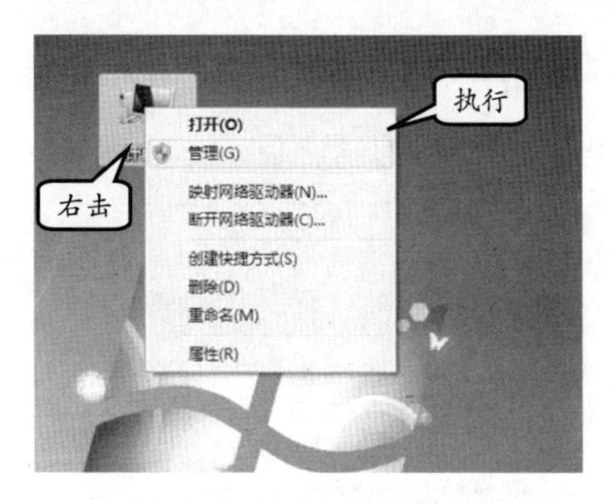

图 9-19 执行【管理】命令

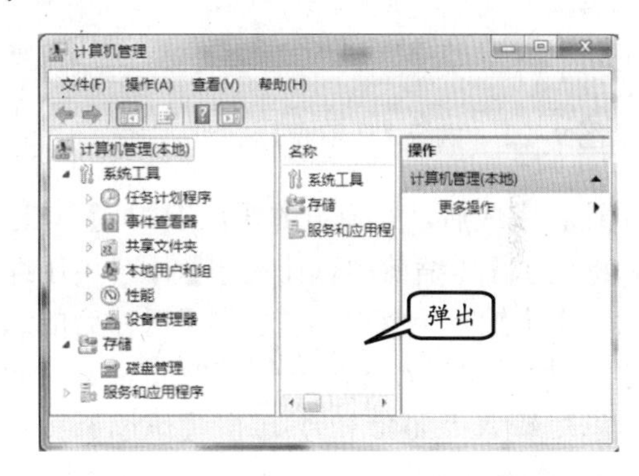

图 9-20 【计算机管理】对话框

在【计算机管理】对话框中，选择左侧目录选项中的【磁盘管理】选项，将在中间栏中显示该计算机磁盘的分区情况，如图 9-21 所示。

在【磁盘 0】中，右击需要进行分区的磁盘，如【D:磁盘】图块，并执行【压缩卷】命令，如图 9-22 所示。

此时，将弹出一个提示信息框，并提示“正在查询卷以获取可用压缩空间，请稍候...”信息，如图 9-23 所示。

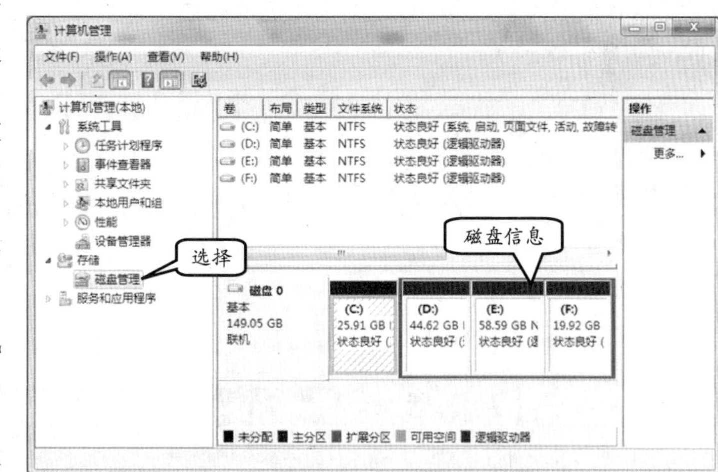

图 9-21 显示磁盘信息

提 示

硬盘压缩卷可以把该硬盘过多的存储空间分出相应的空间作为另一个空白盘，方便用户在不伤数据的前提下利用存储空间进行有用的工作，该功能在 Windows 下才可以实现，并且节省了用户数据转移的时间。

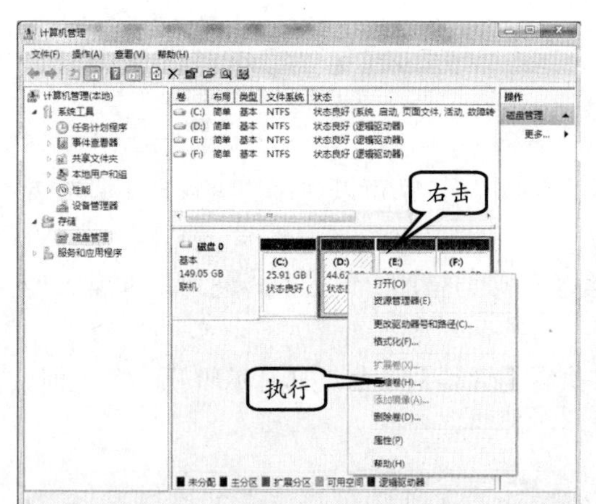

图 9-22　执行【压缩卷】命令

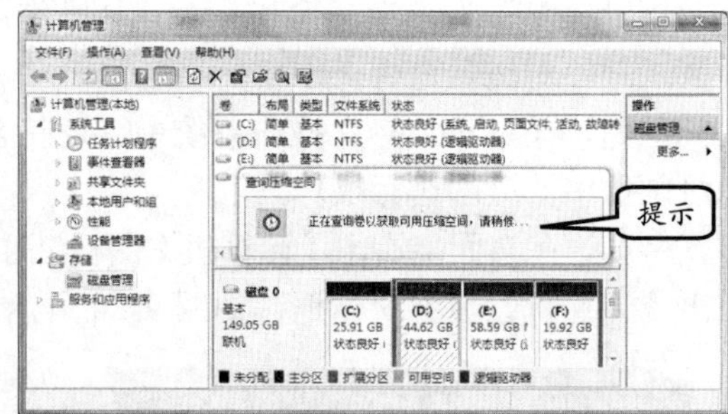

图 9-23　计算压缩空间

计算完成后，在弹出的【压缩 D:】对话框中，将显示【压缩前的总计大小】、【可用压缩空间大小】、【输入压缩空间量】和【压缩后的总计大小】。用户可以在【输入压缩空间量】后面的微调框中输入“5040”，并单击【压缩】按钮，如图 9-24 所示。

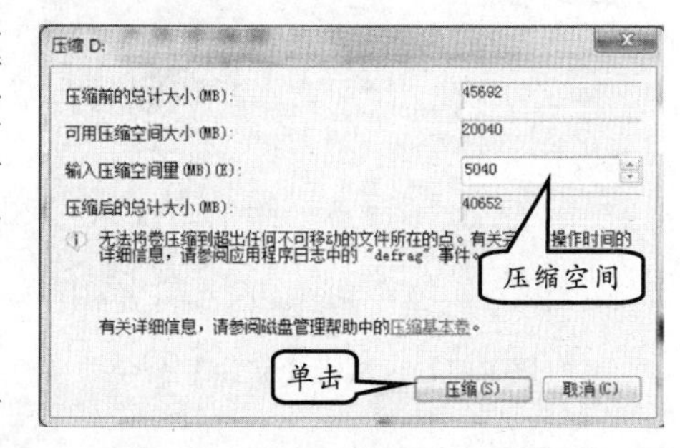

图 9-24　输入压缩大小

此时，在【计算机管理】对话框中，即可看到已经划分出来的新空间，并且图块颜色以绿色显示，如图 9-25 所示。

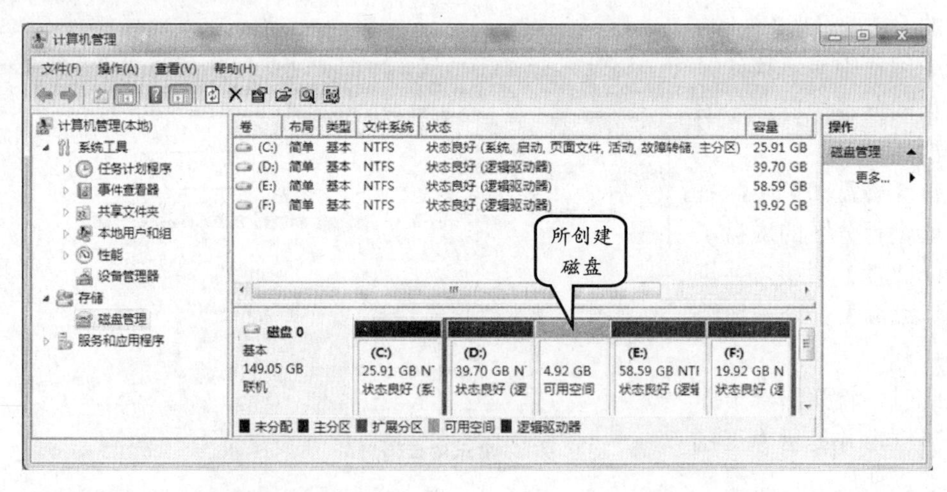

图 9-25　显示已经划分的图块

右击绿色图块的磁盘，执行【新建简单卷】命令，如图 9-26 所示。如果用户不创建该磁盘卷，则在【计算机】窗口无法看到该磁盘内容。

在弹出的【新建简单卷向导】对话框中，直接单击【下一步】按钮，如图 9-27 所示。在弹出的【指定卷大小】对话框中，可以将全部的空间指定给该磁盘，如图 9-28 所示。

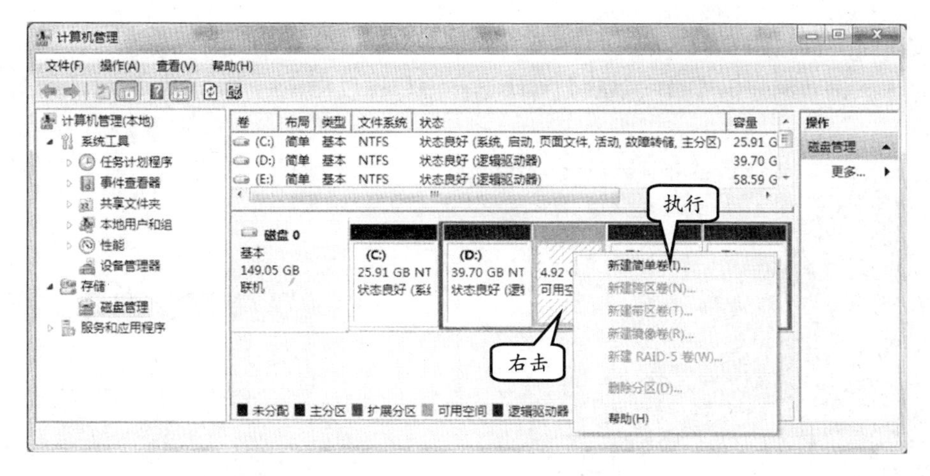

图 9-26　创建新磁盘卷

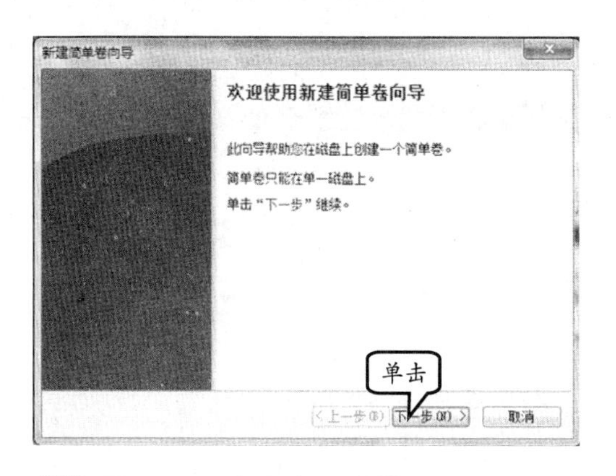

图 9-27　向导欢迎对话框

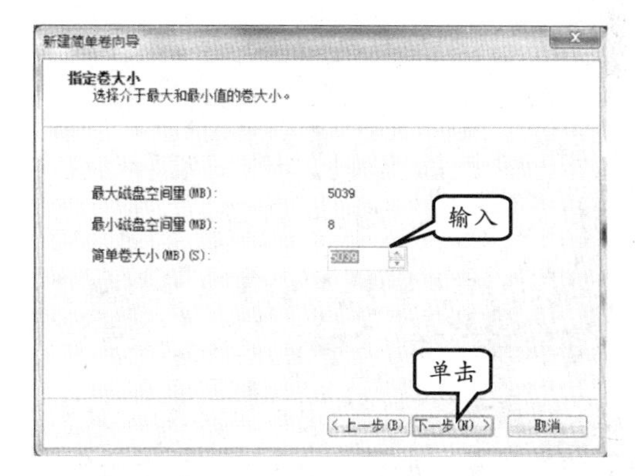

图 9-28　指定卷大小

在弹出的【分配驱动器号和路径】对话框中，可以指定磁盘的盘符，并单击【下一步】按钮，如图 9-29 所示。在弹出的【格式化分区】对话框中，可以设置文件系统的分区格式，如【文件系统】为 NTFS；选择【执行快速格式化】复选框，并单击【下一步】按钮，如图 9-30 所示。

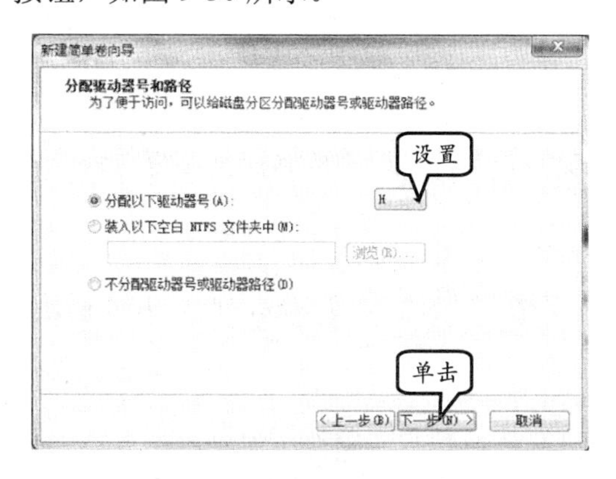

图 9-29　指定盘符

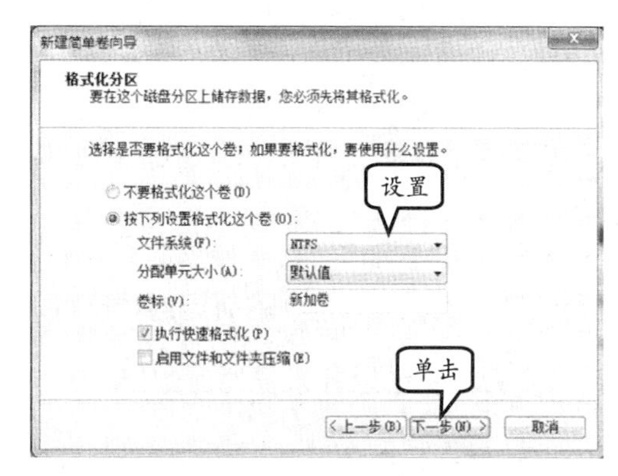

图 9-30　格式磁盘

在弹出的向导对话框中，即可显示【正在完成新建简单卷向导】对话框，并单击【完成】按钮即可，如图 9-31 所示。

此时，将立刻弹出【自动播放】对话框，用户可以浏览所创建的新磁盘，如图 9-32 所示。

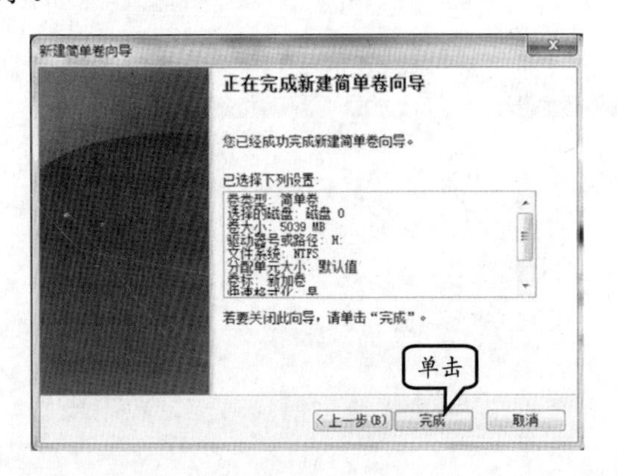

图 9-31 完成向导操作

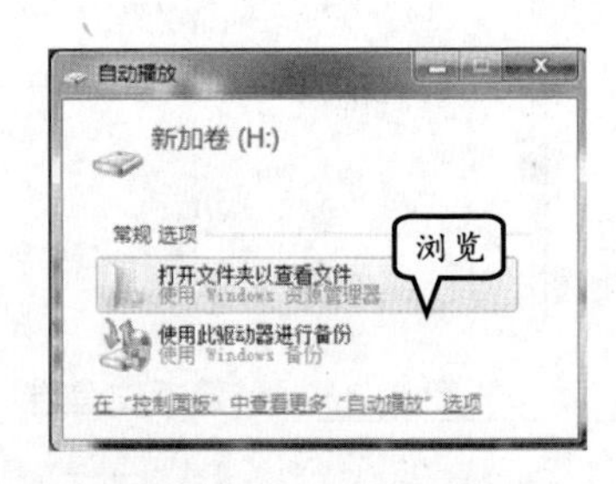

图 9-32 浏览新磁盘

用户也可以双击桌面上的【计算机】图标，弹出【计算机】窗口，查看已经创建的新磁盘，如图 9-33 所示。

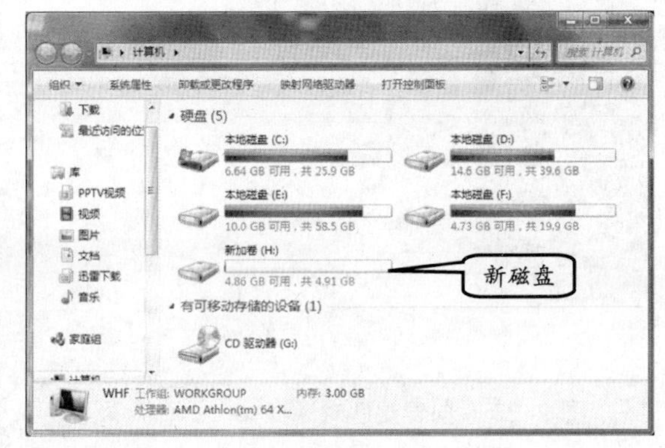

图 9-33 查看新磁盘

9.3 恢复磁盘数据

误操作、软件使用不当或病毒感染等各种因素，常常使硬盘中的数据丢失或破坏磁盘的逻辑结构造成数据无法读取和显示。这些情况下的磁盘数据丢失，可以使用磁盘数据恢复软件来修复磁盘并恢复磁盘中的数据。

9.3.1 R-Studio

R-Studio 是一款功能强大的磁盘数据恢复工具，除常见的 FAT16、FAT32、NTFS 等文件系统外，还支持 Ext2FS（Linux 或其他系统）等文件系统的数据恢复，跨平台能力很强。

R-Studio 还可以连接到网络磁盘进行数据恢复。当用户打开 R-Studio 窗口后，可以看到由菜单栏、工具栏、驱动器查看窗格、属性窗格、日志窗格等构成，如图 9-34 所示。

1. 打开驱动器并恢复磁盘数据

该软件在打开驱动器时，会将驱动器中扫描到的已删除的磁盘数据显示出来，方便用户查看和恢复数据。例如，选择需要打开和扫描的驱动器，单击【打开驱动器文件】按钮，如图 9-35 所示。

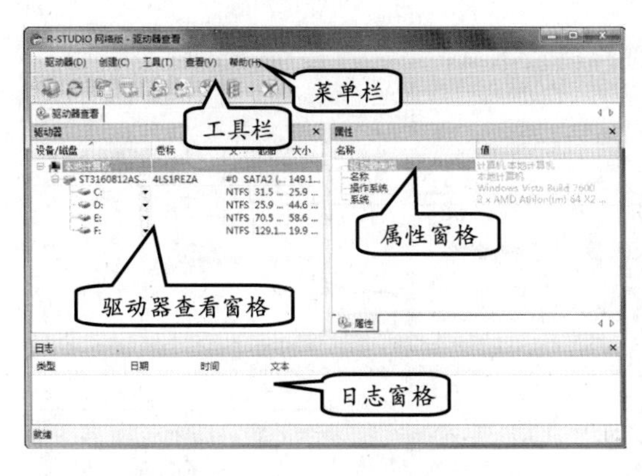

图 9-34　R-Studio 4.6 界面

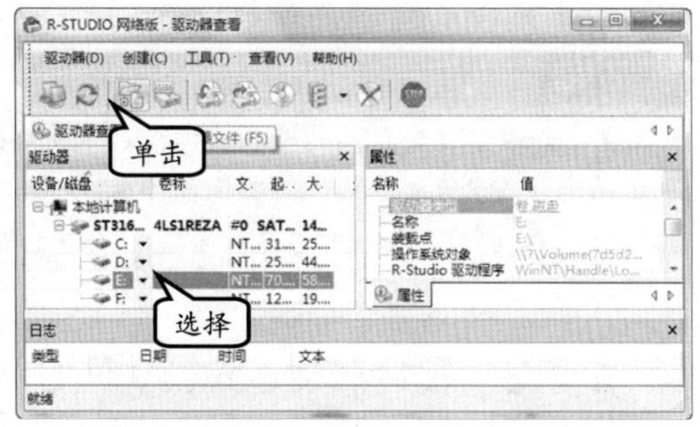

图 9-35　选择驱动器

单击【打开驱动器】按钮后，即开始扫描驱动器，并显示扫描的进度，如图 9-36 所示。对所选择磁盘扫描完成后，在【文件夹】窗格显示已经删除的内容，如图 9-37 所示。

图 9-36　扫描驱动器内容

图 9-37　显示删除内容

最后，选择需要恢复的数据项，单击【恢复】按钮，如图 9-38 所示。在弹出的【恢复】对话框中，设置输出文件夹位置，单击【确定】按钮，即可恢复数据，如图 9-39 所示。

图 9-38　选择删除的文件

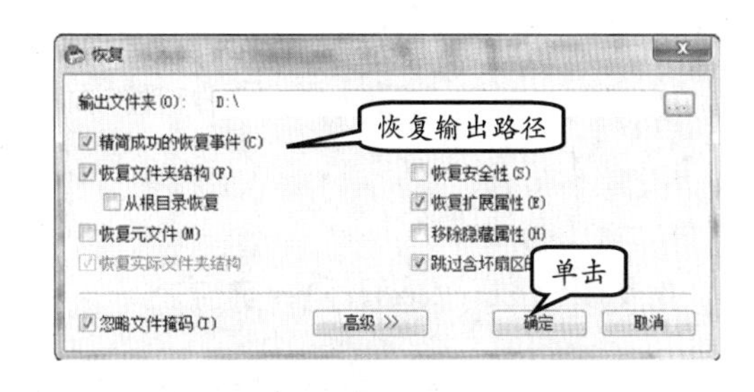

图 9-39　恢复设置

2．恢复所有磁盘数据

右击驱动器，执行【恢复所有文件】命令，如图 9-40 示。在【恢复】对话框中，设置输出的文件夹位置，单击【确定】按钮，即可进行恢复，如图 9-41 示。

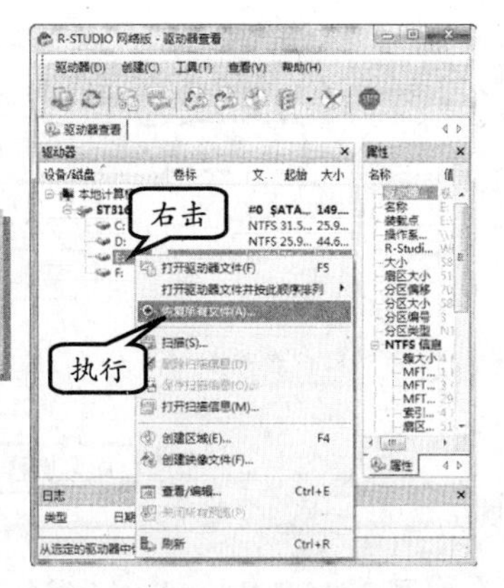

图 9-40 选择磁盘

提 示

如果某个保存有重要信息的磁盘数据全部或大部分丢失，则可以使用该功能将磁盘中所有的文件都恢复过来，包括扫描到的已被删除的文件。

9.3.2 EasyRecovery Pro

EasyRecovery 是由世界著名数据恢复公司 Ontrack 推出的一款技术精湛的数据恢复软件。

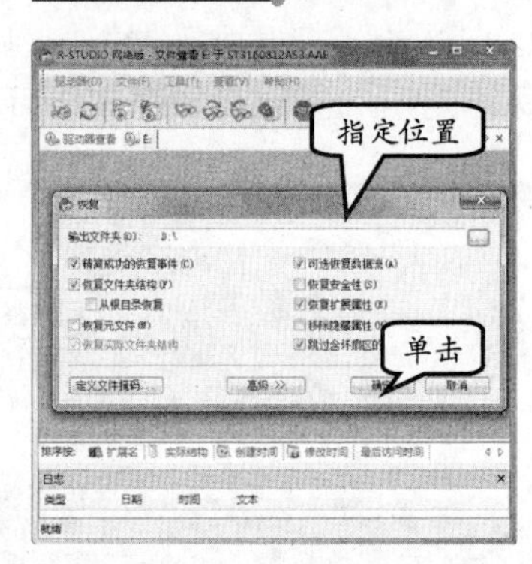

图 9-41 设置恢复参数

EasyRecovery 不会向原始驱动器写入任何内容，其主要是在内存中重建文件分区表使数据能够安全地传输到其他驱动器中。其中，该软件功能包括了磁盘诊断、数据恢复、文件修复、邮件修复等 4 大类，如图 9-42 所示。

1. 恢复删除的数据

EasyRecovery 支持多种情况下的数据恢复，包括高级恢复、删除回复、格式化恢复和原始恢复。

在 EasyRecovery 界面中，选择【数据恢复】选项卡，单击【删除恢复】按钮，如图 9-43 所示。

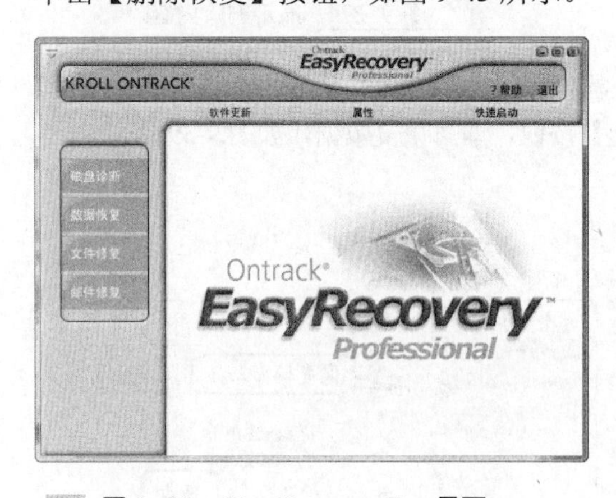

图 9-42 EasyRecovery Pro 界面

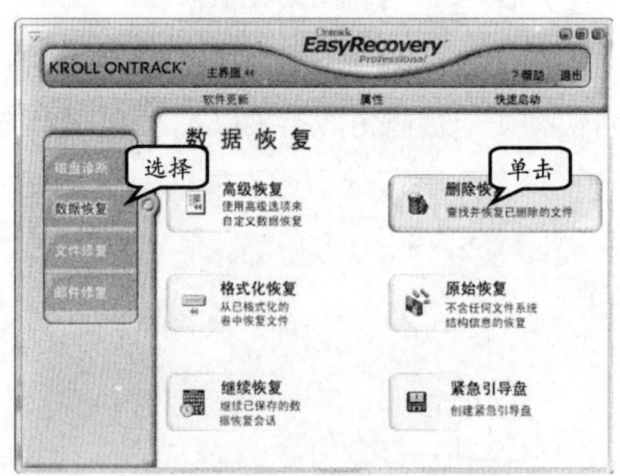

图 9-43 选择【数据恢复】选项卡

选择要恢复删除文件的分区，单击【下一步】按钮，即可扫描分区，如图 9-44 所示。

扫描完成后，在文件列表中选择要恢复的数据，单击【下一步】按钮，如图 9-45 所示。

设置【恢复的目的地选项】，单击【下一步】按钮，如图 9-46 所示。

开始恢复数据，等数据恢复完成后，即可查看恢复摘要，如图 9-47 所示。

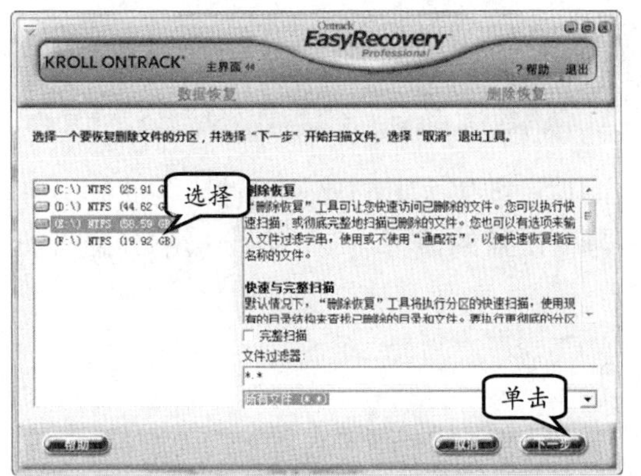

图 9-44 选择要扫描的分区

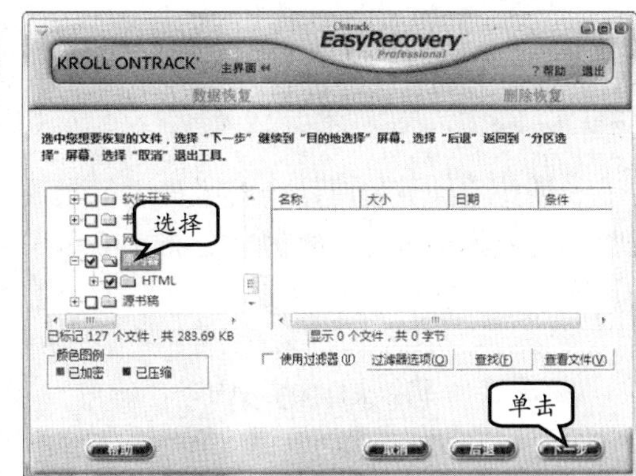

图 9-45 选择要恢复的数据

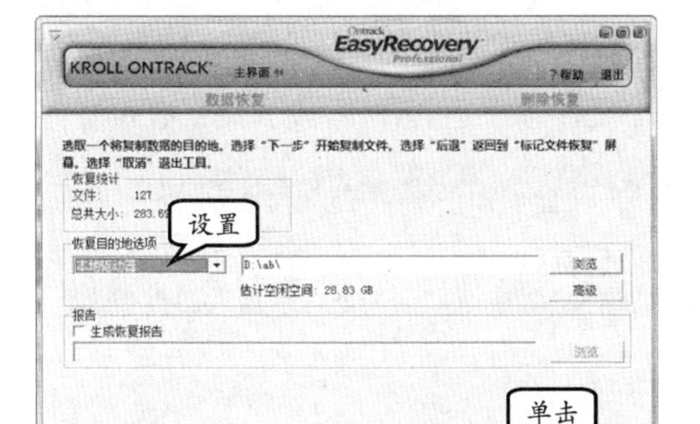

图 9-46 设置恢复的目的地

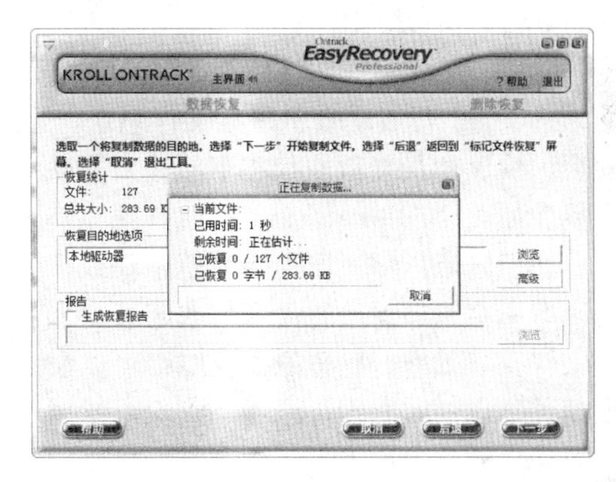

图 9-47 恢复删除的数据

2．修复损坏的数据

在 EasyRecovery 界面中，选择【文件修复】选项卡，单击【Word 恢复】按钮，如图 9-48 所示。

添加需要修复的文件，并设置已修复文件存放的文件夹，单击【下一步】按钮，即可修复数据，如图 9-49 所示。

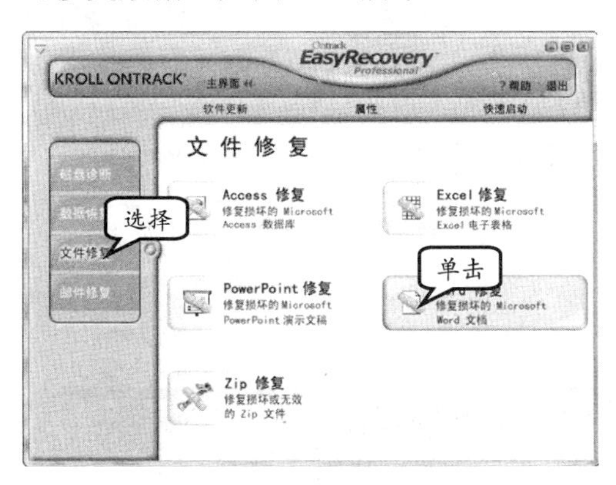

图 9-48 选择【文件修复】选项卡

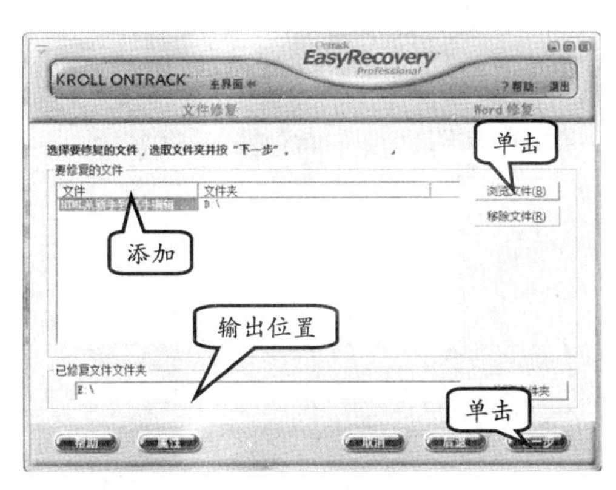

图 9-49 修复数据

9.4　磁盘碎片处理软件

长期使用计算机时，会对磁盘进行频繁的读写，产生大量的碎片文件。与此同时，磁盘中的空闲扇区也会零散地分布在磁盘中，降低磁盘的读写速度，甚至影响到磁盘的使用寿命。

9.4.1　Diskeeper

Diskeeper 是一套基于 Windows 平台开发的好用的磁盘碎片整理软件，目前 Diskeeper 支持 Windows 全系列操作系统，如 Windows 2000，Windows XP，Windows server 2003，Windows 7 系统等。

Diskeeper 整合了微软 Management Console（MMC），能整理 Windows 加密文件和压缩的文件；可自动分析磁盘文件系统，无论磁盘文件系统是 FAT16 或 NTFS 格式皆可安全、快速和最佳效能状态下整理，其软件界面如图 9-50 所示。

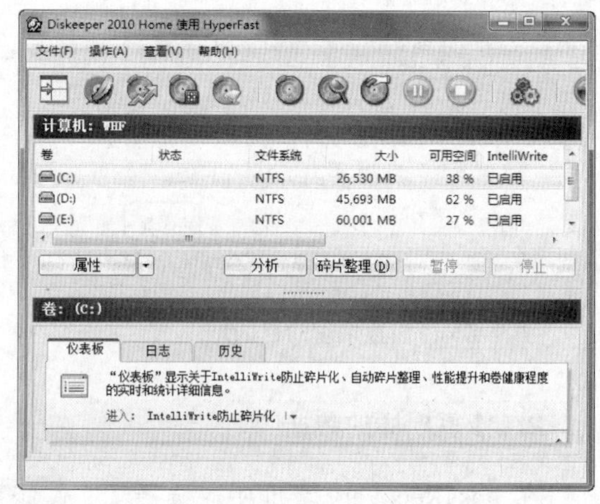

图 9-50　整理磁盘

在整理磁盘时，可选择完整整理或仅整理可用空间、保持磁盘文件的连续、加快文件存取效率、整理磁盘功能；可以设定整理磁盘的时间表，时间一到即可帮用户自动做磁盘维护工作。

1．分析选定的卷

分析卷上的碎片化程度非常简单。选择要分析的卷，然后单击 Diskeeper 工具栏中的【分析】按钮，如图 9-51 所示。

此时，将弹出【D:】对话框，并显示“手动分析作业显示”的结果，如图 9-52 所示。

图 9-51　选择磁盘进行分析

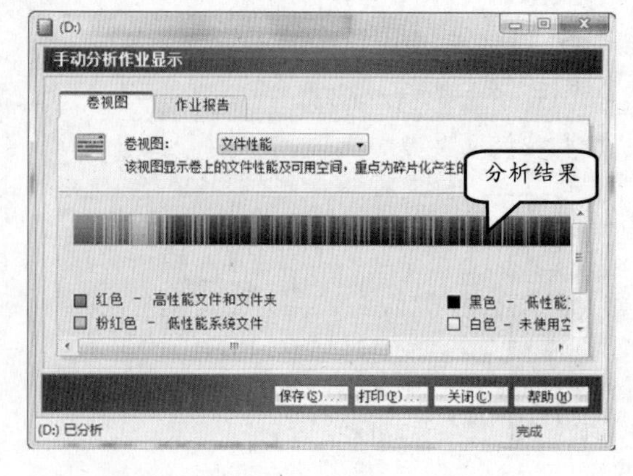

图 9-52　显示分析结果

提　示

在分析的“卷视图”中，“红色”代表高性能文件和文件夹；“黑色”代表低性能文件和文件夹；“粉红色”代表低性能系统文件；“白色”代表未使用空间；“绿色/白色”代表保留的系统空间。

用户在该对话框中选择【作业报告】选项卡时，可以查看该卷分析结果的建议、健康情况、访问时间、统计信息、碎片程度严重的文件等内容，如图 9-53 所示。

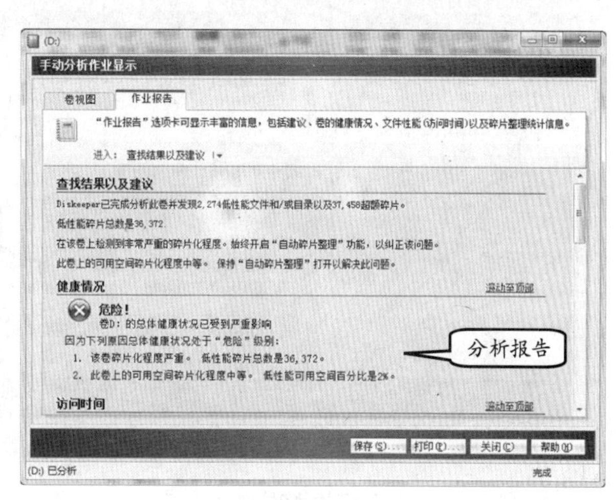

图 9-53　查看分析报告

2. 进行碎片整理

在该工具软件中，有两种碎片整理模式，如“自动碎片整理”和“手动碎片整理”。

在“自动碎片整理”模式中，可自动后台运行，不会降低正在运行的其他应用程序的性能，同时改善计算机的性能且不降低其他正在执行的操作速度。默认情况下，在安装软件后，所有卷上启用“自动碎片整理”。

例如，单击工具栏中的【属性】按钮，如图 9-54 所示。在弹出的【属性】对话框将显示所有磁盘，并且，在【属性】窗格中显示可以进行的操作按钮，如 IntelliWrite、自动碎片整理、启动时碎片整理、SSD 卷等，如图 9-55 所示。

图 9-54　设置磁盘属性

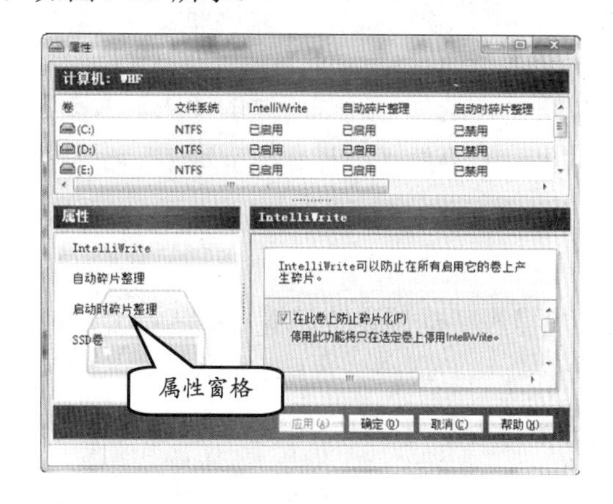

图 9-55　显示属性内容

现在，用户可以选择磁盘，并单击左侧的【自动碎片整理】按钮。然后，在右侧选择【在选定的卷上启用“自动碎片整理”】复选框，如图 9-56 所示。

提　示

在碎片整理过程，用户可以选择“自动文件系统性能时间线”中的两个选项之一，如【每周开启或关闭“自动碎片整理”】和【根据具体日期开启或者关闭“自动碎片整理”】选项。

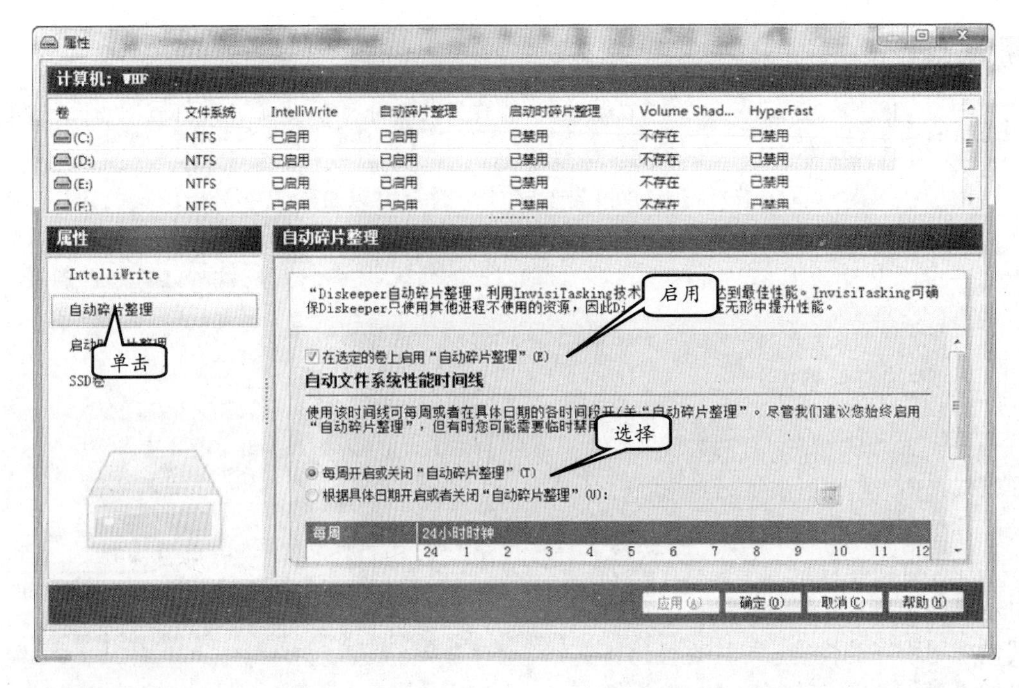

图 9-56 自动碎片整理

“手动碎片整理”模式允许用户对卷进行手动分析和碎片整理操作。用户可直接控制对某个卷进行分析和碎片整理，何时开始、何时结束分析和碎片整理，以及其他“手动碎片整理”属性。

例如，选择已经分析过的【D:】磁盘，并单击工具栏中的【碎片整理】按钮，如图 9-57 所示。

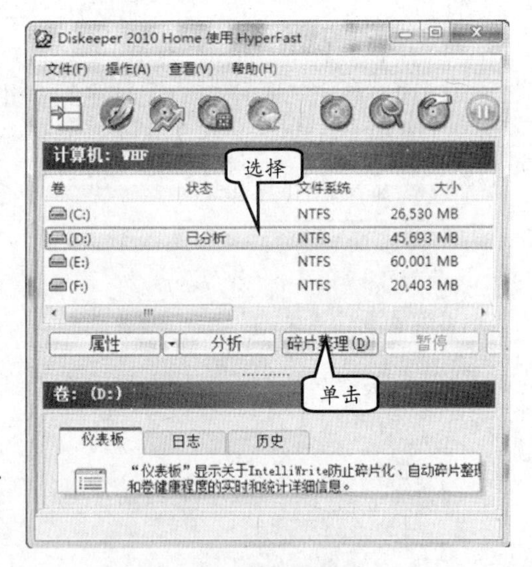

图 9-57 进行碎片整理

然后，将弹出【手动碎片整理】对话框，并提示“在手动碎片整理模式中运行 Diskeeper 有助于快速完成碎片整理”等内容，此时可以单击【确定】按钮开始整理，如图 9-58 所示。

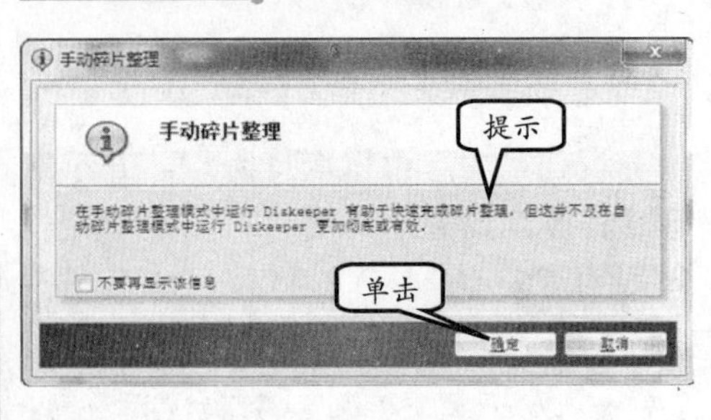

图 9-58 提示信息

此时，在弹出的【(D:)】对话框中，可以显示对碎片进行整理的进度，“卷视图”中也会发生相应的变化，如图 9-59 所示。

提　示

要停止 Diskeeper 进行的操作，选择高亮显示要停止碎片整理的卷，然后单击工具栏上的【停止】按钮，或在【计算机】窗格下右击卷，然后执行【停止】命令。

图 9-59 进行手动碎片整理

提 示

“手动碎片整理作业”可提供选择两种不同的碎片整理方法，即【快速】碎片整理和【推荐】(默认)碎片整理方法。这些方法可通过【手动碎片整理作业属性】对话框进行选择，选择的方法将应用于所有【手动碎片整理作业】。

9.4.2 Auslogics Disk Defrag

Auslogics Disk Defrag 是一款支持 FAT16、FAT32 和 NTFS 文件系统的免费磁盘整理软件。

该软件的用户界面十分友好，没有任何复杂的参数设置，使用非常简便，而且整理速度极快，在整理结束后还会给出详细的整理报告。打开 Auslogics Disk Defrag 软件，该软件界面十分简洁，如图 9-60 所示。

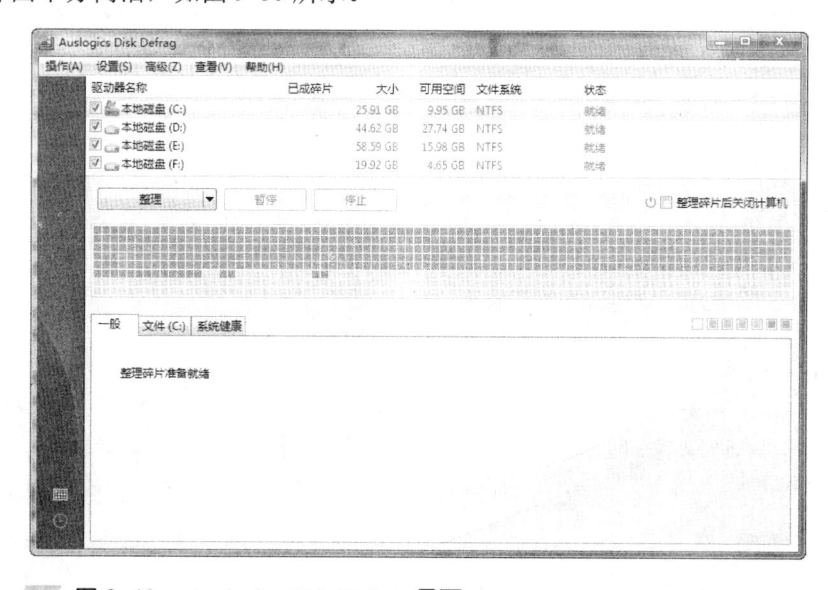

图 9-60 **Auslogics Disk Defrag 界面**

使用 Auslogics Disk Defrag 整理磁盘，其界面十分直观，用户只需要设置很少的项目即可开始整理。用户也可以选择某一个磁盘，进行分析等操作，如选择【本地磁盘（E:)】复选框，并单击【整理】后面下三角按钮，并执行【分析】命令，如图 9-61 所示。

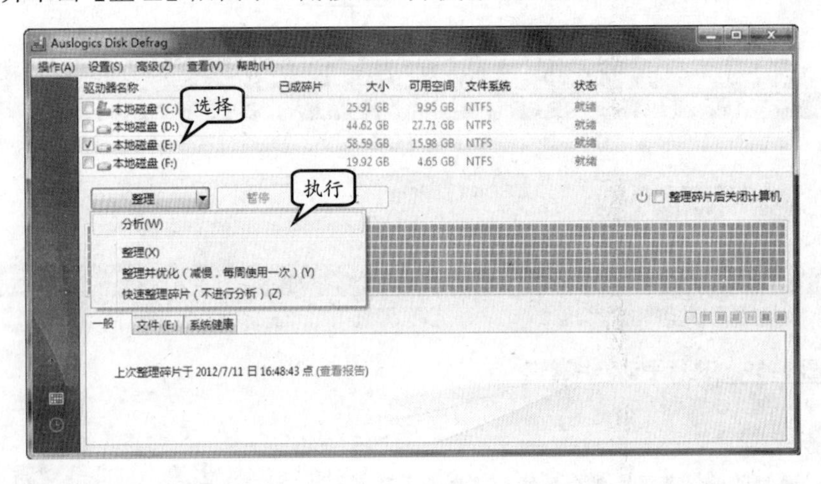

图 9-61　分析磁盘

此时，该软件开始快速对【本地磁盘（E:)】进行分析操作，并显示分析的进度，如图 9-62 所示。同时，在按钮下面以不同图块显示磁盘碎片情况。

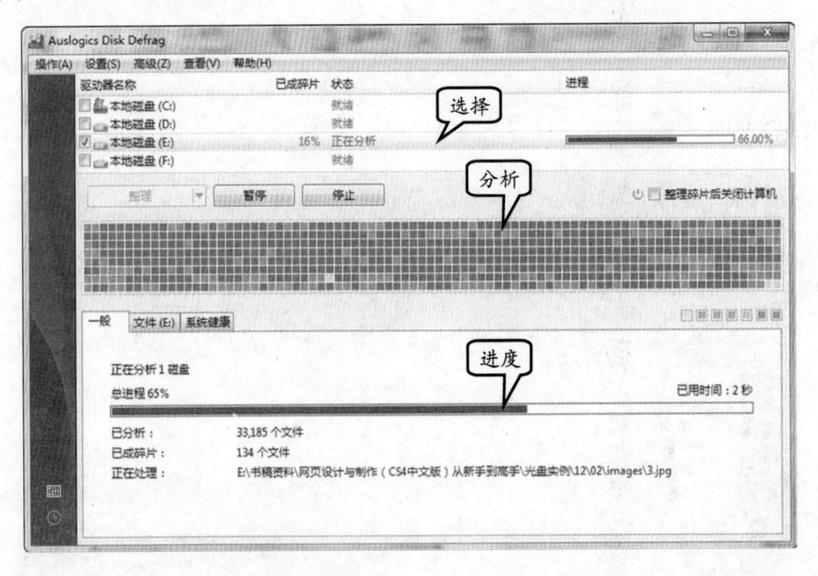

图 9-62　显示分析碎片进度

提　示

在视图中，“白色”图块代表可用空间；“橘黄”图块代表正在处理；“绿色”图块代表未成碎片；“紫色”图块代表主文件表；“黑色”图块代表不可移动文件；“红色”图块代表已成碎片；“蓝色”图块代表已整理碎片。

分析完成后，除了利用图块代表磁盘的碎片信息外，还在【一般】、【文件】和【系统健康】选项卡中显示分析的结果信息，如图 9-63 所示。

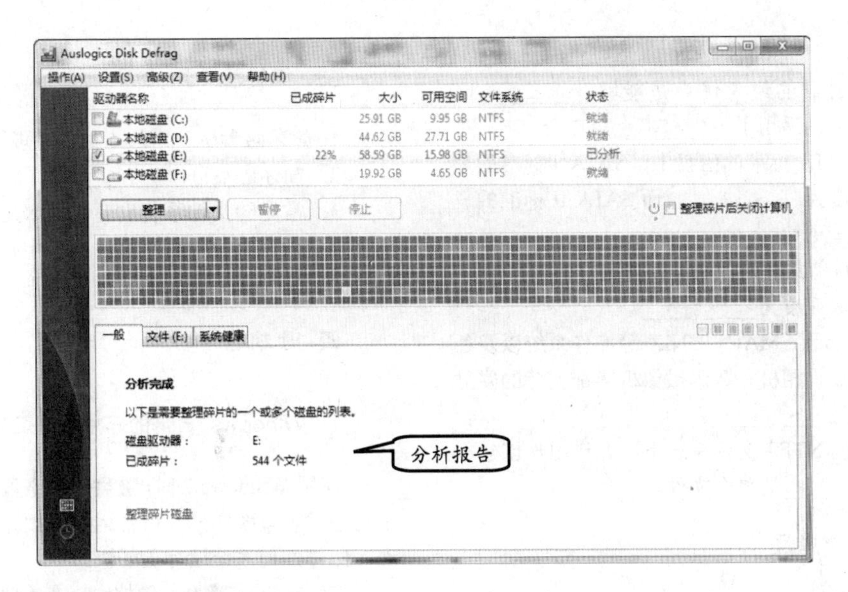

图 9-63 显示分析报告

此时，再单击【整理】按钮，软件开始对该磁盘进行碎片整理操作，并分别在视图中和【一般】选项卡中，显示整理碎片的处理过程，如图 9-64 所示。

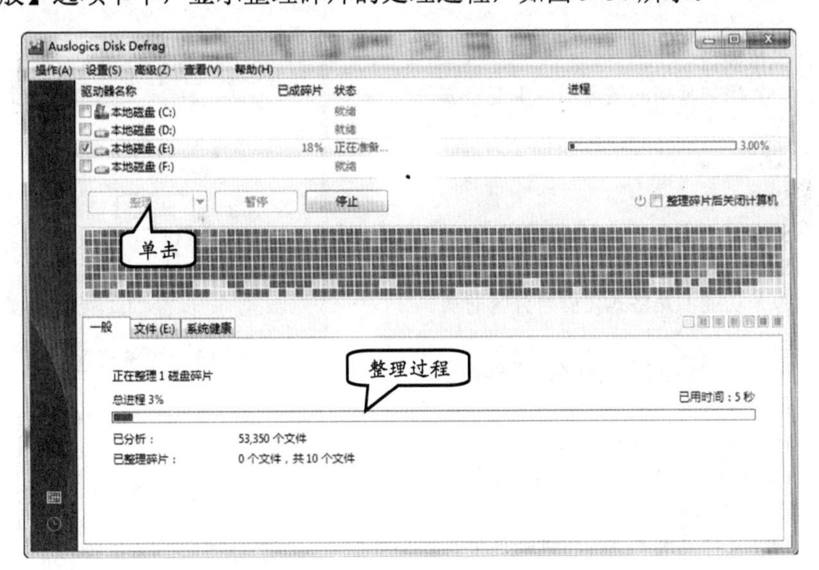

图 9-64 碎片整理过程

最后，碎片整理完成后，将分别在【一般】、【文件】和【系统健康】选项卡中显示整理碎片的情况。

9.5 思考与练习

一、填空题

1. 磁盘泛指通过__________，利用电流的磁效向带有磁性的盘片中写入数据的存储设备。

2. 广义的磁盘包括早期使用的各种__________，以及现在广泛应用的各种

__________。

3．磁盘的最大优点是能够__________，__________，适用于__________。

4．SATA 标准的磁盘中，SATA I 标准的理论传输速度为__________，而 SATA II 标准的理论传输速度更达__________。

5．目前最先进的磁盘标准是__________，其最大存取速度为__________。

6．Linux、MAC、UNIX 等操作系统以及各种 MP3、数码相机和数码摄像机等都支持的磁盘文件系统是__________。

7．在 NTFS 文件系统下，允许用户创建不超过__________的单个文件。

二、选择题

1．狭义的磁盘仅指哪一种磁盘？__________

A．软盘

B．光盘

C．固态硬盘

D．机械硬盘

2．目前个人用户使用的磁盘标准主要是哪一种？__________

A．ATA

B．SATA

C．SCSI

D．SAS

3．以下那个功能不是格式化磁盘分区的功能？__________

A．在磁盘上确定接收信息的磁道和扇区

B．记录专用信息

C．备份分区中的数据

D．保证所记录的信息是准确的 CRC 位（循环冗余校验）

4．以下哪种文件系统不能应用到磁盘中？__________

A．NTFS

B．FAT

C．UDF

D．FAT32

5．以下哪种操作不会对磁盘造成损坏？__________

A．频繁磁盘整理

B．低级格式化

C．频繁读写

D．定期磁盘整理

三、简答题

1．简述磁盘所使用的 4 种技术规格的特点。

2．简述磁盘分区的必要性。

3．常见的文件系统主要包括哪几种？这些文件系统通常会被应用到哪种介质中？

4．为什么要进行磁盘碎片整理？

四、上机练习

1．Windows 自带的碎片整理工具

使用 Windows 7 时，磁盘碎片整理无需用户手动进行，系统定期在后台运行磁盘碎片及时清理等操作，使系统运行更畅快。

首先，单击【开始】按钮，在【搜索框】中输入“碎片整理”内容，并按 Enter 键，如图 9-65 所示。

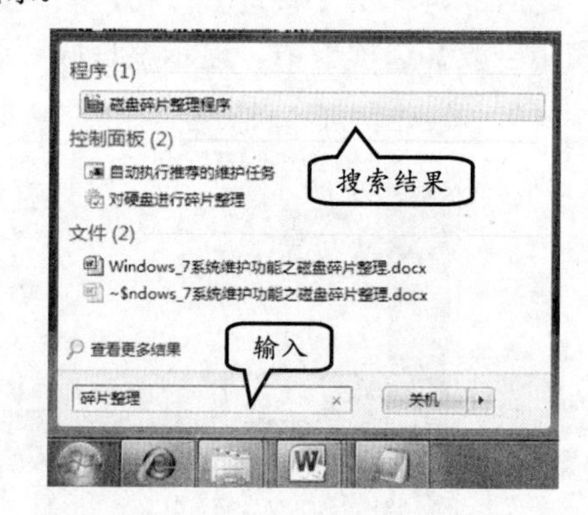

图 9-65 搜索程序

然后，将弹出【磁盘碎片整理程序】对话框，并显示计划、当前状态、分析磁盘、磁盘碎片整理、配置计划等内容，如图 9-66 所示。

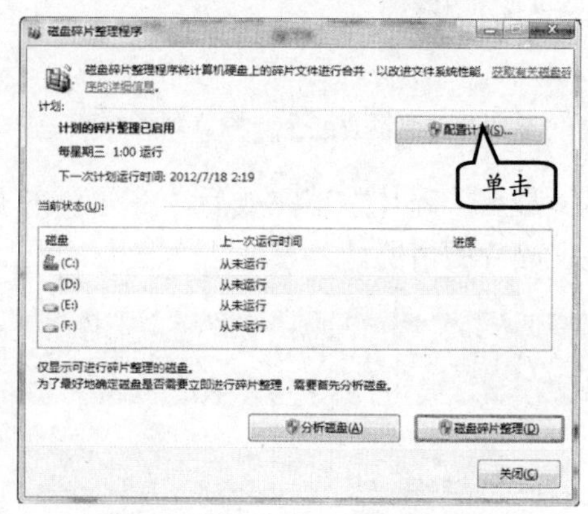

图 9-66 打开碎片整理程序

在【磁盘碎片整理程序】对话框中，用户可以单击【配置计划】按钮，并弹出【磁盘碎片整理程序：修改计划】对话框，设置磁盘碎片整理的计划任务，如图9-67所示。

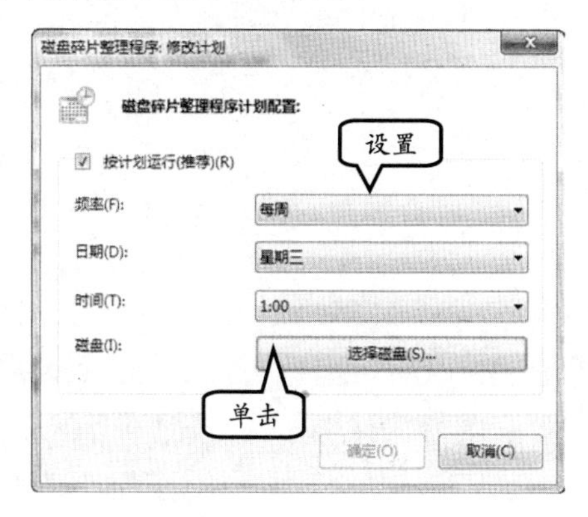

图9-67 设置计划

用户也可以单击【磁盘】后面的【选择磁盘】按钮。在弹出的【磁盘碎片整理程序：选择计划整理的磁盘】对话框中，选择/取消选择需要整理的磁盘，并单击【确定】按钮，如图9-68所示。

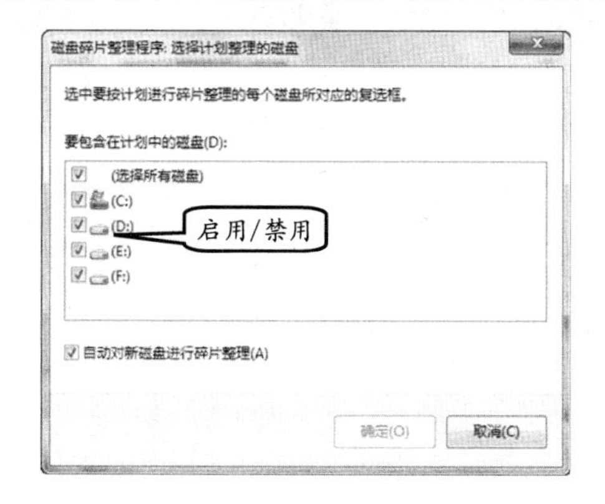

图9-68 选择磁盘

另外，用户也可以在【磁盘碎片整理程序】对话框中，选择需要分析的磁盘，如（D:），并单击【分析磁盘】按钮，如图9-69所示。

此时，将在该磁盘盘符后面，显示磁盘分析的进度，如图9-70所示。

分析完成后，可显示“运行时间”和分析结果。单击【磁盘碎片整理】按钮可开始碎片整理，如图9-71所示。

2. 使用Norton Ghost将备份制作为虚拟磁盘

使用Norton Ghost不仅可以备份各种文件、磁盘分区，还可以将这些文件和磁盘分区方便地恢复到各种介质中。甚至，Norton Ghost还允许用户将备份的内容转换为VMware等虚拟机软件的虚拟磁盘，以方便在多台计算机中使用这些数据。

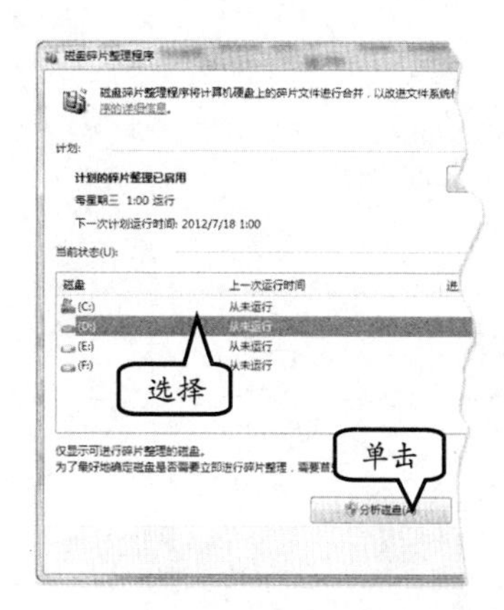

图9-69 选择需要分析的磁盘

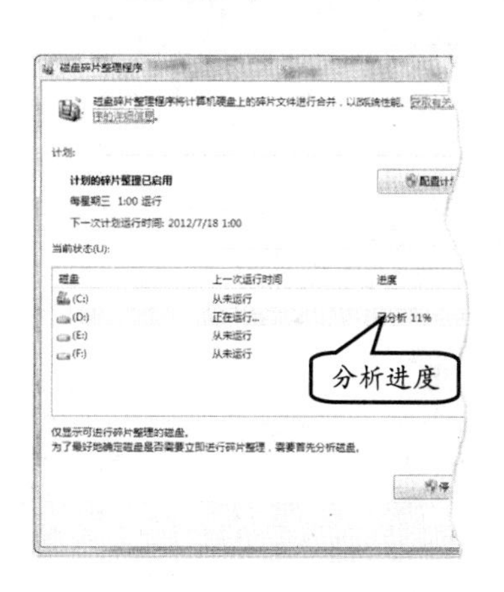

图9-70 对磁盘进行分析

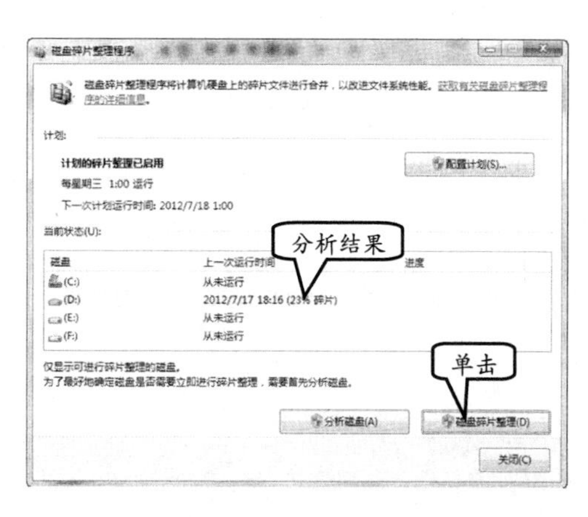

图9-71 磁盘碎片整理

在Norton Ghost窗口中，单击【工具】选项卡，单击【复制恢复点】选项，即可在弹出的向导中，将已建立的磁盘备份恢复点虚拟到 DVD 等媒介，如图 9-72 所示。

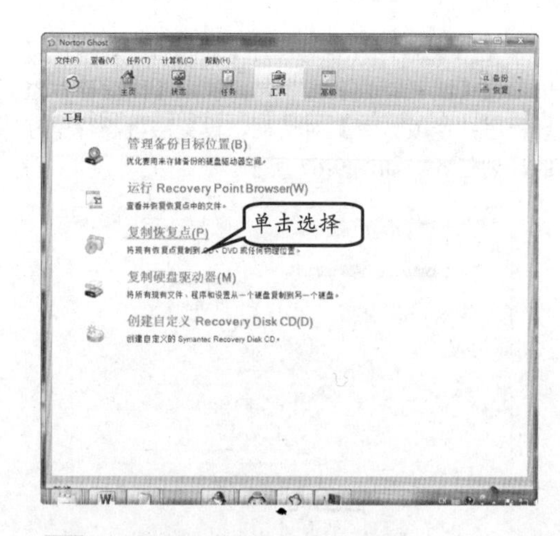

图 9-72 转换为虚拟磁盘

第 10 章 虚拟设备软件

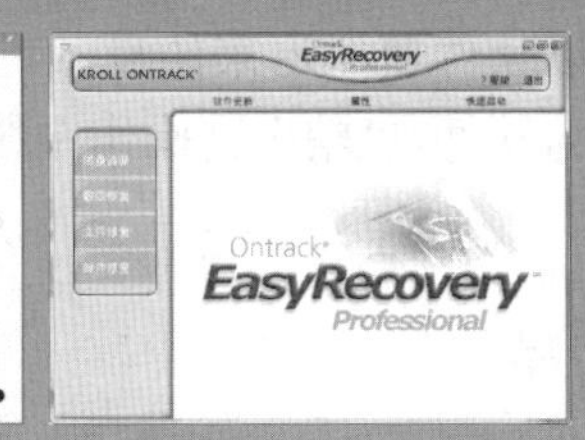

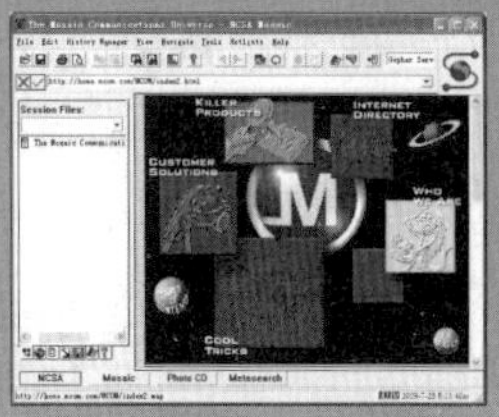

虚拟设备软件，允许在操作系统中用软件创建一个事实上不存在的设备或设备平台，以进行工作。在日常工作和生活中，虚拟设备软件应用非常广泛。了解虚拟设备软件的使用方法，可以更有效地利用计算机资源，最大限度挖掘硬件的潜力。本章将阐述虚拟设备软件的概念、特点、组成，并通过多种虚拟设备软件的使用方法，帮助用户理解虚拟设备软件在现实生活中的用途和意义。

本章学习要点：

- 虚拟设备技术
- 虚拟光驱
- 虚拟磁盘
- 虚拟机
- DAEMON Tools Lite
- 虚拟光碟专业版（Virtual Drive Pro）
- VSuite Ramdisk
- 虚拟 U 盘驱动器
- SmartPrinter
- EasyPrinter
- VMware Workstation
- Virtual PC

10.1 虚拟设备概述

虚拟设备，顾名思义，是一种“虚拟的”硬件设备。虚拟设备往往通过一些特殊的软件系统，模拟出硬件设备的部分或全部功能，以满足用户的需要。本节将介绍虚拟设备的特点，以及一些常见的虚拟设备。

10.1.1 虚拟设备特点及用途

计算机中的每种物理设备都有其独特的功能，如光驱可以读取光盘中的内容；硬盘可以存储数据；打印机可以将信息输出到纸张上等。在各种软件的控制下，硬件都可以有条不紊地工作。

然而，并非所有的计算机总是能安装这些硬件设备。有些计算机由于种种原因，往往只安装了一些基本的硬件设备，如CPU、主板、内存、显卡等，未安装光驱、打印机等可选安装设备。

虚拟设备是一种以软件模拟出来的设备。其在物理计算机中并不存在，只是依靠计算机操作系统内安装的软件，“骗”过操作系统，使操作系统认为存在这样一种设备，并且可以使用。

1. 虚拟设备的特点

如果用户在使用这类计算机时，需要使用到这些未安装的设备，则需要使用虚拟设备模拟物理硬件的功能。虚拟的设备主要有以下特点。

❑ **设备维护不同**

虚拟设备虽然能承担一部分物理设备的功能，但相对于物理设备而言，虚拟设备是看不见摸不着的。

当物理设备损坏时，用户可以将物理设备从计算机上拆除下来维修和更换。而虚拟设备损坏时，则无需也无法将其从计算机中拆除下来，只能重新安装虚拟设备所使用的软件。

❑ **占用系统资源**

虚拟设备的原理就是牺牲一部分计算机的系统资源，换取对另一些硬件设备功能的模拟和支持。

例如，虚拟内存技术，需要占用一部分磁盘空间作为内存交换区域，并将内存中不常用的数据复制到磁盘中。

2. 虚拟设备的用途

虚拟设备的出现是未来计算机的趋势，不管在服务器领域、个人桌面领域，都逐渐开始发挥出作用。目前的虚拟设备可以实现以下用途。

❑ **提高计算机资源使用效率**

在计算机中，当大量系统资源被闲置时，可以使用虚拟设备技术，将一台计算机虚拟化为多台计算机，或将一种硬件设备虚拟化为其他多种硬件设备，满足多项操作或命令的需要。

例如，在各种服务器上，为每一个远程主机用户提供虚拟机，可以为每一个用户提供独立的操作系统和固定的磁盘空间，保证用户的数据安全以及服务器与用户操作系统的隔离。

❑ **满足特殊的软件需求**

在使用计算机的软件时，许多软件都需要特殊的硬件设备支持。例如，有些程序需要光驱安装和运行，另一些程序可能需要打印机支持，还有些程序可能需要消耗大量的内存。

此时，就可以通过虚拟设备技术，消耗一部分计算机资源，模拟出这些所需的硬件设备，以满足软件需要，保障软件的稳定运行。

另外，一些游戏软件在运行时，必须要求用户拥有安装光盘。使用虚拟光驱软件，可以将软件安装光盘制作为光盘镜像保存到硬盘中。然后，当需要使用光盘内容时，通过虚拟光驱软件模拟光盘已插入光驱的状态，满足软件主程序的运行要求。

❑ **减小物理设备损耗**

计算机中，很多硬件设备都是有使用寿命的。频繁使用这些硬件，可能造成硬件性能下降甚至损坏和报废。虚拟设备技术可以有效地保护这些物理设备。

例如，光驱等设备在运转超过一定时间后就会造成读盘能力下降。然而，多数大型游戏的运行，都需要有光驱支持。为了减少光驱的损耗，就可以使用虚拟光驱，用软件模拟出光盘读取的环境，防止频繁使用光驱。

10.1.2 虚拟光驱

虚拟光驱是一种模拟光驱（光盘驱动器，包括 CD-ROM 和 DVD-ROM 等）的虚拟设备软件。

虚拟光驱是将各种光盘中的文件，打包为一个光盘镜像文件，并存储到硬盘中。再通过虚拟光驱软件创建一个虚拟的光驱设备，将镜像文件放入虚拟光驱中使用。

虚拟光驱软件的用途非常广泛。在使用虚拟光驱软件时，只要将原光盘文件存储为硬盘镜像，即可随意将这些镜像方便地插入到虚拟光驱中。无需再使用光盘。虚拟光驱软件主要有以下优点。

❑ **读取速度快**

在当前技术水平下，光驱的数据读取速度相比硬盘而言是非常缓慢的。例如以目前市场上的 18X（倍速） DVD 光驱而言，其峰值速度为 18×1350KB/s，即 24MB/s 左右。

而现在 SATA 串口硬盘，两个硬盘间的数据存取速度已经可以超过 100MB/s，最快的桌面硬盘产品存取速度已经可以超过 200MB/s。

使用虚拟光驱软件，可以将光盘镜像存储到硬盘上。这样，在读取这些光盘内容时，可以获得如硬盘一样的读取速度，大为提高了程序运行的效率。

❑ **使用限制小**

很多特殊用途的计算机往往由于体积、重量等限制，无法安装光驱，如各种上网本、便携式笔记本等。如果要在这类计算机中，使用一些必须由光盘安装的软件或播放 DVD 视频，则需要使用虚拟光驱软件。

用户可先在其他有光驱的计算机中，将光盘制作为光盘镜像，通过网络或其他可移动存储方式，将光盘镜像复制到这些计算机中，再使用虚拟光驱软件导入光盘镜像，安装软件或播放视频。

❑ 节省设备采购成本

虽然单个光驱的采购价格并不贵，但是对于大型商业用户而言，采购几百上千台计算机时，每台计算机上的光驱是一笔不小的开销。

使用虚拟光驱软件后，用户完全可以只采购少量的光驱，在其他无光驱的计算机中安装虚拟光驱，通过虚拟光驱满足日常应用，甚至可以完全不采购光驱，节省设备采购成本。

❑ 提高光盘管理效率

对于购买了大量软件的用户而言，管理这些软件光盘是一项非常繁琐的工作，往往需要浪费大量的时间对这些光盘进行编号、存放和整理。

使用虚拟光驱软件，可以将各种光盘制作成光盘镜像。既可以保护光盘，防止频繁读写而造成光盘的磨损；又可以提高查找这些光盘内容的效率。

10.1.3 虚拟磁盘

虚拟磁盘技术的原理就是从内存或磁盘等存储设备中划分出一部分，将其虚拟为一个独立的磁盘分区。根据虚拟的磁盘的源设备，可以将虚拟磁盘划分为内存盘技术和虚拟分区技术等两种。

1. 内存盘技术

早期的计算机中，内存非常昂贵，因此使用虚拟内存技术，将硬盘中的空间作为内存交换区域，可以节省内存成本。

随着计算机制造技术的进步，内存价格逐渐降低，现在的计算机往往可以安装大容量的内存。然而，普通的 X86 架构（32 位）Windows XP 和 Windows Vista 等操作系统只能识别 3.25GB 的内存，超过 3.25GB 的内存将无法被识别，也无法使用，这样就造成了系统资源的浪费。

解决这一问题的办法主要有两种，一种是增加软件的投资，安装 X64 架构（64 位）的 Windows 系统（例如，Windows XP X64 Edition 和 Windows Vista X64）。然而，X64 技术毕竟刚刚出现，很多软件在这样的系统上使用都会有兼容性的问题，大多数游戏都无法在这样的操作系统中运行。

另一种方式就是使用内存盘技术，将无法使用的内存空间划拨出来，虚拟成为硬盘，然后再将系统的内存交换文件放在内存盘中，以提高系统的运行速度，同时减少资源的浪费。

内存盘技术在计算机领域应用非常广泛，多数微软公司的操作系统安装光盘都使用了内存盘技术。

2. 虚拟分区技术

虚拟分区技术与内存盘技术在原理上有很大的区别。内存盘技术的本质是以内存换硬盘；而虚拟分区技术的本质则是以硬盘空间模拟独立的磁盘分区，为用户提供一个独立的、永久的存储空间。

在 DOS 操作系统中，用户可以使用 subst 命令将某一个文件夹创建为虚拟分区。之后的 Windows 操作系统均保留了这一功能，为用户提供一个快捷访问子目录的方法。该技术就是虚拟分区技术最早的应用。

虚拟分区技术的出现，可以为用户保护隐私数据提供一种便捷的方法。用户可将一些需要保密的文件存放在虚拟分区中，并进行加密，防止未授权的读取。同时也可以在虚拟分区中模拟各种磁盘的操作，学习磁盘设备的使用方法。

10.1.4 虚拟机

虚拟机是另一种常用的虚拟设备软件。其可以通过软件模拟一个计算机系统，将系统完全与物理计算机隔离。通过虚拟机软件，用户可以在一台物理计算机中模拟多个虚拟计算机，同时运行这些计算机中的程序，而这些程序之间互不干扰。

1. 虚拟机的原理

在各种操作系统中，都会提供一些应用程序接口。多数基于这些操作系统的软件，都需要调用操作系统的应用程序接口，以实现各种功能。

在不同的操作系统中，应用程序接口也是各不相同的。例如，Windows 操作系统的应用程序接口就和 Linux 操作系统的完全不同。因此，在 Windows 操作系统下可以正常工作的软件，往往不能在 Linux 操作系统下运行。

虚拟机技术是一种特殊的编程技术，其事实上是一种代码模拟技术，作用是读取本地物理计算机操作系统中的各种应用程序接口，然后将其转换为其他操作系统中的应用程序接口，以供虚拟的操作环境使用。

2. 虚拟机的分类

根据具体的用途和与物理计算机的相关性，虚拟机系统可以分为两类，即系统虚拟机和程序虚拟机。

❑ **系统虚拟机**

系统虚拟机会提供一个完整的、可以运行操作系统的高度仿真系统平台。典型的系统虚拟机包括 VMware 公司的 VMware WorkStation 和微软公司的 Virtual PC 系列等。

系统虚拟机可以在磁盘上创建一个文件作为虚拟磁盘文件，然后允许用户按照物理计算机的方式，在虚拟磁盘文件中进行分区、格式化、安装操作系统和软件等操作。在一台物理计算机系统中，往往可以运行多台这样的虚拟机系统，为多个用户提供服务。

❑ **程序虚拟机**

在计算机中使用的各种应用程序往往是针对某一种平台或某一种操作系统，经过代码编译而成的。如果需要移植到另一种平台下，就必须对代码进行重新编译。单独的代码往往是无法直接执行的。

程序虚拟机是一种应用非常广泛的虚拟机，其主要是为运行某类计算机程序而设计，往往只支持单进程的程序。典型的程序虚拟机包括 JVM（Java Virtual Machine，用于 Java 应用程序的编译和执行）或 AVM（ActionScript Virtual Machine，用于 Flash 脚本语言的编译和执行）等。

程序虚拟机往往会针对多种操作系统和软件平台开发，代替原有的代码编译程序，对代码或二进制指令进行直接编译和执行。这样，用户无需改变开发程序的习惯和编写代码的方式，即可编写出可应用于多种平台或系统的程序。

程序虚拟机为一些特殊的编程语言提供了一个通用的编译平台，忽视物理计算机的指令集差异和操作系统的应用程序接口区别。

3. 虚拟机的应用

如今，虚拟机技术已经广泛应用在几乎所有的服务器和个人计算机平台上。虚拟机技术的出现对于计算机和网络产业具有重大的意义，虚拟机可以应用在以下几方面。

❑ **计算机教育**

在计算机教育行业，经常需要教授学生一些有一定危险性的操作方法，例如，磁盘格式化、分区、安装操作系统等。如果让学生使用物理计算机来练习这些操作，往往成本比较高，一旦学生误操作，就很容易造成硬件或软件的损坏。

虚拟机允许用户在每台计算机上安装一个虚拟的操作系统环境，并允许用户在这个虚拟操作环境中做任何类似物理计算机的操作而不会造成硬件或软件的损害。甚至可以通过网络，在一台服务器中模拟多台虚拟机，用户只需要通过无盘工作站或者其他低性能计算机，即可远程登录虚拟机进行操作。

虚拟机技术的出现，节省了大量硬件软件维护的成本。典型的用于计算机教育的虚拟机软件主要包括 VMWare Player 等。

❑ **服务器托管**

传统的服务器托管业务中，每个用户要想使用服务器，必须租用或者购买一台服务器，并将其放置在通信运营商的机房中。由于多数用户往往无法使用服务器的所有功能，这样做就会造成巨大的系统资源浪费。

虚拟机为用户提供一个安全的、低成本的解决方案，在一台物理服务器中设置多台虚拟服务器，由多个用户合力出资租用或购买服务器安装独立的操作系统并创建加密的虚拟磁盘。用户可以随时远程登录到服务器上，对服务器进行各种维护、更新和控制。

虚拟机技术的出现，节省了用户在硬件和网络带宽上的开销。典型的用于服务器托管的虚拟机软件主要包括微软的 Hyper-V 等。

❑ **软件虚拟化**

在编写应用程序时，往往需要针对计算机的 CPU 指令和操作系统的应用程序接口进行编译，程序才能正常执行。因此，对多种计算机平台和操作系统，程序员在实现同样功能时，往往需要编写多种代码。这无疑加大了程序开发的成本。

虚拟机可以针对不同的 CPU 指令和操作系统的应用程序接口，为代码提供一个统一的执行环境。这样，程序员就无需考虑程序在不同平台和操作系统中的兼容问题，只需要注重程序本身的功能和可靠性。代码的编译功能和兼容性测试等完全由虚拟机实现。

虚拟机技术的出现，节省了程序开发的成本，提高了程序开发的效率，减轻了程序员的负担。典型的用于软件虚拟化的虚拟机包括 Flash 播放器等。

10.2 虚拟光驱

虚拟光驱是日常生活中应用十分广泛的虚拟设备软件。虚拟光驱软件的界面一般相对简洁、操作简单，允许用户将磁盘中的光盘镜像载入到内存中，模拟物理光驱。有些功能强大的虚拟光驱软件还会提供光盘镜像的制作功能。

10.2.1 DAEMON Tools Lite

DAEMON Tools Lite 简体中文版是一种用于 Windows 操作系统的虚拟光驱软件。该软件虽然是一款共享软件，但对个人用户免费。

使用 DAEMON Tools Lite 可以加载多种光盘镜像，包括 MDS、ISO、NRG 和 CUE 等多种格式，如图 10-1 所示。除此之外，DAEMON Tools Lite 还支持加密光盘。

图 10-1 DAEMON Tools Lite 窗口

1. 添加镜像文件

在 DAEMON Tools Lite 窗口中，用户可以添加镜像文件，并加载到虚拟光驱中。例如，单击工具栏中的【添加映像】按钮，如图 10-2 所示。

在弹出的【打开】对话框中，选择镜像文件并单击【打开】按钮，即可将文件添加到虚拟光驱中，如图 10-3 所示。

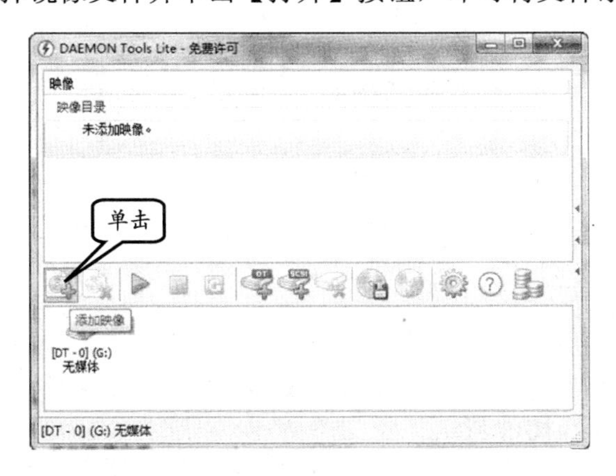

图 10-2 添加映像

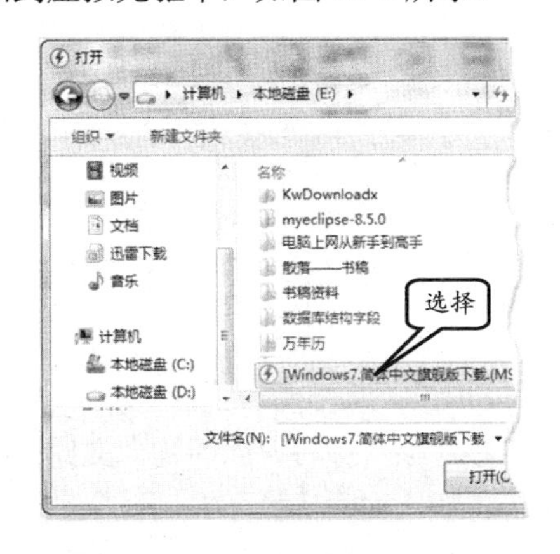

图 10-3 选择镜像文件

此时，在【映像】列表中，将显示已经添加的镜像文件，并显示该镜像文件的地址等内容，如图 10-4 所示。

然后，在工具栏中单击【载入】按钮，即可将镜像文件载入到虚拟光驱中，如图 10-5 所示。

图 10-4 显示添加的镜像文件

图 10-5 将文件载入光驱

提 示

用户也可以双击【映像】列表中的镜像文件，将其载入到虚拟光驱中。

现在，用户可以在【计算机】窗口中，查看到虚拟光驱中所加载的镜像文件，如图 10-6 所示。它非常类似于一个光驱放入一张光盘。

用户可以双击运行该光盘内容，或者，右击该虚拟光驱，执行【打开】命令，查看光盘内容，如图 10-7 所示。

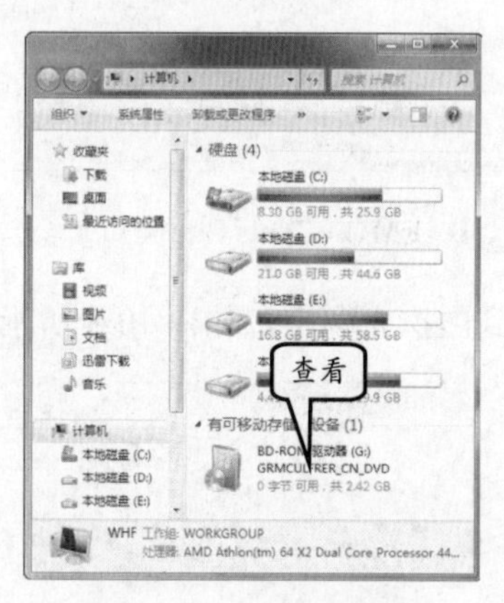

图 10-6 查看虚拟光驱

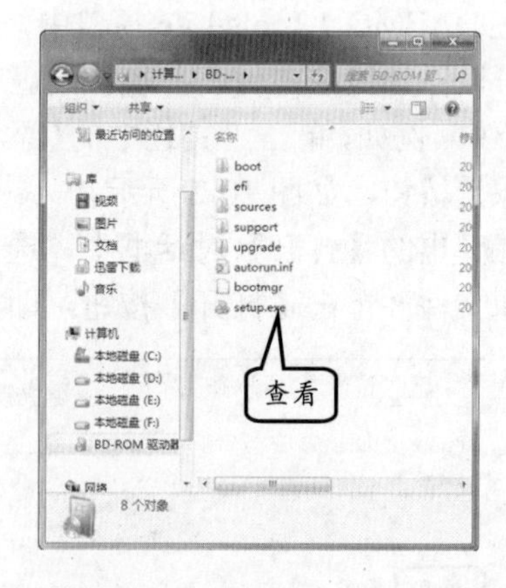

图 10-7 查看虚拟光驱中的内容

2. 移除项目

移除项目即将载入的镜像文件移除出去，在窗口中不再显示镜像文件内容。例如，单击工具栏中的【移除项目】按钮，如图 10-8 所示。

3. 卸载光驱

卸载光驱并非将虚拟光驱从计算机中卸载掉，而只是将虚拟光驱中的文件清除。但是，镜像文件还会在【映像】列表中显示出来。

例如，右击工具栏下面窗格中虚拟光驱图标，并执行【卸载】命令，如图 10-9 所示。

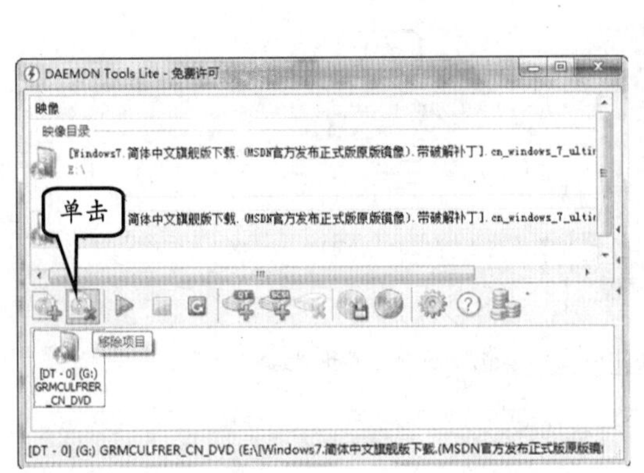

图 10-8 移除项目

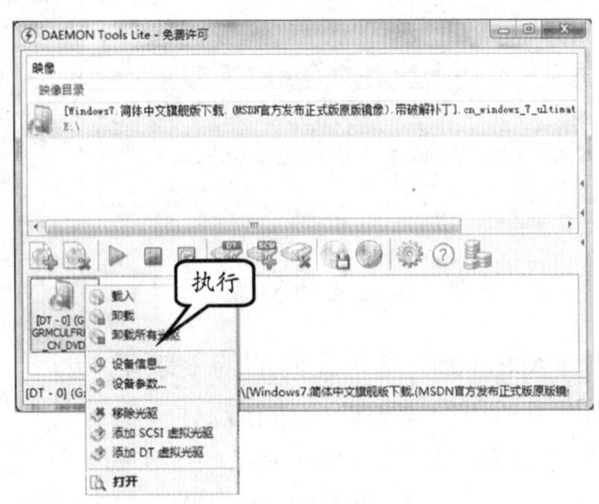

图 10-9 卸载光驱中的文件

用户也可以在【计算机】窗口中右击虚拟光驱图标，执行【弹出】命令，如图 10-10 所示。

4．添加虚拟光驱

除了软件安装时所添加的虚拟光驱以外，用户还可以自行添加多个虚拟光驱。例如，单击工具栏中的【添加 DT 虚拟光驱】按钮，如图 10-11 所示。

图 10-10 弹出光驱中的文件

图 10-11 添加 DT 光驱

当然，用户也可以单击工具栏中的【添加 SCSI 虚拟光驱】按钮，添加 SCSI 类型的虚拟光驱，如图 10-12 所示。

提 示

DT 虚拟光驱与 SCSI 虚拟光驱之间的区别：它们的虚拟接口不同，而且有些软件会对光盘采取防拷贝检测。例如，DT 光驱不使用 SPTD，基本无法通过防拷贝检测，但对加密的 ISO 支持更好；SCSI 光驱使用 SPTD 功能，可以通过低版本的防拷检测。

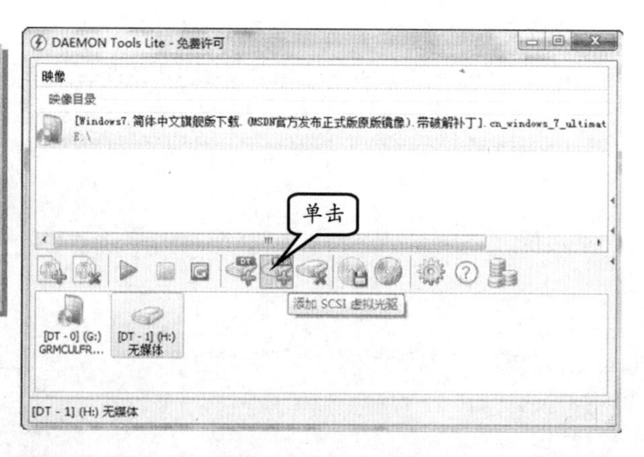

图 10-12 添加 SCSI 虚拟光驱

5. 安装 Astroburn 刻录

Astroburn 是一款简洁的刻录工具，支持所有类型的光储存媒体（包括 CD-R/RW, DVD-R/RW, DVD+R/RW, BD-R/RE, HD-DVD-R/RW 和 DVD-RAM），以及各种各样的刻录机。

例如，在 DAEMON Tools Lite 窗口中，直接单击工具栏中的【使用 Astroburn 刻录映像】按钮，如图 10-13 所示。

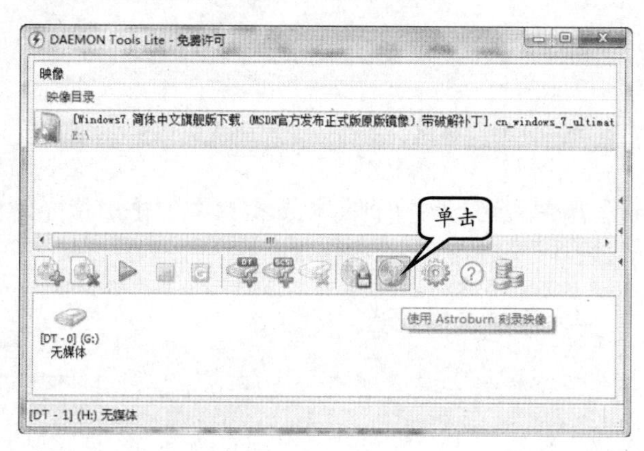

图 10-13 刻录映像

在弹出的提示"未安装 Astroburn Lite"信息框中，单击【安装】按钮，如图 10-14 所示。

然后，将弹出安装进度对话框，并显示下载该软件的进度条，如图 10-15 所示。下载安装后，即可安装该软件。

图 10-14 安装该软件

安装完成后，即可弹出 Astroburn Lite 窗口，并显示【文件】和【映像】两个选项卡，如图 10-16 所示。如果用户计算机中已经安装有刻录机，则可以选择需要刻录的文件或者镜像文件，进行光盘刻录操作

图 10-15 安装该软件

10.2.2 虚拟光碟专业版

虚拟光碟专业版是用于 Windows 操作系统的一种专业虚拟光驱工具，不仅可以加载光盘镜像，还可以制作光盘镜像，将各种光盘的完整内容复制到光盘镜像中。

同时，虚拟光碟专业版还支持 ISO 和 VCD 等两种光盘镜像格式的转换。

为满足一些特殊应用程序的需要，虚拟光碟专业版还可以通过软件的方式禁用/启用计算机的物理光驱。

虚拟光碟专业版提供了一个虚拟光碟专业版总管，可以帮助用户管理已经抓轨的各种光盘镜像。打开【虚拟光碟专业版总管】，即可查看虚拟光碟专业版的界面，如图 10-17 所示。

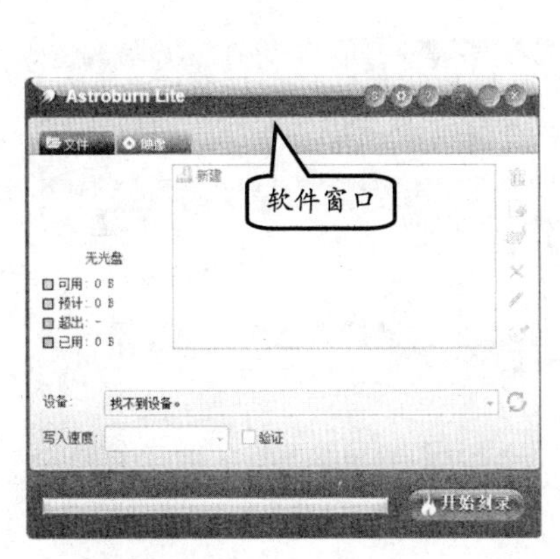

图 10-16　刻录工具

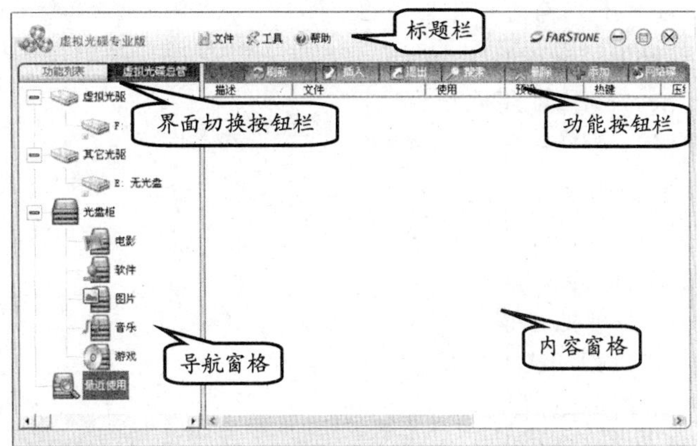

图 10-17　虚拟光碟专业版界面

在虚拟光碟专业版的主界面中，包括标题栏、界面切换按钮栏、功能按钮栏、导航窗格和内容窗格等 5 个组成部分。

❑ **标题栏**

标题栏包括【文件】、【工具】和【帮助】等按钮，为用户提供光盘镜像的打开、导入、转换以及软件本身的设置等功能。

❑ **界面切换按钮栏**

界面切换按钮栏包含【功能列表】和【虚拟光碟总管】等两个界面按钮。单击其中任意一个按钮，都可以直接切换到相应界面。

❑ **功能按钮栏**

功能按钮栏包括【刷新】、【插入】、【退出】、【搜索】、【删除】、【添加】和【网络碟】等按钮，为用户提供管理光盘镜像的功能。

❑ **导航窗格**

导航窗格可以显示当前操作系统可识别的各种虚拟光驱以及物理光驱。同时，还提供了一个虚拟的【光盘柜】，帮助用户管理各种光盘。【最近使用】的虚拟文件夹则提供了虚拟光驱的历史记录功能。

❑ **内容窗格**

内容窗格将显示左侧导航窗格中指定的虚拟光驱、物理光驱、【光盘柜】或【最近使用】等虚拟目录的内容。

在虚拟光碟专业版的【虚拟光碟总管】界面中，单击【功能列表】按钮 功能列表 ，还可以进入到【功能列表】界面，如图 10-18 所示。

【功能列表】界面中，提供了 3 个基本的选项卡，如下所示。

❑ **主要功能**

【主要功能】选项卡包括【快速导航】选项卡和【设置】选项卡，可以提供创建光盘镜像和虚拟硬盘的向导，也可以对虚拟光碟软件进行设置。

❑ 虚拟光碟

【虚拟光碟】选项卡包括【压制虚拟光碟】、【创建虚拟光驱】、【定制虚拟光碟】、【还原烧录虚拟光碟】和【复制光碟】等选项，为用户提供制作光盘镜像和烧录光盘的向导。

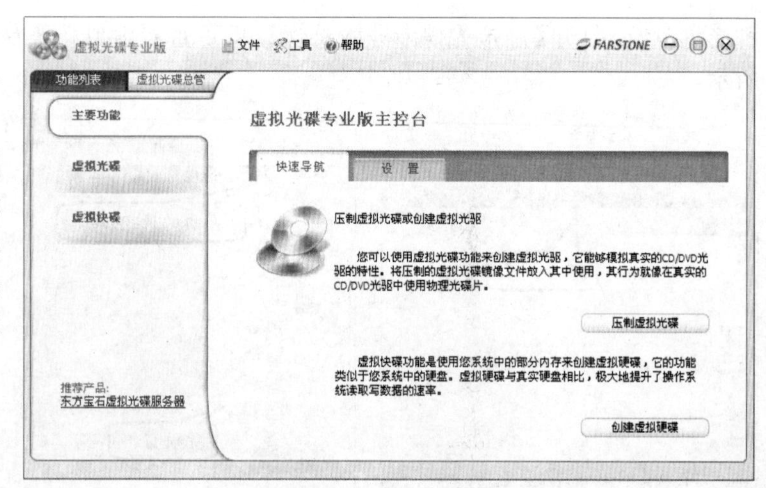

图10-18 功能列表界面

❑ 虚拟快碟

【虚拟快碟】选项卡包括【创建虚拟硬碟】、【加载虚拟硬碟镜像文件】、【保存虚拟硬碟】、【移除虚拟硬碟】和【浏览虚拟硬碟】等选项，为用户提供制作虚拟硬盘等功能的向导。

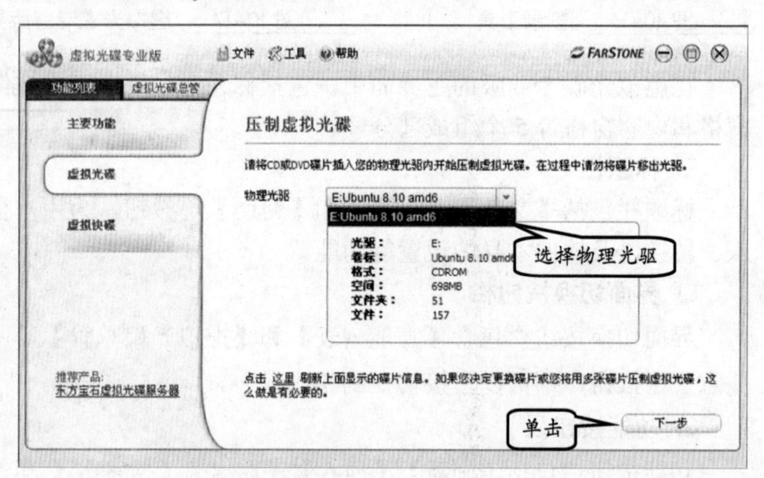

图10-19 选择物理光驱

虚拟光碟专业版可以方便地将各种光盘压制为虚拟光碟的VCD格式文档，并将其加入到虚拟的光盘柜中进行管理。

首先，在【功能列表】界面中的【主要功能】选项卡中，单击【压制虚拟光碟】按钮 压制虚拟光碟 ，进入【虚拟光碟】选项卡，选择【物理光驱】，并单击【下一步】按钮，如图10-19所示。

其次，在刷新的【虚拟光碟】选项卡中，单击【浏览】按钮 浏览 ，设置存放光盘镜像的位置，然后即可单击【下一步】按钮，如图10-20所示。

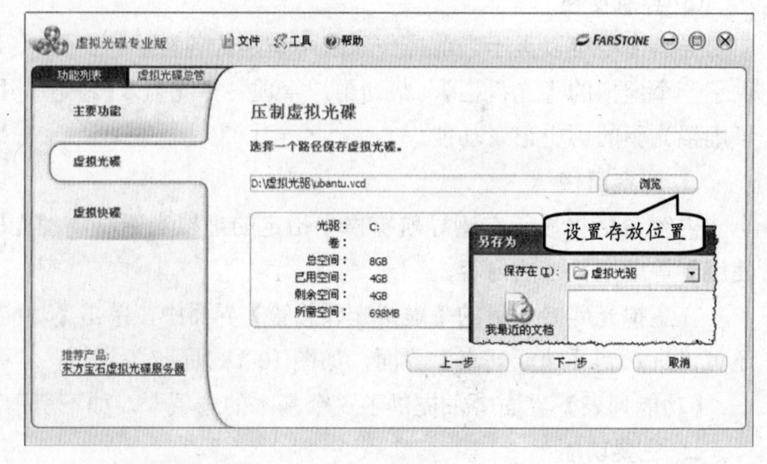

图10-20 设置光盘镜像的路径

再次，进入【虚拟光碟压制设置】界面后，即可设置光盘镜像的存储算法以及压缩设置，如图 10-21 所示。

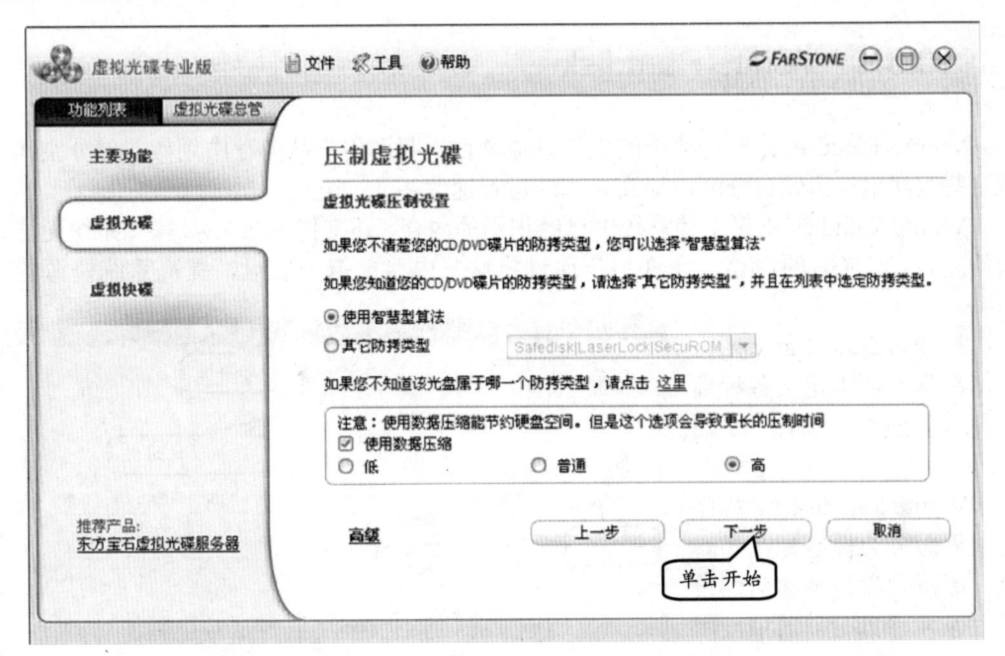

图 10-21　设置压缩算法

最后，即可进入【正在压制】的界面，开始光盘的压制工作，如图 10-22 所示。

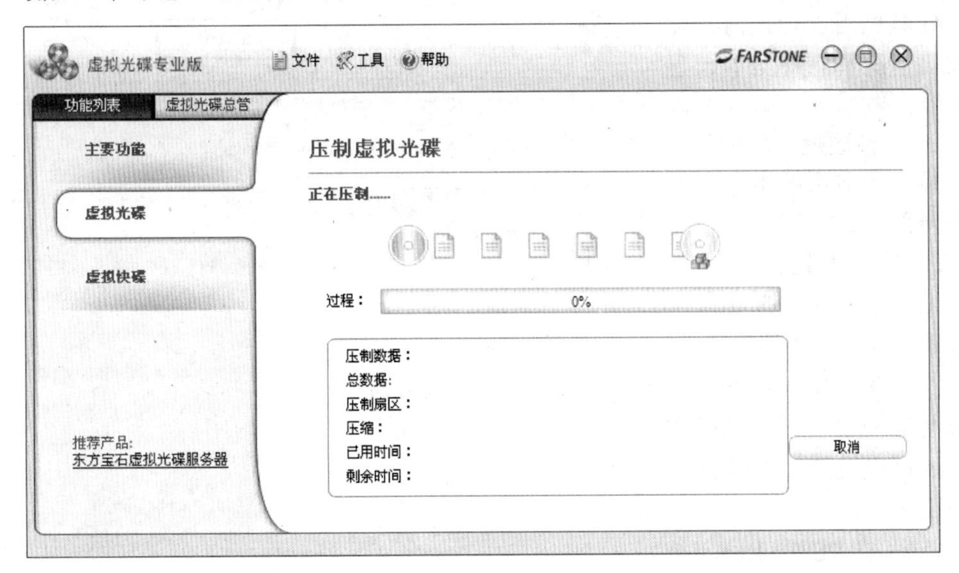

图 10-22　压制虚拟光碟

10.3　虚拟磁盘

虚拟磁盘是在本地电脑里面虚拟出一个远程计算机里面的磁盘，感觉像是在本机上的硬盘一样。

另外，虚拟磁盘还包含将内存中一部分空间虚拟成一个磁盘，这样操作起来更快速。

10.3.1 VSuite Ramdisk

VSuite Ramdisk 是一种典型的虚拟硬盘软件，帮助用户从内存中划拨一部分空间，将这些空间虚拟为硬盘分区，提高系统的运行速度。

VSuite Ramdisk 不仅支持系统中已经识别的内存，还支持 Windows 操作系统无法识别的超过 3.25GB 的内存，允许用户通过将这些内存虚拟为硬盘，提高系统资源的使用率。

打开 VSuite Ramdisk，即可在其界面中定义各种虚拟硬盘的属性，如图 10-23 所示。

图 10-23 VSuite Ramdisk 界面

VSuite Ramdisk 1.8 程序的主界面分为标题栏、导航栏、虚拟硬盘列表和属性设置栏等 4 个部分。其中，用户可进行操作的部分如下所示。

❑ 导航栏

导航栏用于切换内存虚拟硬盘情况和软件基本设置等内容。

❑ 虚拟硬盘列表栏

显示当前系统中存在的虚拟硬盘列表。

❑ 属性设置栏

设置选中的虚拟硬盘，以及建立和删除虚拟硬盘。

使用 VSuite Ramdisk 可以方便地创建、删除虚拟硬盘，还可以设置虚拟硬盘的各种属性。

首先，在 VSuite Ramdisk 窗口中设置【硬盘容量】、【文件系统】、【卷标】以及是否启用压缩等选项。然后，即可单击【创建】按钮 创建 ，创建一个虚拟的硬盘，如图 10-24 所示。

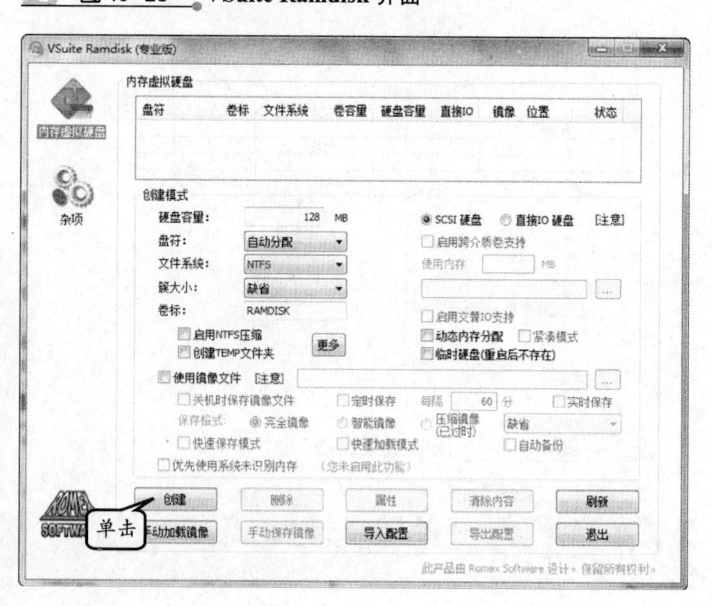

图 10-24 单击创建

其次，在打开的【计算机】窗口中，可以查看、使用虚拟的磁盘，如图 10-25 所示。

再次，选中已创建的虚拟硬盘后，用户可单击【删除】按钮[删除]，删除已创建的虚拟硬盘，如图 10-26 所示。

图 10-25 查看虚拟磁盘

图 10-26 删除已创建的虚拟硬盘

最后，如果需要永久保存虚拟硬盘中的数据，则可以选择【使用镜像文件】复选框。在【镜像路径】后面，单击【浏览】按钮，设置镜像保存的路径，每次关闭计算机时，都将虚拟硬盘中的数据保存下来，如图 10-27 所示。

10.3.2 虚拟 U 盘驱动器

虚拟 U 盘驱动器是一款使用简单、管理方便的虚拟可移动磁盘软件，其不仅可以将硬盘的空间模拟为 U 盘，还可以对 U 盘进行加密处理，防止未授权的查看和使用。相对普通的 U 盘而言，虚拟 U 盘驱动器创建的 U 盘速度快、工作稳定、安全性好。

打开虚拟 U 盘驱动器 V3.30，其界面主要包括标题栏和内容栏等两个部分，如图 10-28 所示。

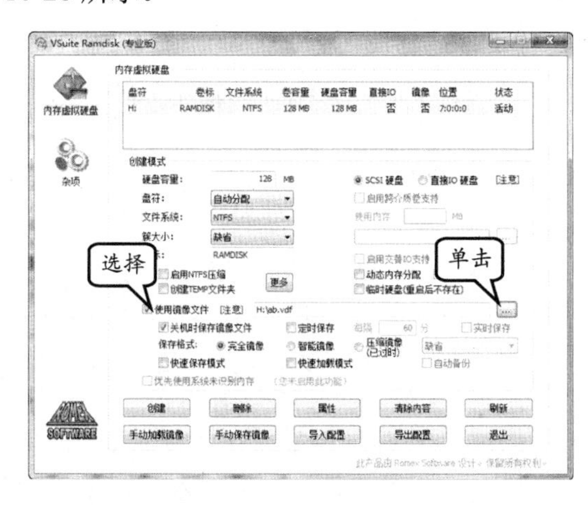

图 10-27 保存镜像文件

图 10-28 虚拟 U 盘驱动器

1．创建虚拟 U 盘

首先，在虚拟 U 盘驱动器软件中单击【U 盘管理】按钮，打开【虚拟 U 盘管理】对话框，如图 10-29 所示。

其次，单击【虚拟 U 盘管理】对话框中的【创建新的虚拟 U 盘】按钮，如图 10-30 所示，打开【创建新的虚拟 U 盘】对话框。

最后，在【创建新的虚拟 U 盘】对话框中，设置虚拟 U 盘的各种基本属性，并单击【确定】按钮 确定(O)，如图 10-31 所示。

图 10-29　打开【虚拟 U 盘管理】对话框

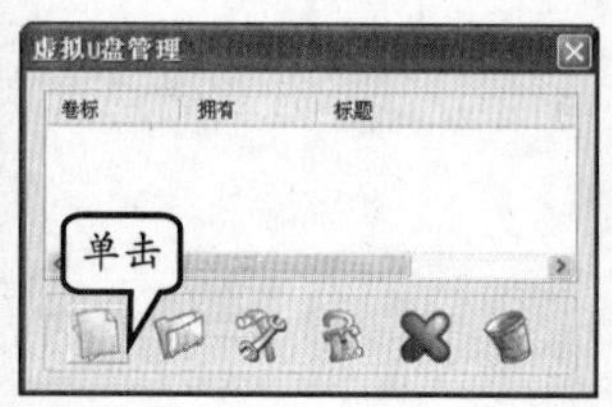

图 10-30　单击按钮

图 10-31　创建新的虚拟 U 盘

2．删除和导入虚拟 U 盘

用户可以删除“虚拟 U 盘驱动器”虚拟 U 盘列表中的虚拟 U 盘，也可以将虚拟 U 盘从本地计算机中删除。

例如，在【虚拟 U 盘管理】对话框中，选择虚拟 U 盘，再单击【从列表移除】按钮，将 U 盘从列表中删除，如图 10-32 所示。

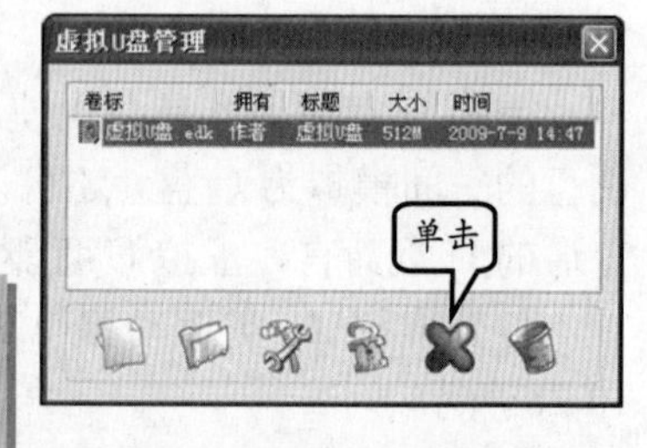

图 10-32　删除虚拟 U 盘

提　示

使用【从列表移除】按钮，删除虚拟 U 盘后，虚拟 U 盘仍然会在硬盘中存在。用户可以在 Windows 浏览器中将虚拟 U 盘的 edk 文件删除。

在删除虚拟 U 盘后，还可以再将其导入到列表中。例如，单击【向列表添加现有的卷】按钮，如图 10-33 所示。在弹出的【打开】对话框中选择虚拟 U 盘的 edk 文件，将其添加到列表中。

图 10-33　添加现有的卷

单击【从 HDD 删除】按钮，可以将虚拟 U 盘从列表和本地计算机的磁盘中删除，如图 10-34 所示。

3．插入和拔出虚拟 U 盘

在创建虚拟 U 盘后，可以方便地插入和拔出虚拟 U 盘。例如，在【虚拟 U 盘驱动器】软件中，单击【插入】按钮 插入 ，即可将已经创建的虚拟 U 盘插入，如图 10-35 所示。

图 10-34 从磁盘中删除

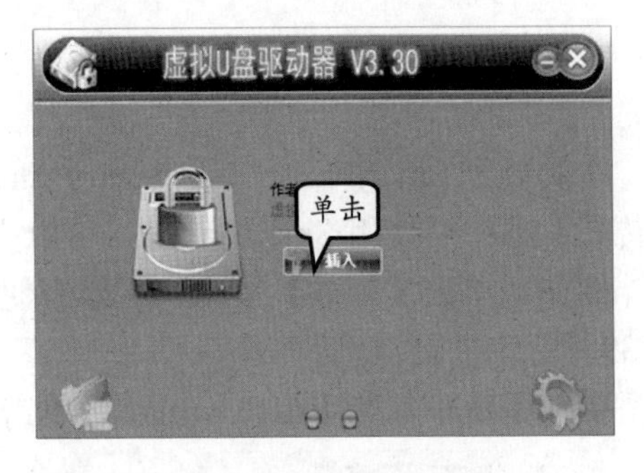

图 10-35 插入虚拟 U 盘

单击【插入】按钮后，将打开输入密码的对话框，在对话框中输入密码，如图 10-36 所示。

最后，即可将虚拟 U 盘插入到计算机中。单击【拔出】按钮，可以将已插入的虚拟 U 盘从计算机中拔出，如图 10-37 所示。

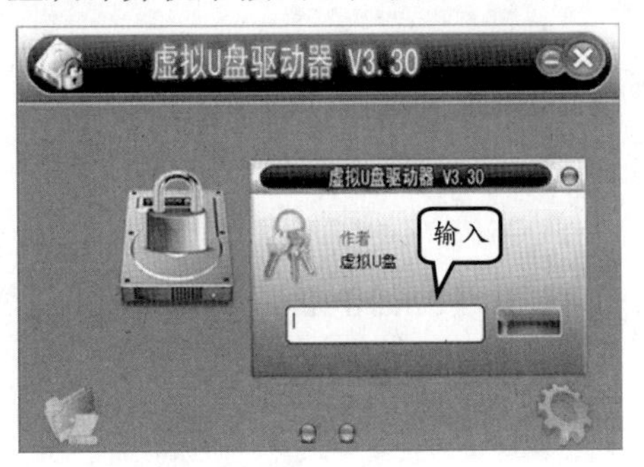

图 10-36 输入虚拟 U 盘密码

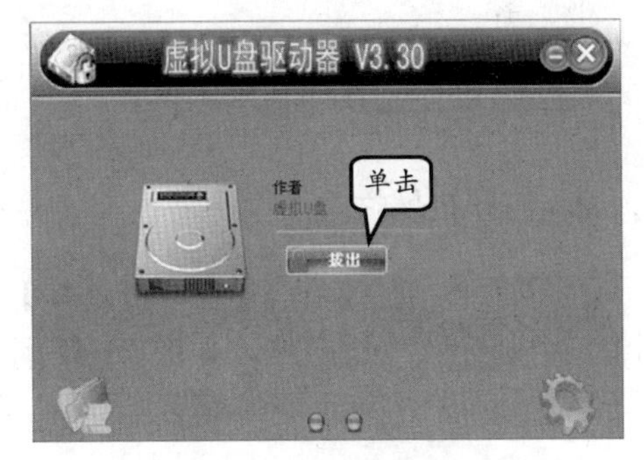

图 10-37 拔出虚拟 U 盘

10.4 虚拟打印机

虚拟打印机也是一种虚拟设备程序，其作用是模拟物理打印机的功能。它可以截获操作系统的打印操作，或模拟打印效果，或将打印操作中输出的文档保存和转化为特殊的格式，并用于不同软件的文档格式转换。

10.4.1 SmartPrinter

SmartPrinter 是一款非常优秀的虚拟打印机软件，用于进行文档的转换，以运行稳定、打印速度快和图像质量高而著称。

SmartPrinter 通过虚拟打印技术可以完美地将任意可打印文档转换成 PDF、TIFF、JPEG、BMP、PNG、EMF、GIF、TXT 等格式。

启动 SmartPrinter 软件，即可打开 SmartPrinter Version 主界面。SmartPrinter 的主界面十分简洁，由几个按钮组成，如图 10-38 所示。

图 10-38 SmartPrinter 界面

1．卸载、安装和测试打印机

在安装好 SmartPrinter 后，SmartPrinter 会自动将虚拟打印机添加到系统的【打印机和传真】项中。使用 SmartPrinter，可以方便地安装和卸载虚拟打印机。

例如，单击【卸载】按钮，可以方便地将已经安装好的打印机从系统中删除，如图 10-39 所示。

要在系统中安装虚拟打印机，可单击【安装】按钮，如图 10-40 所示。

图 10-39 卸载虚拟打印机

图 10-40 安装虚拟打印机

2．打印机属性

在界面中，直接单击【打印机属性】按钮，即可弹出【SmartPrinter 打印首选项】对话框，并显示 4 个选项卡，如图 10-41 所示。

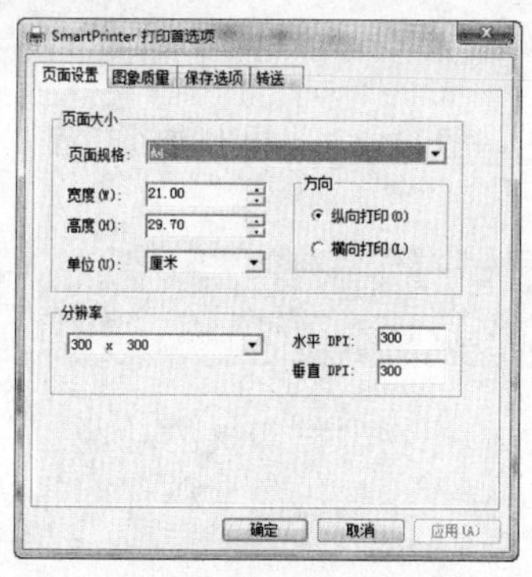

页面设置

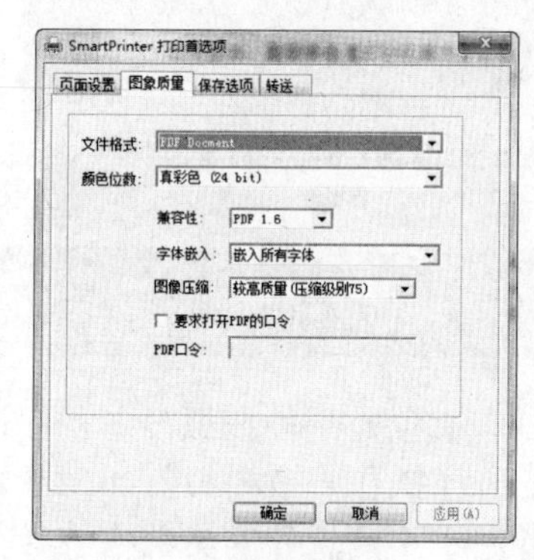

图像质量

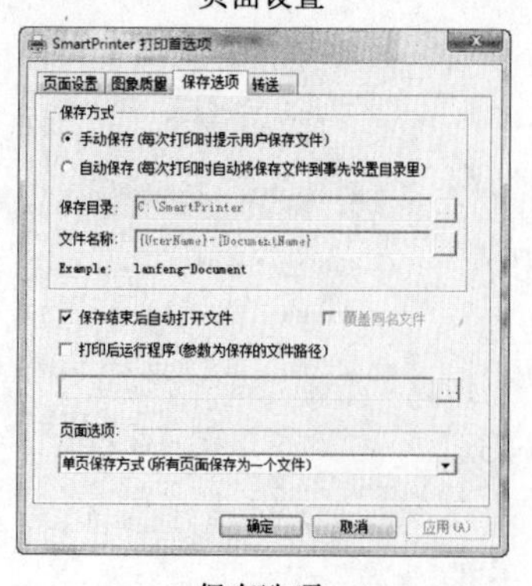

保存选项

转送

图 10-41 打印首选项

下面对各选项卡的内容，做简单的介绍如下。

- **页面设置**　主要设置打印页面的规格、宽度、高度、方向、分辨率等。
- **图像质量**　主要设置文件格式以及各格式相关设置。例如，在 PDF 格式中，可以设置颜色位数、兼容性、字体嵌入、图像压缩、打开口令等。
- **保存选项**　提供了对打印文档的保存方式，如手动保存和自动保存。同时，还可以设置保存目录、文件名、保存结束后自动打开文件等内容。
- **转送**　可以指定打印文件、打印机名、打印时偏移，以及 FTP 上传等。

3. 使用虚拟打印机

用户可以像使用物理打印机一样使用 SmartPrinter 虚拟打印机，在各种应用程序中打印文档。例如，使用永中集成 Office 打印文档。

在永中集成 Office 中创建文档并输入文档的内容，如图 10-42 所示。

执行【文件】|【打印】命令，在弹出的【打印】对话框中设置打印机的各种属性，如图 10-43 所示。

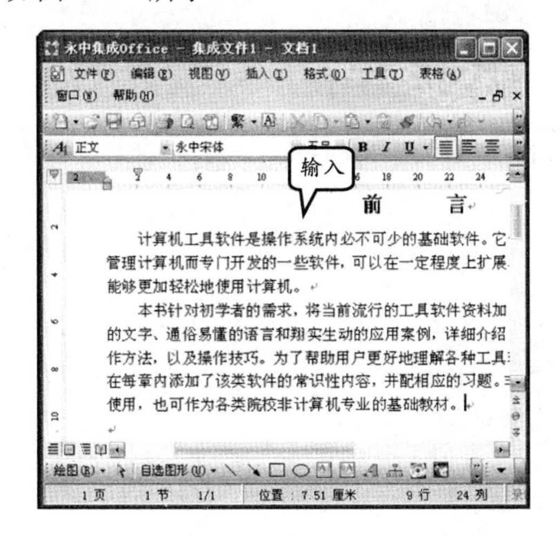

图 10-42　输入文档内容

图 10-43　设置打印机属性

然后，即可单击【确定】按钮，输出图像文件，如图 10-44 所示。

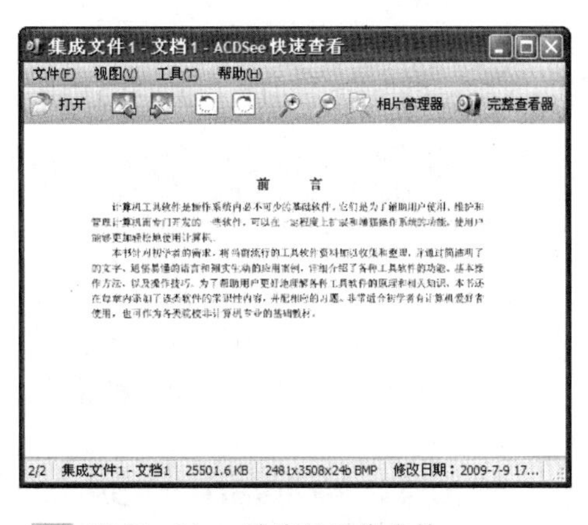

图 10-44　输出的图像文件

10.4.2　Easy Printer

Easy Printer 实现的功能是把指定文档打印到文件，成为标准的 BMP 位图，实现无纸打印，主要应用在需要把一些文件打印后扫描再处理的场合，或者用作一些需要打印效果的软件的插件。

例如，把 Word 文件打印到 BMP 文件然后进行处理。同样，该软件可以转换任意格式的文档到图片，实现虚拟打印。

启动 Easy Printer 软件，即可打开 Easy Printer 窗口，其界面主要包括标题栏、菜单栏和内容栏等 3 个部分，如图 10-45 所示。

使用 Easy Printer，可以方便地将各种文档转换为图像或特定的格式。例如，单击【文件】右侧的【打开文件】按钮，导入文件，如图 10-46 所示。

再单击【保存目录】右侧的【保存文件】按钮，设置保存文件的目录，如图 10-47 所示。

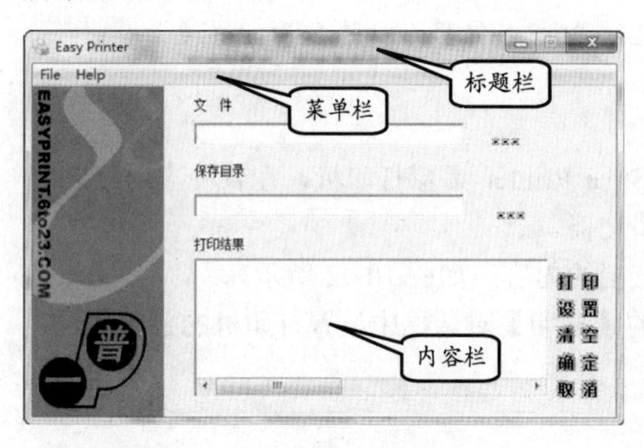

图 10-45 **Easy Printer 界面**

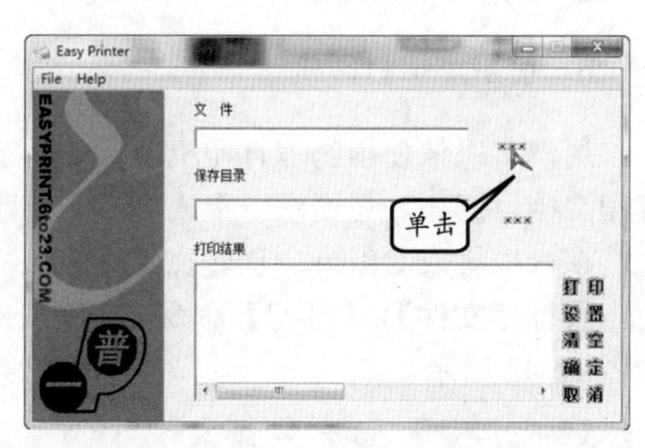

图 10-46 **打开文件**

然后，单击【打印】按钮，Easy Printer 将自动调用打开文件的软件，将文件转换为图像，如图 10-48 所示。

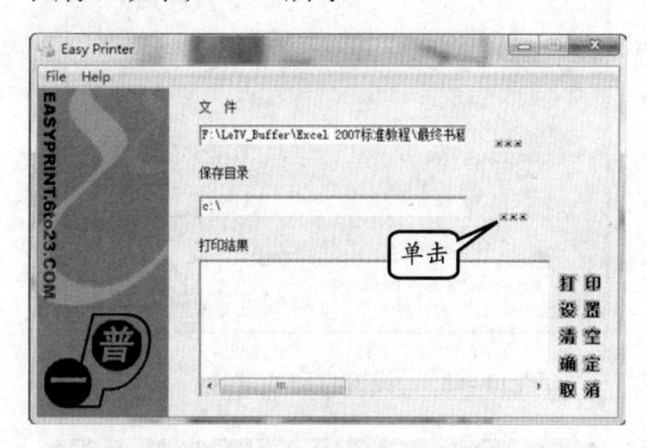

图 10-47 **设置保存目录**

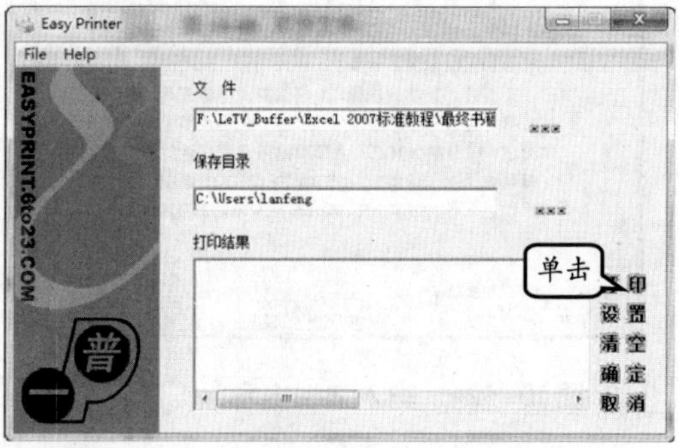

图 10-48 **转换文件**

10.5 虚拟机

随着个人计算机性能的提高，越来越多的用户开始将虚拟机软件安装到个人计算机中，以有效利用计算机的资源。通过虚拟机软件模拟具有完整硬件系统功能的、运行在一个完全隔离环境中的完整计算机系统。

10.5.1 VMware Workstation

VMware Workstation 是一款功能强大的桌面虚拟计算机软件，为用户提供可在单一桌面上同时运行不同的操作系统，和进行开发、测试 、部署新的应用程序的最佳解决方案。

VMware Workstation 可在一部实体机器上模拟完整的网络环境，以及可便于携带的虚拟机器，其更好的灵活性与先进的技术胜过了市面上其他的虚拟计算机软件。

启动该虚拟机软件打开 VMware Workstation 窗口，即可查看其界面，如图 10-49 所示。

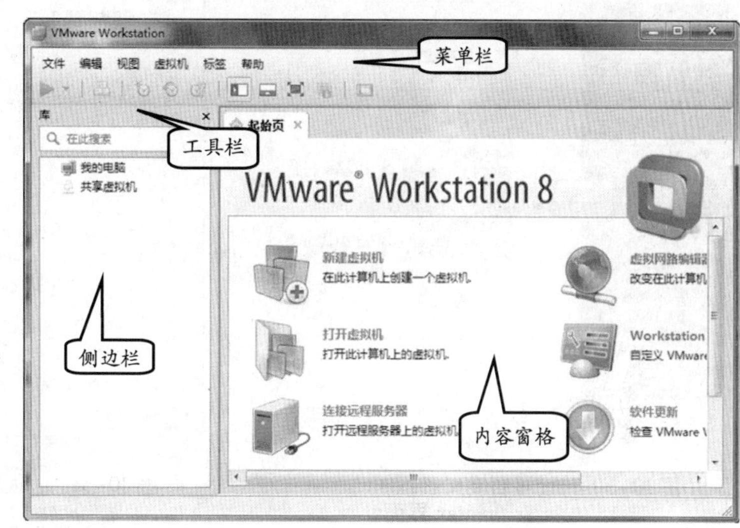

图 10-49　**VMware Workstation 界面**

VMware Workstation 的主界面主要包括标题栏、菜单栏、工具栏、侧边栏和内容窗格等 5 个部分。

其中，菜单栏提供了使用 VMware 的各种命令，侧边栏提供了虚拟机使用的当前状态、收藏夹和历史记录等。

在 VMware Workstation 的工具栏中，包含了 4 组共 18 个功能按钮，如表 10-1 所示。

表 10-1　VMware Workstation 的工具栏按钮

按钮	作　用	按钮	作　用	按钮	作　用
	编辑虚拟机模板策略		暂停已运行的虚拟机		显示或隐藏侧边栏
	编辑虚拟模板安装包		启动虚拟机		快速切换
	创建虚拟模板安装包		重置虚拟机		全屏
	创建移动虚拟机模板		创建虚拟机快照		切换到摘要视图
	用 VMware Player 打开虚拟机模板		恢复到上一个虚拟机快照		切换到应用视图
	关闭虚拟机电源		管理虚拟机的快照		切换到控制视图

使用以上各种按钮，用户可以方便地编辑虚拟机模板，控制虚拟机的开机、重启、关闭、暂停，以及建立、使用和管理虚拟机的快照。

1．创建虚拟机

VMware Workstation 允许用户通过【新建虚拟机向导】创建虚拟机或虚拟机的分组、模板等。

例如，执行【文件】|【新的虚拟机】命令，即可打开新建虚拟机向导。在向导对话框中，选择【自定义（高级）】选项，单击【下一步】按钮，如图 10-50 所示。

在弹出的【硬件兼容性】选项中，选择“Workstation 8.0”选项，并单击【下一步】按钮，如图 10-51 所示。

在弹出的【安装客户机操作系统】对话框中，用户可以选择安装的方式，如“安装盘”、“安装盘镜像文件”和“我以后再安装操作系统”等。例如，选择“我以后再安装操作系统”选项，并单击【下一步】按钮，如图 10-52 所示。

图 10-50 设置自定义虚拟机

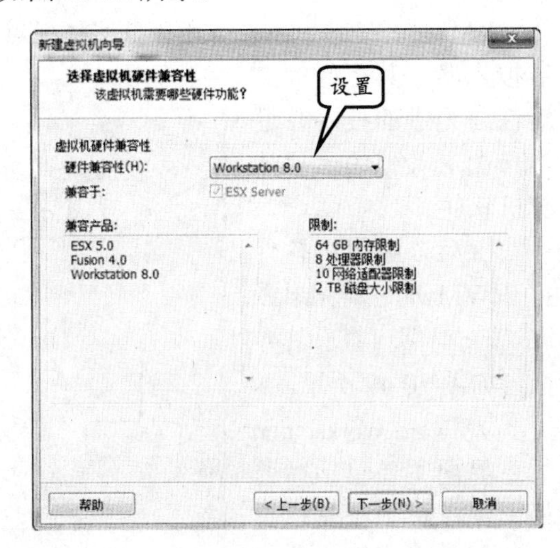

图 10-51 设置硬件兼容性

提 示

VMware Workstation 支持多种操作系统，包括 Windows、Linux、NetWare、Solaris、BSD 和 FreeBSD 等。

在弹出的【选择一个客户机操作系统】对话框中，可以选择客户机操作系统类型，并选择操作系统的版本号。例如，选择“Microsoft Windows”选项，并在【版本】下拉列表中，选择“Windows XP 专业版”选项，单击【下一步】按钮，如图 10-53 所示。

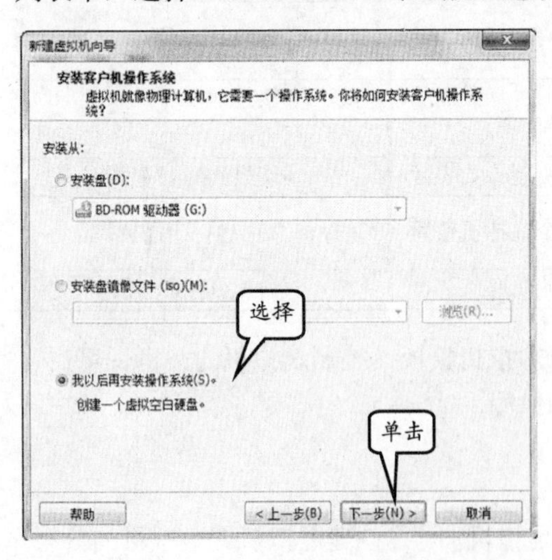

图 10-52 设置虚拟机安装操作系统方法

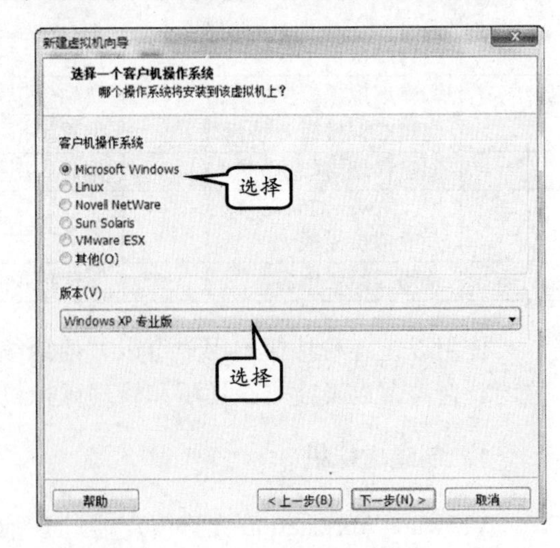

图 10-53 选择操作系统类型

在弹出的【命名虚拟机】对话框中，可以输入虚拟机的名称以及设置虚拟机的位置，然后单击【下一步】按钮，如图 10-54 所示。

在弹出的【处理器配置】对话框中，可以设置处理器数量、内核数等，然后单击【下一步】按钮，如图 10-55 所示。

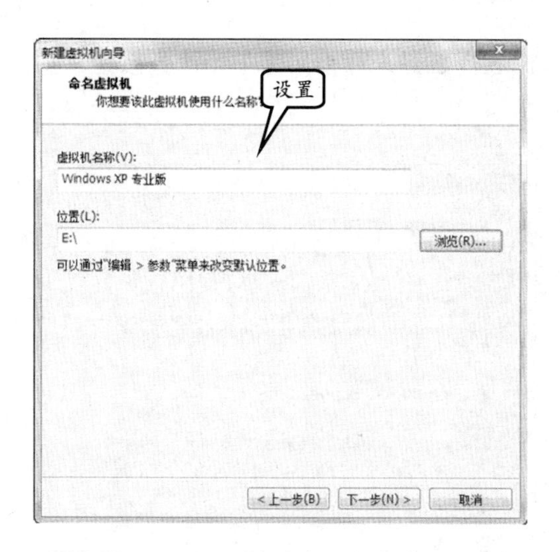

图 10-54　设置虚拟机的名称和位置

图 10-55　设置处理器

在弹出的【虚拟机内存】对话框中，可以设置虚拟机所占用当前计算机的内存大小。例如，调整左侧滑块并拖至 1GB 位置，则设置虚拟机占用内存为 1GB 大小，如图 10-56 所示。

在弹出的【网络类型】对话框中，用户可以设置该虚拟机以什么方式连接当前计算机与网络，方式包含有"使用桥接网络"、"使用网络地址翻译"、"使用 Host-only 网络"和"不使用网络连接"。例如，选择"使用网络地址翻译"选项，并单击【下一步】按钮，如图 10-57 所示。

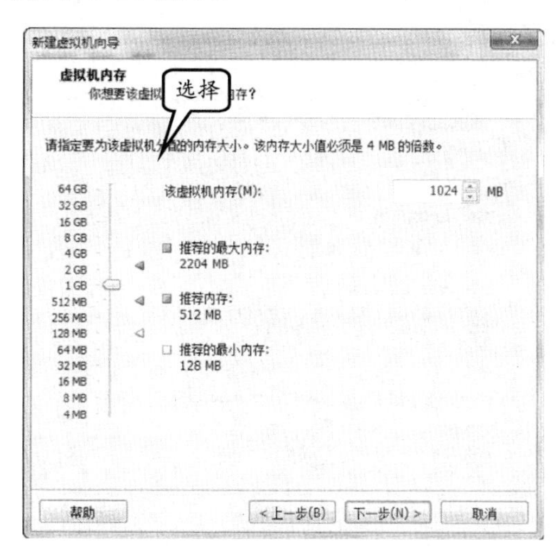

图 10-56　设置内存大小

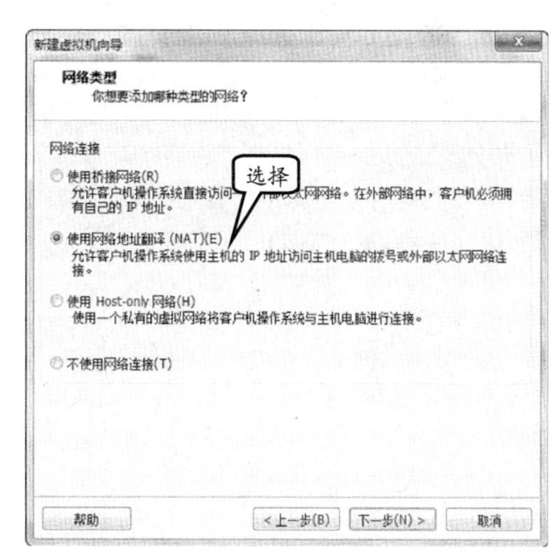

图 10-57　选择网络类型

提　示

VMware Workstation 允许使用 4 类型的网络，即和物理机共享网络、拨号网络、私有虚拟网络和无网络连接等。

在弹出的【选择 I/O 控制器类型】对话框中，可以选择虚拟机的输入/输出适配器类型，并单击【下一步】按钮，如图 10-58 所示。

在弹出的【选择磁盘】对话框中，为虚拟机选择磁盘，并单击【下一步】按钮，如图 10-59 所示。

图 10-58 设置输入/输出适配器类型

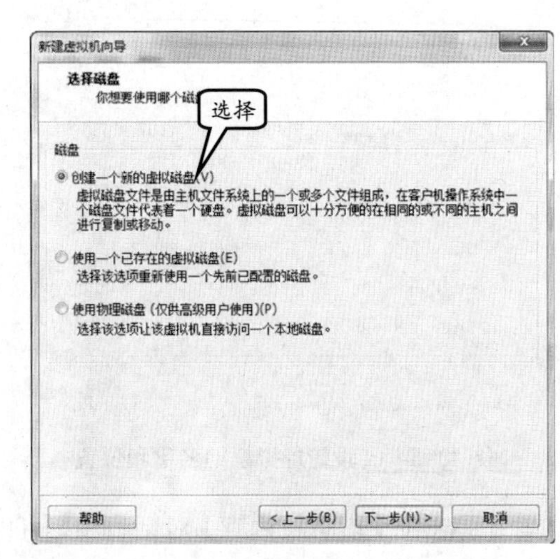

图 10-59 选择虚拟磁盘

在弹出的【选择磁盘类型】对话框中，可以设置虚拟磁盘类型，如 IDE 或者 SCSI 类型。例如，选择 IDE 选项并单击【下一步】按钮，如图 10-60 所示。

在弹出的【指定磁盘容量】对话框中，用户可以设置虚拟磁盘所占计算机磁盘的容量，其默认为 40GB。例如，设置【最大磁盘空间】为 5GB，选择“单个文件存储虚拟磁盘”选项，并单击【下一步】按钮，如图 10-61 所示。

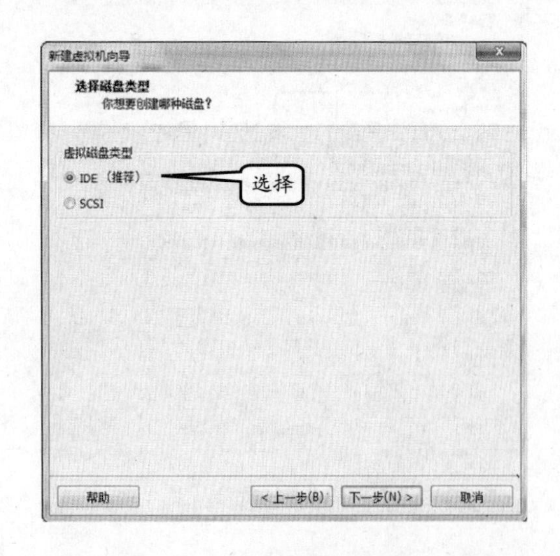

图 10-60 虚拟机磁盘的类型

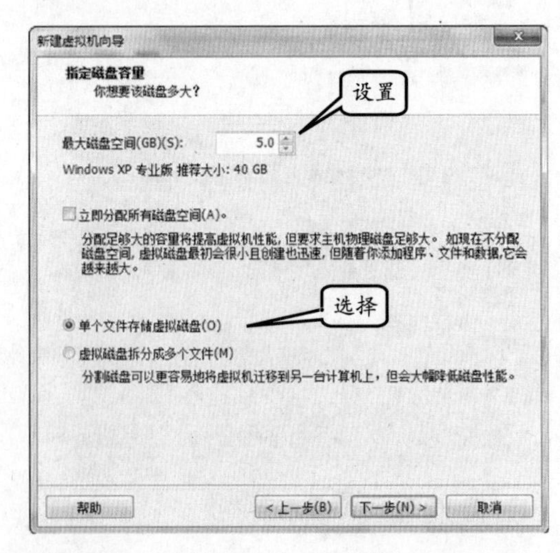

图 10-61 指定虚拟磁盘的容量

在弹出的【指定磁盘文件】对话框中，将显示该虚拟机在计算机中所创建的虚拟磁盘文件名称。用户可以单击【浏览】按钮，再次设置其存储的位置，如图 10-62 所示，默认为之前所设置的虚拟机位置。单击【下一步】按钮完成虚拟机创建。

2. 安装操作系统

在虚拟机中，安装操作系统的方法有多种。这在创建虚拟机过程中已经介绍过了。

在窗口中选择左侧已经创建好的虚拟机，如选择“Windows XP 专业版”选项，并单击工具栏中的【打开此虚拟机电源】按钮▶，如图 10-63 所示。

图 10-62 完成虚拟机创建

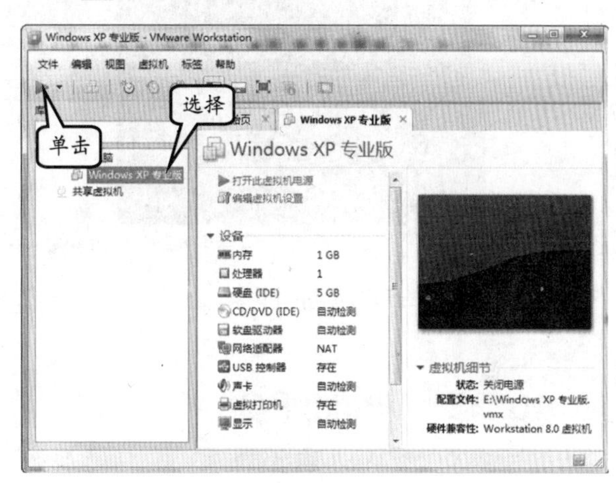

图 10-63 打开虚拟机

此时，执行【虚拟机】|【移除设备】|【CD/DVD（IDE）】|【设置】命令，如图 10-64 所示。

在弹出的【虚拟机设置】对话框中，可以选择右侧【连接】中的“使用 ISO 镜像文件”选项，并单击【浏览】按钮选择 ISO 扩展名的操作系统安装镜像文件，如图 10-65 所示。

图 10-64 设置虚拟机光盘

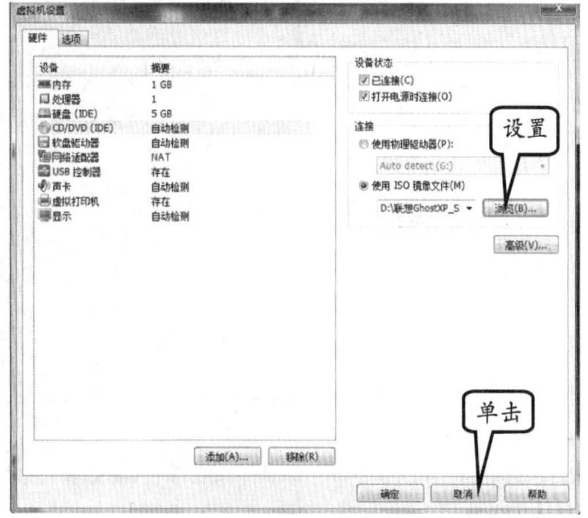

图 10-65 设置安装镜像文件

单击【确定】按钮，并返回窗口中。单击【挂起虚拟机】下三角按钮，执行【重启】命令，如图 10-66 所示。

此时，将在虚拟机的操作系统中弹出光盘引导安装界面，并根据安装引导安装

Windows XP 操作系统，如图 10-67 所示。

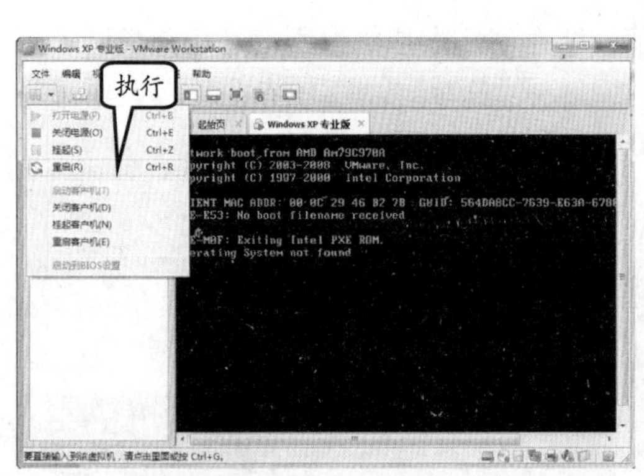

图 10-66 重新启动虚拟机

图 10-67 安装操作系统

10.5.2 Virtual PC

Virtual PC 是微软公司开发的一种免费虚拟机软件。相比 VMware Workstation 虚拟机来说，功能上比较弱小些。但是，Virtual PC 使用起来比较简便，对系统资源的需求也较低，对于 Windows 操作系统的兼容性也较好。

启动该软件，将弹出 Virtual PC 界面，其主要包括标题栏、菜单栏、虚拟机栏和功能按钮组等 4 个部分，如图 10-68 所示。

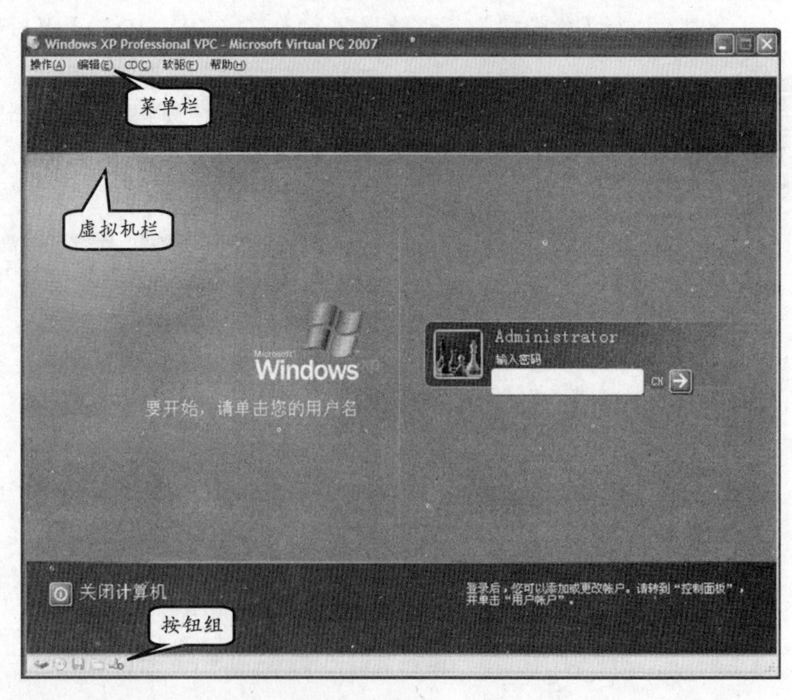

图 10-68 Virtual PC 控制台界面

1. 导入虚拟机

在 Virtual PC 中，用户可以方便地导入已经创建的虚拟机。例如，执行【文件】|【新建虚拟机向导】命令，打开【新建虚拟机向导】对话框。

在对话框中，选择【添加一台已存在的虚拟机】选项，并单击【下一步】按钮，如图 10-69 所示。

在弹出的【已存在的虚拟机的名称和位置】对话框中，单击【浏览】按钮，选择虚拟机的路径，并单击【下一步】按钮，如图 10-70 所示。

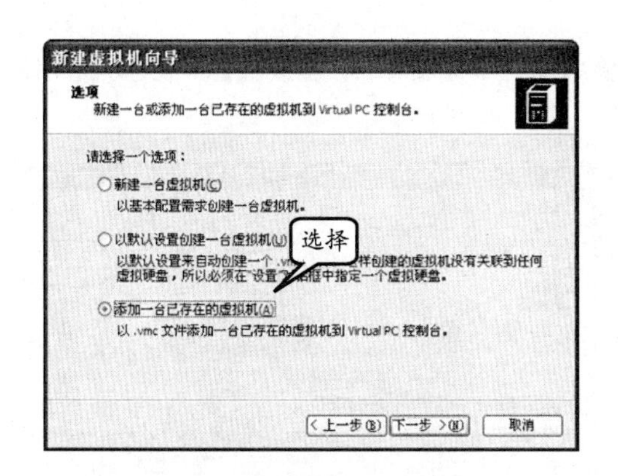

图 10-69　添加已存在的虚拟机

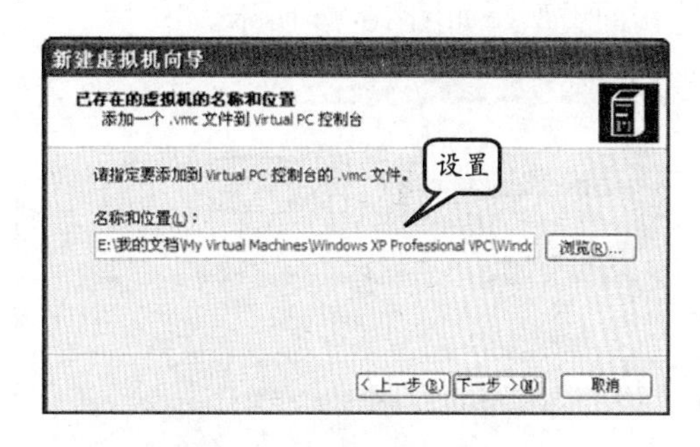

图 10-70　选择虚拟机路径

在弹出的对话框中，选择【单击完成时打开设置对话框】复选框，并单击【完成】按钮，如图 10-71 所示。

2．设置虚拟机属性

在之前向导中选择【单击完成时打开设置对话框】后，将自动打开设置虚拟机的对话框。

在设置虚拟机的对话框中，单击【内存】列表项，设置虚拟机使用的内存大小，如图 10-72 所示。

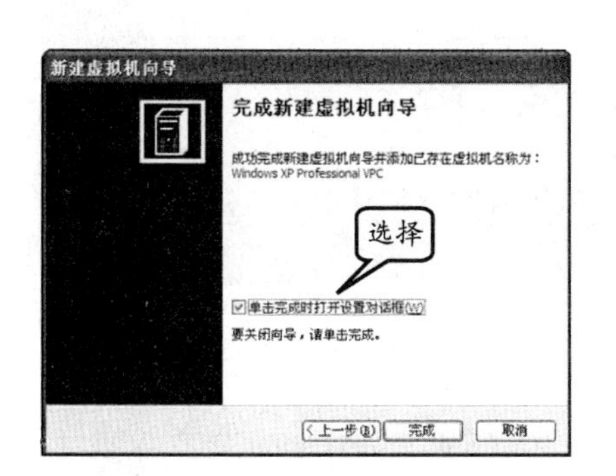

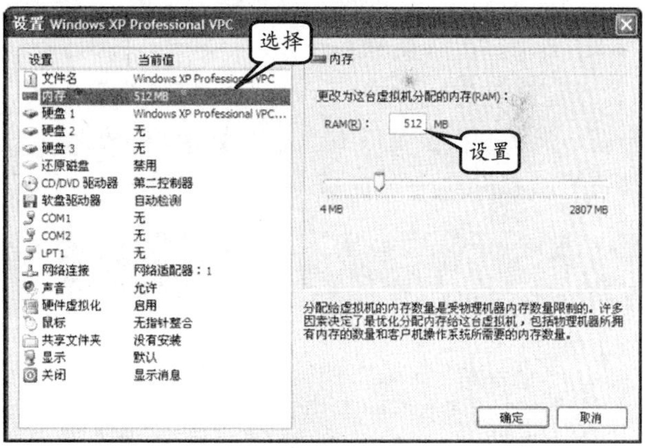

图 10-71　结束向导

图 10-72　设置内存大小

注　意

在为虚拟机分配内存时，需要同时考虑虚拟机与物理机的需要。例如，虚拟机为 Windows XP 系统时，分配 512MB 的内存就足够使用了。如果是 Windows 2000 系统，可能需要得更少。而 Vista 系统的虚拟机，则最少需要分配 1GB 的内存。

分别选择【硬盘 1】、【硬盘 2】和【硬盘 3】选项，在右侧可以设置虚拟机所添加的虚拟硬盘内容，如图 10-73 所示。

提　示

用户可以单击【虚拟硬盘向导】或在主界面中执行【文件】|【虚拟磁盘向导】命令，在向导中创建虚拟硬盘，然后添加到虚拟机中。

在左侧选择【网络连接】选项，并在右侧设置虚拟机的网络连接数量，以及各网络连接的类型，如图 10-74 所示。

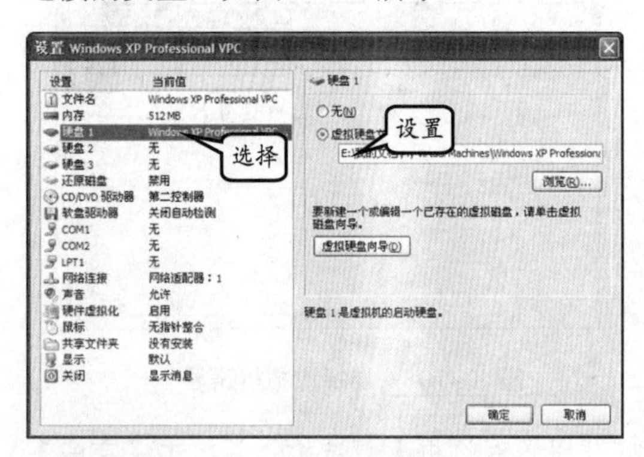

图 10-73 设置虚拟硬盘

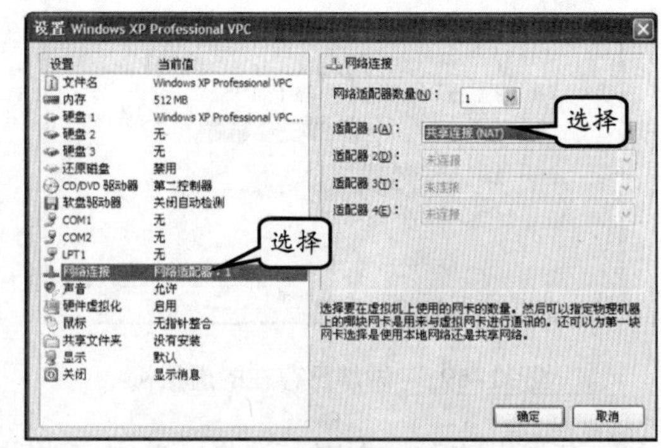

图 10-74 设置虚拟网络连接

提　示

Virtual PC 支持的网络连接主要包含 4 种，即未连接、本地、物理网卡/本机防火墙以及共享连接（NAT）等。

选择【声音】选项，并选择右侧【允许使用声卡】复选框，即可为虚拟机添加虚拟声卡，如图 10-75 所示。

最后，在完成设置后，即可单击【确定】按钮。然后，在主窗口中，单击【启动】按钮，启动虚拟机。

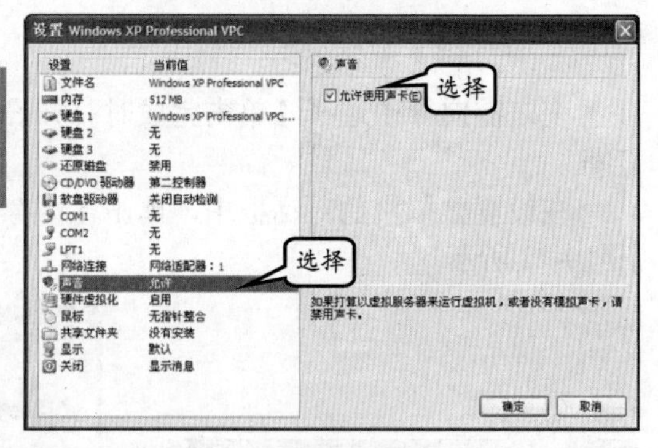

图 10-75 添加虚拟声卡

10.6 思考与练习

一、填空题

1．常见的虚拟设备软件主要包括______、______、______和______等。

2．使用虚拟光驱的主要优点是______、______、______以及______。

3．18XDVD 光驱的峰值速度为 18×______，相当于______MB/s。

4．______和______合称虚拟磁盘技术。

5．虚拟机类软件可以简单地划分为______和______两种。

6．在 MS-DOS 操作系统中，允许用户使用______命令，将某一个文件夹虚拟为磁盘。

7．VMware Workstation 可以虚拟______、______以及______等类型的操作系统。

二、选择题

1．DAEMON Tools Lite 简体中文版不支持哪种光盘镜像？______

A．NRG

B．ISO

C．CUE

D．VCD

2．X86（32 位）的 Windows 操作系统最大支持内存量是______。

A．4GB 内存

B．3.12GB 内存

C．3GB 内存

D．3.25GB 内存

3．虚拟 U 盘驱动器 V3.30 不允许用户在软件中直接设置虚拟U盘的哪一种属性？________

A．虚拟 U 盘的卷标

B．加密级别

C．U 盘磁盘格式

D．容量大小

4．虚拟打印机软件可以实现哪种功能？

____

A．转换文档为图像

B．打印各种文档

C．从内存中划拨空间存储数据

D．将图像中的文字识别为文本

5．哪种虚拟机经常被应用于服务器托管行业？________

A．JVM

B．Hyper-V

C．AVM

D．Virtual PC 2007

6．Virtual PC 2007 不支持虚拟哪种设备？

____

A．网卡

B．声卡

C．硬盘

D．U 盘

三、简答题

1．概述虚拟设备的特点。

2．简要介绍虚拟光驱软件的用途。

3．虚拟打印机软件的主要作用是什么？

4．列举虚拟磁盘软件的类型，并为各类型虚拟磁盘软件列举一个例子。

5．简要介绍虚拟机软件的分类。

6．列举虚拟机软件的主要用途。

四、上机练习

1．设置“虚拟光碟专业版”的虚拟光驱数量

虚拟光碟专业版不仅可以压制虚拟光盘镜像，还可以将用其他软件制作的 ISO 光盘镜像转换为其专用的 VCD 格式。

在【虚拟光碟专业版总管】界面中，执行【工具】|【虚拟光碟/ISO 转换】命令，即可打开【转换】对话框。

在对话框中，分别选择源 ISO 光盘镜像和存储 VCD 光盘镜像的位置，即可单击【转换】按钮 转换 开始转换，如图 10-76 所示。

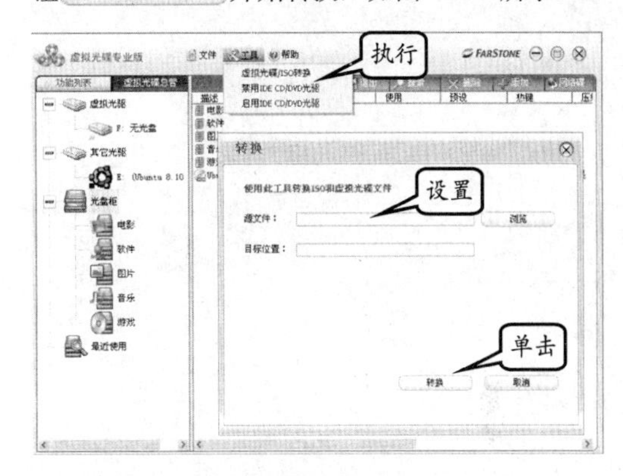

图 10-76 转换光盘镜像

2．为 Virtual PC 2007 中的虚拟机设置共享文件夹

Virtual PC 不仅可以创建虚拟磁盘，还支持将虚拟磁盘中的文件夹与物理计算机共享。

在 Virtual PC 2007 中启动虚拟机并安装【附加模块】后，即可执行【编辑】|【设置】命令，打开设置虚拟机的对话框。

在设置虚拟机对话框中，选择【共享文件夹】列表菜单后，即可单击【共享文件夹】按钮，添加共享文件夹，如图 10-77 所示。

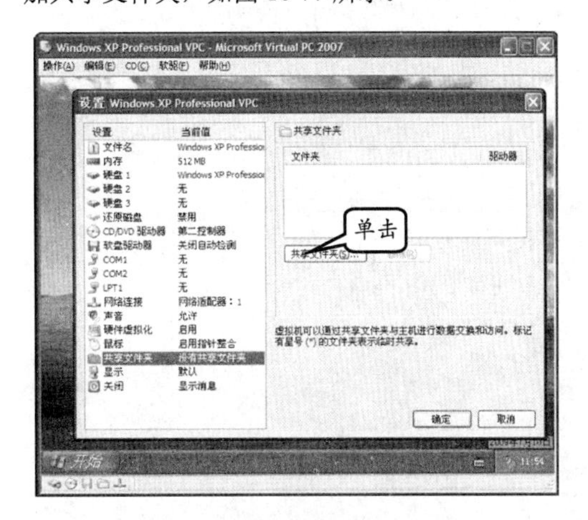

图 10-77 添加共享文件夹

第 11 章

网络应用与通信软件

网络提供的信息越来越丰富，为用户在工作、学习和娱乐等方面起到帮扶作用。网络应用的逐渐增多是立足于网络应用软件的发展，几乎每一种网络的应用，都是依靠各种软件的支持，如网页浏览器、电子邮件、网络传输软件、网络通信和聊天工具等。学习这些软件的使用，可以帮助用户更有效、便捷地使用互联网。

本章学习要点：

- 浏览器软件
- 电子邮件简介
- 使用网络电话
- 聊天工具简介
- Opera 浏览器
- 谷歌浏览器
- 邮件梦幻快车
- 腾讯 QQ 工具

11.1 网络工具概述

在互联网诞生的早期，人们往往需要使用命令提示符的方式访问网络，如FTP命令、telnet命令、ping命令等。

而网络工具的出现，使用户访问互联网变得轻松起来，并且更张显出游刃有余的操作水平。

11.1.1 浏览器软件

网页浏览器是进行网页浏览的必备软件。早期的网页浏览器十分简陋，只能显示16位色的图像，并且不支持声音、视频等多媒体文件。

网页技术的发展，也使浏览器不断进步。如今的网页浏览器，已经不仅局限于支持各种文本、图像、动画、音频和视频等多媒体文件，还具备了很强的交互能力。同时，各种浏览器在用户界面以及使用的便捷性方面不断地改进。

1．网页浏览器的历史

世界上第一个网页浏览器诞生于1990年，是一个运行于Nextstep操作系统中的网页浏览器与网页编辑器，其只支持文本编辑和图像浏览，功能并不算完善。

Mosaic浏览器是第一款应用于个人计算机的网页浏览器，其可以支持多种平台，包括Unix、苹果Macitosh和微软Windows等。

Mosaic浏览器的出现，使互联网得到迅速的发展。Mosaic浏览器具备今天所有浏览器的一些基本功能。例如，支持收藏网页，支持搜索，支持浏览页面时前进和后退，支持历史记录等功能，其界面如图11-1所示。

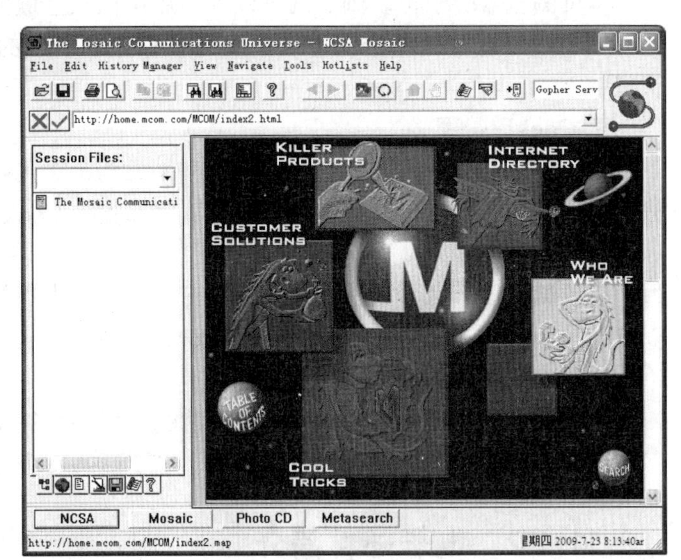

图11-1 Mosaic浏览器

1993年底，Mosaic浏览器的负责人麦克·安德森创建了网景公司，于1994年10月发布了Mosaic浏览器的后续版本Netscape Navigator，同时，微软公司也发布了目前使用最广泛的Internet Explorer浏览器，两个公司之间进行了一场争夺浏览器用户的竞争，被称作浏览器大战。

在这场竞争中，双方不断推出新的功能，加速了互联网的发展，期间不断地涌现出新的技术，真正将网络带到了无数普通计算机用户面前。1998 年，网景公司最终竞争失败而被美国在线（AOL）收购，微软的 Internet Explorer 垄断了网页浏览器市场。

失败后的网景公司以开放源代码继续向微软挑战，在 AOL 的支持下创建了 Mozilla 基金会，于 2002 年开发出 Mozilla 1.0 网络套件，并在同年推出了名为 Phoenix 的网页浏览器（后改名为 Firebird），并最终于 2004 年定名为 Firefox，发布了 Firefox 1.0 版本，成为微软 Internet Explorer 垄断地位的新挑战者。

除了 Netscape Navigator、Internet Explorer 和 Firefox 以外，还有很多网页浏览器都具有一定的影响力。例如，挪威 Opera Software ASA 开发的 Opera，Google 开发的 Chrome，多用于 Linux 和 Unix 的 Konqueror，苹果开发的 Safari 等，以及国内以 Internet Explorer 为内核开发的傲游、世界之窗、腾讯 TT 等。

2. 网页浏览器的功能

随着网络浏览器的不断发展，其功能也逐渐增强。目前流行的网页浏览器通常具备以下几种功能。

❑ **网页浏览**

网页浏览是网页浏览器最基本的功能。早期的网页浏览器只支持浏览文本。随着 HTML（Hyper Text Markup Language，超文本标记语言）、CSS（Cascading Style Sheets）和 JavaScript 脚本语言的出现和发展，网页浏览器逐渐可以显示文本和图像，并可以被各种编程语言控制，与用户进行交互。

❑ **收藏夹管理**

自早期的 Mosaic 浏览器开始，多数网页浏览器都支持收藏夹管理功能，允许用户将感兴趣的网页收藏起来，随时访问。

❑ **下载管理**

网页浏览器除了可以浏览网页以外，还可以从互联网中下载文件，将文件保存到本地计算机中。有些浏览器还可以帮助用户整理已下载的文件，对下载的文件进行分类管理。

❑ **Cookie 管理**

Cookie 原意是小型文字档案，是一些网站为免去用户重复登录的麻烦，在用户的计算机中写入的加密数据。目前大多数浏览器都支持 Cookie，并可以对 Cookie 进行管理。

❑ **安装插件**

多数浏览器都可以通过安装各种第三方插件，来播放动画、音频和视频，同时还可以实现一些复杂的交互行为。例如，Adobe FlashPlayer、微软的 ActiveX 等。

❑ **其他功能**

除了以上的几种主要功能外，较新的浏览器还往往支持分页浏览、禁止弹出广告、广告过滤、防恶意程序、仿冒地址筛选、电子证书安全管理等。

11.1.2 电子邮件简介

最早出现的网络通信工具就是电子邮件。电子邮件（E-mail，Email，有时简称电邮）

是通过计算机书写和查看、通过互联网发送和接受的邮件，是互联网最受欢迎且最常用到的功能之一。

1. 电子邮箱地址

电子邮件的发送和接收，都需要获知发送者和接收者的电子邮箱地址。一个完整的电子邮箱地址通常包括用户名、At 符号“@”以及邮箱服务器的 URL 地址或 IP。

- **用户名**

用户名是电子邮箱区分用户的重要标识。通常一个邮件服务器都需要为许多用户服务。每个用户都需要有一个不重复且便于记忆的用户名，例如，Bill、Jim、Lee 等。

- **At 符号“@”**

At 符号“@”在英文中表示“在某某处”，是电子邮箱、FTP 服务器等必需的标志。其英文发音与单词 At 相同，均为“/æt/”。

- **邮箱服务器的 URL 地址或 IP**

在表述了用户名后，即可在 At 符号后面输入电子邮箱服务器的 URL 地址或 IP 地址。例如，清华大学出版社用于邮购的电子邮箱地址是 e-sale@tup.tsinghua.edu.cn，其中，e-sale 是邮箱的用户名，tup.tsinghua.edu.cn 就是邮箱服务器的 URL 地址。

2. 电子邮件协议

电子邮件协议是一种所有电子邮件发送方和接收方共同遵守的标准，电子邮件的发送和接收与其他互联网通信一样，都需要遵循特定的协议，以保障通信的畅通。目前常用的电子邮件协议主要包括 4 种。

- **HTTP 协议**

HTTP（Hyper Text Transfer Protocol，超文本传输协议）是互联网中使用最广泛的协议之一。其不仅用于邮件的传输，还用于互联网网页的浏览。多数电子邮箱服务商都允许用户使用 HTTP 协议访问电子邮箱。这种访问电子邮箱的方式被称作 WebMail（网页邮箱）。

使用 HTTP 协议访问电子邮箱的优点是无需下载专用的电子邮件客户端，直接通过浏览器就可以登录邮箱，进行邮件收发工作，十分方便。

使用 HTTP 协议的缺点在于，当浏览完一份邮件后关闭浏览器，再次打开该邮件时仍然需要重新下载一次，无法将邮件永久保留到本地计算机中。因此，这种方式主要会被应用在各种公共场合，例如网吧、学校机房等。

- **SMTP 协议**

SMTP（Simple Mail Transfer Protocol，简单邮件传输协议）是目前应用比较广泛的邮件发送协议，其使用 25 号端口。几乎所有的邮件服务提供商都支持该协议。

使用 SMTP 协议时需要独立的邮件客户端，用户在邮件客户端中编撰邮件，然后再通过客户端提供的 SMTP 协议发送邮件。SMTP 协议发送邮件的效率较 WebMail 更高，支持群发和匿名发送。

- **POP3 协议**

POP3（Post Office Protocol Version 3，第三版邮局协议）是一种十分常用的邮件接收协议，其使用 110 号端口，许多邮件服务提供商都支持 POP3 协议。

使用 POP3 协议时需要独立的邮件客户端，其优点是可以将所有的邮件下载到本地计算机中，再次打开邮件时不需要重复下载。用户可设置下载邮件后是否将邮箱中的邮件一并删除。

❑ **IMAP 协议**

IMAP（Internet Message Access Protocol，互联网信息存储协议）也是一种比较流行的邮件传输协议。与 POP3 和 SMTP 不同，IMAP 是一种双向的邮件传输协议，既支持发送，也支持接收。使用 IMAP 协议同样需要一个独立的邮件客户端。

IMAP 协议是一种较新的邮件传输协议。早先的 POP3 协议在接收完每封邮件后，会自动地断开一次，然后再连接服务器。IMAP 协议则可以待所有邮件完全接收完毕后再断开，因此效率高一些。同时，IMAP 协议支持多个用户同时连接到同一邮箱中，功能更加强大。因此，目前各主要的电子邮件服务提供商基本都开始提供 IMAP 服务。

11.1.3 使用网络电话

网络电话又称为 VOIP 电话，是通过互联网直接拨打对方的固定电话和手机，包括国内长途和国际长途。

宏观上讲可以分为软件电话和硬件电话。软件电话就是在计算机上下载软件，然后购买网络电话卡，然后通过耳麦实现和对方（固话或手机）进行通话；硬件电话比较适合公司、话吧等使用，首先要一个语音网关，网关一边接到路由器上，另一边接到普通的话机上，然后普通话机即可直接通过网络自由呼出了。

1. 网络电话原理

网络电话通过把语音信号数字化处理、压缩编码打包、透过网络传输、然后解压、把数字信号还原成声音，让通话对方听到。话音从源端到达目的端的基本过程如下。

❑ **声电转换** 通过压电陶瓷等类似装置将声波变换为电信号。
❑ **量化采样** 将模拟电信号按照某种采样方法（比如脉冲编码调制，即 PCM）转换成数字信号。
❑ **封包** 将一定时长的数字化之后的语音信号组合为一帧，随后按照国际电联（ITU-T）的标准，将这些帧封装到一个 RTP（即实时传输协议）报文中，并被进一步封装到 UDP 报文和 IP 报文中。
❑ **传输** IP 报文在 IP 网络由源端传递到目的端。
❑ **去抖动** 去除因封包在网络中传输速度不均匀所造成的抖动音。
❑ **拆包** 用来实现解压的过程，即将接收的数字信号还原成声音。
❑ **语音网关** 使普通电话能够通过网络进行通话的电子设备；根据使用电话的部数有一口语音网关，两口语音网关，四口语音网关，八口语音网关等。

2. 网络电话实现方式

网络电话软件利用独特的网络技术、手机软件技术及全球优质线路资源，为广大用户提供面向全球的、可呼叫国内国际任意电话与手机的互联网电话服务。目前，拨打方式有 3 种。

- **PC to PC**

这种方式适合那些拥有多媒体计算机，并且可以连上互联网的用户，通话的前提是双方计算机中必须安装有同套网络电话软件。

这种网上点对点方式的通话，是 IP 电话应用的雏形，它的优点是相当方便与经济，但缺点是通话双方必须事先约定时间同时上网，而这在普通的商务领域中就显得相当麻烦。

- **PC（sip）to Phone**

作为呼叫方的计算机，拨打从计算机到市话类型的电话，而被叫方拥有一台普通电话。

这种方式除了付上网费和市话费用外，还必须向 IP 电话软件公司付费。目前这种方式主要用于拨打到国外的电话，但是这种方式仍旧十分不方便，无法满足公众随时通话的需要。

- **Phone to Phone**

这种方式即“电话拨电话”，需要 IP 电话系统的支持。IP 电话系统一般由 3 部分构成：电话、网关和网络管理者。电话是指可以通过本地电话网连到本地网关的电话终端；网关是 Internet 网络与电话网之间的接口，同时它还负责进行语音压缩；网络管理者负责用户注册与管理，具体包括对接入用户的身份认证、呼叫记录并有详细数据（用于计费）等。

11.1.4 聊天工具简介

聊天工具又称 IM 软件或者 IM 工具，主要提供基于互联网络的客户端进行实时语音、文字传输。从技术上讲，主要分为基于服务器的 IM 工具软件和基于 P2P 技术的 IM 工具软件。

IM 是 Instant Messaging（即时通讯、实时传讯）的缩写。这是一种可以让使用者在网络上建立某种私人聊天室（Chatroom）的实时通讯服务。

大部分的即时通讯服务提供了状态信息的特性——显示联络人名单，联络人是否在线及能否与联络人交谈。目前在互联网上受欢迎的即时通讯软件包括百度 hi、QQ、MSN Messenger、AOL Instant Messenger、Yahoo! Messenger、NET Messenger Service、Jabber、ICQ 等。

11.2 网页浏览器软件

网页浏览器软件是一种读取网页服务器或系统内的 HTML 数据展示给用户，并允许用户与这些数据互动的工具。网页浏览软件还支持多种格式的音频、视频文件，并且能够通过支持插件（Plug-ins）来扩展功能。

11.2.1 Opera 浏览器

Opera 浏览器因为它的快速、小巧和比其他浏览器更佳的标准兼容性获得了国际上的最终用户和业界媒体的承认，并在网上受到很多人的推崇。Opera Software 开发的 Opera 浏览器是一款适用于各种平台、操作系统和嵌入式网络产品的高品质、多平台产品。

在该界面中，主要由标签、工具按钮、地址栏、收藏栏、状态栏和 Google 搜索框等构成，如图 11-2 所示。

图 11-2 Opera 浏览器

1. 浏览网页

首先，在【地址栏】中输入网页的地址，如图 11-3 所示。然后，按 Enter 键，即可打开网页，如图 11-4 所示。

图 11-3 输入网页地址

图 11-4 转到的页面

右击网页的标签，执行【关闭】命令，即可关闭当前标签以及所显示的网页，如图 11-5 所示。

2. 使用书签

该浏览器中的“书签”功能，其实与其他浏览器中的“收藏夹”功能一样，都是帮助用户记录一些网页地址。

例如，在网页的【地址栏】后面单击【星标目录】按钮，如图 11-6 所示。在打开的提示框中，单击【加入书签】按钮，即可将该地址收到书签库中，并且在【地址栏】中"星标目录"（书签）将以"黄色"显示，如图 11-7 所示。

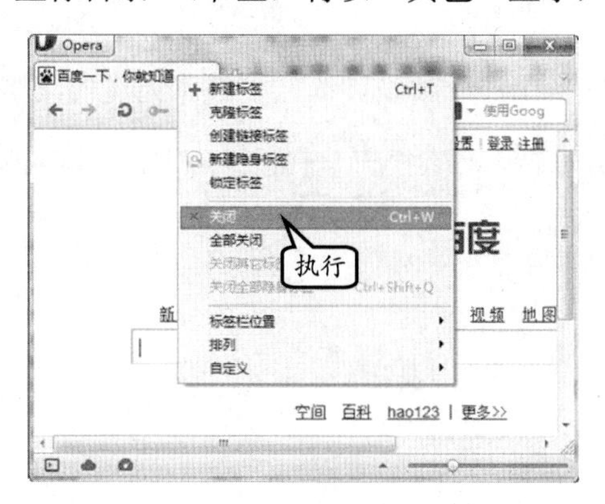

图 11-5 关闭标签

图 11-6 单击【星标目录】按钮

此时，用户可以在左上角单击 Opera 按钮，并执行【书签】命令，即可在级联菜单中看到已经添加的网页地址，如图 11-8 所示。

图 11-7 "星标目录"的颜色变化

图 11-8 查看所添加的地址

当然，如果用户要删除该地址，可以单击【Opera】按钮，并再执行【书签】|【管理书签】命令。然后，在弹出的【书签】标签中，选择需要删除的网页地址，并单击【删除】按钮即可，如图 11-9 所示。

用户也可以单击【地址栏】后面的【星标目录】按钮，再单击【删除书签】按钮同样可删除已经添加的当前地址，如图 11-10 所示。

图 11-9 删除网页地址

图 11-10 删除书签

11.2.2 谷歌浏览器

谷歌浏览器（Google Chrome）是由 Google 推出的一款设计简洁、技术先进的浏览器。其设计目标是稳定、高效和安全。

通过谷歌浏览器，用户可以更加快速、安全地浏览网页。双击谷歌浏览器图标即可打开谷歌浏览器的界面，该界面设计沿袭了 Google 一贯的简洁作风，主要由标签栏、地址栏等构成，如图 11-11 所示。

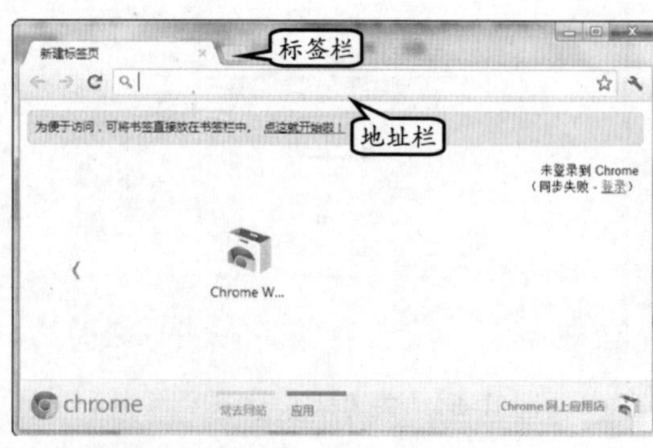

图 11-11 谷歌浏览器界面

1. 使用谷歌浏览器浏览网页

谷歌浏览器采用目前较流行的标签浏览方式。用户可以打开新标签页，在新标签页中浏览网页。当浏览完毕后，用户可以关闭标签页。

用户可以在【地址栏】中，直接输入网页地址，如图 11-12 所示。按 Enter 键，即可跳转到指定的页面，如图 11-13 所示。

图 11-12 输入网页地址

图 11-13 跳转指定页面

如果要在新的标签中打开指定的网页，用户可以单击【标签栏】中的【新建标签】按钮，如图 11-14 所示。

在新标签页的【地址栏】中输入网页的地址，并按 Enter 键，即可跳转到指定的页面，如图 11-15 所示。

图 11-14 创建新标签页

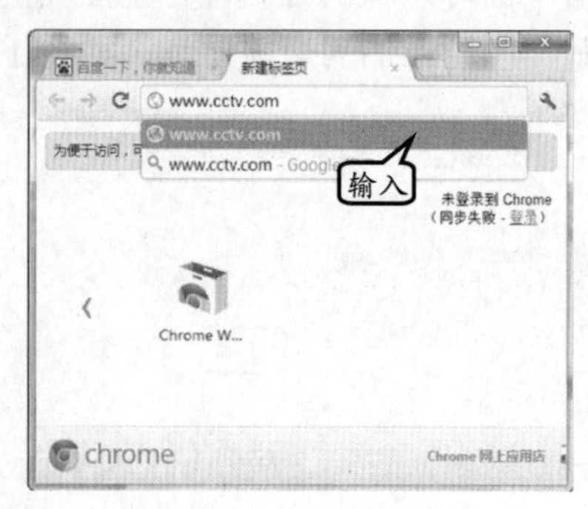

图 11-15 输入网地址

提 示

标签页是Google浏览器中最重要的元素，与目前大部分的分页浏览器不同，Google浏览器将标签放在了窗口的最上方，可以通过拖拽标签来交换标签的位置。每个标签都有自己的控制按钮组和称为“Oxmnibox”的网址列。

浏览网页后，单击当前标签右侧的【关闭】按钮，即可关闭当前标签页，如图11-16所示。

用户也可以右击需要关闭的页面标签，通过执行【关闭标签页】命令关闭当前的标签页，如图11-17所示。

图 11–16 关闭标签页

图 11–17 命令关闭标签页

提 示

谷歌浏览器中每一个标签页都是一个沙盒（Sandbox）,它不仅可以防止恶意代码对用户系统的破坏。与Internet Explorer 7的“保护模式”类似，它遵守最小权限原则，每个动作的权限都会被限制起来，仅能运算而无法写入数据或从敏感区域读取数据。

2．使用隐身模式浏览网页

谷歌浏览器支持隐身模式浏览网页。在特殊的场合，使用隐身模式浏览网页可以保护个人隐私和信息安全。

首先，单击【地址栏】右侧的【自定义并控制】按钮，执行【新建隐身窗口】命令，如图11-18所示。

然后，再弹出的新窗口即为隐身窗口，如图11-19所示。而该窗口的【标签栏】中，将显示一个“人带帽”图标。

图 11–18 单击按钮

图 11–19 隐身窗口

此时，在该窗口的【地址栏】中输入网页的地址，然后按 Enter 键，即可在隐身模式下浏览网页。

3．使用谷歌浏览器进行搜索

谷歌浏览器支持直接搜索，在浏览器地址栏中输入搜索关键词，即可使用浏览器的默认搜索引擎进行搜索。

在“谷歌浏览器”的【地址栏】中输入需要搜索的网页地址，当在【地址栏】中出现提示“按 Tab 可通过百度进行搜索”时，按 Tab 键，如图 11-20 所示。

此时，在【地址栏】中将显示一个“用百度搜索:”提示内容，并且用户可以在【地址栏】中输入要搜索的内容，如图 11-21 所示。

图 11-20 输入具有搜索功能网址

图 11-21 按 Tab 键选择搜索网页后

例如，在提示信息后面输入“学习”，并按 Enter 键，如图 11-22 所示。然后，浏览器将直接跳转到“百度”的搜索结果页，如图 11-23 所示。

图 11-22 输入搜索内容

图 11-23 显示搜索结果

11.3 电子邮件软件

用户可以通过网页的方式登录到邮箱站点接收和发送电子邮件。但在实际应用中，可能存在网络速度、管理及保存等原因，用户无法更安全地使用电子邮件。

因此，利用电子邮件软件的邮件管理功能，可以收发电子邮件，可以省去登录站点的时间轻松地收发电子邮件，并可以远程管理邮箱中的电子邮件。

11.3.1 邮件梦幻快车

邮件梦幻快车是一款专业的电子邮件软件，主要用于管理和收发电子邮件。它采用多用户和多账号方式管理电子邮件，支持 SMTP、eSMTP、POP3 等邮件协议。

1. 启动梦幻快车

启动“梦幻快车”软件时，将弹出【配置用户信息】对话框，选择“1.此电脑只有一个人使用”选项，单击【下一步】按钮，如图 11-24 所示。

在弹出的【数据保存路径】对话框中，用户可以选择“存储在 DreamMail 的安装目录下 D:\DreamMail4\User\”选项，并单击【完成】按钮，如图 11-25 所示。

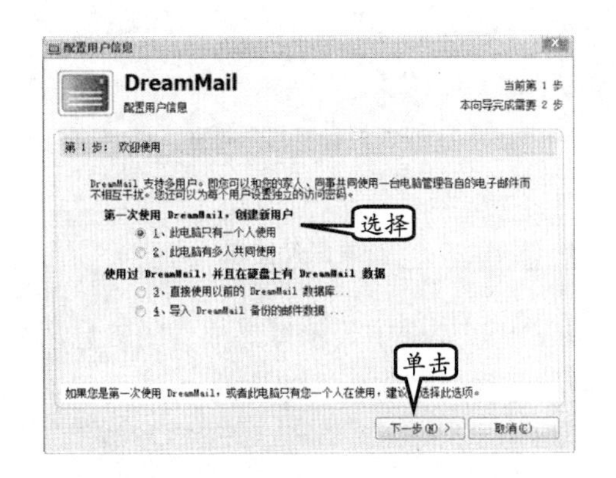

图 11-24 创建新用户

图 11-25 选择邮件存储位置

此时，将弹出【增加邮件账号向导】对话框，在【电子邮件地址】、【邮箱密码】和【您的姓名】文本框中，分别输入相关内容，如图 11-26 所示。

此时，用户可以先单击【测试账号】按钮，来检查邮箱是否能够连接成功，如图 11-27 所示。

图 11-26 输入邮箱地址

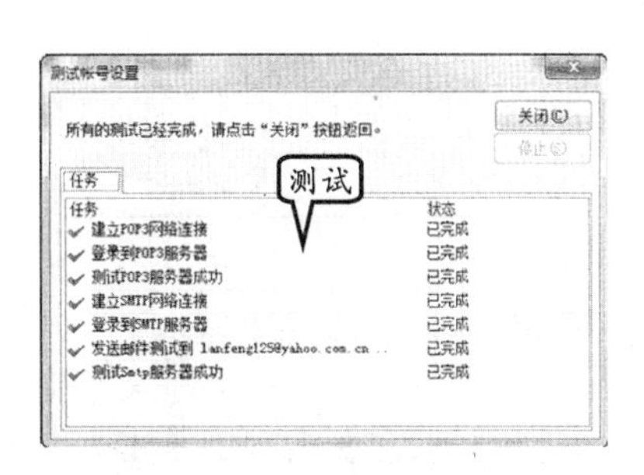

图 11-27 测试邮箱连接

测试完成后，可单击【关闭】按钮返回到【增加邮件账号向导】中的【电子邮件地址】对话框，并单击【完成】按钮。

此时，将弹出 DreamMail 窗口，并显示已经连接的邮箱内容，如图 11-28 所示。另外，用户还可以在【任务栏】的【通知区】内查看到已经启动的软件图标。

2. 查看已经接收的邮件

在左侧的【邮件夹】列表中，用户可以单击邮箱名称前边的【展开】按钮，查看到已收邮件、垃圾邮件、待发邮件、已发邮件等内容，如图 11-29 所示。

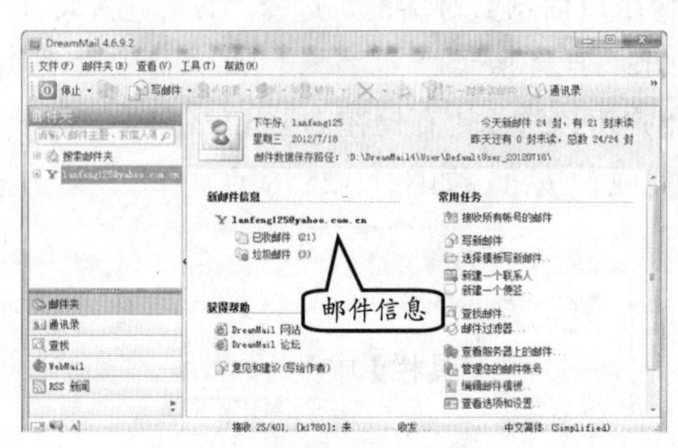

图 11-28 查看 DreamMail 窗口界面

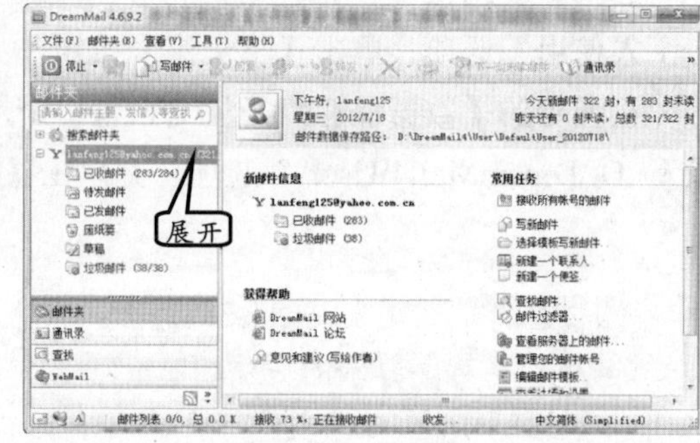

图 11-29 查看邮件信息

然后，用户单击【已收邮件】目录选项，将在中间列表中显示每封邮件的信息，如图 11-30 所示。同时，用户可以在最右侧列表中，查看到当前所选邮件的内容。

3. 远程管理邮件

在 DreamMail 窗口中，执行【工具】|【远程管理】命令，将弹出【远程管理】窗口，如图 11-31 所示。然后，单击【工具栏】中的【下载所有账号的邮件列表】按钮，开始读取邮箱中邮件。

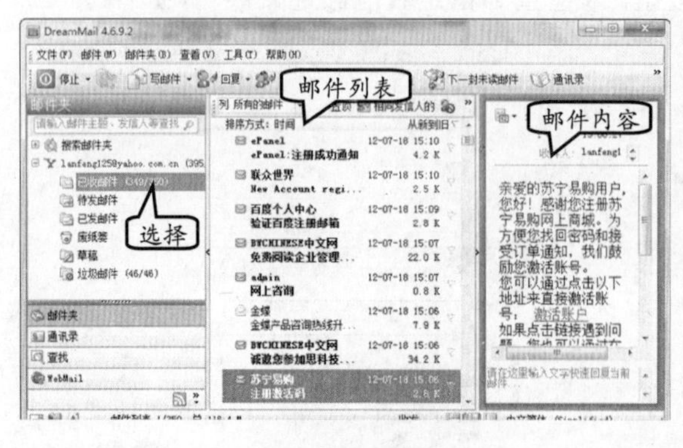

图 11-30 查看到邮件内容

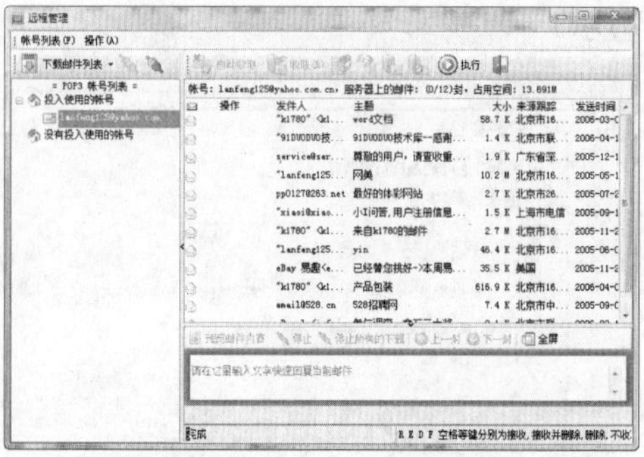

图 11-31 读取邮箱中的邮件

在【远程管理】窗口的【工具栏】中，包含有 11 个按钮，这些按钮的功能如表 11-1 所示。

表 11-1 【工具栏】中各按钮的功能

图　标	功　　能
列选择帐号	读取选择账号邮箱中的邮件
停止	终止当前账号的邮箱邮件读取操作
列所有帐号	多用户时，单击该按钮，将读取所有用户账号邮箱中的邮件
自动收取	自动收取邮件
收取(R)	收取选择的邮件
收取并删除(E)	收取选择的邮件，并将其在邮箱中删除
删除(D)	删除选择的邮件
(无)(F)	取消对选择邮件进行的操作
永不收取(V)	将永不收取选择的邮件
执行	执行对邮件所做的操作
返回	回到主窗口

在【远程管理】窗口中，选择邮件并单击【预览邮件内容】按钮，在右下边窗格中可以阅读邮件内容，如图 11-32 所示。

选择主题为“尊敬的先生 您好”的邮件，并单击【工具栏】中的【永不收取】按钮，如图 11-33 所示。

此时，在右侧窗格中，将在【操作】列表中，显示“永不收取”文本内容，单击【执行】按钮，即可执行该操作，如图 11-34 所示。

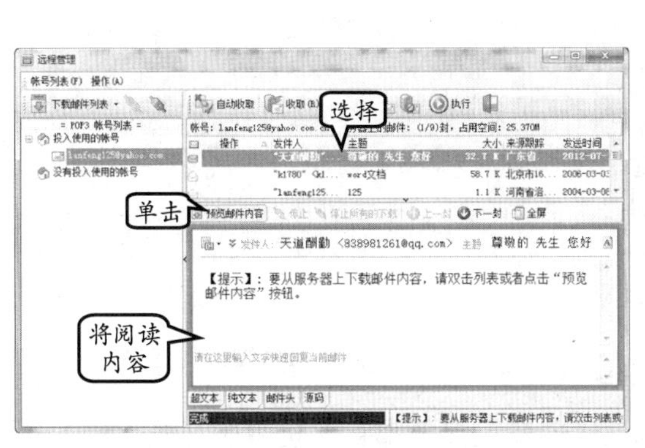

图 11-32 阅读邮件内容

图 11-33 永不收取

提　示

单击【执行】按钮后，将弹出新邮件到达的倒计时对话框，在该对话框中，显示收取邮件存放的位置。

11.3.2 Mozilla Thunderbird

Mozilla Thunderbird 是经过对 Mozilla 邮件组件重新设计后的产品，其目标是为那些还在使用没有整合邮件功能的单独浏览器或者需要一个高效的邮件客户端的用户提供一个跨平台的邮件解决方案。

Mozilla Thunderbird 的主界面包含有菜单栏、工具栏、文件夹窗格、邮件列表和邮件预览窗格，如图 11-35 所示。

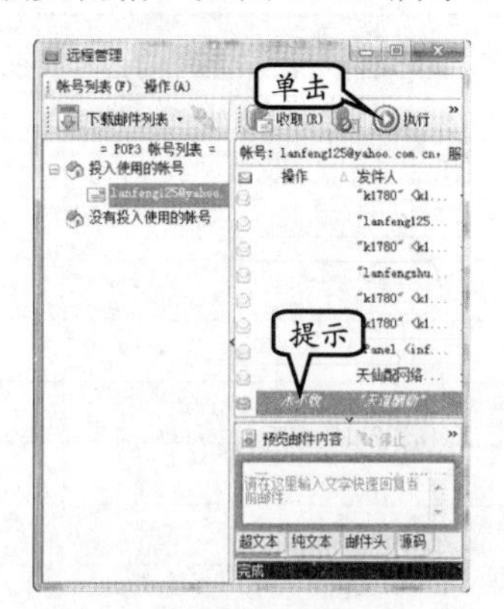

图 11-34 执行操作

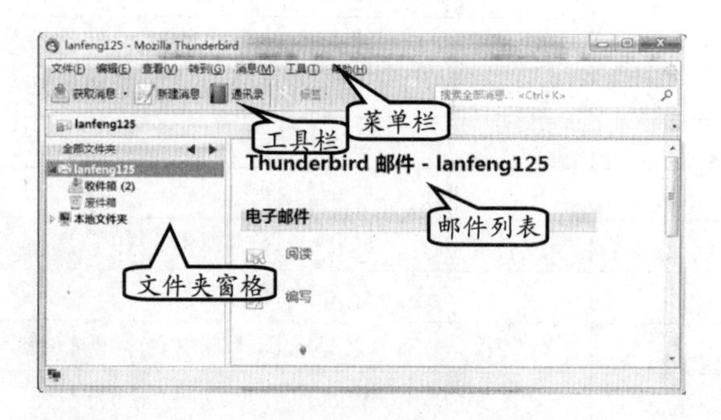

图 11-35 Mozilla Thunderbird 窗口

1．启动 Thunderbird

当 Mozilla Thunderbird 软件安装后，将弹出【用户向导】对话框，采用向导式创建新账号。

在弹出的【邮件账户设置】对话框中，输入用户名和电子邮件地址，单击【继续】按钮，如图 11-36 所示。

在弹出的对话框中，将自动测试与服务之间的连接，并分别检测 IMAP 和 SMTP 服务器，如图 11-37 所示。如果连接成功，单击【创建账户】按钮。

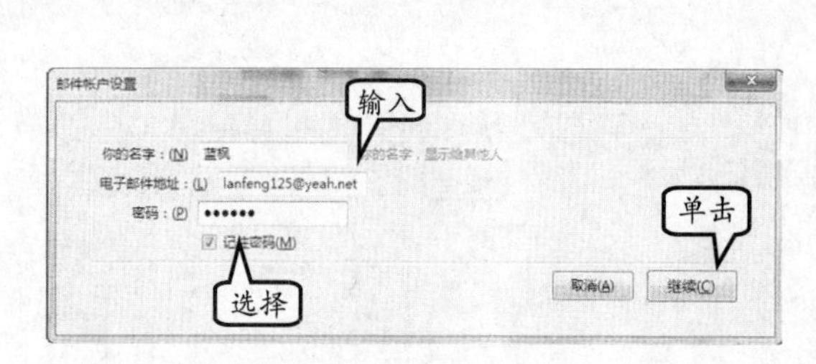

图 11-36 输入用户名和电子邮件地址

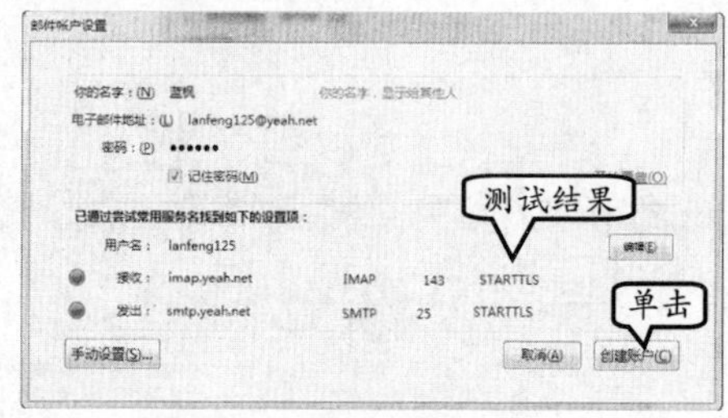

图 11-37 与服务器进行连接

此时，在弹出窗口中，将显示与服务器已经创建连接的邮箱，可单击【收件箱】查看邮箱内容，如图 11-38 所示。

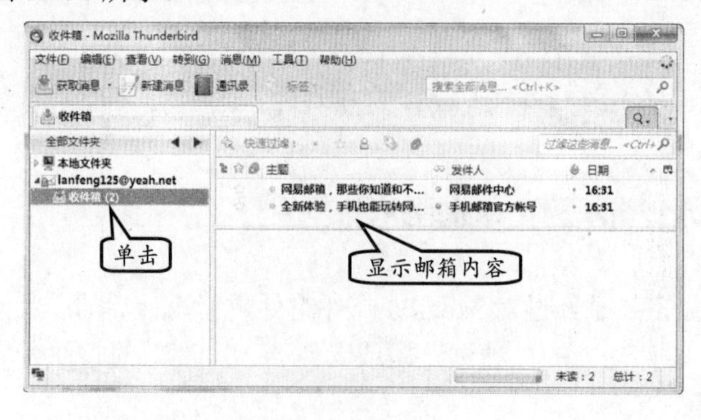

图 11-38 查看邮件内容

提　示

在前面的介绍界面时，所看到【全部文件夹】列表中邮箱地址，与后面向导创建的账号的邮箱不一样。因为，在之前通过 POP 服务进行连接，而后面使用 IMAP 服务器连接。

2. 查看及删除邮件

账户向导完成后，将弹出 Mozilla Thunderbird 窗口。在该窗口中，可以直接对邮箱中的信息进行阅读、删除等管理功能。

例如，在【全部文件夹】列表中，展开“lanfeng125@yeah.net”选项，并选择【收件箱】选项。

然后，在右侧选择一封邮件，在【阅读】窗格中显示“为了保护您的隐私，Thunderbird 已经禁止了这个消息中的远程内容。”信息，如图 11-39 所示。

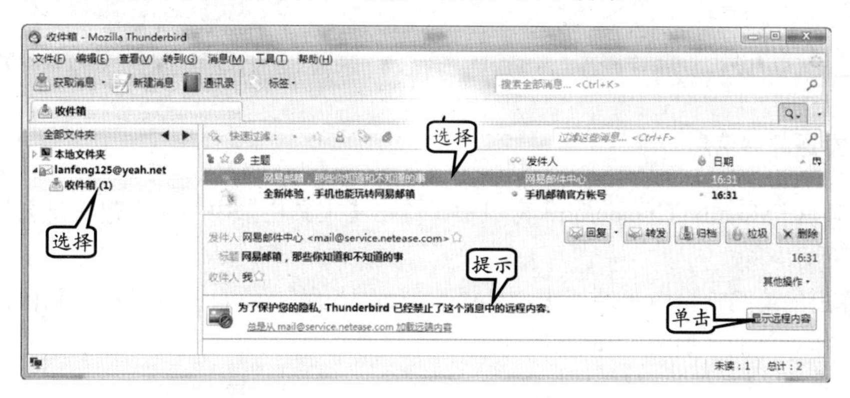

图 11-39　选择邮件

此时，用户在【阅读】窗格中单击提示信息后面的【显示远程内容】按钮，即可显示该邮件的内容，如图 11-40 所示。

图 11-40　显示邮件内容

如果用户要删除垃圾或者不重要的邮件，同样选择需要删除的邮件，并在【阅读】

窗格的工具栏中单击【删除】按钮，如图 11-41 所示。

当然，用户选择某邮件，执行【编辑】|【删除消息】命令，也可以删除所选择的邮件，如图 11-42 所示。

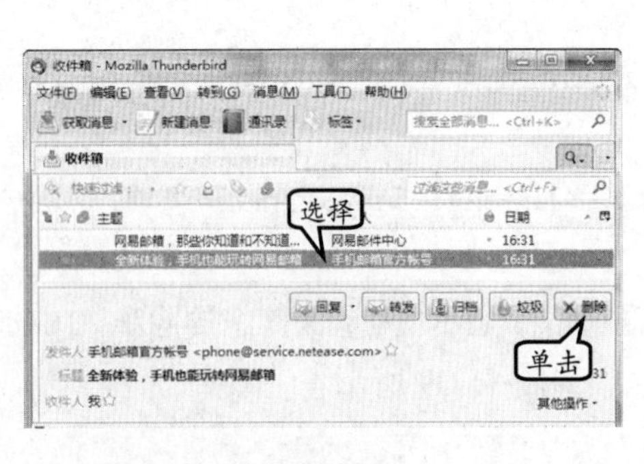

图 11-41　删除邮件

图 11-42　通过命令删除邮件

3．发送邮件信息

例如，在 Mozilla Thunderbird 窗口中，单击【工具栏】中的【新建消息】按钮，如图 11-43 所示。

在弹出的编写窗口中，输入【收件人】地址，如自己给自己发送一封邮件，可以输入自己的邮箱地址，如图 11-44 所示。

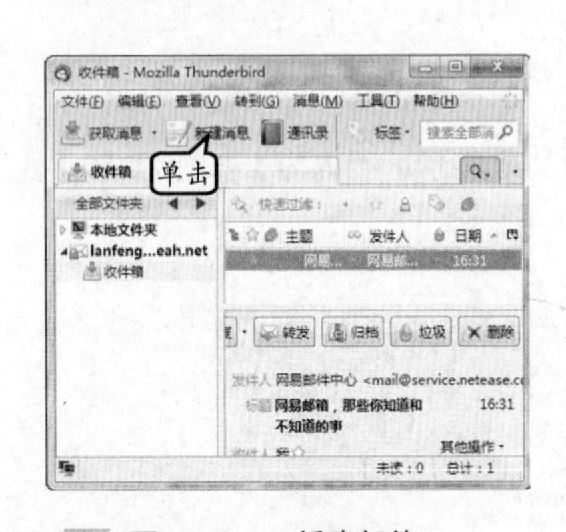

图 11-43　新建邮件

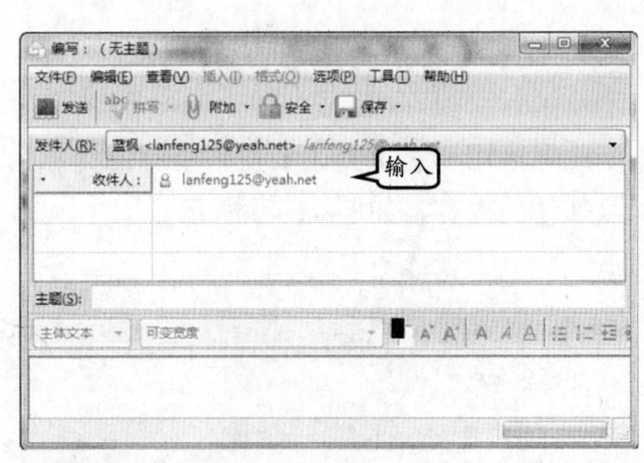

图 11-44　输入收件人地址

然后，在【主题】文本框中，输入邮件的名称，如输入“创建自己的第一封邮件”，如图 11-45 所示。同时，在编写窗口标题后面，将显示邮件主题名称。

接着，在【主题】的下方编写邮件内容，如图 11-46 所示。用户也可以利用邮件内容上面的【工具栏】设置邮件文本的字体样式。

现在，用户可以单击【工具栏】中的【发送】按钮发送该邮件内容，如图 11-47 所示。

但是，在发送过程中，将弹出【需要提供 SMTP 服务器密码】对话框，并要求用户再次输入邮箱的登录密码，如图 11-48 所示。

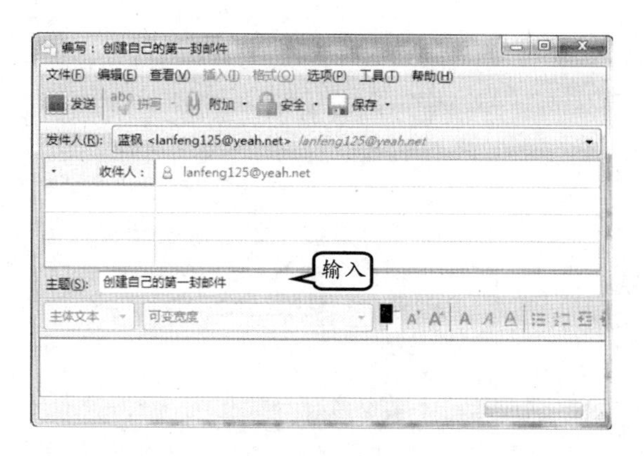

图 11-45　输入主题内容

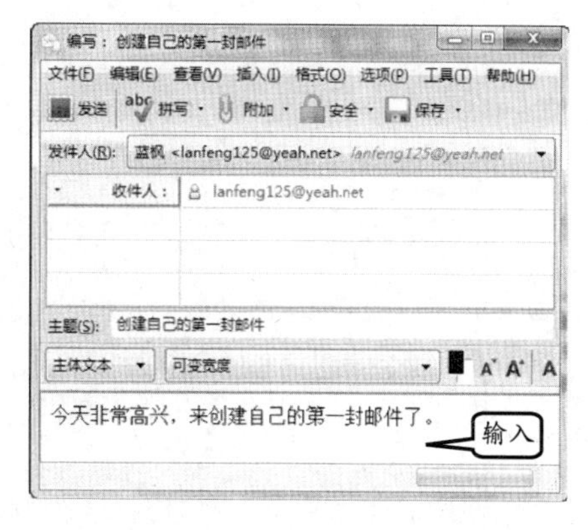

图 11-46　输入邮件内容

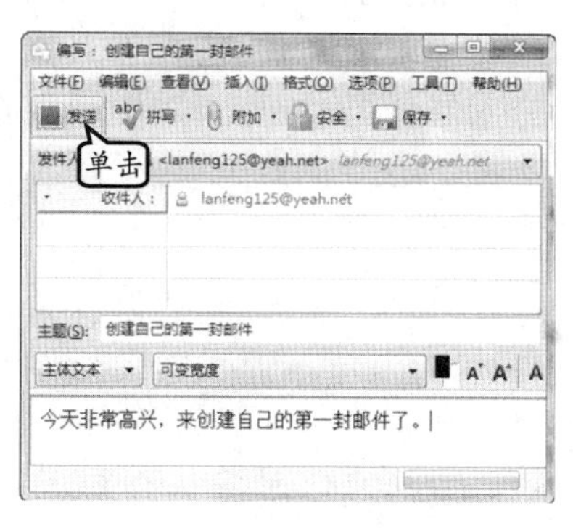

图 11-47　发送邮件消息

图 11-48　提示输入密码

输入密码后，在 Mozilla Thunderbird 窗口中选择【收件箱】选项，即可查看到已经接收的新邮件，如图 11-49 所示。

提　示

当用户发送过邮件之后，在【收件箱】选项下面将多出一个【已发送消息】选项。用户通过选择该选项，可以查看已经发送的邮件及内容。

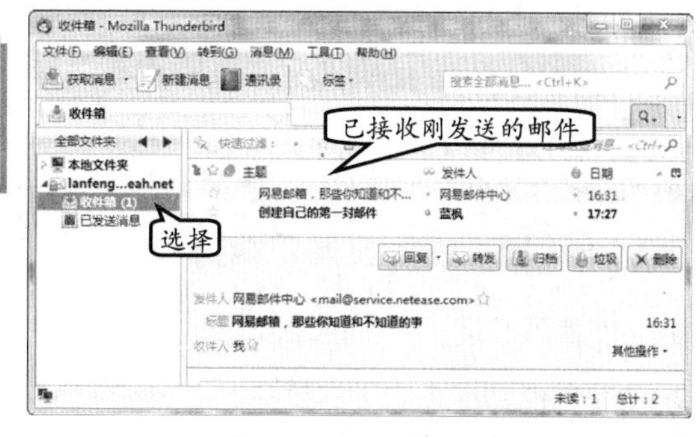

图 11-49　查看接收到新邮件

4．添加通讯录

在 Web 邮箱中，当用户发送邮件时，会在右侧看到一个【通讯录】列表，并显示当前邮箱中所存储所有联系人的邮箱地址。

而这个通讯录与普通的手机通讯录一样，主要帮助用户记录一些已知人员邮箱地址信息。当用户发送邮件时，不用输入邮箱地址，只需单击联系人名称即可。

例如，Mozilla Thunderbird 窗口中，单击【通讯录】按钮，如图 11-50 所示，将弹出【通讯录】窗口，并显示一些菜单、工具栏、个人通讯录和集合通讯录等内容，如图 11-51 所示。

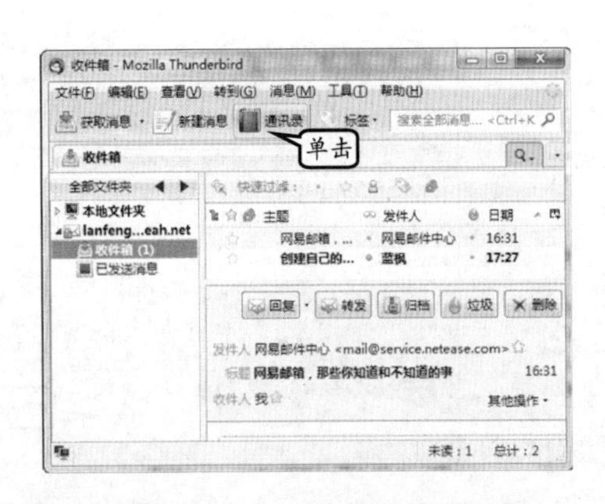

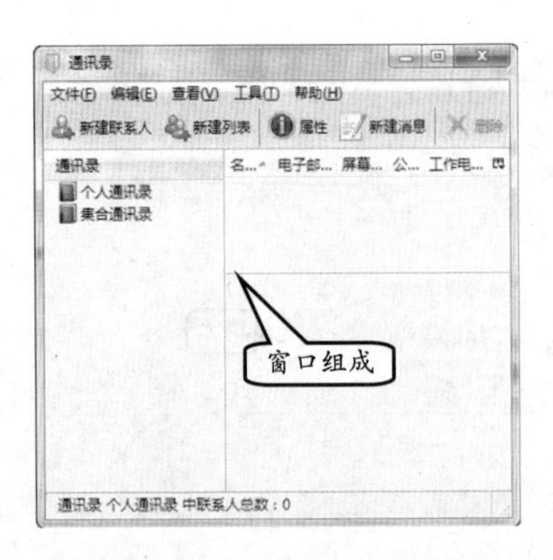

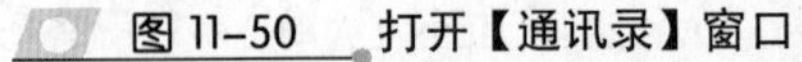
图 11-50　打开【通讯录】窗口

图 11-51　【通讯录】窗口

在【通讯录】窗口中，单击【新建联系人】按钮，如图 11-52 所示，将弹出【新建联系人】对话框。

然后，在弹出的对话框中，分别输入联系人的个人信息，如名字、工作、电子邮件等，并单击【确定】按钮，如图 11-53 所示。依次类推，用户可以创建多个联系人的信息，并在【通讯录】窗口显示出来。

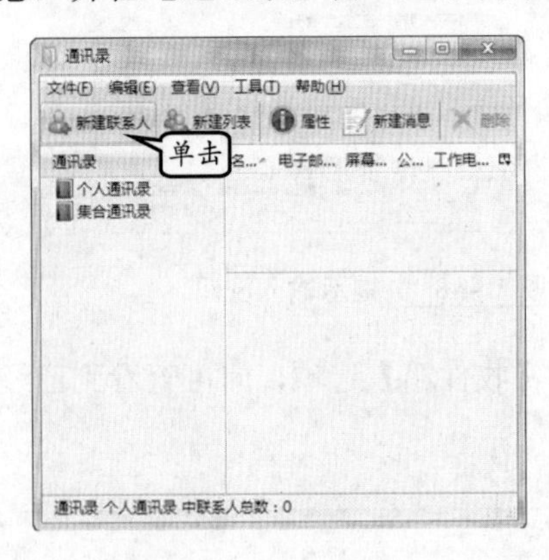

图 11-52　创建联系人

图 11-53　输入联系人信息

11.4　聊天工具与网络电话

“聊天工具”和“网络电话”都是通过网络进行通讯的一种方式。“聊天工具”现在已经家喻户晓了，并且有些用户在聊天过程中，手指在键盘风驰电掣。前几年，由于手机和话费比较昂贵，所以“网络电话”也比较受欢迎。

11.4.1　腾讯 QQ 工具

腾讯 QQ 是由深圳市腾讯计算机系统有限公司开发的一款基于 Internet 的方便、实用、高效的即时通信工具。它支持在线聊天、即时传送视频、语音和文件等多种多样的功能。启动该软件，弹出 QQ 2012 登录窗口，如图 11-54 所示。

提　示

如果用户初次安装并启动该软件，则登录窗口中左侧将显示一个企鹅图像，并且需要用户输入账号内容。

1．登录 QQ 软件

在 QQ 2012 登录窗口中，输入 QQ 账号和密码，单击【登录】按钮将弹出登录窗口；登录成功后，将显示【我的好友】分组，显示自己的头像及好友信息，如图 11-55 所示。

图 11-54　QQ 登录窗口

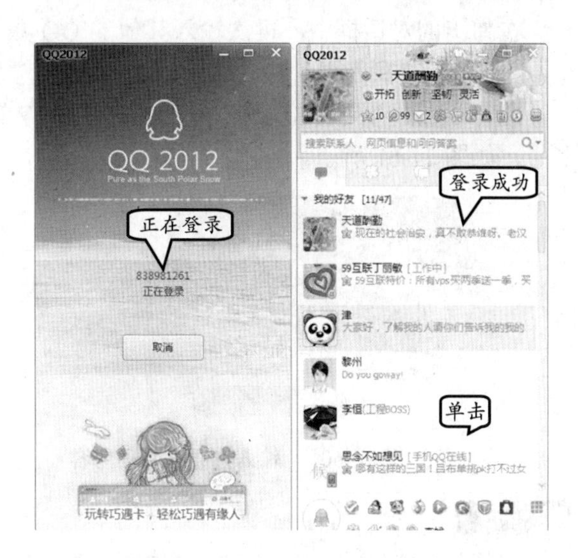

图 11-55　登录 QQ2012

2．多账号同时登录

当然，用户也可以进行多账号登录：在 QQ 2012 登录窗口中，单击【多账号】按钮，如图 11-56 所示。

此时，在切换的界面中，单击【添加 QQ 账号】按钮，如图 11-57 所示。

图 11-56　单击【多账号】按钮

图 11-57　添加 QQ 账号

在弹出的对话框中，用户可以单击第 1 个文本框后面的下三角按钮，选择账号，或者，直接在第 1 个文本框中输入账号内容，然后，再输入登录密码信息，并单击【确定添加】按钮，如图 11-58 所示。

然后，再次单击 QQ 图标后面的【添加待登录 QQ 账号】图标，如图 11-59 所示。

图 11-58 输入账户内容

图 11-59 再添加 QQ 账号

在弹出的对话框中，再次输入其他的 QQ 账号和密码内容，并单击【确定添加】按钮，如图 11-60 所示。

此时，可以看到已经有两个 QQ 账号显示，单击【登录】按钮即可同时登录两个 QQ 账号，如图 11-61 所示。

图 11-60 输入账号及密码内容

图 11-61 同时登录多个 QQ 账号

提 示

用户在添加两个账户之后，还可以继续单击【添加待登录 QQ 账号】图标，并再次的添加其他 QQ 账号内容。

3. 更改账号信息及头像

在 QQ 2012 窗口的左上方，单击 QQ 头像图标。在弹出的【我的资料】对话框中，输入个性签名；在生肖、血型、性别等下拉列表中选择参数修改个人资料，如图 11-62 所示。

在【我的资料】对话框中，单击【更换头像】按钮，打开【更换头像】对话框。然后，在该对话框的【系统头像】选项中，任选一个头像，单击【确定】按钮，如图 11-63 所示。

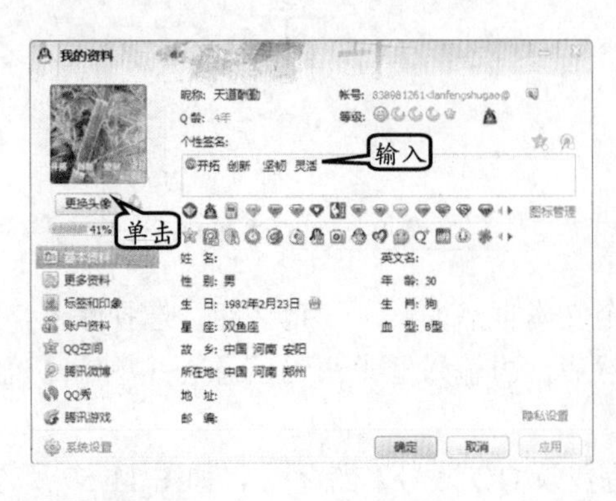

图 11-62 修改个人资料

图 11-63 更换头像

4. 添加好友

在 QQ 2012 窗口下方，单击【查找】按钮。在弹出的【查找联系人】对话框中，用户可以输入好友的 QQ 账号，单击【查找】按钮，如图 11-64 所示。

提 示

在【查找联系人】对话框中，除了通过 QQ 账号查找外，还可以直接在【向我打招呼的人】、【可能认识的人】和【有缘人】中查找。另外，用户还可以根据“条件查找”和“朋友网查找”等多种方法，查找好友。

除此之外，用户还可以在该对话框中，查找群、查找企业、巧遇卡等方式，查找所需要的信息。

图 11-64　输入账号

在该对话框中，单击【添加好友】按钮，打开添加好友对话框，并单击【下一步】按钮，如图 11-65 所示。

此时，将开始添加该好友，单击【完成】按钮完成添加，如图 11-66 所示。

图 11-65　添加好友

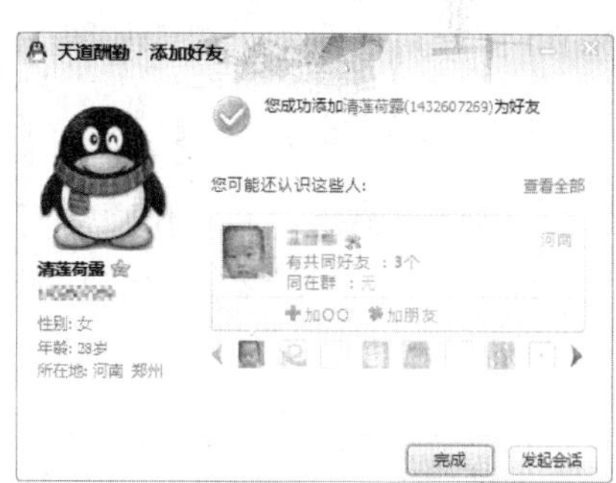

图 11-66　好友添加成功

5. 与好友聊天

在 QQ 窗口中，用户双击好友的头像即可弹出聊天窗口。然后，在下方的文本框中，输入所需要发送的消息，并单击【发送】按钮，如图 11-67 所示。

如果好友反馈信息，在打开聊天窗口时，将直接在窗口中显示其内容，并且【任务栏】图标闪烁，用户单击【任务栏】中的图标即可查看。

如果最小化 QQ 窗口，好友发送信息时其头像在【通知区】中闪烁，用户可以单击该头像弹出聊天窗口查看，如图 11-68 所示。

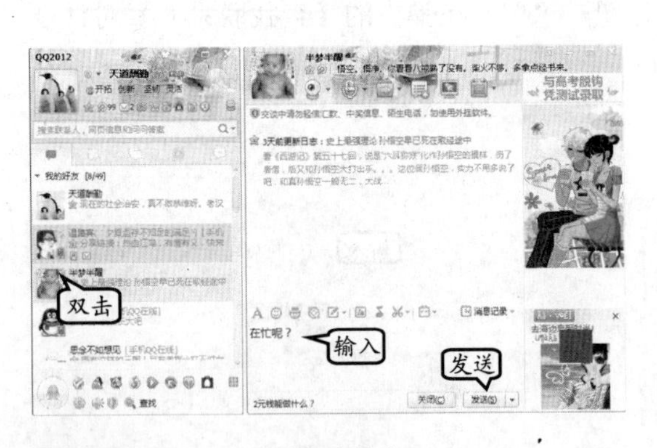

图 11-67 发送文字信息

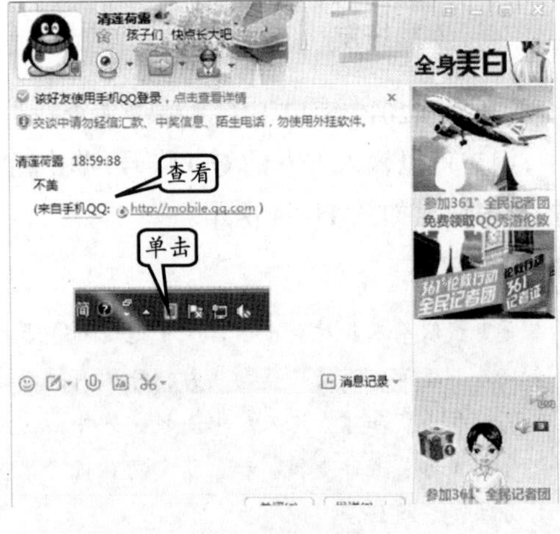

图 11-68 查看反馈信息

提 示

由于好友通过手机登录 QQ，所以在窗口中头像右下角显示一个手机图标；而且在【通知区】中，以手机图标闪烁。

11.4.2 UUCall 免费网络电话

UUCall 致力于向人们提供优质便捷的网络语音通讯，拥有自主知识产权的 VoTune 语音引擎技术，配合重金打造的矩阵服务器构架，全面提升网络语音通话质量。

它采用点对点免费通话方式实现全球性的清晰通话，全球范围内超低资费拨打固定电话、手机和小灵通，界面如图 11-69 所示。

1．注册新账号

在使用该软件之前，用户需要先注册一个新的账号。例如，在该软件界面中，单击【注册新的账号】链接，并在弹出的网页中输入用户信息，如图 11-70 所示。

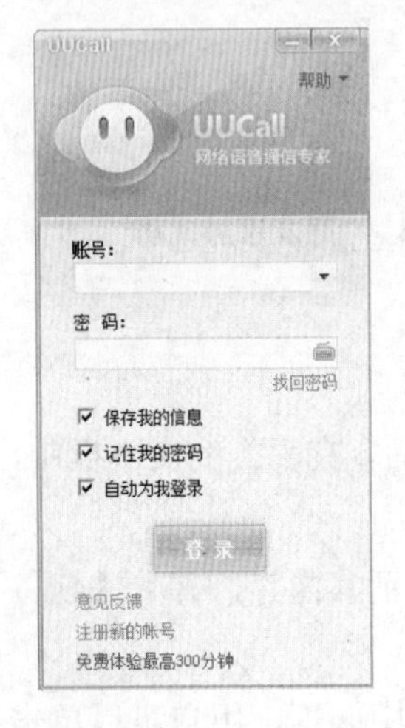

图 11-69 启动 UUCall 软件

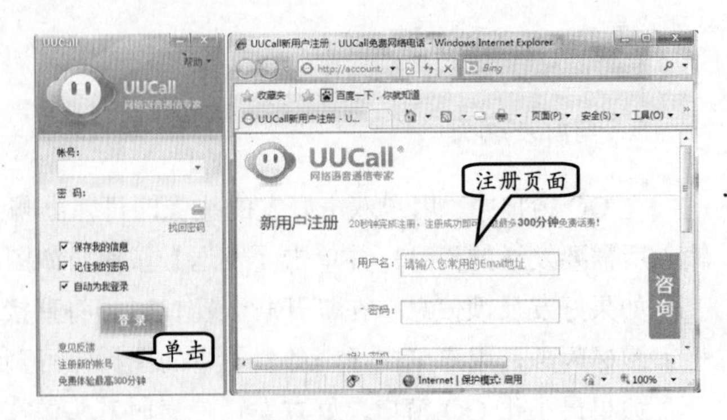

图 11-70 注册新账号

在"注册页面"中，用户可以根据页面各项提示，输入相关的信息，并单击【提交注册】按钮，如图11-71所示。

然后，在跳转的页面中将显示"恭喜您注册成功！"等相关信息，如图11-72所示。

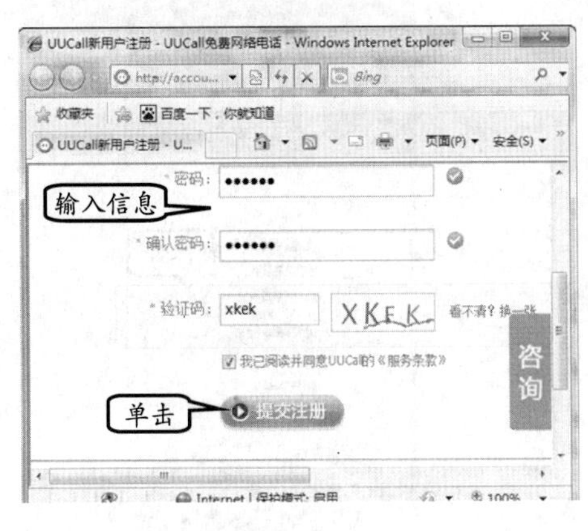

图11-71 提交注册内容

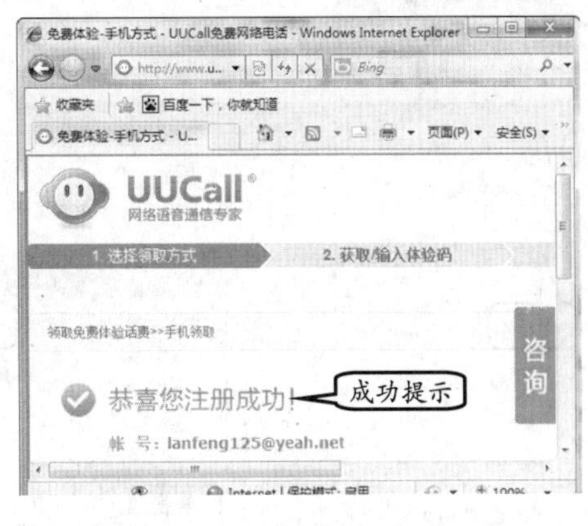

图11-72 注册成功

2. 添加联系人

在【用户登录】界面中，分别输入【账号】和【密码】内容，并单击【登录】按钮，如图11-73所示。

然后，将弹出UUCall网络电话窗口，其中包含了拨号使用的键盘、显示联系人按钮、拨号按键、挂断按键等，如图11-74所示。

图11-73 输入用户名密码

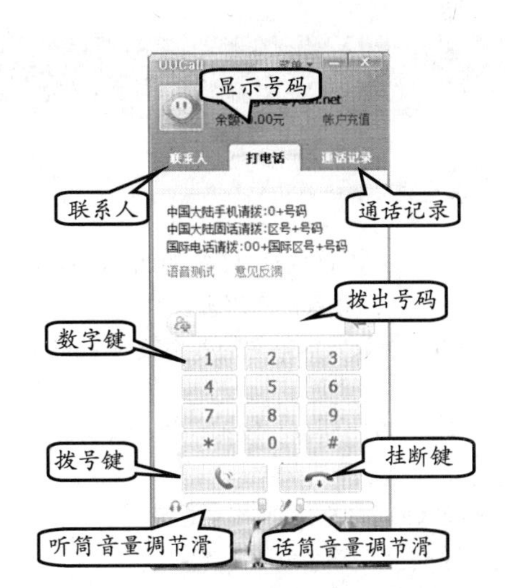

图11-74 UUCall网络电话窗口

在UUCall网络电话窗口中，选择【联系人】选项卡，单击【添加联系人】链接，如图11-75所示。

然后，在弹出的【添加联系人】对话框中，分别输入【姓名】、【手机号码】、【UUCall账号】等内容，单击【确定】按钮，如图11-76所示。

如果用户需要再次添加“联系人”，可右击界面空白处并执行【添加联系人】命令，如图 11-77 所示。

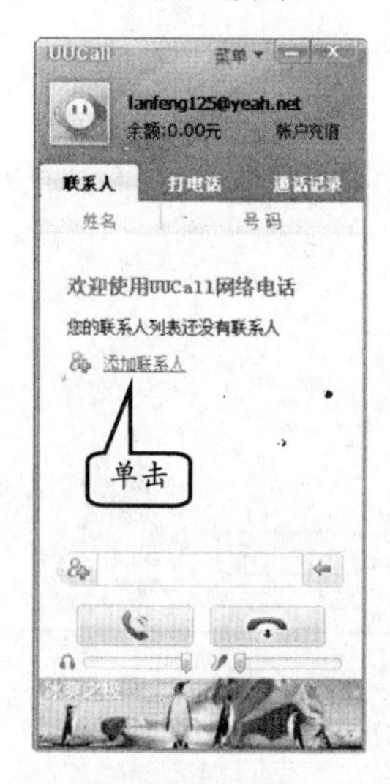

图 11-75 添加联系人

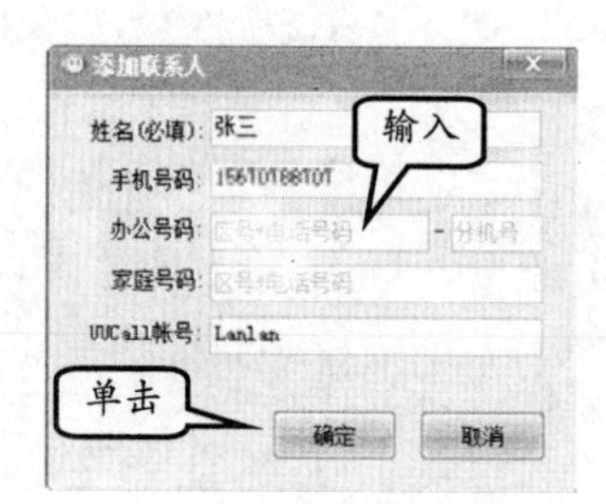

图 11-76 输入联系人信息

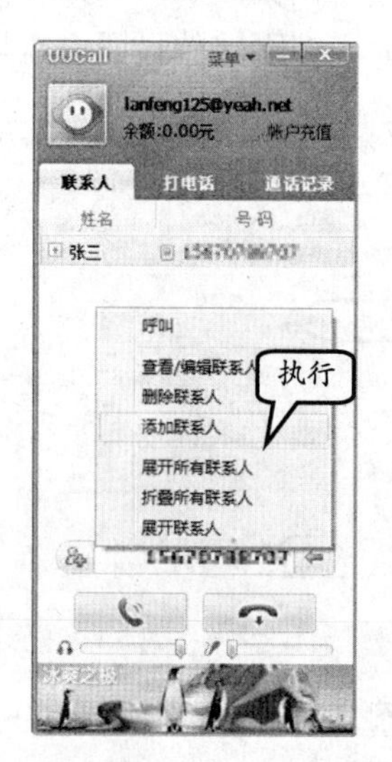

图 11-77 再次添加

提 示

拨打电话时，在数字键上的文本框中直接输入要拨打的号码，单击【拨号】按钮，也可拨打出电话。

提 示

在【通话记录】选项卡中，图标表示被叫号码；图标表示主叫号码；图标表示未接号码。

11.5 思考与练习

一、填空题

1．一个完整的电子邮箱地址通常包括______、________以及邮箱服务器的________。

2．SMTP 协议发送邮件的效率较 WebMail 更高，支持________和________。

3．通过 HTTP 协议收发邮件的方式又被称作________。

4．腾讯 QQ 目前已开发出运行在________、________和________等平台的版本。

5．网络电话与网络传真具有_____、_____、_____、______和______等优点。

二、选择题

1．手机诞生于 20 世纪________。

A．40 年代　　B．60 年代

C．70 年代　　D．80 年代

2．电子邮件的发送和接收，都需要获知发送者和接收者的________。

A．用户名　　B．密码

C．电子邮件地址　　D．IP 地址

3．以下哪种协议无法被应用于发送或接收电子邮件？________

A．POP3 协议　　B．SMTP 协议

C．IMAP 协议　　D．FTP 协议

4．网络电话被看作是_______的有力竞争者。

A．实体信件　　B．电话

C．电报　　D．卫星通信

5．网络电话能传输哪一种媒体？________

A．视频　　B．文本

C．图像　　D．语音

三、简答题

1．简述通信的历史。

2. 电子邮件协议主要有哪些？这些协议各有什么特点？

3. 列举 4 种以上的即时通信软件，并介绍即时通信软件的特点。

4. 网络电话主要分哪 3 种？这 3 种网络电话主要用于哪些方面？

四、上机练习

1. 更改 QQ 2012 的主题

QQ 2012 较之前的版本功能更加强大，界面设计也更加人性化，允许用户自定义界面的主题等。

在 QQ 2012 的【标题栏】中，单击【更改外观】按钮，如图 11-78 所示，即可打开【QQ 皮肤】面板，直接选择需要替换的皮肤即可，如图 11-79 所示。

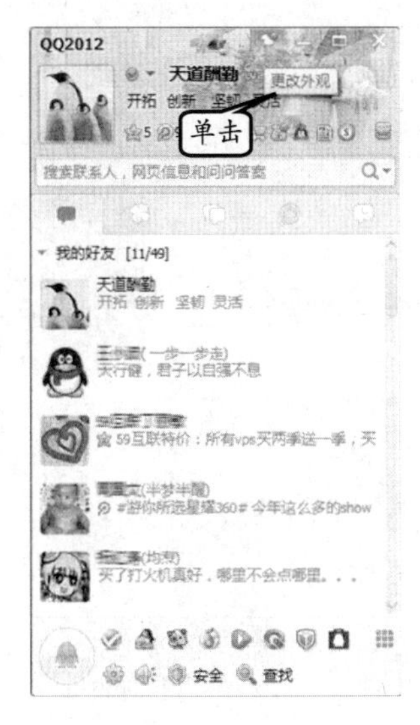

图 11-78 单击【更改外观】按钮

2. 打开【消息管理器】窗口

如果用户在 QQ 与多人进行聊天，要查询历史聊天记录，则可以打开【消息管理器】窗口。

在 QQ 2012 的界面下端单击【主菜单】按钮，执行【工具】|【消息管理器】命令，即可打开【消息管理器】窗口，如图 11-80 所示。

图 11-79 设置皮肤

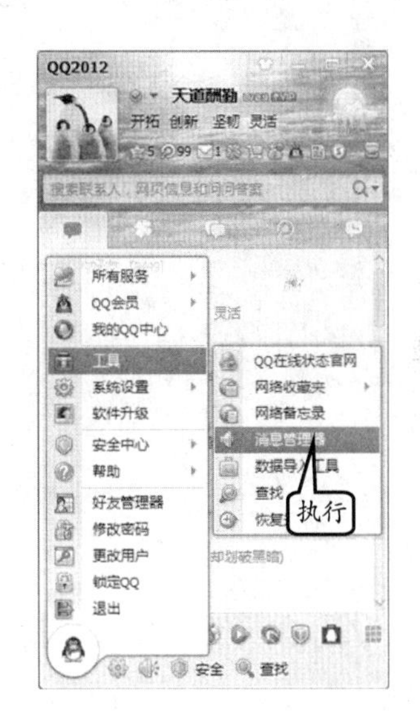

图 11-80 打开【消息管理器】窗口

第 12 章

计算机安全

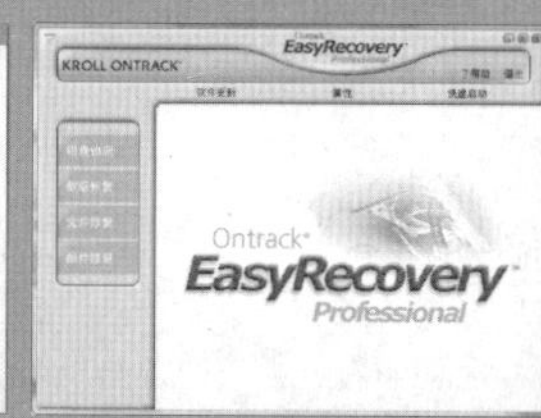

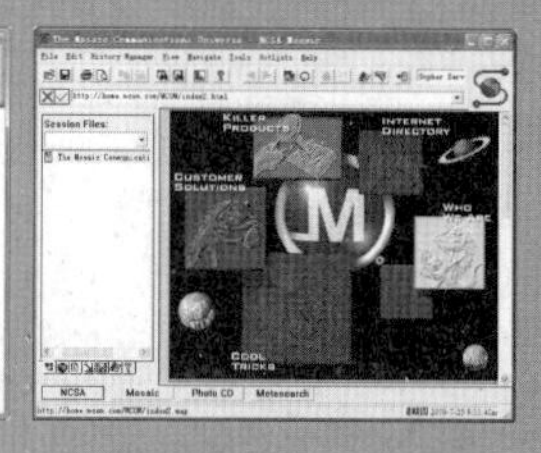

在生活和工作中，提到“计算机安全”一般并非指现在定义上的概念，而广泛指通过 Internet 上网受到外部一些程序（计算机病毒）的侵害，而造成无法正常运行、内容丢失、计算机设备（部件）的损坏等。随着，网民越来越多，计算机的安全问题尤为严峻。如何保障存储在计算机中的数据不丢失，计算机的硬、软件生产厂家也在努力研究和不断解决这个问题。本章就来介绍在计算机安全方面的一些辅助性软件，如杀毒软件、安全卫士、网络监控等。

本章学习要点：

- 了解计算机安全
- 认识计算机病毒
- 恶意软件
- 防火墙概述
- 网络监控
- 360 安全卫士
- 金山安全卫士
- 瑞星杀毒软件
- 天网防火墙
- BWMeter 软件
- 超级巡警

12.1 计算机安全概述

一般来说，安全的系统会利用一些专门的安全特性来控制对信息的访问，只有经过适当授权的人，或者以这些人的名义进行的进程可以读、写、创建和删除这些信息。

12.1.1 了解计算机安全

计算机网络安全是指通过采用各种技术和管理措施，使网络系统正常运行，从而确保网络数据的可用性、完整性和保密性。所以，建立网络安全保护措施的目的是确保经过网络传输和交换的数据，不会发生增加、修改、丢失和泄露等。

一般来讲，网络安全威胁有以下几种。

❑ **破坏数据完整性。**

破坏数据完整性表示以非法手段获取对资源的使用权限，删除、修改、插入或重发某些重要信息，以取得有益于攻击者的响应；恶意添加、修改数据，以干扰用户的正常使用。

❑ **信息泄露或丢失**

它是指人们有意或无意地将敏感数据对外泄露或丢失，它通常包括信息在传输中泄露或丢失、信息在存储介质中泄露或丢失以及通过建立隐蔽隧道等方法窃取敏感信息等。例如，黑客可以利用电磁漏洞或搭线窃听等方式窃取机密信息，或通过对信息流向、流量、通信频度和长度等参数的分析，推测出对自己有用的信息（用户账户、密码等）。

❑ **拒绝服务攻击**

拒绝服务攻击是指不断地向网络服务系统或计算机系统进行干扰，以改变其正常的工作流程，执行无关程序使系统响应减慢甚至瘫痪，从而影响正常用户使用，甚至导致合法用户被排斥不能进入计算机网络系统或不能得到相应的服务。

❑ **非授权访问**

它是指没有预先经过同意就使用网络或计算机资源，如有意避开系统访问控制机制，对网络设备及资源进行非正常使用，或擅自扩大权限，越权访问信息。

非授权访问有假冒、身份攻击、非法用户进入网络系统进行违规操作、合法用户以未授权方式操作等形式。

❑ **陷门和特洛伊木马**

它通常表示通过替换系统的合法程序，或者在合法程序里写入恶意代码以实现非授权进程，从而达到某种特定的目的。

❑ **利用网络散布病毒**

它是指编制或者在计算机程序中插入的破坏计算机功能或者破坏数据，影响计算机使用并能够自我复制的一组计算机指令或者程序代码。目前，计算机病毒已对计算机系统和计算机网络构成了严重的威胁。

❑ **混合威胁攻击**

混合威胁是新型的安全攻击，它主要表现为一种病毒与黑客编制的程序相结合的新型蠕虫病毒，可以借助多种途径及技术潜入企业、政府、银行等网络系统。这些蠕虫病毒利用“缓存溢出”技术对其他网络服务器进行侵害传播，具有持续发作的特点。

❑ **间谍软件、广告程序和垃圾邮件攻击**

近年来在全球范围内最流行的攻击方式是钓鱼式攻击，它利用间谍软件、广告程序和垃圾邮件将用户引入恶意网站，这类网站看起来与正常网站没有区别，但通常犯罪分子会以升级账户信息为理由要求用户提供机密资料，从而盗取可用信息。

12.1.2 认识计算机病毒

计算机病毒并非生物学中的病毒，而是一种在用户不知情或未批准的情况下，在计算机中运行的、具有自我复制能力的有害计算机程序。这种计算机程序在传播期间往往会隐蔽自己，根据特定的条件触发，与生物学中的病毒十分类似，因此被称作计算机病毒。

计算机病毒往往会感染计算机中正常运行的各种软件或存储数据的文档，从而达到破坏用户数据的目的。

1．计算机病毒的历史

早在20世纪60年代，美国麻省理工学院的一些研究人员就开始在业余时间编写一些简单的游戏程序，可以消除他人计算机中的数据。这样的程序目前被某些人认定为计算机病毒的雏形。

随着20世纪70年代和80年代计算机在美国和西方发达国家的普及，逐渐出现了各种以恶作剧或纯恶意破坏他人计算机数据的病毒程序。由于当时互联网并不发达，因此传播计算机病毒的载体通常是各种软盘等可移动存储设备。

20世纪90年代开始，互联网普及到了千家万户，给人们带来便捷的同时也为计算机病毒的传播提供了通道。目前，互联网已成为最主要的病毒传播途径。

早期的病毒大多只能破坏用户计算机中的各种软件。1998年9月被发现的CIH病毒被广泛认为是第一种可以破坏计算机硬件固件（一种控制硬件运行的软件，通常被固化到硬件的闪存中，例如主板的BIOS等）的计算机病毒，因此造成了很大的破坏。

2．计算机病毒的特征

由于计算机病毒对计算机和互联网的破坏性很大，因此，我国《中华人民共和国计算机信息系统安全保护条例》明确定义了计算机病毒的法律定义，即“编制或者在计算机程序中插入的‘破坏计算机功能或者毁坏数据，影响计算机使用，并能自我复制的一组计算机指令或者程序代码’”。目前，公认的计算机病毒往往包括以下全部特征或部分特征。

❑ **传播性**

多数计算机病毒都会利用计算机的各种漏洞，通过局域网、互联网、可移动磁盘等方式传播，手段十分丰富，令用户防不胜防。例如曾经流行一段时间的爱虫病毒，就是通过一封标题为“I Love You”的电子邮件传播的。

- 隐蔽性

相比普通的软件程序，计算机病毒体积十分小，往往不超过1KB。在病毒传播给用户之前，往往会将自己与一些正常的文件捆绑合并在一起。在感染了用户之后，病毒就会将自己隐藏到系统中一些不起眼的文件夹中，或将名称修改为类似系统文件的名称，防止用户手工将其找出，例如曾经流行的病毒“欢乐时光”，就是将病毒代码隐藏在网页中。

- 感染性

大部分计算机病毒都具有感染性。例如，将病毒的代码感染到本地计算机的各种可执行文件（EXE、BAT、SCR、COM等）和网页文档（HTML、HTM）、Word（DOC、DOCX）文档等文件中。这样，一旦用户执行了这个文件，就会感染病毒。例如，几年前流行的“熊猫烧香”病毒（又名武汉男生），就具备很强的感染性，可以将本地计算机中所有的可执行程序内添加病毒代码。

- 潜伏性

大部分破坏力较小的病毒通常自感染以后就开始不断地破坏本地计算机的软件。而少部分破坏力比较强的病毒则是具有潜伏期的病毒，只有达到指定的条件才会爆发，大部分时间都是无害的。例如Conficker病毒，在不被激活的情况下只是利用电子邮件软件进行传播。只有在被激活的条件下，才会向互联网中的服务器发起攻击。

- 可激发性

一些有潜伏性的病毒往往会在指定的日期被激发，然后开始破坏工作。例如，CIH病毒的1.2和1.3版本，只有在Windows 94、Windows 98、Windows ME等操作系统下的每年4月26日爆发。

- 表现性

一些病毒在设计方面可能有缺陷，或者病毒设计者故意将病毒运行设计为死循环。然后，当计算机被病毒感染时会表现出一定的特征，例如，系统运行缓慢、CPU占用率过高、容易使用户计算机死机或蓝屏等。这些表现性往往会破坏病毒的隐蔽性。

- 破坏性

除了少数恶作剧式的病毒以外，大多数病毒对计算机都是有危害的。例如，破坏用户的数据、删除系统文件，甚至删除磁盘分区等。

3. 计算机病毒的分类

计算机病毒大体上可以根据其破坏的方式进行分类。常见的计算机病毒主要包括以下几种。

- 文件型病毒

文件型病毒是互联网普及之前比较常见的病毒，也是对无网络计算机破坏性最大的病毒。其设计的根本目的就是破坏计算机中的各种数据，包括可执行程序、文档、硬件的固件等。著名的CIH病毒就是典型的文件型病毒。

随着互联网的不断发展，目前大多数新的病毒都已发展到利用操作系统的漏洞，通过互联网传播，因此，文件型病毒已很少见。

❑ 宏病毒

宏病毒与文件型病毒不同，其感染的目标不是可执行程序，而是微软 Office 系列办公软件所制作的文档。在微软的 Office 系列办公软件中，允许用户使用 VBA 脚本编写一些命令，实现录制的动作，提高工作效率。

宏病毒正是使用 VBA 脚本代码编写的批处理宏命令，在用户打开带有宏病毒的文件时进行传染。第一种宏病毒是 Word concept 病毒，据说诞生于 1995 年。随着 Office 系列软件的不断完善，以及用户警惕意识不断提高，目前宏病毒已经十分罕见。

❑ 木马/僵尸网络类病毒

木马事实上是一种远程监控软件，通常分为服务端和客户端两个部分。其中，服务端会被安装到被监控的用户的计算机中，而客户端则由监控者使用。

木马传播者通常会以一些欺骗性的手段诱使用户安装木马的服务端，然后，用户的计算机就成为一台“肉鸡”（类似随时会被宰杀的肉鸡）或者“僵尸”（无意识地被他人控制），完全由木马传播者控制。

现代的木马传播者往往通过互联网感染大批的“肉鸡”或“僵尸”，形成一个僵尸网络，以进行大面积的破坏，例如几年前大规模爆发的灰鸽子和熊猫烧香等。

注 意

Windows 2000 及更新版本的 Windows 操作系统带有的远程协助工具功能和原理与木马的服务端非常类似。而其可选安装的组件远程桌面连接则相当于木马的客户端。如用户的计算机用户名不设置密码，则很有可能被他人使用该工具控制。

❑ 蠕虫/拒绝服务类病毒

蠕虫病毒是利用计算机操作系统的漏洞或电子邮件等传输工具，在局域网或互联网中进行大量复制，以占用本地计算机资源或网络资源的一种病毒，其以类似于昆虫繁殖的特性而闻名。除 CIH 病毒以外，大部分全球爆发的病毒都是蠕虫病毒。蠕虫病毒也是造成经济损失最高的一种病毒。

目前，已经在全世界范围内爆发过的蠕虫病毒包括著名的莫里斯蠕虫（1988 年 11 月 2 日）、梅丽莎病毒（1999 年 3 月 26 日）、爱虫病毒（2000 年 5 月）、冲击波病毒（2003 年 8 月 12 日）、震荡波病毒（2004 年 5 月 1 日）、熊猫烧香（2007 年 1 月初）等。

4．防治计算机病毒的方法

计算机病毒作为一种破坏性的软件程序，不断地给计算机用户造成大量的损失。养成良好的计算机使用习惯，有助于避免计算机病毒感染。即使感染了计算机病毒，也可以尽量降低损失。

❑ 定时备份数据

在使用计算机进行工作和娱乐时，应该定时对操作系统中的重要数据进行备份。互联网技术的发展为人们提供了新的备份介质，包括电子邮箱、网络硬盘等。对于一些重要的数据，可以将其备份到加密的网络空间中，设置强壮的密码，以保障安全。

❑ 修补软件漏洞

目前大多数计算机病毒都是利用操作系统或一些软件的漏洞进行传播和破坏的。因此，应定时更新操作系统以及一些重要的软件（例如，Internet Explorer，FireFox 等网页浏览器、Windows Mediaplayer、QQ 等常用的软件），防止病毒通过这些软件的漏洞进行破坏。

另外，如果使用的是Windows 2000、Windows XP等操作系统，还应该为操作系统设置一个强壮的密码，关闭默认共享、自动播放、远程协助和计划任务，防止病毒利用这些途径传播。

- 安装杀毒软件

对于大多数计算机用户而言，手动杀毒和防毒都是不现实的。在使用计算机时，应该安装有效而可靠的杀毒软件，定时查杀病毒。在挑选杀毒软件时，可以选择一些国际著名的大品牌，例如，BitDefender、卡巴斯基等。

- 养成良好习惯

防止计算机病毒，最根本的方式还是养成良好的使用计算机的习惯。例如，不使用盗版和来源不明的软件、在使用QQ或Windows Live时不单击来源不明的超链接、不被一些带有诱惑性的图片或超链接引诱而浏览这些网站、接收邮件时只接受文本，未杀毒前不打开附件等。

杀毒软件毕竟有其局限性，只能杀除已收录到病毒库中的病毒。对于未收录的病毒往往无能为力。有时，也会造成误杀。良好的操作习惯才是防止病毒传播蔓延的根本解决办法。

12.1.3 恶意软件

恶意软件，又被称作灰色软件、流氓软件，用来泛指一些不被认为是计算机病毒、但往往违背用户意愿或者隐蔽地安装、对计算机造成负面的影响的软件。在国内，相比计算机病毒，恶意软件的流传范围更广，且更加隐蔽。

1. 恶意软件的特点

由于恶意软件的危害比病毒要小一些，其危险性往往得不到用户的重视，因此，造成了国内恶意软件的流行。与正常使用的软件相比，恶意软件具有如下特征。

- 强制/隐蔽安装

指在未明确向用户提示或未经用户许可的情况下，在用户的计算机上安装并且运行的行为。有些恶意软件虽然提供给用户不安装的选项，但往往将其置于极不明显的位置，使用户很难发现。这样的行为被业内称作“擦边球”。

- 难以卸载和删除

指不提供给用户关闭、卸载和删除的方式，即使用户停止软件进程并手动删除软件的文件，软件仍然可以运行。有些恶意软件虽然提供了卸载的方式，但卸载后事实上仍然在用户计算机中存在并运行。

- 恶意捆绑

指在软件中捆绑以被认定为恶意软件的行为。一些恶意软件往往会同时捆绑多个恶意软件。一旦安装其中一个，其他的都会一起安装。

- 浏览器劫持

指未经用户许可，修改用户浏览器或其他相关设置（包括浏览器主页、默认搜索引擎、右键菜单等），迫使用户访问指定的网站或导致用户无法上网等的行为。

❑ 广告弹出

指未明确提示用户或未经用户许可的情况下，利用安装在用户计算机和其他数字设备上的软件，弹出广告的行为。

❑ 恶意收集用户信息

指未明确提示用户或未经用户许可的情况下，恶意收集用户手机号、电子邮箱等信息的行为。

❑ 恶意卸载

指未明确提示用户或未经用户许可的情况下，以欺骗、诱导、误导的方式卸载用户计算机中正常软件的行为。

2. 恶意软件的分类

大多数恶意软件都是以盈利为目的，或盗取用户的隐私习惯，或强制用户浏览广告，或通过其他方式为软件开发商谋取利益。根据恶意软件危害性的不同，可以将其分为如下几类。

❑ 间谍软件

间谍软件是指一些用于搜集用户上网习惯、电话号码、电子邮件地址、输入词汇习惯等隐私的软件。这类软件往往伪装成正常的使用软件，在用户使用时将用户输入的信息提取，并上传到服务器中。

❑ 广告软件

广告软件是指一些未经用户允许就在用户计算机中弹出广告的软件。许多用户在安装一些免费软件时，不仔细查看安装时的步骤，很容易就会安装这些免费软件中绑定的广告软件。广告软件大部分对计算机无害，但往往会对用户的计算机运行速度造成一定影响。

目前，间谍软件和广告软件往往会捆绑在一起，间谍软件检测用户的上网习惯，广告软件则根据用户的习惯弹出广告。

❑ 拨号软件

拨号软件是早期使用电话线 MODEM 上网时代流行的恶意软件，这些软件往往在未经用户允许的情况下更改用户上网拨号的电话号码为国际长途电话号码，然后与国外运营商进行业务分成。由于目前电话线 MODEM 拨号的用户已经很少，因此这类软件也已很少见。

❑ 无法卸载的浏览器工具栏/搜索引擎工具

这是目前国内比较常见的恶意软件类型，往往捆绑或通过网页诱导用户安装，修改用户网页浏览器中的默认搜索引擎，并在网页浏览器中添加搜索框等，诱使用户使用某种搜索引擎来搜索。

3. 恶意软件安装渠道

在国内，恶意软件的流行程度不亚于病毒，而且大多数恶意软件都会影响用户对计算机的使用。大多数杀毒软件迫于法律原因，往往无法直接杀除恶意软件，因此，避免安装恶意软件一直为网民所关注。恶意软件的安装渠道主要包括 3 种。

❑ **浏览器的 Active 控件**

一些网站会自动将恶意软件作为网站的 Active 控件添加到网页中，一旦用户使用较老版本的网页浏览器（例如 IE 6.0 及之前的版本）浏览这些网页时，就会自动安装这些恶意软件。防止这些插件安装的方法是安装较新版本的网页浏览器（例如，IE 8.0 等）

❑ **共享/免费软件绑定的插件**

一些共享/免费软件为了收回软件开发成本，也会以绑定的方式将插件放到软件安装中。绑定分为隐性绑定和显性绑定等两种。

隐性绑定往往不对用户进行提示，也不提供选择安装插件的选项，或将选项隐藏较深，很难让用户发现；显性绑定则是为用户提供选择，允许用户不安装。隐性绑定目前较为用户诟病和反感，而显性绑定则通常被认为是可以理解的行为。

目前一些大的软件下载网站都会在软件介绍中提供软件的插件绑定情况，例如提示某软件无插件或有插件，以及可选插件等，帮助用户鉴别。

❑ **不良网站的欺骗/诱导性下载**

一些不良网站往往会以欺骗性或诱导性的语言，诱使用户下载恶意软件。常见的方法包括，将用户要下载的软件隐藏在一大堆插件下载地址中、将插件的下载地址修改为某些正常的软件名称等，以及一些欺骗性的语言，例如"您的计算机已中病毒"、"激情影视下载"、"免费好用的网络电话"、"您的浏览器版本过低"等。

12.1.4 防火墙概述

防火墙是指设置在不同网络（如可信任的企业内部网和不可信的公共网）或网络安全域之间的一系列部件的组合。它是不同网络或网络安全域之间信息的唯一出入口，能根据企业的安全政策控制（允许、拒绝、监测）出入网络的信息流，且本身具有较强的抗攻击能力。它是提供信息安全服务，实现网络和信息安全的基础设施。

在逻辑上，防火墙是一个分离器，一个限制器，也是一个分析器，有效地监控了内部网和 Internet 之间的任何活动，保证了内部网络的安全。

1．防火墙的作用

古代人们在房屋之间修建一道墙，这道墙可以防止火灾发生的时候蔓延到别的房屋，因此被称为"防火墙"。而现在，人们将防火墙应用于网络，其含意为"隔离在内部网络与外部网络之间的一道防御系统。"

应该说，在互联网上防火墙是一种非常有效的网络安全模型，通过它可以隔离风险区域（即 Internet 或有一定风险的网络）与安全区域（局域网）的连接，同时不会妨碍人们对风险区域的访问。一般的防火墙都可以达到以下目的。

❑ 可以限制他人进入内部网络，过滤掉不安全服务和非法用户。

❑ 防止入侵者接近防御设施。

❑ 限定用户访问特殊站点。

❑ 为监视 Internet 安全提供方便。

防火墙可以核准合法用户进入网络，并且监控网络的通信量，同时又抵制非法用户对企业构成威胁的数据。随着安全性问题上的失误和缺陷越来越普遍，对网络的入侵不仅来自高超的攻击手段，也有可能来自配置上的低级错误或不合适的口令选择。因此，防火墙的作用是防止未授权的通信进出被保护的网络，使单位强化自己的网络安全政策。

2. 防火墙的优点

防火墙是加强网络安全的一种有效手段，它有以下优点。

❑ 能强化安全策略

因为 Internet 上每天都有上百万人在那里收集信息、交换信息，不可避免地会出现个别非法用户。防火墙是为了防止不良现象发生的“交通警察”，执行站点的安全策略，仅容许合法用户或者符合规则的请求通过。

❑ 能有效地记录 Internet 上的活动

因为所有进出信息都必须通过防火墙，所以非常适用收集关于系统和网络使用和误用的信息。像门卫一样，记录外部网络进入内部网络，或者内部网络访问外部网格信息。

❑ 限制暴露用户

防火墙能够用来隔开网络中一个网段与另一个网段。这样，能够防止影响一个网段的问题通过整个网络传播。

❑ 核准合法信息

所有进出内部网络的信息都必须通过防火墙，所以便成为安全问题的检查点，使可疑的访问被拒绝于门外。

12.1.5 网络监控软件

网络监控软件是指针对局域网内的计算机进行监视和控制；针对内部的计算机上互联网，以及内部行为与资产等过程管理；包含了上网监控（上网行为监视和控制、上网行为安全审计）和内网监控（内网行为监视、控制、软硬件资产管理、数据与信息安全）。

网络监控软件一般能够监控 QQ 软件、MSN 软件，可以在不安装客户端的情况下轻松封堵屏蔽这些聊天软件的使用。网络监控软件一般包含以下 4 种工作模式。

❑ 网关模式

把本机作为其他计算机的网关（设置被监视电脑的默认网关指向本机），分别可以作为单网卡方式和双网卡甚至多网卡方式。

目前，常用的是 NAT 存储转发的方式。简单说有点像路由器工作的方式，因此控制力极强；但由于存储转发的方式，性能多少有点损失，不过效率已经比较好了；缺陷是假如网关死了，全网就瘫痪了。

❑ 网桥模式

双网卡做成透明桥，而桥是工作在第 2 层（OSI 网络体系结构）的，所以可以简单理解为桥是一条网线，并且性能较好。

因为桥是透明的，可以看成网线，所以桥坏了就可以理解为网线坏了，换一条而已；支持多 VLAN、无线、千 M 万 M、以及 VPN、多出口等几乎所有的网络情况。

❑ 旁路模式

使用 ARP（地址解析协议）技术建立虚拟网关，只能适合于小型的网络，并且环境中不能有限制旁路模式。

例如，路由或防火墙的限制，被监视安装 ARP 防火墙都会导致无法旁路成功。同时，如果网内同时多个旁路将会导致混乱而中断网络。

❑ 旁听模式

即旁路监听模式，是通过交换机的镜像功能来实现监控。该模式需要采用共享式交换机镜像。如果采用镜像模式，一方面需要支持双向的镜像交换机设备，另一方面需要专业的人设置镜像交换机。

该模式的优点是部署方便灵活，只要在交换机上面配置镜像端口即可，不需要改变现有的网络结构；而且即使旁路监控设备停止工作，也不会影响网络的正常运行。

缺点在于，旁听模式通过发送 RST 包只能断开 TCP 连接，不能控制 UDP 通讯，如果要禁止 UDP 方式通讯的软件，需要在路由器上面做相关设置进行配合。

12.2 安全卫士与杀毒软件

安全卫士拥有查杀木马、清理插件、修复漏洞、电脑体检、保护隐私等多种功能。它依靠抢先侦测和云端鉴别，可全面、智能地拦截各类木马，保护用户的账号、隐私等重要信息。

计算机杀毒软件是用于清除电脑病毒、特洛伊木马和恶意软件的软件。多数计算机杀毒软件都具备监控识别、病毒扫描、清除和自动升级等功能。

12.2.1 360 安全卫士

360 安全卫士是当前功能最强、效果最好、最受用户欢迎的上网必备安全软件，具备木马查杀、恶意软件清理、漏洞补丁修复、电脑全面体检等多种功能。

除此之外，360 安全卫士还运用云安全技术，在杀木马、防盗号、保护网银和游戏的账号及密码安全、防止电脑变肉鸡等方面表现非常出色，被誉为“防范木马的第一选择”。

图 12-1 “360 安全卫士”窗口

360 安全卫士自身非常轻巧，同时还具备开机加速、垃圾清理等多种系统优化功能，可以大大加快计算机运行速度，内含的 360 软件管家还可以帮助用户轻松下载、升级和强力卸载各种应用软件。

启动该软件后，将弹出“360 安全卫士”窗口，如图 12-1 所示。

1．查杀流行木马

在 360 安全卫士窗口中，单击【木马查杀】按钮，即可打开木马查杀相关内容，可以根据需求选择适当的方式查杀计算机中的木马，如图 12-2 所示。

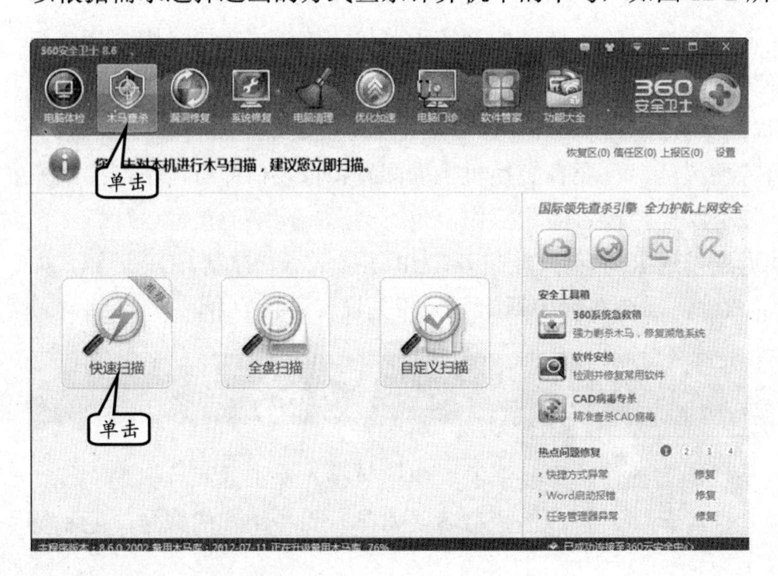

图 12-2　木马查杀

在该窗口中，选择【快速扫描】选项，将跳转到快速扫描计算机中流行木马的窗口，并显示快速扫描计算机各项目的内容，如图 12-3 所示。

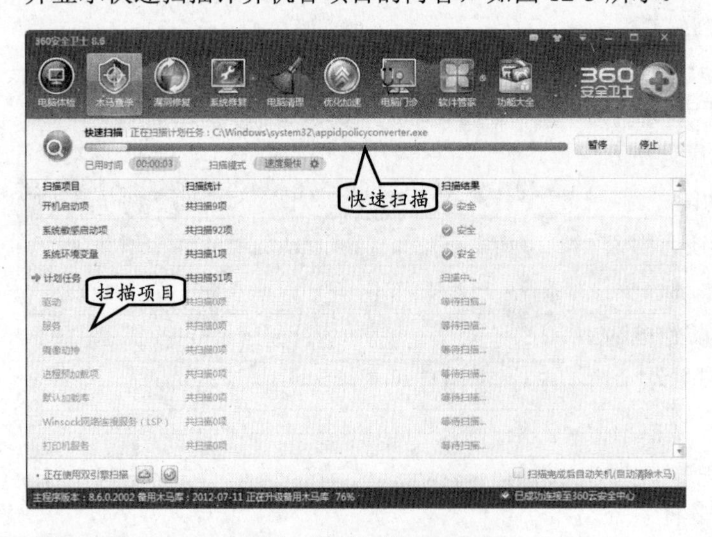

图 12-3　快速扫描计算机中的流行木马

快速扫描后，在弹出的窗口中将会显示发现的木马扫描等结果。然后，单击【立即处理】按钮 立即处理 ，清除所发现的木马，如图 12-4 所示。

2．软件管理

在 360 安全卫士窗口中，单击【软件管家】选项卡，弹出的【360 软件管家】窗口，如图 12-5 所示。

图 12-4　扫描完成后清理木马

图 12-5　360 软件管家

在【软件宝库】选项卡中，用户可以选择左侧的选项，并显示相关的软件信息，如图 12-6 所示。例如，选择【安全杀毒】选项，即可在右侧显示相关的杀毒软件。

在右侧软件列表中，可以拖动滚动条显示软件内容，并单击【天网防火墙】后面的【下载】按钮。

然后，弹出【360 软件管家】对话框，并显示“天网防火墙下载提示”信息，单击【继续下载】按钮，即可在窗口中显示下载该软件的进度等，如图 12-7 所示。

图 12-6　选择软件类

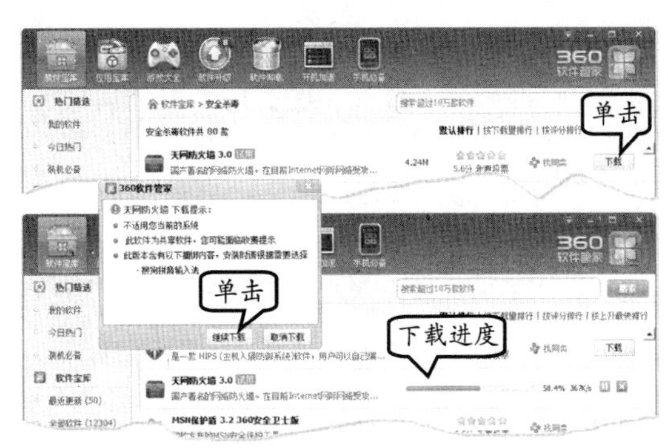

图 12-7　下载软件

提　示

软件下载之后，将自动弹出安装向导，根据向导提示可以安装该软件。

用户除了下载及安装软件外，还可以通过【360 软件管家】来卸载一些已经安装的软件。例如，在该窗口中单击【软件卸载】选项卡，将在右侧显示已经安装在该计算机中的软件信息，如图 12-8 所示。

在软件列表中，用户可以看到每个软件后面都有一个【卸载】按钮。用户可以单击该按钮，卸载其软件，如单击【天网个人防火墙试用版】软件后面的【卸载】按钮，即可弹出该软件的卸载程序，如图 12-9 所示。

图 12-8　查看已经安装的软件

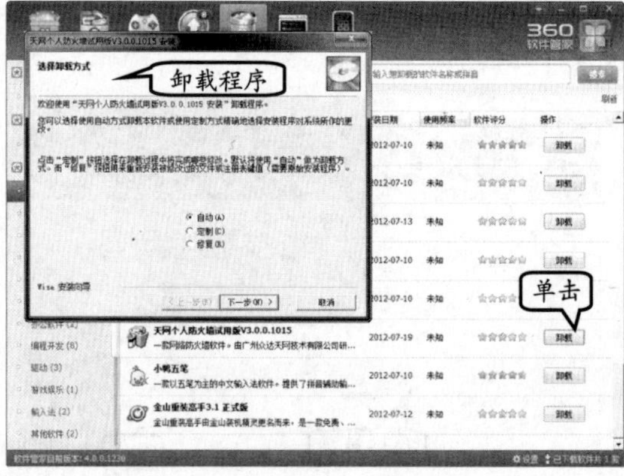

图 12-9　卸载软件

有些软件，在卸载过程中没有完全删除软件的内容，而是残留一些程序文件。这时，该软件的【卸载】按钮位置将显示提示信息。然后，单击【强力清扫】按钮，并在弹出的对话框中选择全部复选框，单击【删除所选项目】按钮，即可清除所有残留文件，如图 12-10 所示。

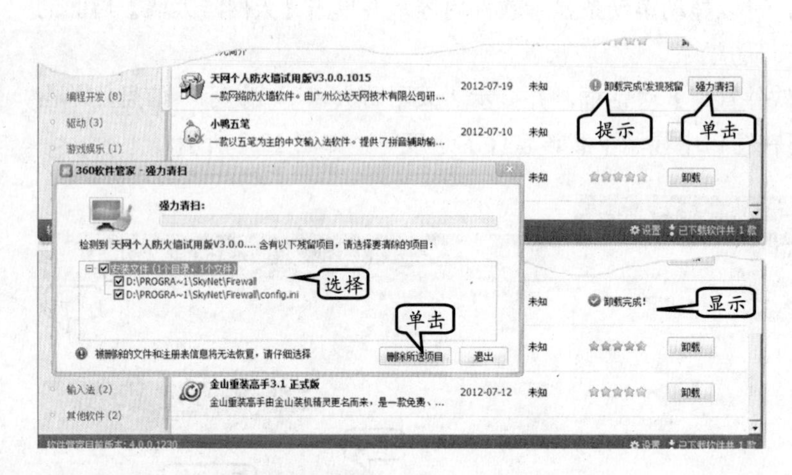

图 12-10　清除残留文件

当然，有时在卸载一些软件时，并无把握软件起什么作用或这些软件能不能卸载，也就是说软件还是否在使用。

此时，用户可以双击需要卸载的软件，打开该软件的详细信息，了解该软件，并权衡是否卸载软件，如图 12-11 所示。

3．电脑清理

在 360 安全卫士窗口中，单击【电脑清理】按钮，并选择【电脑中的垃圾】、【电脑中不必要的插件】、【使用电脑和上网产生的痕迹】和【注册表中的多余项目】复选框，单击【一键清理】按钮，如图 12-12 所示。

图 12-11 显示软件详细信息

图 12-12 选择清理项

清理结束后，将显示扫描出来的垃圾文件、插件、上网痕迹和多余注册表项，如图 12-13 所示。

12.2.2 金山安全卫士

金山卫士与 360 卫士大同小异，但二者各有各的优缺点。如金山卫士是当前查杀木马能力最强、检测漏洞最快、体积最小巧的免费安全软件。

它采用双引擎技术，云引擎能查杀上亿已知木马，独有的本地 V10 引擎可全面清除感染型木马；漏洞检测针对 Windows 7 优化；更有实时保护、软件管理、插件清理、修复 IE、启动项管理等功能，全面保护系统安全，如图 12-14 所示。

图 12-13 清理结果

图 12-14 金山安全卫士

1. 性能体检与网络测速

在金山卫士窗口中，用户可以单击右下角中的【性能体检】按钮，如图 12-15 所示。

此时，弹出一个提示框，并显示性能体检模块更新进度。性能模块更新完成后，则弹出【金山卫士性能体检】对话框，并检测计算机启动内容、网络带宽、系统文件等，如图 12-16 所示。

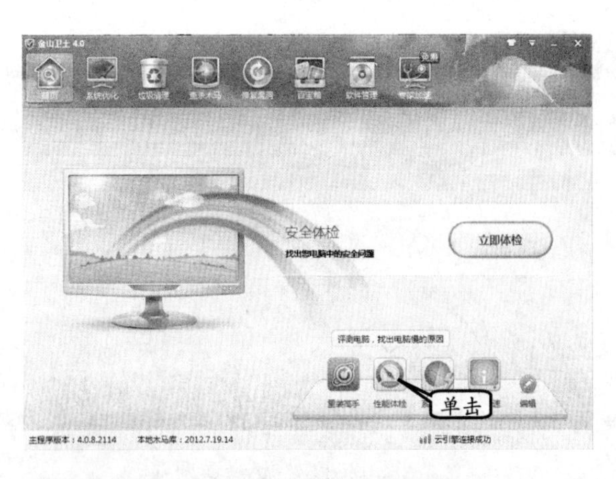

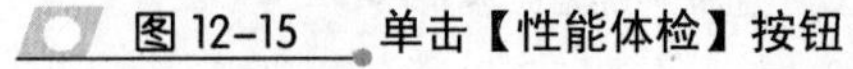

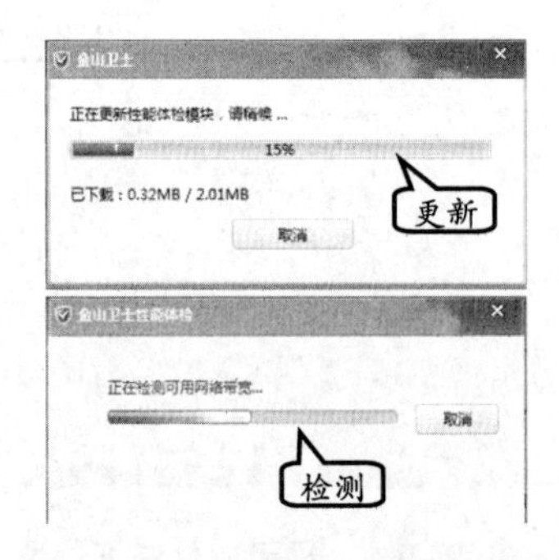

图 12-15 单击【性能体检】按钮　　图 12-16 更新与体检

在体检过程中，做一些基本系统模块的检测后，将弹出一个【显卡游戏性能测试】窗口，并运行一些三维立体空间图形，如图 12-17 所示。

当所有测试完成后，则弹出【金山卫士性能体检】对话框，并显示【开机性能】、【系统性能】和【网络性能】的测试结果，如图 12-18 所示。

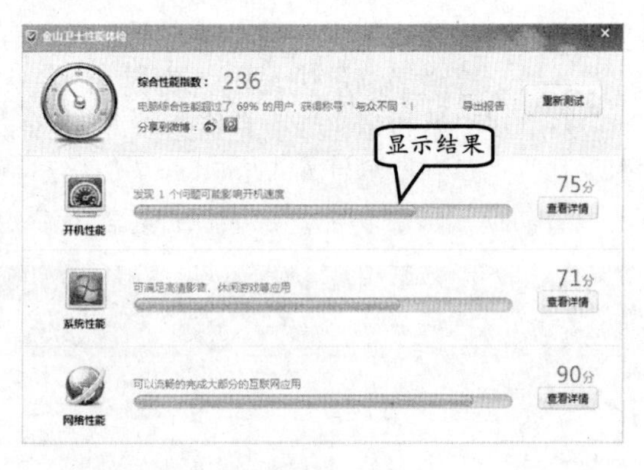

图 12-17 三维立体测试　　图 12-18 测试结果

用户也可以对计算机进行单独的网络带宽测试。如在金山卫士窗口中，单击右下角的【网络测速】按钮，则在弹出的提示框中显示模块更新情况，如图 12-19 所示。

当网络测速模块更新完成后，即可弹出【金山卫士网络测速】对话框，并检测网络带宽，如图 12-20 所示。

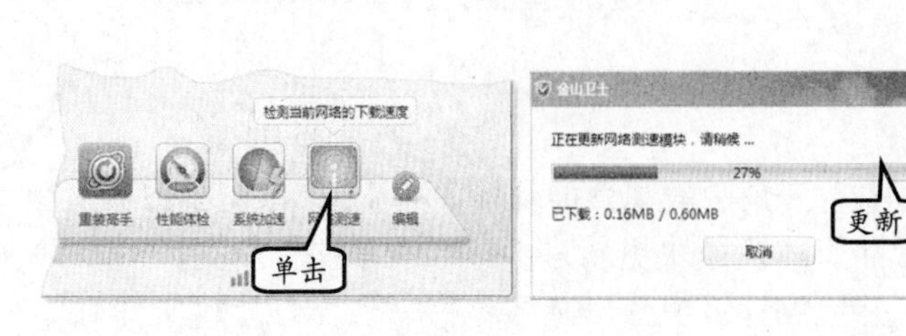

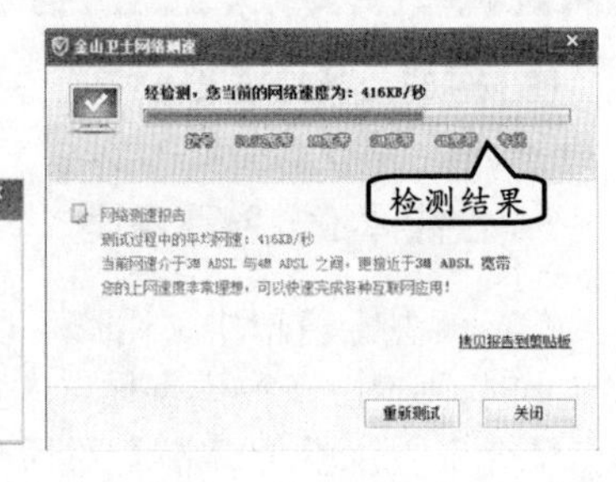

图 12-19 准备测试网速　　图 12-20 网络速度测试结果

2. 系统优化

图 12-21　系统优化

在“金山卫士”中，系统优化包含有【一键优化】、【开机时间】、【开机加速】和【优化历史】等多方面设置。当单击【系统优化】按钮后，该软件将自动检测系统中可以优化的软件，如图 12-21 所示。

然后，单击【立即优化】按钮 立即优化，即可对检测出的内容进行优化操作。优化完成后显示优化的结果，如“优化完成，本次成功优化了 2 项，下次开机预计提速 1%！”等信息，如图 12-22 所示。

当用户选择【开机时间】选项卡时，则在该面板中将详细显示“开机时间”、软件已占用时间、服务占用时间等内容，如图 12-23 所示。

图 12-22　显示优化结果

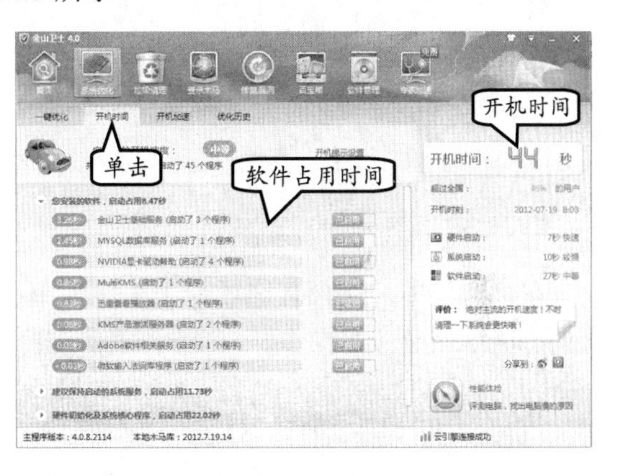

图 12-23　开机所用时间信息

当用户选择【开机加速】选项卡时，将显示开机时一些启动项内容，如“迅雷看看播放器”等。而在该选项卡中，用户可以设置开机时软件、服务的“启用”或者“禁用”设置，如图 12-24 所示。

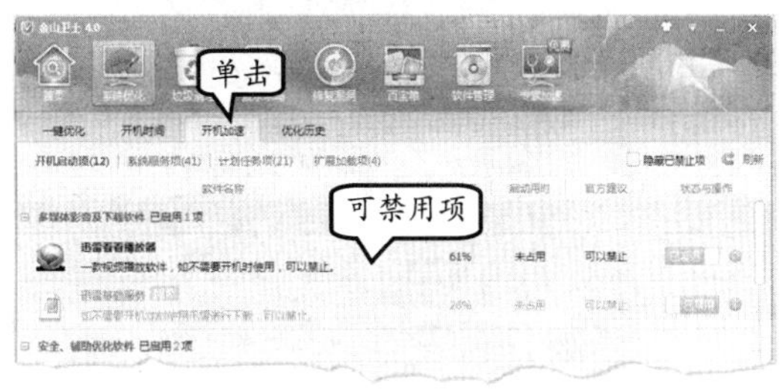

图 12-24　设置软件和服务的“启用”或“禁用”效果

3. 百宝箱

在这里，值得一提的就是“百宝箱”功能，除了在主窗口中所显示的常用功能外，金山卫士所有独立功能都包含于此。其中，“百宝箱”中一共包含有 30 种功能，如换肤工具、实时保护、桌面助手、硬件检测等，如图 12-25 所示。

12.2.3 瑞星杀毒软件

瑞星杀毒软件（Rising Antivirus）（简称 RAV）采用获得欧盟及中国专利的 6 项核心技术，形成全新软件内核代码。瑞星杀毒拥有国内最大木马病毒库，采用“木马病毒强杀”技术，结合“病毒 DNA 识别”、“主动防御”、“恶意行为检测”等大量核心技术，可彻底查杀 70 万种木马病毒。

2011 年 3 月 18 日，国内最大的信息安全厂商瑞星公司宣布，瑞星宣布杀毒软件永久免费，如图 12-26 所示。

图 12-25　百宝箱

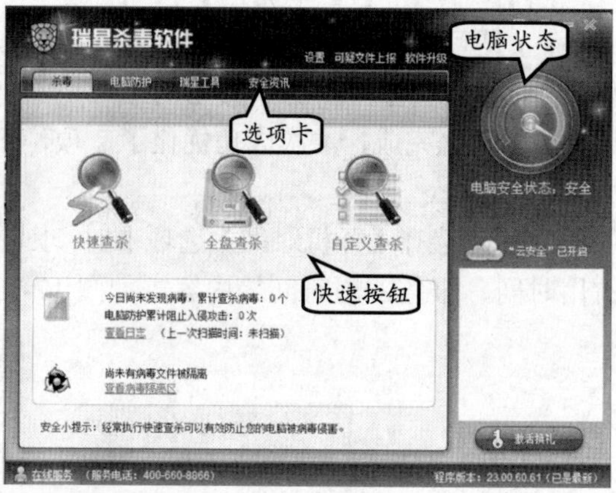

图 12-26　瑞星杀毒软件

在该窗口中，包含有选项卡、快速按钮和电脑安装状态等。用户可以选择不同的选项卡，执行相应应用操作。

1．杀毒操作

在窗口中，可以单击【快速查杀】按钮，对计算机进行快速查杀病毒，如图 12-27 所示。此时，将显示【快速查杀】内容，并且显示查杀病毒的地址、扫描对象个数、显示进度等信息，如图 12-28 所示。

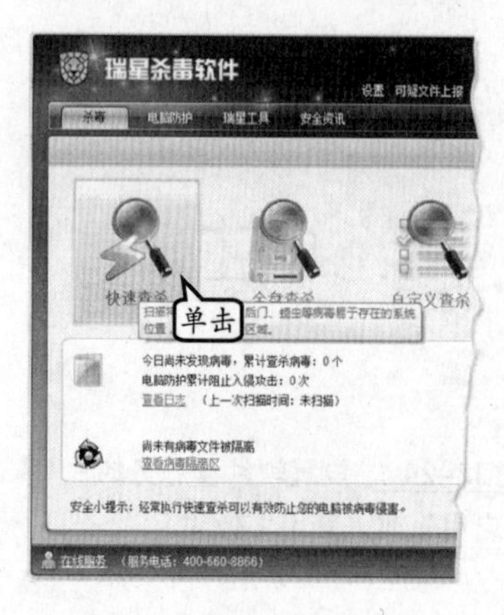

图 12-27　选择查杀方式

图 12-28　开始查杀病毒

提　示

在查杀病毒过程中，用户还可以单击标题名称后面的【转入后台】按钮，即缩小至【任务栏】的【通知区】。

等待病毒查杀完成后，将显示查杀结果。在结果中显示共扫描对象数、所耗时间，还有在下面的【病毒】选项卡中，将显示病毒的情况，如图 12-29 所示。

2. 电脑防护

瑞星防护提供了对文件、邮件、网页、木马等内容的监视和保护作用。例如，在【电脑防护】选项卡中，用户可以随时开启或关闭相应的监控，如图 12-30 所示。

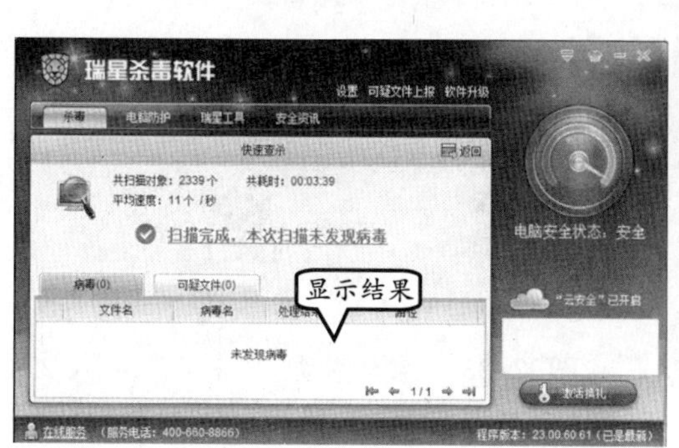

图 12-29　查杀病毒结果

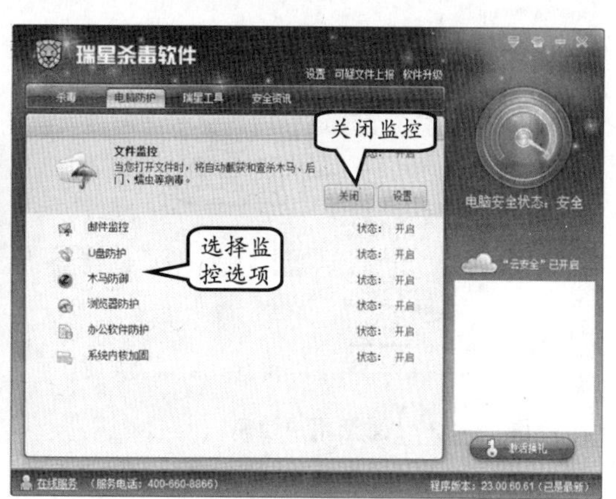

图 12-30　开启或关闭相应的监控

3. 瑞星工具

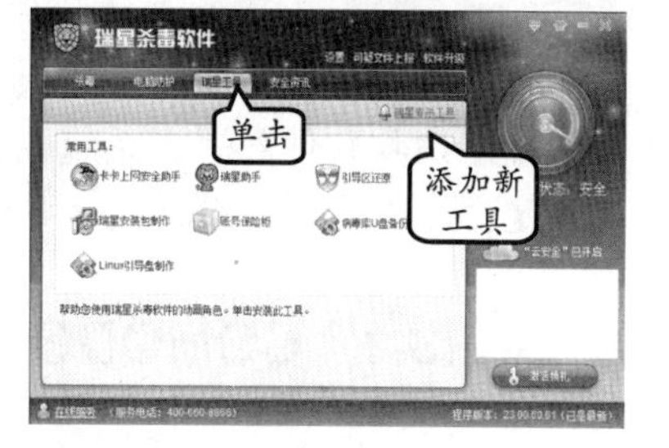

图 12-31　瑞星工具

选择【瑞星工具】选项卡，可以查看该软件所携带的一些常用工具，以及对工具进行设置，如图 12-31 所示。

在【瑞星工具】选项卡中，用户可以设置 7 种工具，其详细内容如表 12-1 所示。

表 12-1　瑞星工具详细内容

工具名称	说　明
账号保险柜	账号保险柜能够将瑞星杀毒软件支持的软件自动加入到应用程序保护功能中
瑞星助手	帮助用户使用瑞星杀毒软件的动画角色
瑞星安装包制作	制作瑞星安装包工具，用于将当前版本的瑞星软件还原成安装程序，以便随时安装这个版本
卡卡上网安全助手	不仅提供全面的反木马、反恶意网址功能，而且拥有强大的漏洞扫描和修复系统、系统优化功能
引导区还原	提供引导区备份与恢复功能
病毒库 U 盘备份	将当前瑞星病毒库备份到 U 盘上，并且可以结合瑞星光盘引导系统，进行病毒查杀
Linux 引导盘制作	制作 Linux 系统的 U 盘引导盘

4. 瑞星激活

在主窗口中，用户可以单击右下角的【激活换礼】按钮。然后，在弹出的对话框中，用户可以输入手机号和Email内容，并单击【完成】按钮，如图12-32所示。

然后，在弹出的对话框中，将显示用户当前积分信息，以及可以参与兑奖或抽奖等一些活动，如图12-33所示。

图12-32 激活用户信息

图12-33 参与活动

12.3 防火墙软件

防火墙软件或者叫软件防火墙，也可以称为软防火墙，单独使用软件系统来完成防火墙功能，将软件部署在系统主机上，其安全性较硬件防火墙差，同时占用系统资源，在一定程度上影响系统性能。

12.3.1 COMODO防火墙

COMODO Firewall Pro是一款功能强大的、高效的且易于操作的软件。它提供了针对网络和个人用户的最高级别的保护，从而阻挡黑客侵入计算机，避免造成资料泄露；提供程序访问网络权限的控制能力、抵制网络窃取、实时监控数据流量，可以在发生网络窃取或者攻击时迅速做出反应。

安装该软件，使计算机安全地连接到互联网，如图12-34所示。针对网络攻击完备的安全策略，迅速抵御黑客和网络欺诈，使用友好的用户界面，来确认或阻拦网络访问、完全免疫攻击。

在该窗口中，分别包含该软件的描述内容、设置安全内容及显示当前活动内容。

1. 概要内容

通过该窗口中每个模块所显示内容，可以了解计算机目前安全情况，以及设置安全级别，其详细内容如表 12-2 所示。

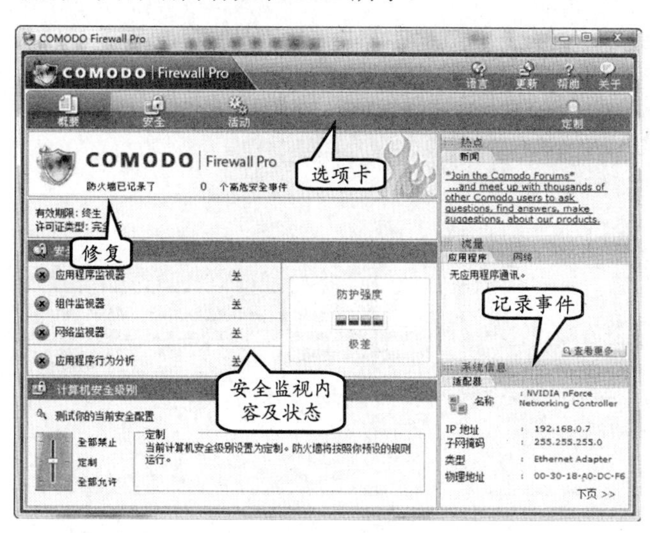

图 12-34 COMODO Firewall 窗口

表 12-2 COMODO 界面概要内容

模块名称	包 含 内 容	说 明
日志	记录日志	在该软件左上部分，将显示计算机中所启用的高危事件
安全监视	应用程序监视器	监视计算机中应用程序的运行情况
	组件监视器	监视计算机中组件的运行情况
	网络监视器	监视计算机中网络来源及目标，以及使用协议情况
	应用程序行为分析	根据软件中设置的应用程序行为，监视计算机中应用程序
计算机安全级别	全部禁止	禁止所有出/入计算机的连接
	定制	根据防火墙的规则，监控计算机的连接
	全部允许	允许所有出/入计算机的连接
流量	应用程序	在【应用程序】选项卡中，显示了应用程序连接网络的流量
	网络	在【网络】选项卡中，显示 TCP、UDP、ICMP 和其他协议连接网络的流量
系统信息	适配器	显示本地网络配置信息，如 IP 地址、子网掩码、类型及物理地址

2．定义信任应用程序

在窗口中，单击【安全】标签即可显示安全监视内容，并且在“任务”选项中，可以定义安全选项的全部内容。

例如，在【通用任务】列表中，用户可以“定义一个新的信任应用程序”、“定义一个新的禁止程序”、“添加/移除/修改一个区域”、“检查更新”、“发送文件至 COMODO 进行分析”等操作，如图 12-35 所示。

在下面的【向导】列表中，可以进行“定义一个新的信任网络区域”和“扫描已知的应用程序”操作。

如果需要定义信任应用程序，可以单击【定义一个新的信任应用程序】链接，并在弹出的【信任程序】对话框中，单击【浏览】按钮，选择信任的应用程序，单击【确定】

按钮，如图 12-36 所示。

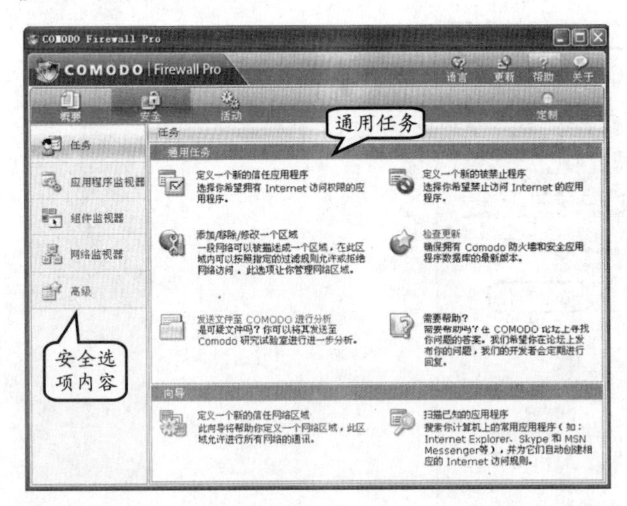

图 12-35　安全设置

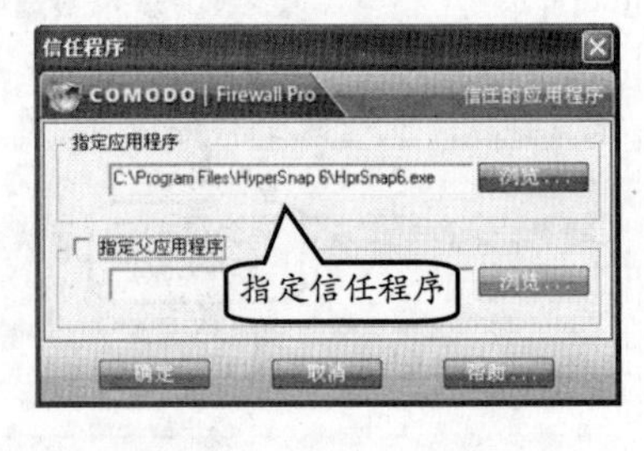

图 12-36　定义信任程序

此时，用户可以选择“应用程序监视器”选项，查看所添加的信任程序，如图 12-37 所示。用户也可以单击【定义一个新的禁止程序】链接，添加禁用应用程序，并在窗口的列表中显示出来。

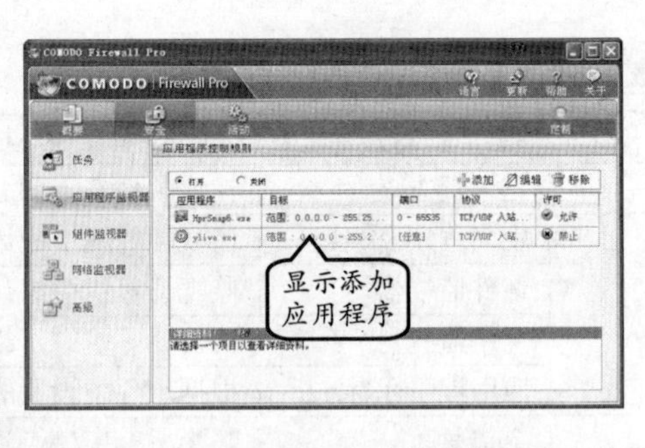

图 12-37　显示定义的信任及禁止应用程序

提　示

除定义信任或者禁止应用程序外，还可以选择“组件监视器”选项，并添加、编辑或者移除组件内容。

3. 设置网络控制规则

在【网络监视器】选项中，用户可以查看 IP、TCP/UDP、ICMP 入站及出站状态，如图 12-38 所示。

此时，用户可以选择列表中的规则，进行编辑、移除、上移或者下移操作。也可以单击【添加】按钮，在列表中添加新规则，如图 12-39 所示。

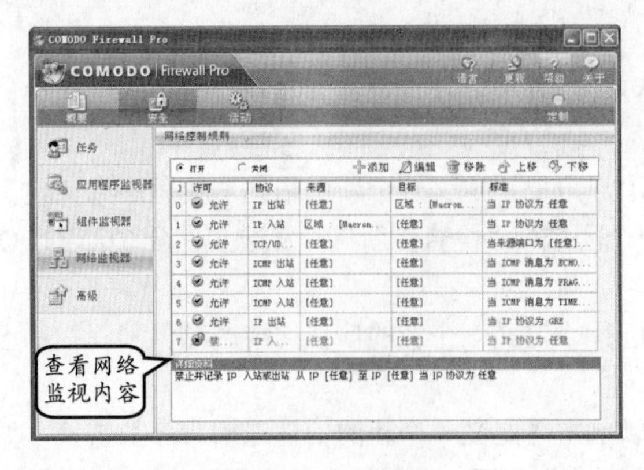

图 12-38　查看网络监视内容

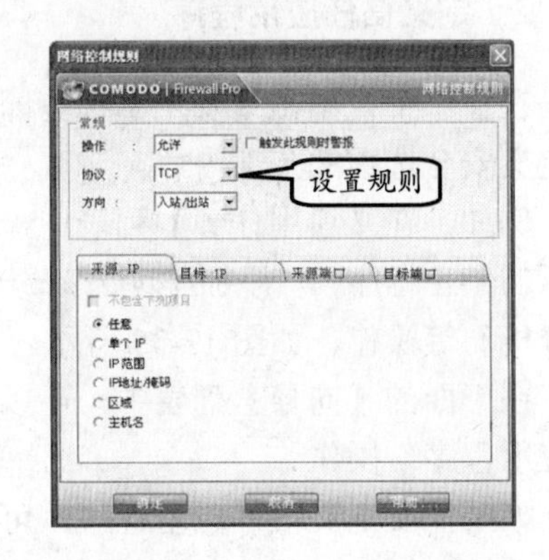

图 12-39　添加网络控制规则

在【网络控制规则】对话框中，用户可以设置参数的内容，如表 12-3 所示。

表 12-3　网络控制规则参数设置

操作名称	参　数
操作	在该下拉列表中，可以设置允许/禁用操作
协议	在该下拉列表中，包含有 TCP、UDP、TCP 或 UDP、ICMP 和 IP 协议
方向	用户可以选择协议的方向，包括出站、入站和入站/出站
来源 IP	在该选项卡中，可以设置任意、单个 IP、IP 范围、IP 地址/掩码、区域和主机名中的任意一项
目标 IP	在该选项卡中，可以设置为任意、单个 IP、IP 范围、IP 地址/掩码、区域和主机名中的任意一项
来源端口	在该选项卡中，可以设置为任意端口、单个端口、端口范围和端口组（以逗号分隔）中任意一项
目标端口	在该选项卡中，可以设置为任意端口、单个端口、端口范围和端口组（以逗号分隔）中任意一项

提　示

在【安全】窗口中的【高级】选项中，用户可以设置【应用程序行为分析】、【高级攻击检测与防护】和【杂项】内容，也可以单击【还原】按钮恢复到默认设置。

4. 查看活动内容

在窗口中，单击【活动】按钮，浏览“连接”和“日志”内容。例如，选择左侧的“连接”选项，即可显示计算机连接网络的程序，如图 12-40 所示。

如果用户选择【日志】选项，即可显示违背入站策略内容，并且显示入站的时间。在该列表中，选择其中一条记录时，即在【详细资料】栏中显示该记录的详细内容，如图 12-41 所示。

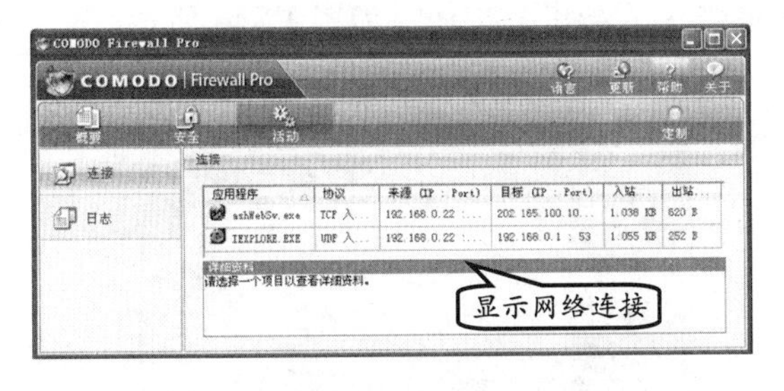

图 12-40　显示连接程序的详细内容

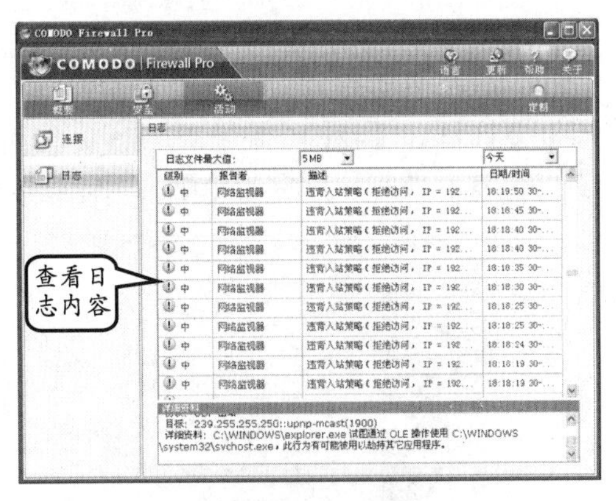

图 12-41　显示日志信息

提　示

用户在【概要】窗口中双击模块中的内容，也可以直接跳转到指定的内容。例如，双击【记录事件】模块，即可跳转到【日志】选项。

12.3.2 天网防火墙

天网防火墙是国内针对个人用户最好的网络安全工具之一。根据系统管理者设定的安全规则（Security Rules）保护网络，提供强大的访问控制、应用选通、信息过滤等功能。使计算机抵挡网络入侵和攻击，防止信息泄露，保障用户计算机的网络安全。

天网防火墙把网络分为本地网和互联网，可以针对网络信息的来源，设置不同的安全方案，适合于以任何方式连接上网的个人用户。

启动该软件后，将弹出【天网防火墙个人版】窗口，如图 12-42 所示。

1. 配置向导

在安装该软件过程中将弹出配置向导，帮助用户对“天网防火墙”软件进行设置。在弹出的向导对话框中，直接单击【下一步】按钮，如图 12-43 所示。

图 12-42 【天网防火墙个人版】窗口

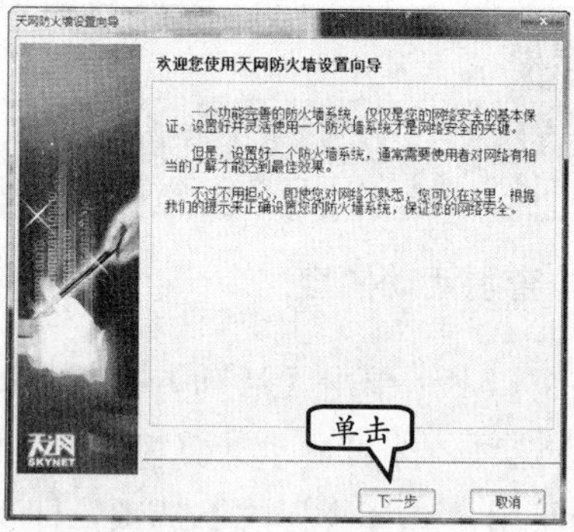

图 12-43 弹出配置向导

在弹出的【安全级别设置】对话框中，用户可以查看各级别的相关安全内容，并在【我要使用的安全级别是】栏中，选择【中】选项，并单击【下一步】按钮，如图 12-44 所示。

在弹出的【局域网信息设置】对话框中，用户可以选择【开机的时候自动启动防火墙】复选框和【我的电脑在局域网中使用】复选框，并在【我在局域网中的地址是】文本框中显示当前计算机所分配的 IP 地址，单击【下一步】按钮，如图 12-45 所示。

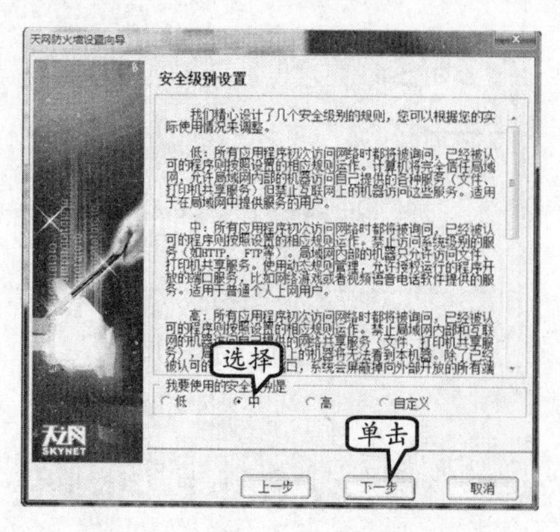

图 12-44 设置安全级别

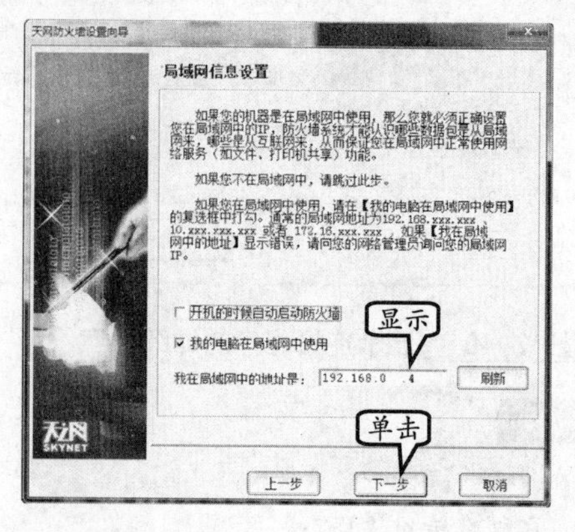

图 12-45 设置局域网及开机启动选项

提　示

在【局域网信息设置】对话框中，用户还可以单击【我在局域网中的地址是】文本框后面的【刷新】按钮，从而重新获取当前计算机的 IP 地址。

在弹出的【常用应用程序设置】对话框中，将显示当前计算机需要访问网络的一些应用程序，单击【下一步】按钮，如图 12-46 所示。

提　示

在【常用应用程序设置】对话框中，用户可以选择/取消选择/禁用列表文本框中所显示的应用程序，这样即可控制是否允许这些应用程序访问网络。

在【向导设置完成】对话框中，用户可以单击【结束】按钮，完成对上述一些内容的设置操作，如图 12-47 所示。

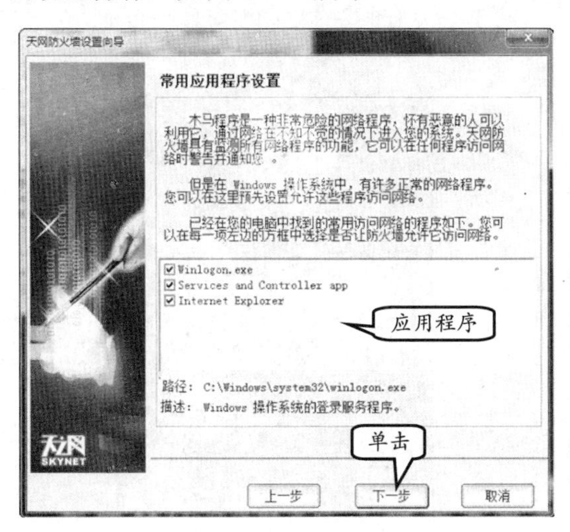

图 12-46　设置常用应用程序

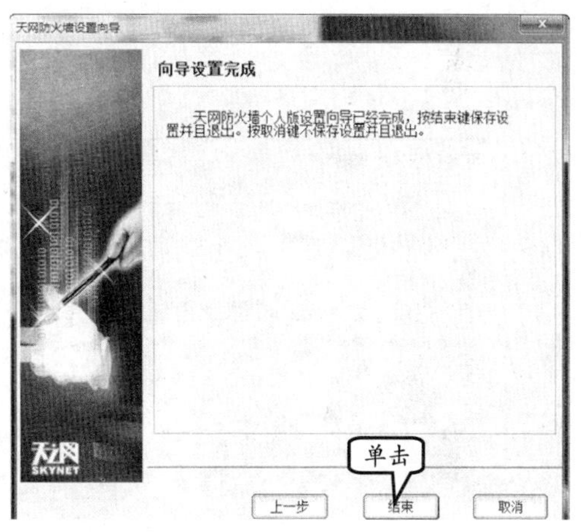

图 12-47　完成向导设置

2. 设置防火墙规则

使用天网防火墙软件，可以实现快捷地设置应用程序访问网络权限；删除、导出应用程序规则等管理功能。

例如，单击【应用程序规则】选项卡中【检查失效的程序路径】按钮。然后，在弹出的对话框中，单击【确定】按钮，如图 12-48 所示。

选择【搜狗输入法 网络更新程序】选项，并单击【删除】按钮。然后，在弹出的【天网防火墙提示信息】对话框中，单击【确定】按钮，如图 12-49 所示。

提　示

删除名称为"搜狗输入法，网络更新程序"的规则，搜狗输入法更新时不受天网监控，不会弹出提示框。

单击【导出规则】按钮，在弹出的对话框中单击【选择全部】按钮 选择全部 ，对话框中的程序规则将处于被选状态，然后单击【确定】按钮，如图 12-50 所示。

在【基本设置】选项卡中，选择【开机后自动启用防火墙】复选框，并在【皮肤】下拉列表中选择【经典风格】，单击【确定】按钮，如图 12-51 所示。

图 12-48　检查并删除失效的程序路径

图 12-49　删除规则

图 12-50　导出程序规则

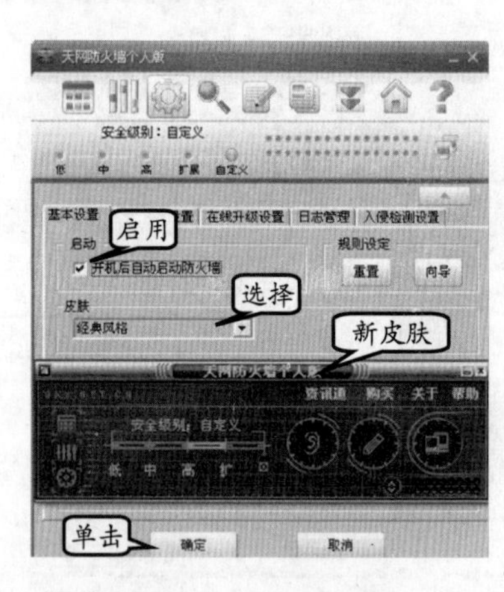

图 12-51　设置参数

12.4　网络监控软件

网络监控软件一般能够监控 QQ 软件、MSN 软件等一些聊天工具，并且可以在不安装客户端的情况下，轻松封堵屏蔽这些聊天软件的使用。当然，网络监控软件还可以监控到每台计算机实时的上行流量、下行流量等内容。

12.4.1　BWMeter 软件

BWMeter 是一款功能强大的带宽测试和监视程序流量控制器，具有测量、显示并控制进出计算机的数据流量的功能。

BWMeter 可以分析数据包，辨别数据包样本来自本地还是网络。该软件也可以通过为各种连接设置速度限制来控制流量，或者限制某些应用程序访问某些因特网站点。

另外，BWMeter 为计算机所在的网络创建统计表，测量并显示所有网卡中来自因特网的上传和下载流量。

用户甚至可以定义过滤，来显示某些因特网地址的数据传输。

启动该软件后，将弹出 BWMeter 窗口，如图 12-52 所示。

1．设置 BWMeter 参数

在 BWMeter 窗口中，不仅可以设置该监视软件的参数，还能够以不同的浏览方式查看统计表，以及启用控制查看详细资料等操作。

在【选项】选项卡的【局域网】选项中，单击【添加】按钮 添加... ，在弹出的【LAN 地址】对话框中输入本地 IP，并单击【确定】按钮，如图 12-53 所示。

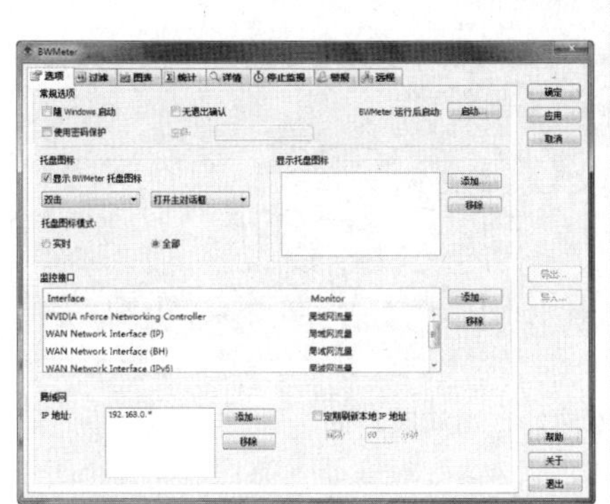

图 12-52　**BWMeter 窗口**

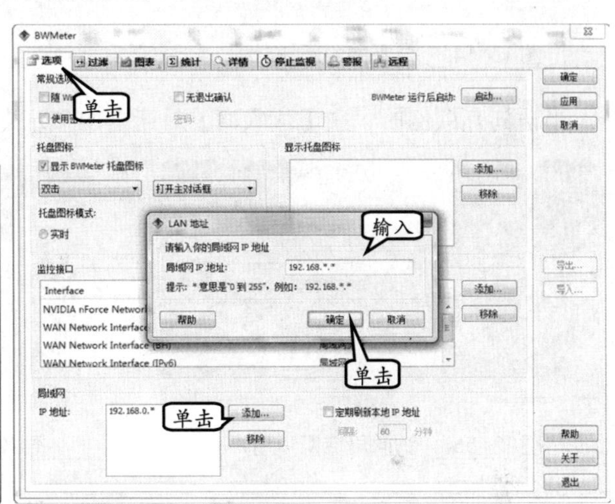

图 12-53　**BWMeter 窗口**

提　示

在 BWMeter 窗口中，启用【使用密码保护】复选框，在密码输入框中创建一个密码。之后，启动、关闭 BWMeter 窗口和在窗口中修改设置时都会弹出一个对话框需要输入密码。

在【统计】选项卡中，选择【选择过滤器】列表中的【局域网】或者【因特网】选项，并在【统计表】中选择不同的选项卡，即可查看上传和下载流量，如图 12-54 所示。

提　示

用户也可以在【统计表】下面单击不同的按钮，来操作统计的数据信息。

选择【详情】选项卡，并在【选择过滤器】列表中选择过滤网络，然后单击【启动】按钮 启动 ，在【详细资料】列表中显示传送方向、字节和协议信息，如图 12-55 所示。

2．实时查看网络流量

通过该软件可以实现可视局域网中数据传输和因特网中数据传输的流量值，具体操作如下。

当访问并复制局域网中用户本地文件时，在【局域网】对话框中显示上传和下载的速率，如图 12-56 所示。

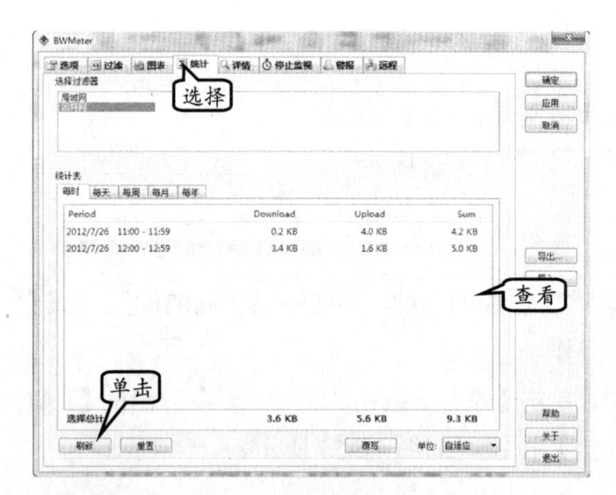

图 12-54　查看并刷新统计表

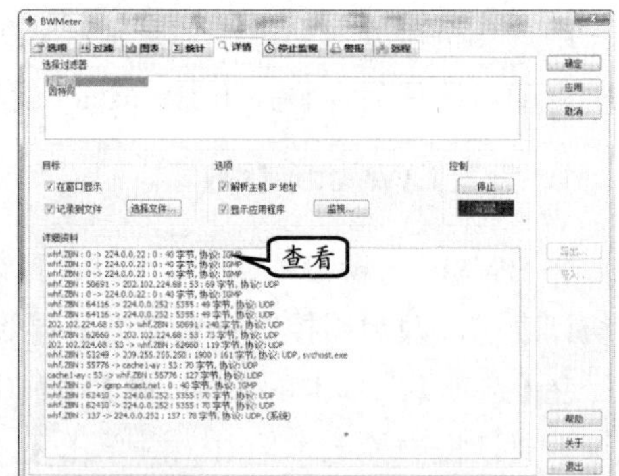

图 12-55　启动控制并查看详情

当访问互联网时，在【互联网】对话框中显示上传和下载的速率，如图 12-57 所示。

图 12-56　访问局域网中用户

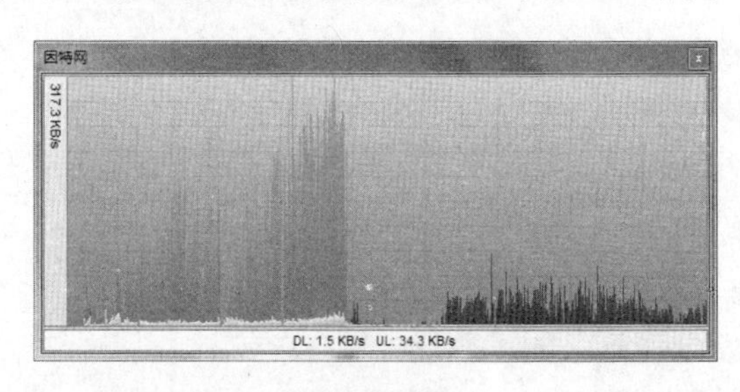

图 12-57　访问因特网

12.4.2 超级巡警

超级巡警可以用来自动解决利用 RootKit 功能隐藏进程、隐藏文件和隐藏端口的各种木马，包括 HACKDEF、NTRootKit、灰鸽子、PCSHARE、FU RootKit、AFX RootKit 等。

超级巡警弥补传统杀毒软件的不足，提供非常有效的文件监控和注册表监控，使用户对系统的变化了如指掌。它也提供了多种专业级的工具，使用户可以自己手动分析，100%地查杀未知木马。

启动该软件后，即可在窗口的上方看到病毒查杀、实时防护、工具大全等选项卡，如图 12-58 所示。

1. 扫描检测

在窗口中的【病毒查杀】选项卡中，可以用快速扫描、全面扫描、目录扫描等方式查找计算机病毒。

例如，用户需要对计算机操作系统的重要文件，或者以最快的速度完成计算机系统的查杀病毒操作时，可以单击【全速扫描（高）】按钮，如图 12-59 所示。在查杀病毒过程中，查找到可疑文件时，则在显示器屏幕的右下角弹出提示信息。

图 12-58 超级巡警窗口

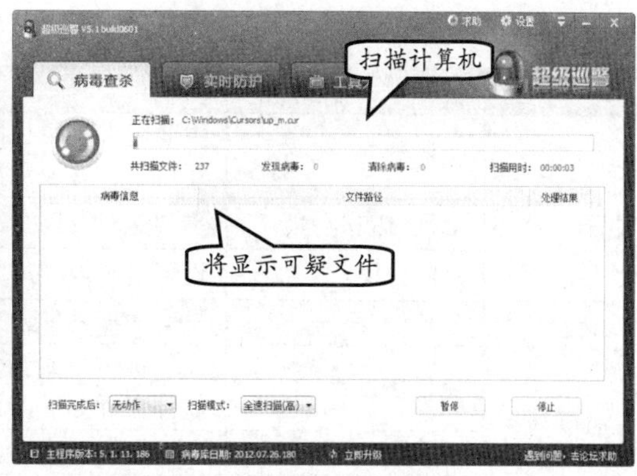

图 12-59 快速扫描计算机系统

2. 实时防护

为了保护计算机上网的安全性，可以选择【实时防护】选项卡，并在该选项卡中进行相关的设置，如图 12-60 所示。

例如，在【实时防护】选项卡中，包含有进程防护、系统防护、上网防护、下载防护、U 盘防护和漏洞防护等。

用户可以在不同的防护项后面，单击【已开启】或【已关闭】按钮，对该防护内容进行启用或禁用操作，如图 12-61 所示。

图 12-60 系统实时防护

图 12-61 关闭进程防护

用户也可以单击后面的【详细设计】链接，对防护内容进行详细的设置，如图 12-62 所示。

在该对话框中，用户可以选择不同的选项，对主要内容进行简单的设置，如病毒查杀设置、实时防护设置、信任设置，以及主动防御设置和升级设置等，如表 12-4 所示。

表 12-4 超级巡警的设置内容

选项名称	参 数 内 容	说 明
常规设置	常规设置	主要对开机自动启动、退出提示、发现病毒播放声音、退出时密码保护等设置项
	附加选项	参与体验计划，自动发送错误报告，加入智能云计划等
	高级选项	开机自我保护设置

续表

选项名称	参数内容	说明
病毒查杀设置	扫描类型	主要用来设置扫描文件的类型，如 EXE、DLL、VBS 等。另外，还可以设置使用什么样的启发引擎
	处理方式	主要是对发现病毒处理，以及隔离设置等
	定时扫描	设置定时内容，并指定扫描的周期时间
实时监控	防护设置	发现病毒处理方式，以及清理病毒前备份等
	免打扰设置	在运行游戏或者全屏程序时，设置进行免打扰模式，即发现病毒，软件自行处理，并不做提示
	下载防护	自动扫描下载的文件，并嵌入下载工具
	聊天防护	即时扫描聊天工具传输的文件
	上网防护	检测网页木马病毒以及钓鱼诈骗网站，保护上网首页
信任设置	信任文件	添加信任文件目录
	信任地址	添加可以浏览的信任地址
主动防御设置	启用主防防御，并设置云端分析高危程序，以及弹窗设置	
升级设置	主要包含自动升级、手动升级，以及代理服务器设置等	

3．工具大全

几乎在所有安全软件中，都包含有工具类的内容。而工具类内容中主要包含了一些针对性的工具应用，在该软件中也不例外。

例如，选择【工具大全】选项卡，可以非常清楚地看【Arp 防火墙】、【漏洞修复】、【系统工具箱】、【暴力删除】和【U 盘巡警】等一些常用的工具，如图 12-63 所示。

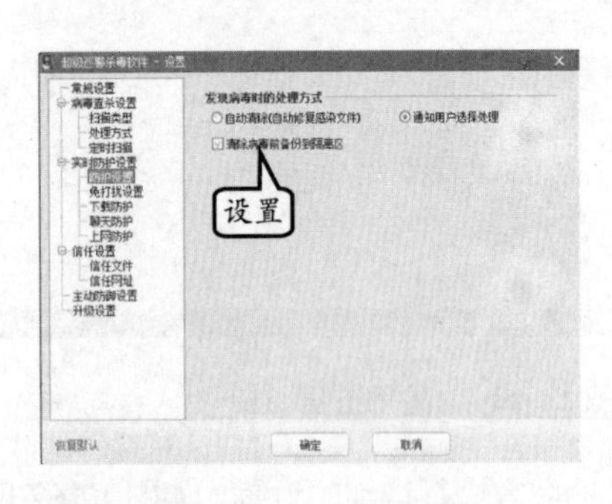

图 12-62 防护设置

图 12-63 工具软件

12.5 思考与练习

一、填空题

1．________是指计算机资产安全，即计算机信息系统资源和信息资源不受自然和人为有害因素的威胁和危害。

2．20 世纪 80 年代，________首次公开发表了论文《计算机机病毒：原理和实验》提出了计算机病毒的概念：________。

3．________是指设置在不同网络（如可信任的企业内部网和不可信的公共网）或网络安全域之间的一系列部件的组合。

4. “________”是多种类似软件的集合名词，是指在未明确提示用户或未经用户许可的情况下，在用户计算机或其他终端上安装运行，侵害用户合法权益的软件，但不包含我国法律法规规定的计算机病毒。

5. 计算机杀毒软件，又称为“________”。

6. ________也是应用软件中的一种，它的作用是为了对付病毒，保护系统的稳键工作，保护用户私密信息安全。

二、选择题

1. 现今的企业网络及个人信息安全存在的威胁，下面________描述不正确。

A. 非授权访问

B. 冒充合法用户

C. 破坏数据的完整性

D. 无干扰系统正常运行

2. 在国内，最初引起人们注意的病毒是 20 世纪 80 年代末出现的病毒，而下列不属于该年代的病毒是________。

A. 黑色星期五　　B. 米氏病毒

C. 熊猫烧香　　D. 小球病毒

3. 用户通过下列一些现象，不能判断是否感染计算机病毒的是________。

A. 机器不能正常启动　加电后机器根本不能启动，或者启动时间变长了。有时会突然出现黑屏现象

B. 运行速度降低　发现在运行某个程序时，读取数据的时间比原来长，存文件或调文件的时间较长

C. 磁盘空间迅速变小　内存空间变小甚至变为“0”，用户什么信息也进不去

D. 文件内容和长度有所改变　一个文件存入磁盘后，有时文件内容无法显示或显示后又消失了

4. 一般的防火墙都可以保护计算机安全功能，下列扫描不正确的是________。

A. 可以限制他人进入内部网络，过滤掉不安全服务和非法用户

B. 防止入侵者接近防御设施

C. 不限定用户访问特殊站点

D. 为监视 Internet 安全提供方便

5. 具有一些特征的软件可以被认为是恶意软件，那么下列描述不正确的是________。

A. 指没有提供通用的卸载方式，或在不受其他软件影响、人为破坏的情况下，卸载后仍然有活动程序的行为

B. 指没有经过用户许可，修改浏览器参数或其他相关设置，迫使用户访问特定网站或导致用户无法正常上网的行为

C. 在用户计算机或其他终端上安装软件的行为

D. 指未明确提示用户或者未经用户许可，将被认定为恶意软件的软件捆绑到其他软件的行为

6. 在“超级巡警”软件中包含有多个扫描方式，下列________不属于该软件的扫描方式。

A. 文件扫描　　B. 内存扫描

C. 快速扫描　　D. 全面扫描

三、简答题

1. 描述防火墙的优点。

2. 在 COMODO Firewall 概要内容中，包含有哪些模块？

四、上机练习

1. 禁用 Windows 7 防火墙

Windows 7 在安全性上面已有大大提高，但是好多人还不知道如何设置 Windows 7 的防火墙。下面就对 Windows 7 防火墙做一些简单的了解。

打开 Windows 7 防火墙的方法比较简单，依次单击【开始】按钮，并执行【控制面板】命令，即打开【控制面板】窗口，如图 12-64 所示。

图 12-64　【控制面板】窗口

在【控制面板】窗口中，单击【Windows 防火墙】链接，即可打开【Windows 防火墙】窗口，

如图 12-65 所示。

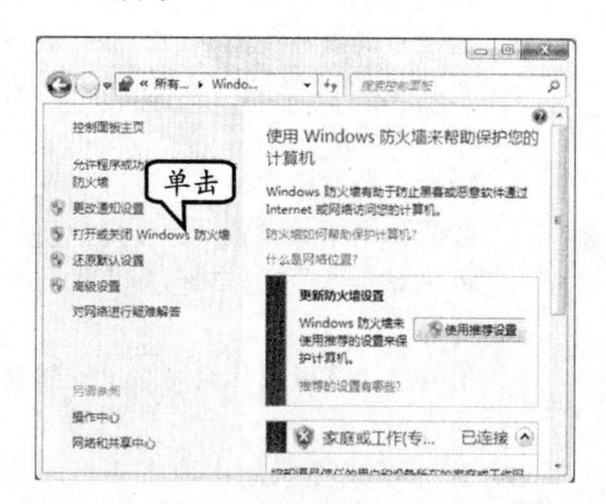

图 12-65 【Windows 防火墙】窗口

然后，再单击左侧的【打开或关闭 Windows 防火墙】链接。此时，在打开的窗口中，可以启用或者关闭防火墙，如图 12-66 所示。

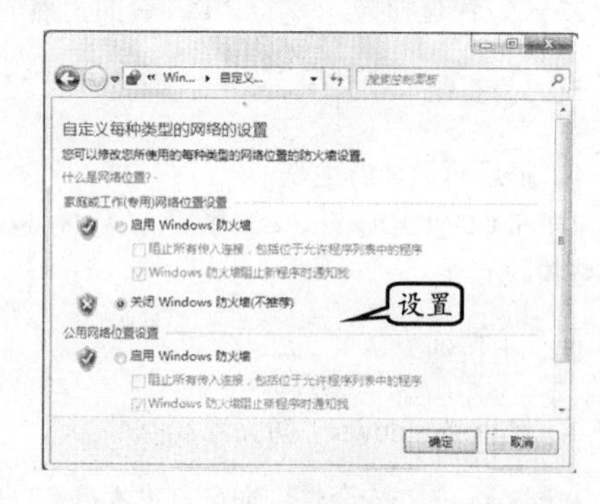

图 12-66 启用 Windows 防火墙

2. 停止金山卫士

当用户安装"金山卫士"软件后，则重新启动计算机后将自动启动该卫士。如果用户需要停止金山卫士对计算机保护功能，则可以单击任务栏中的【显示隐藏的图标】按钮，并右击金山安全卫士图标，执行【退出】命令，如图 12-67 所示。

在弹出的提示对话框中，单击【确定】按钮，如图 12-68 所示。

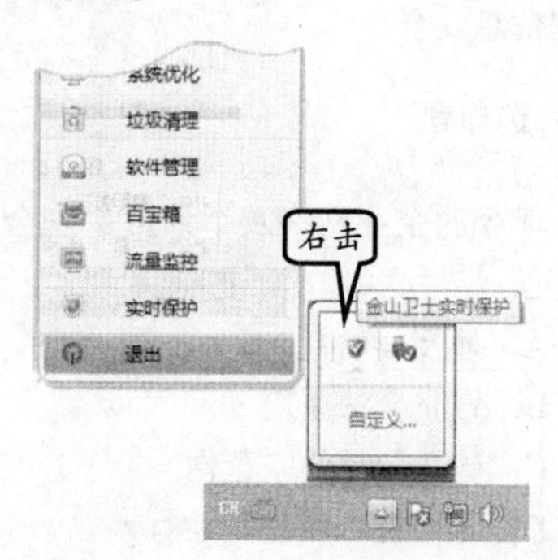

图 12-67 执行【退出】命令

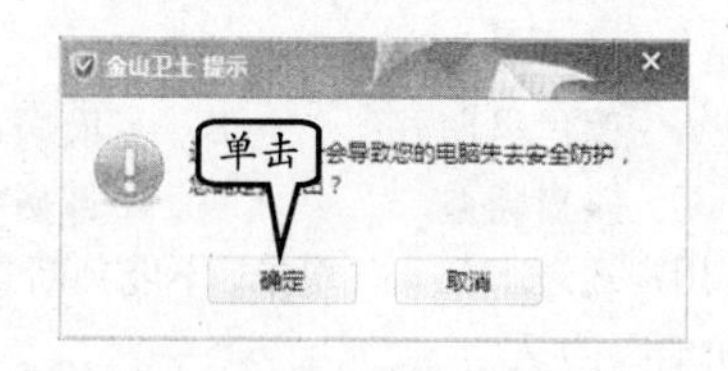

图 12-68 退出金山卫士

第13章

手机管理软件

目前出现的一些智能手机，非常类似于个人计算机，具有独立的操作系统，可以由用户自行安装软件、游戏等第三方服务商提供的程序，通过此类程序来不断对手机的功能进行扩充，并可以通过移动通讯网络实现无线网络接入等。既然手机像个人计算机一样，可以安装操作系统以及第三方的软件，那么，它就应该像计算机一样，需要一些驱动和软件的支持、维护和运行。本章围绕智能手机这一块，来简单地介绍一下如何安装驱动、如何向手机添加软件及文件等，以及如何对手机系统进行刷机操作。

本章学习要点：

- 手机驱动程序
- 手机操作系统
- 了解手机刷机
- 安装 USB 驱动程序
- 91 手机助手
- 备份手机数据
- 刷机操作

13.1 手机软件概述

手机软件是可以安装在手机上的软件，完善原始系统的不足与个性化。随着科技的发展，现在手机的功能也越来越多、越来越强大。手机软件不再像过去那么简单死板，目前发展到了可以与计算机软件相媲美的程度。

13.1.1 手机驱动程序

在计算机中，“驱动程序”也称之为“设备驱动程序”，是一种可以使计算机和设备通信的特殊程序，可以说相当于硬件的接口。操作系统只有通过这个接口，才能控制硬件设备的工作，如某设备的驱动程序未能正确安装，便不能正常工作。

因此，驱动程序被誉为“硬件的灵魂”、“硬件的主宰”、和“硬件和系统之间的桥梁”等。

早期的手机驱动安装起来相对比较复杂，如有些手机必须与计算机进行连接后才能安装驱动程序。并且，还有一些手机，在安装手机连接驱动之后，还需要安装手机 USB 驱动等。

而对于目前的智能手机，则比较简单。对于高版本的计算机操作系统而言，只需要将手机连接计算机即可自动检测并安装该驱动程序。或者，通过无线 Wi-Fi 技术，直接连接无线局域网，并与计算机连接等。

13.1.2 手机操作系统

手机操作系统一般只应用在高端智能化手机上。目前，应用在手机上的操作系统主要有 Palm OS、Symbian（塞班）、Linux、Android（安卓）、iPhone（苹果） OS、BlackBerry（黑莓）OS、Windows Phone 等。

1. Symbian（塞班）

Symbian（塞班）是一个实时性、多任务的纯 32 位操作系统，具有功耗低、内存占用少等特点，非常适合手机等移动设备使用，经过不断完善，可以支持 GPRS、蓝牙、SyncML 以及 3G 技术。

另外，Symbian 是一个标准化的开放式平台，任何人都可以为支持 Symbian 的设备开发软件。与微软产品不同的是，Symbian 将移动设备的通用技术，也就是操作系统的内核，与图形用户界面技术分开，能很好地适应不同方式输入的平台，也使厂商可以为自己的产品制作更加友好的操作界面，符合个性化的潮流。

现在为这个平台开发的 Java 程序已经开始在互联网上盛行，用户可以通过安装这些软件，扩展手机功能。

Symbian 作为一款已经相当成熟的操作系统，具有以下特点。

- ❑ 提供无线通信服务，将计算技术与电话技术相结合。

- 操作系统固化。
- 相对固定的硬件组成。
- 较低的研发成本。
- 强大的开放性。
- 低功耗，高处理性能。
- 系统运行的安全、稳定性。
- 多线程运行模式。
- 多种UI界面，灵活、简单易操作。

2. Windows Phone

Windows Phone 平台是微软新发布的新一代手机操作系统，它将微软旗下的 Xbox Live 游戏、Zune 音乐与独特的视频体验整合至手机中。

2011 年 9 月，微软公司正式发布了 Windows Phone 7.5 智能手机操作系统，这是在 Windows Phone 7 的基础上研发的新版本，弥补了许多不足并在运行速度上有大幅提升。

新版 Windows Phone 操作系统将内置 IE 9 浏览器，全面支持 HTML 5 标准。并且，Windows Phone 7.5（Tango）将支持 125 种语言，其特点如下。

- **输入法功能**

它继承了英文版软键盘的自适应能力，根据用户输入习惯自动调整触摸识别位置。用户打字要是总偏左，所有键的实际触摸位置就稍微往左边挪一点。自带词库的丰富性在手机输入法中也是难得一见的。

- **人脉（People Hub）**

People Hub 就相当于传统意义上的“联系人”，只不过功能强化了几十倍，带各种社交更新，还实时云端同步。在 People Hub 的首页 Tile 有了一点变化。之前它的 Live Tile 分成 9 个小块，里面轮番显示联系人头像，而现在里面则引入了占 4 个小格子的大号头像，让每个联系人都有充分展示自己的机会。

- **市场（Marketplace）**

在 Marketplace 里选择下载某款应用之后，立即返回到应用列表界面，立即在里面显示该应用图标。

从前进度条只表示下载，到达 100%之后进入漫长的“Installing”（安装）阶段，无其他提示。现在下载和安装各占一半，到 50%时下载完毕，100%时安装完毕。

为了进一步推动 Windows Phone 平台手机的发展，诺基亚和微软可谓尽心尽力。目前诺基亚已经和全球领先的互动娱乐软件公司 EA 合作，将多款人气游戏引进 Windows Phone 平台上。

- **短信功能**

短信功能集成了 Live Messenger（俗称 MSN）。手机的 MSN 状态可以设为永久在线，只要用户所在区域有网络信号，就可以弃短信而用 MSN 与朋友联络，节省大量短信费。如果手机暂时没有网络或者对方不在线，系统自动将聊天模式切回短信。

最重要的是同一个人的短信和 MSN 聊天记录都保存在一个对话记录里，用小字标明哪些来自短信、哪些来自 MSN，清爽明白、条例分明。还有一个小细节是短信的 MSN

支持表情显示。

❑ **Office 办公**

Windows Phone 7.5 具有手机版本的 Word、Excel、OneNote 和 PowerPoint，方便随时随地工作。

在手机上启动 Word 文档或 Excel 工作簿，然后将其同步到 SkyDrive（由微软公司推出的一项云存储服务。）。这样以后就可以在计算机上继续编写或编辑相应内容。

❑ **动态磁贴**

屏幕上的“动态磁贴”可以显示应用的动态、即将到来的约会以及更多其他内容。Live Tile 是出现在 WP 的一个新概念，这是微软的 Metro（微软在 Windows Phone 中正式引入的一种界面设计语言）概念，Metro UI 要带给用户的是 Glance and Go（一目了然）的体验。即便 WP 7 是在 Idle 或是 Lock 模式下，仍然支持 Tile 更新。

❑ **Zune 同步**

Zune 软件好比 IOS 用户常用的桌面端管理软件 iTunes，作为一款与 Windows Phone 手机搭配的桌面端管理软件，用户可以通过 Zune 为 Windows Phone 手机安装最新的系统更新，下载应用和游戏，以及管理并同步音乐、视频和图片等内容。

同时 Zune 也是一款界面优雅、功能强大的桌面端媒体管理播放系统，而且拥有许多媒体播放软件不具备的图片幻灯片浏览功能，用户可以用 Zune 统一管理 PC 端的多媒体文件。

❑ **软件管理**

对于安装的所有应用程序进行首字母分类，每类前面有一个大字母，单击一下呼出全屏字母表，选择一个字母就跳到相应的组，不管装多少东西，寻找一个应用程序只要单击三、四次即可。

3．Android

Android 是一种以 Linux 为基础的开放源代码操作系统，主要使用于便携设备。目前，尚未有统一中文名称，国内较多人使用“安卓”或“安致”称呼。2012 年 7 月数据，Android 占据全球智能手机操作系统市场 59%的份额，中国市场占有率为 76.7%。

Android 以著名的机器人名称来对其进行命名，如阿童木（Android Beta）和发条机器人（Android 1.0）。

后来由于涉及到版权问题，谷歌将其命名规则变更为用甜点作为它们系统版本代号的命名方法，如纸杯蛋糕（Android 1.5）、甜甜圈（Android 1.6）、松饼（Android 2.0/2.1）、冻酸奶（Android 2.2）、姜饼（Android 2.3）、蜂巢（Android 3.0）、冰激凌三明治（Android 4.0），而最新一代 Android 版本名为果冻豆（Jelly Bean，Android 4.1）。

4．iPhone

iPhone 是一部 4 频段的 GSM 制式手机，支持 EDGE 和 802.11b/g 无线上网（iPhone 3G/3Gs/4G 支持 WCDMA 上网，iPhone 4 支持 802.11n)，支持电邮、移动通话、短信、网络浏览以及其他的无线通信服务。

iPhone 没有键盘，而是创新地引入了多点触摸（Multi-touch）触摸屏界面，在操作性上与其他品牌的手机相比占有领先地位。

iPhone 包括了 iPod 的媒体播放功能，和为了移动设备修改后的 Mac OS X 操作系统（iOS，本名 iPhone OS，自 4.0 版本起改名为 iOS），以及 800 万像素的摄像头。

此外，设备内置有重力感应器，iPhone 4 有三轴陀螺仪（三轴方向重力感应器），能依照用户水平或垂直的持用方式，自动调整屏幕显示方向；并且内置了光感器，支持根据当前光线强度调整屏幕亮度；还内置了距离感应器，防止在接打电话时，耳朵误触屏幕引起的操作。

5. BlackBerry OS

BlackBerry OS 是 Research In Motion 专用的操作系统。BlackBerry OS 是由 Research In Motion 为其智能手机产品 BlackBerry 开发的专用操作系统。这一操作系统具有多任务处理能力，并支持特定的输入装置，如滚轮、轨迹球、触摸板以及触摸屏等。

BlackBerry 平台最著名的莫过于它处理邮件的能力。该平台通过 MIDP 1.0 以及 MIDP 2.0 的子集，在与 BlackBerry Enterprise Server 连接时，以无线的方式激活并与 Microsoft Exchange、Lotus Domino 或 Novell GroupWise 同步邮件、任务、日程、备忘录和联系人。

6. Palm OS

Palm OS 是 Palm 公司开发的专用于 PDA（掌上电脑）上的一种操作系统，这是 PDA 上的霸主，一度占据了 90%的 PDA 市场份额。

虽然，Palm OS 并不专门针对于手机设计，但是它的优秀性和对移动设备的支持同样使其能够成为一个优秀的手机操作系统。

目前，存在具有手机功能的 Palm PDA，如 Palm 公司的 Tungsten W。而 Handspring 公司（目前已被 Palm 公司收购）的 Treo 系列则是专门使用 Palm OS 的手机。

13.1.3 了解手机刷机

刷机是指通过一定的方法更改或替换手机中原本存在的一些语言、图片、铃声、软件或者操作系统。

通俗来讲，刷机就是给手机重装系统。刷机可以使手机的功能更加完善，并且使手机还原到原始状态。一般情况下手机操作系统出现损坏，造成功能失效或无法开机及运行，也通常用刷机的方法恢复。

1. 升级与刷机

什么是升级？什么是刷机？到底这两者有什么不同呢？

首先，任何品牌的手机都一样，只要在生产销售，官方会对同一部手机的内部软件系统升级，以解决前版的一些缺陷来完善手机。

因此，对该品牌、该款号的手机，可以进行升级或者刷机操作。但是，在升级与刷机操作过程中，有着非常大的区别。

升级可以分为“在线升级”和“手动升级”，不管哪种升级方法，只是将手机软件更新一下。尤如，将 Windows XP SP1 版，升级为 Windows XP SP3 版。

而刷机能够增加更多新的功能。例如，在计算机中原来安装 Windows XP 操作系统，而通过“刷机”的方式将其更改 Windows 7 操作系统，有着相同的意义。

2. 升级注意事项

在线升级是自动识别手机的生产销售地而自动更新，也就是说在中国的手机只能是行货才会升级成中文，不然就会变英文或其他了，所以要看自己的生产销售地代码（CODE 码）是不是可以升中文。

提 示

用户将手机关机并拆卸电池后，手机后板上串号下面的 7 位数就是 CODE 码。然后，通过详细的网点都有对应资料。

在升级过程中，不管手机是什么版本，都会升级到最高版本，一般用户无法选择版本。如果手机中的版本为最新版，则将提示无最新更新。

3. 刷机常用方法

一般在进行刷机时，都支持线刷方式。目前，安卓操作系统的手机，刷机方法大致可分为两种。

- ❑ **卡刷** 把刷机包直接放到 SD（存储卡）卡上，然后在手机上直接进行刷机。卡刷时常用软件有：一键 ROOT Visionary（取得 root）、固件管理大师（用于刷 recovery）等（或有同样功能的软件）。
- ❑ **线刷** 通过计算机上的线刷软件，把刷机包用数据线连接手机载入到手机内存中，使其作为“第一启动”的刷机方法。线刷软件都为计算机软件，一般来说不同手机型号有不同的刷机软件。

注 意

在刷机之前，一定要了解该款手机刷机的方法，并熟悉刷机的整个流程（或者过程）。最重要的是要下载与手机型号相匹配的刷机包等内容。

4. 刷机风险

刷机都带有一定的风险，但是正常的刷机操作是不会损坏手机硬件的。并且，刷机可以解决手机中存在的一些操作不方便、某些硬件无法使用、手机软件故障等问题。

但是，不当的刷机方式可能带来不必要的麻烦，比如无法开机、开机死机、功能失效等后果，有很多 Windows 操作系统的手机，刷机后很容易导致手机恢复出厂设置，变成全英文界面的操作系统，将会造成很难解决的问题，所以刷机是一件严肃的事情。

一般刷机后就不能再保修了，所以不是特别需要的话，最好不要刷。而安卓操作系统的手机，刷机重装系统后一般不会有太大的风险，即使刷机失败，或是 ROM 不合适，只需再换个 ROM 重新刷一次即可。

提 示

ROM 是只读内存（Read-Only Memory）的简称，是一种只能读出事先所存数据的固态半导体存储器。其特性是一旦储存资料就无法再将之改变或删除。通常用在不需经常变更资料的系统中，并且资料不会因为电源关闭而消失。

5. 刷机时注意事项

刷机并不是一件非常简单的操作，在操作之前要做足功课。否则，一点小问题很有可能造成刷机失败。

- 只要能与计算机连接，则即使刷机失败，也有可能通过软件恢复系统（用户可以使用不同的软件尝试）。
- 普通数据线也能刷机，只要数据线稳定，能保证数据的传输。
- 刷机时不一定要满电，也不要只剩不足的电量（一般需要有35%以上的电量）。
- 刷机的时候，SIM卡和存储卡不一定要取出。
- 不是任何手机都可以刷机的。
- 不是任何问题都可以通过刷机解决的。
- 不同类型的手机，都有自己的刷机方法，各种刷机方法不尽相同。所以刷机之前一定要看清教程介绍。
- 计算机操作系统最好是XP非精简版以上，关闭一切杀毒软件

13.2 手机驱动及管理软件

目前，智能手机不断普及，而相对产生的手机管理软件也比较多。虽然，不同的手机管理软件之间没有一个标准化的要求，但不同的手机管理更突显出自己的功能及管理个性等。

13.2.1 安装USB驱动

每款手机在连接计算机之时，都需要安装与之相匹配的手机驱动。当然，为更方便用户操作，产生了手机USB通用性的驱动，即绝大多数常用类型的手机，都可以安装该驱动实现手机与计算机之间的连接。

例如，先下载手机USB驱动，并打开所下载文件的文件夹，如图13-1所示。然后，右击“PL-2303 Driver Installer.exe”文件，执行【以管理员身份运行】命令，如图13-2所示。

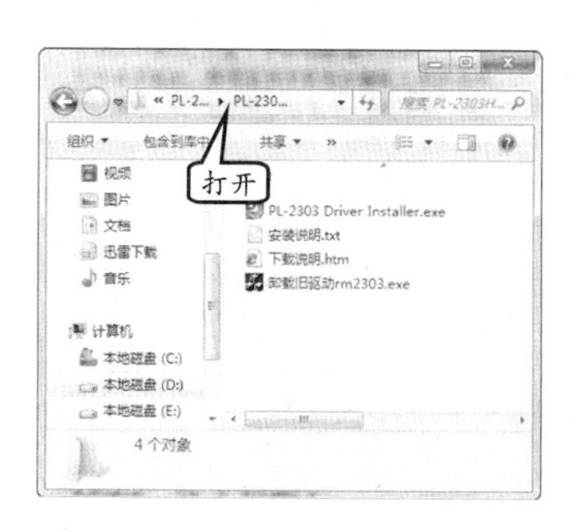

图13-1 打开文件夹

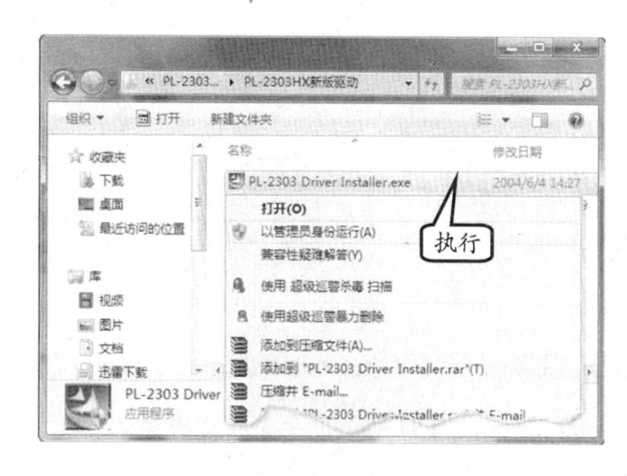

图13-2 运行程序

在弹出的安装向导对话框中单击【下一步】按钮，即可安装USB驱动程序，如图13-3所示。

安装完成之后，将在对话框中提示“InstallShield Wizard 完成”信息，单击【完成】

按钮，如图 13-4 所示。

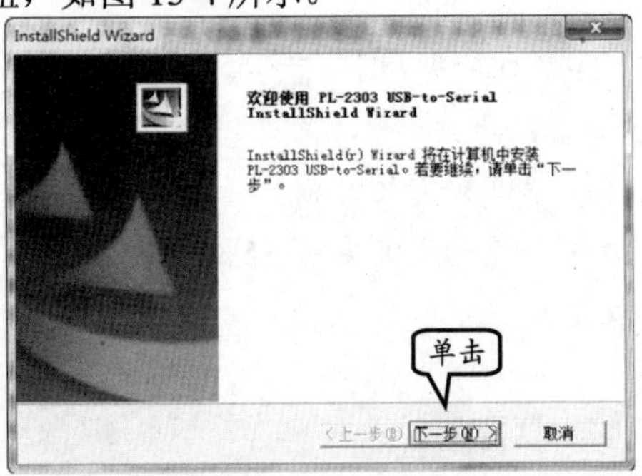

图 13-3 提示安装驱动程序

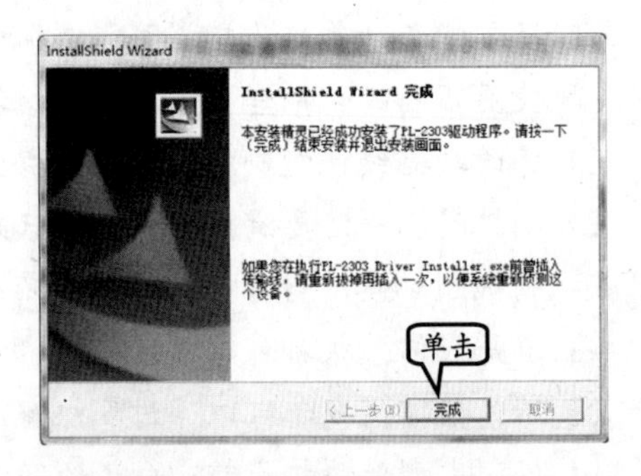

图 13-4 提示安装完成

13.2.2 91 手机助手

91 手机助手是由网龙公司推出的第三方智能手机管理软件，是目前全球唯一一款全面支持 iPhone、Windows Mobile、Android、Wince、Symbian S60 等 5 大智能手机系统的计算机端管理软件。

91 手机助手具有智能手机主题、壁纸、铃声、音乐、电影、软件、电子书的搜索、下载、安装等功能，如图 13-5 所示。

图 13-5 【91 手机助手】管理界面

1. 手机连接计算机

在安装软件之后启动该软件，将手机所随带的 USB 数据线与计算机连接，并与手机连接，如图 13-6 所示。

此时，在窗口的左侧将检测手机，并自动安装驱动程序。然后，连接手机设备，如图 13-7 所示。

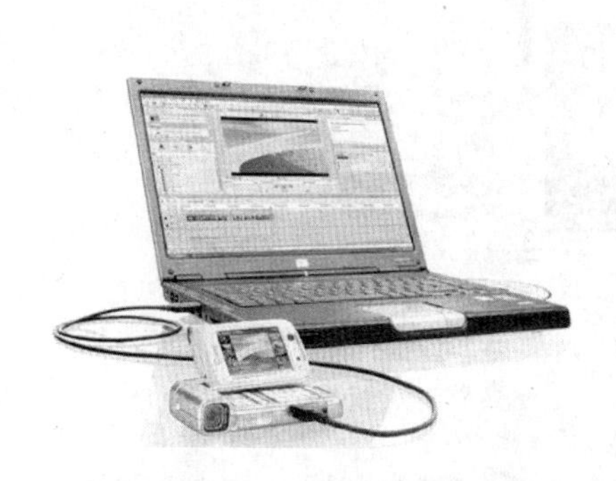

图 13-6 数据线连接设备

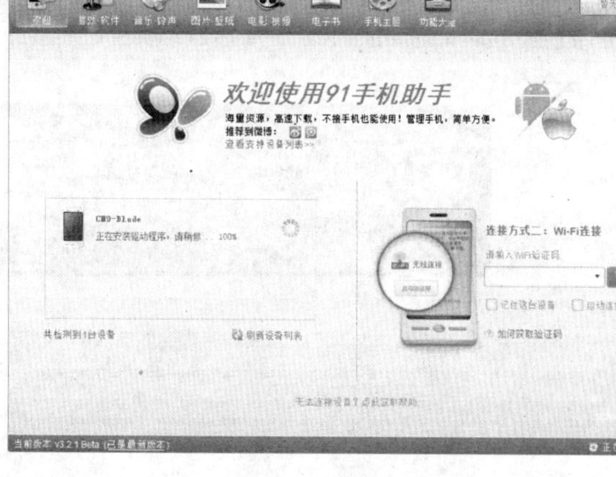

图 13-7 连接手机设备

手机设备与计算机连接成功后，即可跳转到【欢迎】选项卡窗口，并在左侧显示手机及界面中的图像，以及当前用户所具有的权限。而右侧显示一些常用的浏览、软件、手机周边内容等，并且显示手机所安装的软件、应用程序、联系人图片等信息，如图 13-8 所示。

图 13-8 显示手机内容

2. 安装手机软件或游戏

选择【游戏 · 软件】选项，并在左侧显示【手机已安装软件】、【电脑上的软件】、【网络资源】等内容，如图 13-9 所示。

图 13-9 【游戏·软件】界面

在该选项卡的右侧，选择需要安装的软件，并单击【安装】按钮，如图 13-10 所示。用户也可以单击图标按钮，查看软件的详细信息。

图 13-10 选择安装软件

此时，将在右上角显示软件下载的进度，并在【下载】图标右上角显示数字 1，如图 13-11 所示。

图 13-11 显示下载进度

用户也可以单击【下载】图标打开【任务管理】窗口，其中显示下载的软件及下载进度，如图 13-12 所示。

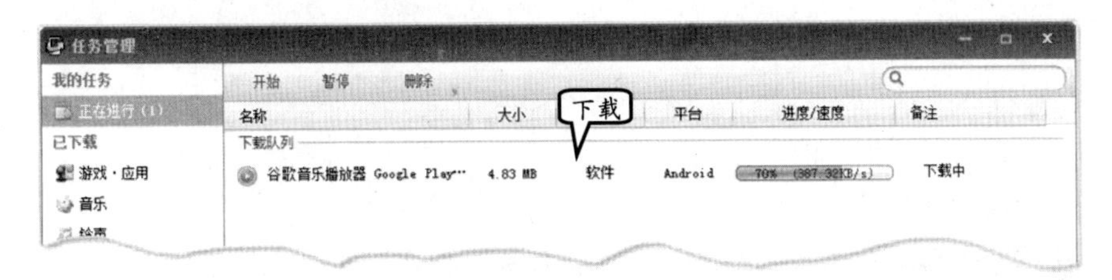

图 13-12 显示下载软件

软件下载完成后，即可弹出【安装路径设置】对话框，并提示该软件需要的位置，如【默认设置】、【优先安装到手机内存】和【优先安装到 SD 卡】。例如，选择【优先安装到 SD 卡】选项，并单击【确定】按钮，如图 13-13 所示。

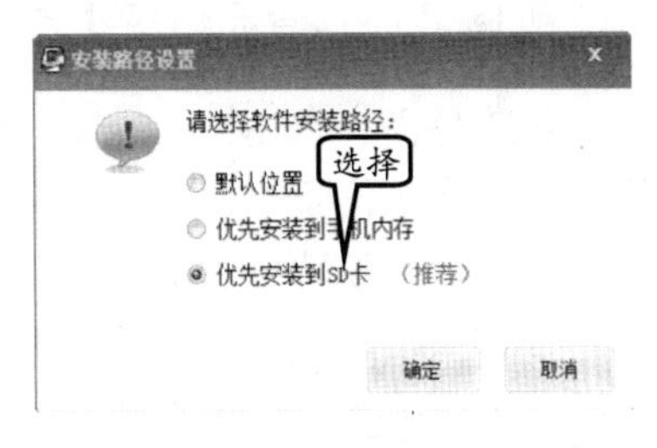

图 13-13 选择软件安装位置

此时，将在【任务管理】中显示该软件安装的进度，如图 13-14 所示。

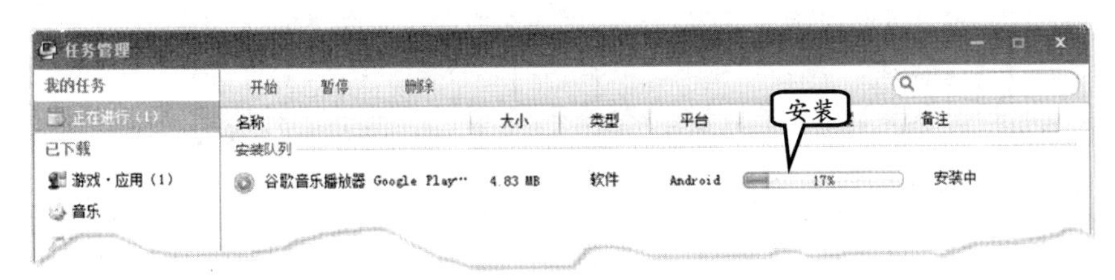

图 13-14 显示软件安装进度

软件安装结束后，即可弹出一个即时提示信息框，并提示软件安装成功等内容，然后渐隐消失。

3. 向手机添加音乐

选择【音乐·铃声】选项卡，并在左侧显示【手机上的音乐】、【电脑上的音乐】和【网络资源】等内容，如图 13-15 所示。

图 13-15　【音乐·铃声】界面

在该界面中，用户可以从【网络资源】列表中选择某一网站，并在右侧显示该站中所提供的音乐信息。

然后，在右侧的网站中，可以搜索自己喜欢的音乐，也可以选择站点所推荐的音乐。例如，选择导航条中的【好歌】选项，并在站点左侧单击【网络红歌】选项，如图 13-16 所示。

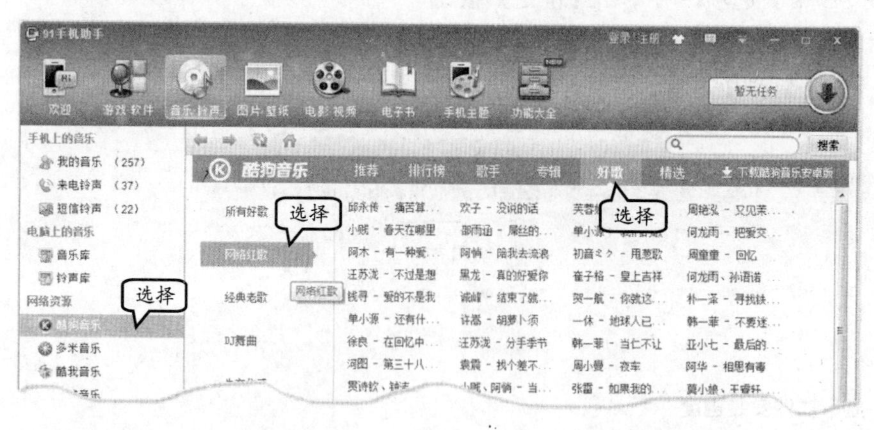

图 13-16　选择歌曲类型

此时，可以在【网络红歌】选项右侧选择自己喜欢的歌曲，并将鼠标放置歌曲名称上面。当出现【播放】图标和【下载】图标后，单击【下载】图标，如图 13-17 所示。

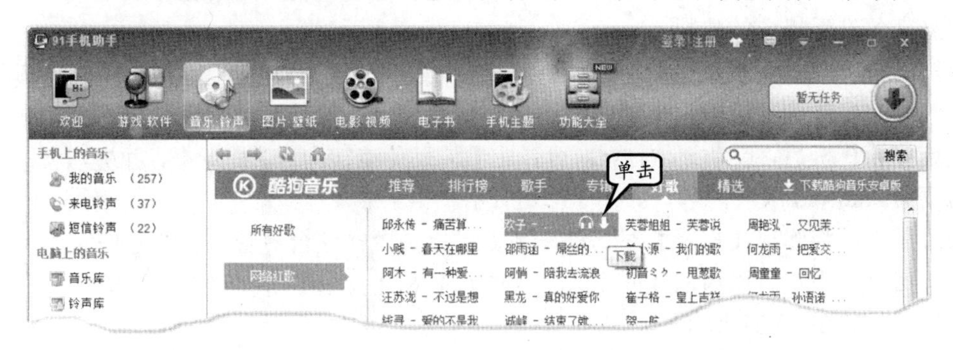

图 13-17 下载歌曲

下载歌曲时，将在界面的右上角显示下载进度，单击该【下载】图标即可在【任务管理】窗口查看详细的下载内容及进度，如图 13-18 所示。

图 13-18 通过【任务管理】窗口查看下载情况

歌曲下载完成后，将自动向手机上传该文件，并在【任务管理】窗口查看上传情况。文件上传完成后，即弹出一个提示信息框，并提示“音乐上传完成”，如图 13-19 所示。

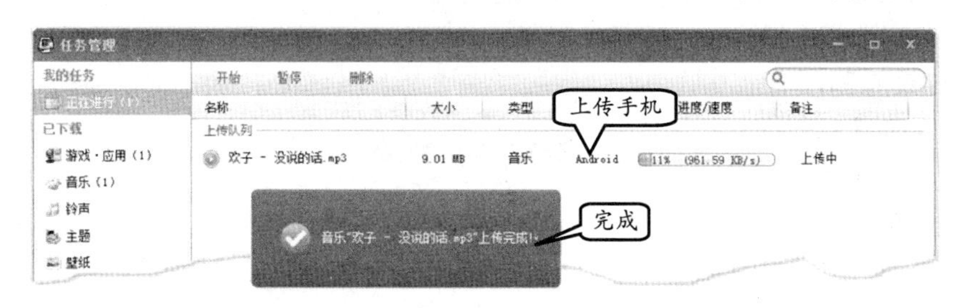

图 13-19 上传文件

13.2.3 豌豆荚手机精灵

“豌豆荚手机精灵”是一款安装在计算机桌面上的软件，把手机和计算机连接后，可通过“豌豆荚手机精灵”在计算机上管理手机中的通讯录、短信、应用程序和音乐等，也能在电脑上备份手机中的资料。

此外，通过“豌豆荚手机精灵”软件，可直接一键下载优酷网、土豆网、新浪视频等主流视频网站视频到手机中，本地和网络视频自动转码，传进手机就能观看。

手机连接计算机后，启动该软件，即可弹出【豌豆荚连接向导】提示框，并提示“正在安装豌豆荚 Android 版”内容，如图 13-20 所示。

连接过程中，将弹出【提示】对话框，并提示“是否在这台电脑上自动备份您的手机数据？”信息，用户可以启用【联系人】、【照片】和【短信】等复选框，并单击【是（推荐）】按钮，如图 13-21 所示。

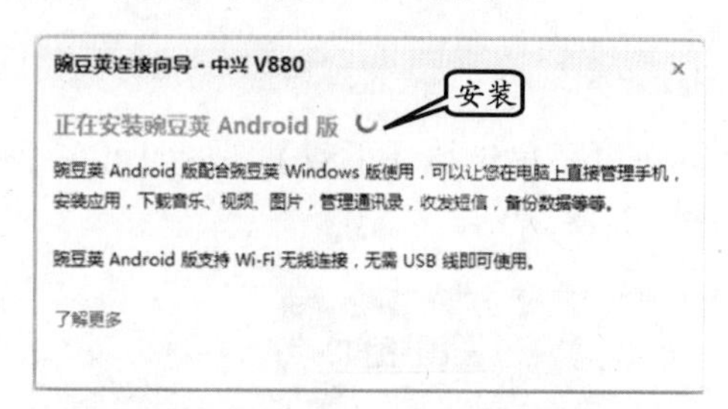

图 13-20 豌豆荚连接手机设备

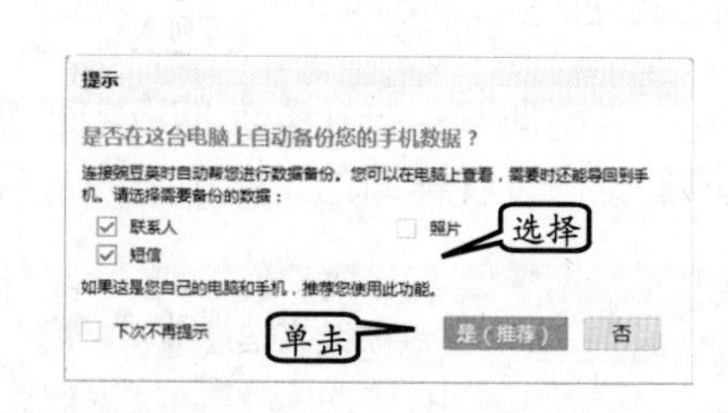

图 13-21 导入手机数据

手机与计算机连接成功后，将在窗口中左上角显示手机名称及型号，并在窗口中显示手机屏幕内容，如图 13-22 所示。

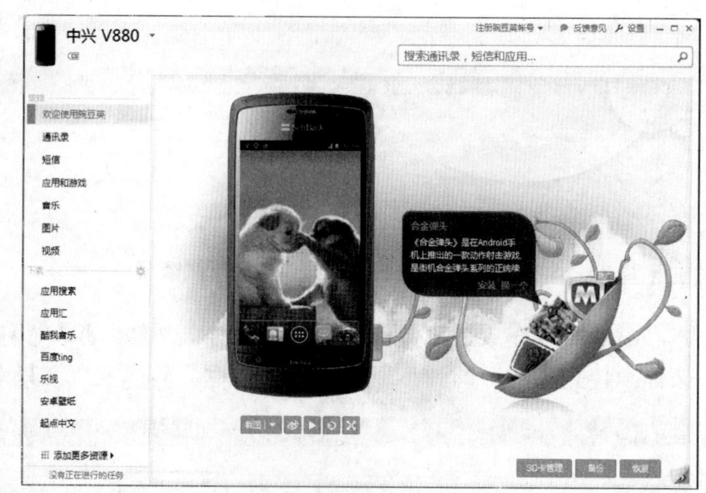

图 13-22 已经连接手机设备

1. 添加联系人

在窗口中，单击左侧【通讯录】按钮即可在中间列表中显示手机中已经创建的联系人信息，如图 13-23 所示。

然后，在窗口的最右侧，用户可以输入【姓名】、【移动电话】（或固定电话）、【电子邮箱】等内容，并单击【保存】按钮，如图 13-24 所示。

2. 升级软件

在“豌豆荚手机精灵”软件中，除了安装、卸载软件外，还可以升级已经安装的软件。例如，选择窗口中左侧【应用和游戏】选项，在中间列表中将显示已经安装的软件，需要升级的软件将在其后面显示【升级】按钮，如图 13-25 所示。

在程序后面单击【升级】按钮，即可升级手机中所安装的软件。例如，单击【百度输入法】后面的【升级】按钮，如图 13-26 所示。

此时，在左下角显示一个环型等待状态的图标，并显示现在升级软件下载的进度，如图 13-27 所示。

图 13-23　显示联系人信息

图 13-24　添加联系人信息

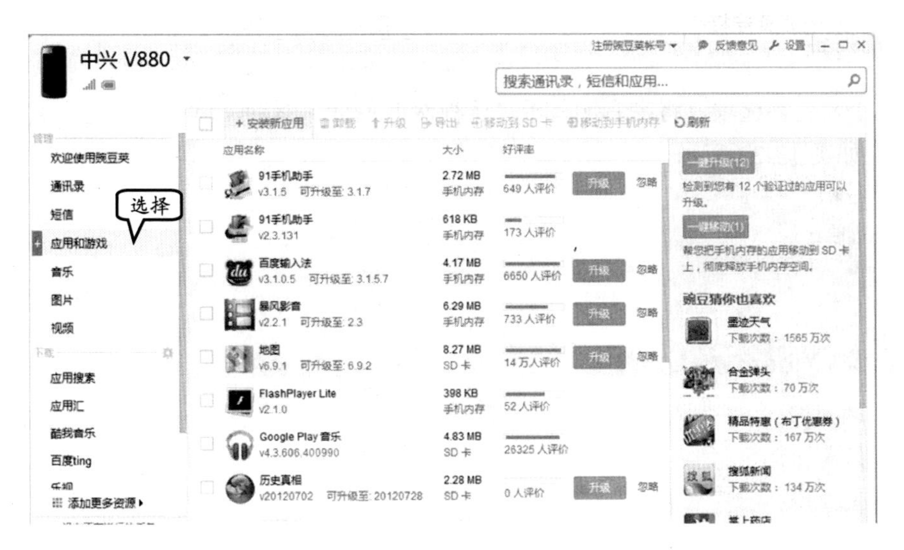

图 13-25　选择【应用和游戏】选项

图 13-26　选择升级软件

然后，单击左下角【百度输入法】及环型图标，即可弹出窗口，并显示该软件下载的详细信息，如图 13-28 所示。

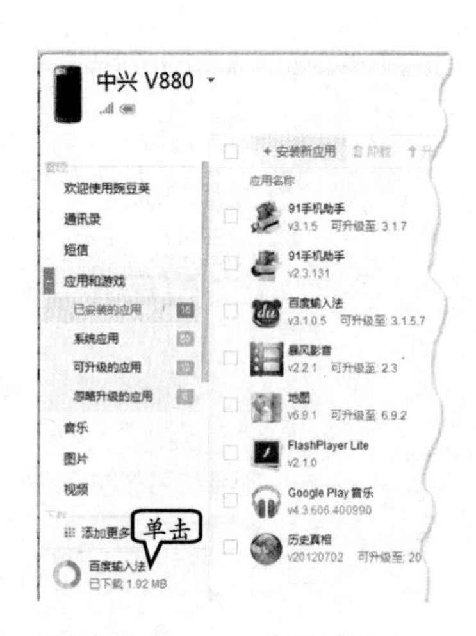

图 13-27　下载软件

图 13-28　下载软件详细内容

3．下载影视内容

在左侧单击【乐视】选项，将在右侧显示“乐视网”主页。然后，单击导航栏中的【电视剧】按钮，如图 13-29 所示。

图 13-29　选择视频内容

然后，通过单击【上一页】或者【下一页】按钮，选择自己喜欢的电视剧，并单击【下载】按钮，如图 13-30 所示。在旁边弹出的【请选择要下载的集数】框中，单击下载的某集链接。

此时，将在左下角显示等待下载该视频，如图 13-31 所示。单击该电视剧名，将弹出显示下载的详细内容，如图 13-32 所示。

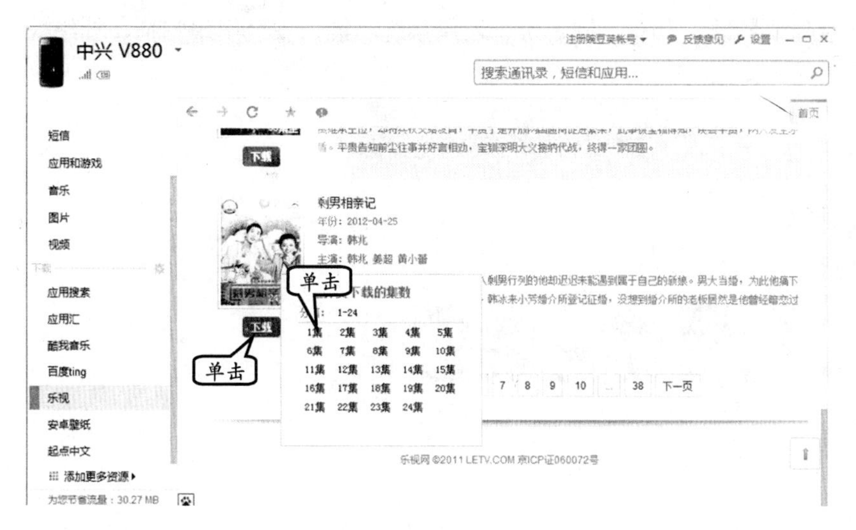

图 13-30　下载电视剧视频

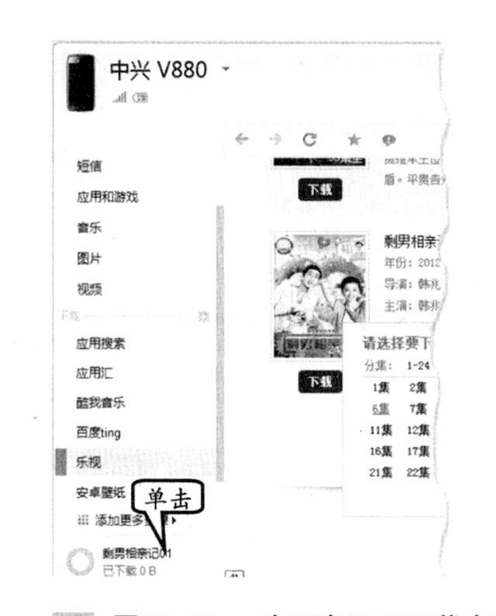

图 13-31　左下角显示下载内容

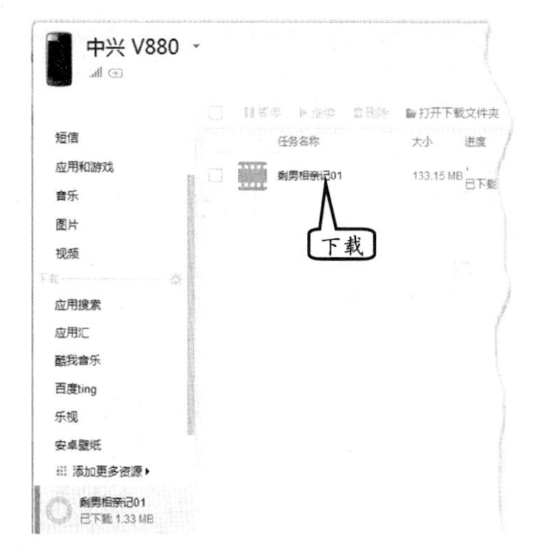

图 13-32　显示下载的详细信息

13.3　通过“刷机精灵”进行刷机

目前，智能手机不断地普及，刷机软件也在不断地强大，而刷机软件的种类也在不断地增加。比如，常见的有凤凰刷机、360 刷机精灵、甜椒刷机助手、刷机精灵、刷机大师等。

刷机精灵是由深圳瓶子科技有限公司推出的一款运行于计算机端的 Android 手机一键刷机软件，能够帮助用户在简短的流程内快速完成刷机升级。

刷机精灵可以实现智能安装驱动，并告别繁琐操作，只需鼠标轻松地单击便可刷机。另外，在刷机过程中，该软件可以通过云端发现刷机方案，并通过该方案进行安全可靠刷机。

刷机精灵将危险降至最低，具有一键备份、还原系统功能，安全引擎扫描，杜绝病毒或流氓软件入侵，界面如图 13-33 所示。

图 13-33 刷机精灵界面

13.3.1 备份手机数据

在窗口中，选择【实用工具】选项卡，可以看到所包含的“备份还原”、“快捷工具”等相关工具，如图 13-34 所示。

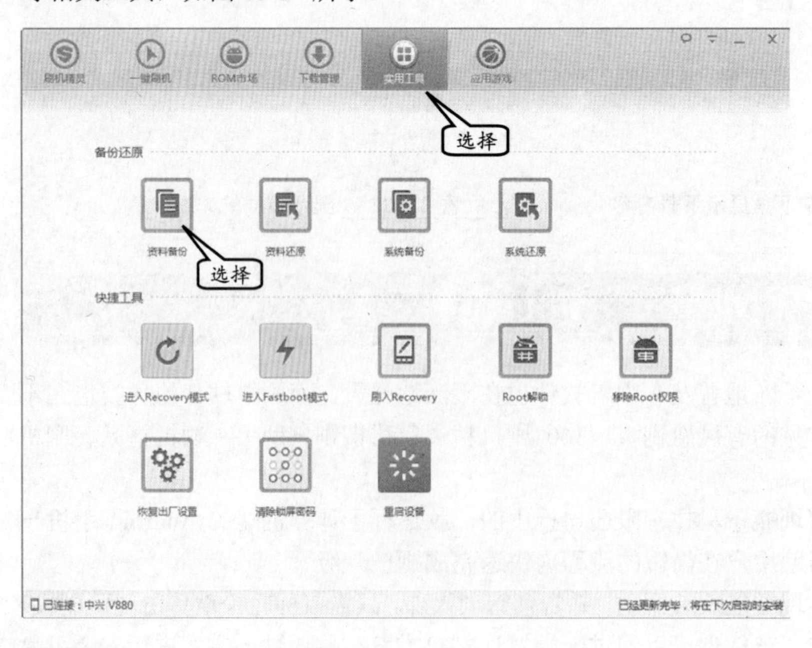

图 13-34 【实用工具】窗口

在“备份还原”栏中，先单击【资料备份】图标按钮，并在弹出【资料备份】栏中单击【备份】按钮，如图 13-35 所示。

提 示

在 Unix 系统（如 AIX、BSD 等）和类 Unix 系统（如 Debian、Redhat、Ubuntu 等各个发行版的 Linux）中，系统的超级用户一般 命名为 Root。Root 是系统中唯一的超级用户，具有系统中所有的权限，如启动或停止一个进程，删除或增加用户，增加或者禁用硬件等，相当于给 iPhone 越狱，都是破除权限。

Root 就是手机的神经中枢，它可以访问和修改手机中几乎所有的文件，这些东西可能是制作手机的公司不愿意用户修改和触碰的东西，因为有可能影响到手机的稳定，还容易被一些黑客入侵（Root 是 Linux 等类 Unix 系统中的超级管理员用户账户。）

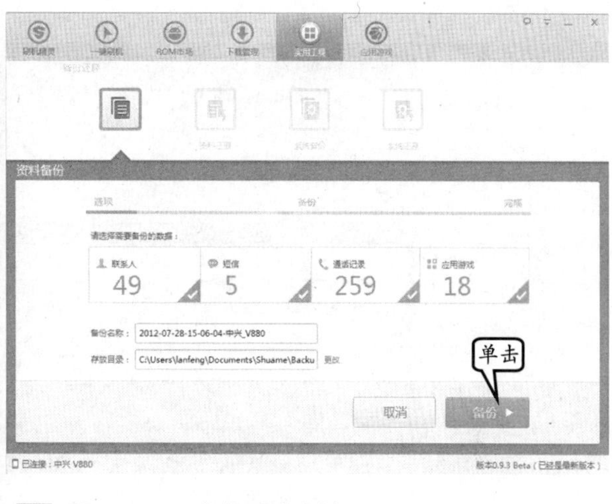

图 13-35 备份系统资料

注 意

在备份资料之前，用户需要先激活手机中的 Root 权限，否则软件无法获取手机中的资料内容。

在备份过程中，将在【联系人】、【短信】、【通话记录】和【应用游戏】方面上，显示一个备份的进度条效果，如图 13-36 所示。

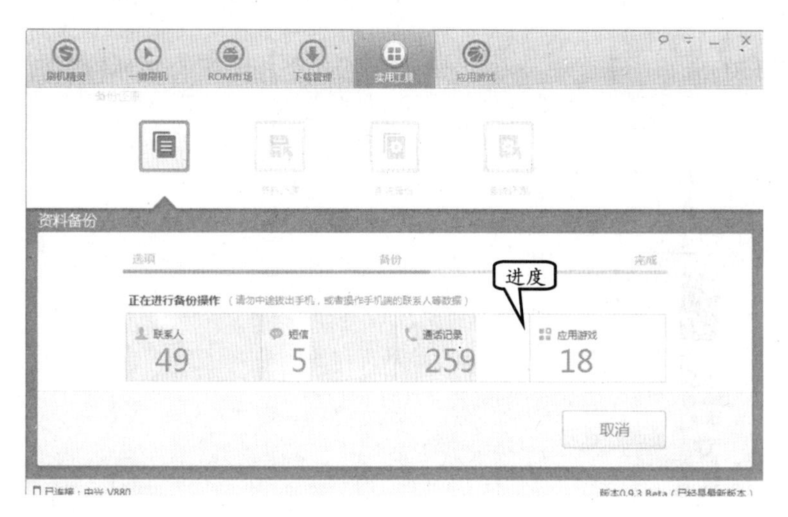

图 13-36 显示资料备份进度

提 示

用户除了备份资料外，还可以对系统进行备份。系统备份非常类似于计算机中的系统备份，主要为刷机失败后，能够即时还原系统。

备份结束后，将在显示的各资料内容下面，显示“恭喜！已经成功将以上数据备份到本地目录。C:\User\l...s\Shuame\Backup”提示信息，如图 13-37 所示。

在提示信息后，还将显示【打开目录】链接。用户单击该链接，即可打开指定备份的文件夹。

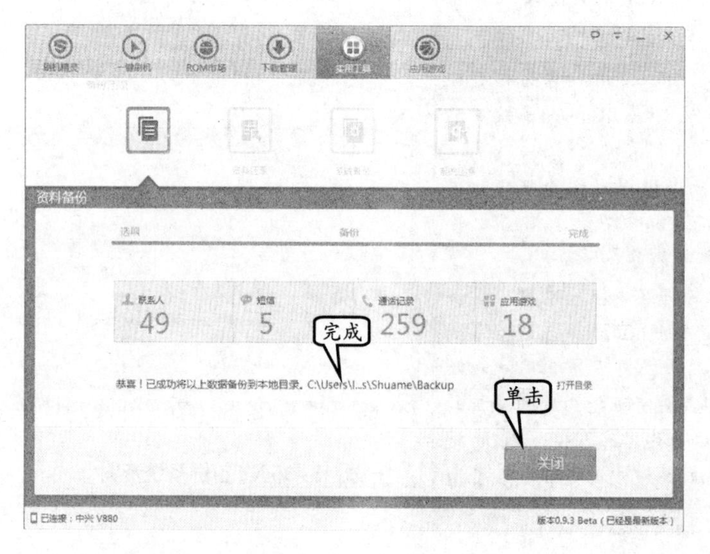

图 13-37　提示备份成功

13.3.2　刷机操作

在刷机之前，用户可能通过两种方法进行操作。其一，手动下载刷机包；其二，通过 ROM 市场下载刷机包。

例如，在窗口中单击【ROM 市场】选项卡，并选择与手机类型相匹配的 ROM 程序，如图 13-38 所示。

图 13-38　单击【ROM 市场】选项卡

然后，在右侧列表中，选择“中兴 ZTE V880 2.3.7 强势推出精简版本”标题后面的【立刻下载】按钮，如图 13-39 所示。

图 13-39　单击【立刻下载】按钮

同时，可以选择【下载管理】选项显示已经选择 ROM 下载的详细信息，如图 13-40 所示。

图 13-40　显示下载的 ROM 内容

下载完成后，可以单击【一键刷机】选项卡，并单击【浏览】按钮，如图 13-41 所示。

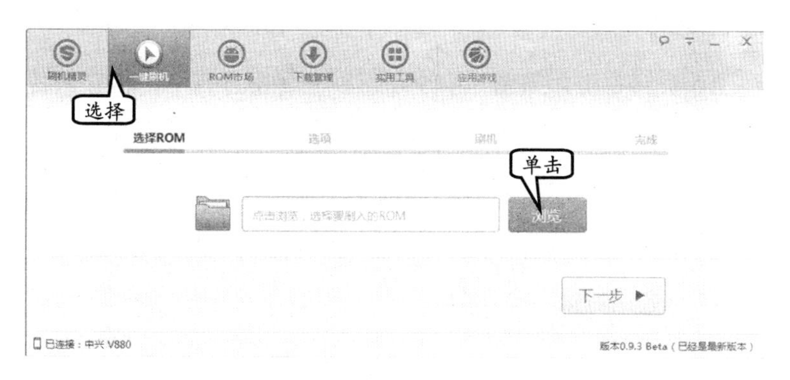

图 13-41　准备刷机

在弹出的【打开】对话框中，选择进行刷机的 ROM 包，并单击【打开】按钮，如图 13-42 所示，

当选择 ROM 包之后，则返回【一键刷机】选项卡，并在进度条的“选择 ROM”下面以绿色标识，如图 13-43 所示。

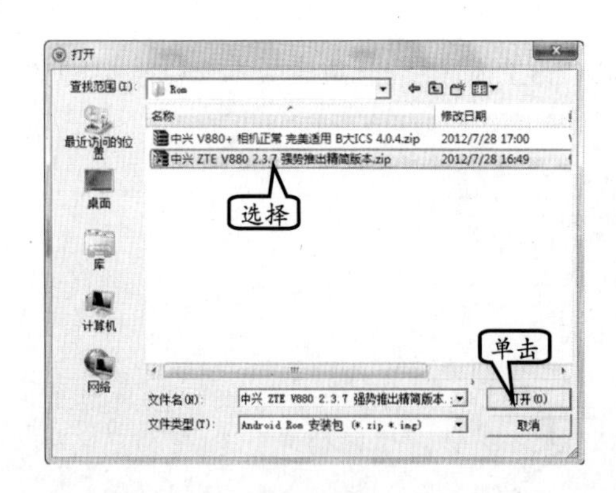

图 13-42 选择刷机包

图 13-43 显示已经选择刷机包

然后，单击【下一步】按钮，显示进度位于“选项”位置；选择【刷入新的系统】选项，单击【刷机】按钮，如图 13-44 所示。

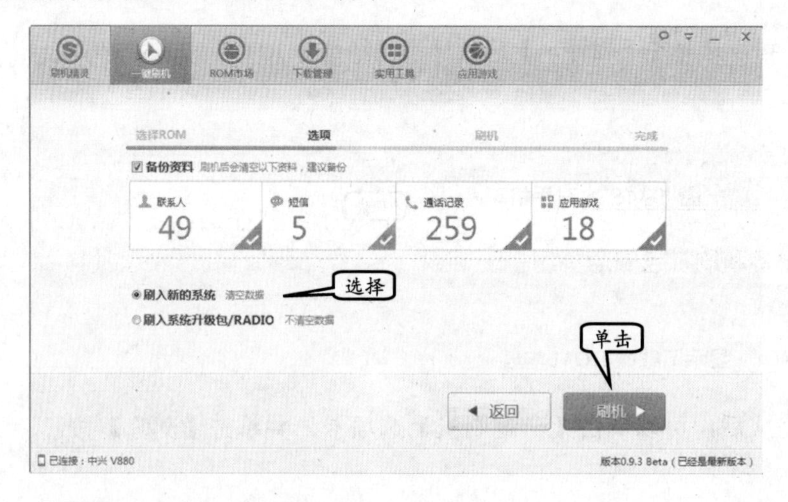

图 13-44 开始刷机

在刷机开始之前，软件进入资料备份，如图 13-45 所示。在备份过程中，将显示备份的进度等内容。

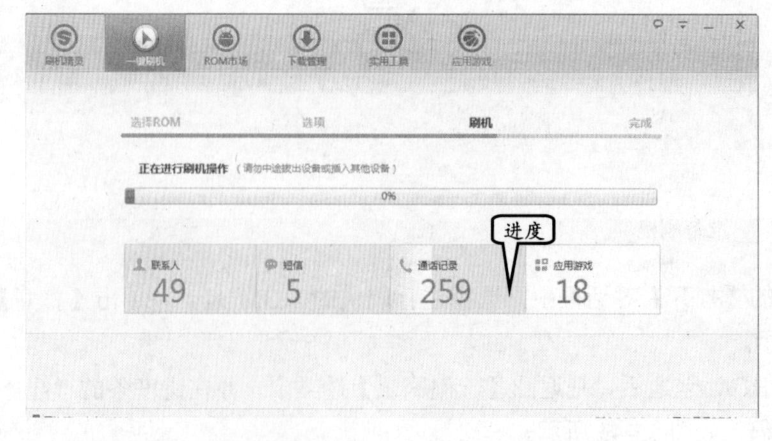

图 13-45 刷机前资料备份

此时，将对手机设备进行“刷机准备”和“安全检测”等，如图 13-46 所示。同时，显示“正在进行刷机操作”进度条，并显示刷机的进度。

图 13-46　对手机设备进行检测

手机设备和刷机包安全检测完之后，开始自动安装刷机环境，如图 13-47 所示。在手机安装环境中，将等待 Fastboot 设备连接，驱动程序安装，重新启动手机设备等一系列操作。

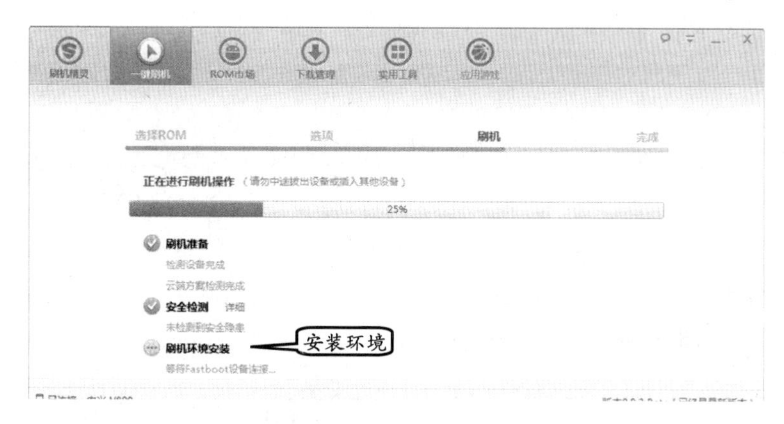

图 13-47　安装刷机环境

提　示

在安卓手机中 Fastboot 是一种比 Recovery 更底层的刷机模式。Fastboot 是一种线刷，就是使用 USB 数据线连接手机的一种刷机模式。相对于某些系统（如小米）卡刷来说，线刷更可靠，安全。Recovery 是一种卡刷，就是将刷机包放在 SD 卡上，然后在 Recovery 中刷机的模式。

注　意

在刷机过程中，手机设备将进行多次重新启动。而这时，用户千万不要拔出 USB 数据线使手机与计算机断连，这很有可能造成刷机失败。

刷机环境安装好之后，将向手机设备发送 ROM 刷机包内容，并为手机操作系统安装做准备，如图 13-48 所示。

图 13-48　发送 ROM 包

完成后，将提示“恭喜！您的设备已经成功进入自动刷机模式，这个过程需要 5～15 分钟。”等内容，如图 13-49 所示。

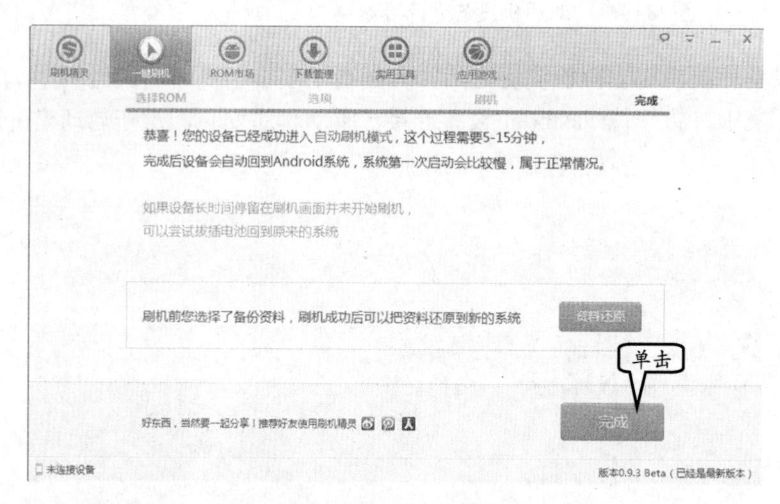

图 13-49　手机开始自动刷机

此时，手机设备将自动重新启动，并进行刷机操作。在这之前的操作只能称为一种“虚拟刷机”或者“刷机前的准备”，而现在手机启动后将开始刷机操作，用户可以单击【完成】按钮。刷机完成后，将以新的操作系统启动手机。

13.3.3　还原手机资料

如果用户在刷机操作后，没有单击【完成】按钮，可以单击该按钮之上的【资料还原】按钮。或者，用户选择【实用工具】选项卡，并单击【资料还原】按钮。

此时，两种方法操作都将跳转到【实用工具】中的【资料还原】栏，并读取手机 SD

卡所备份的资料文件，并单击【还原】按钮，如图 13-50 所示。

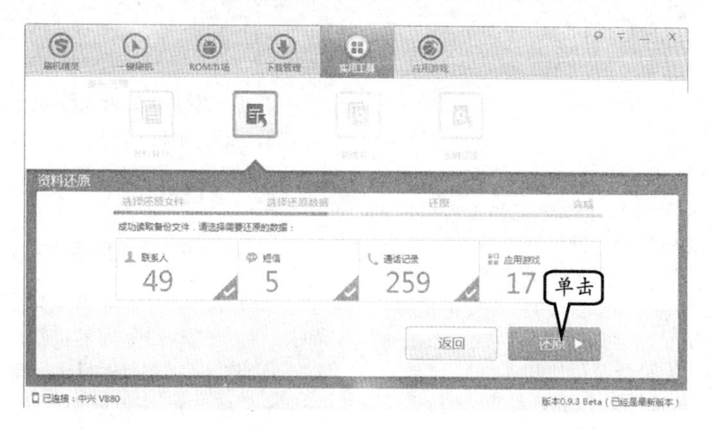

图 13-50　还原资料

还原过程与备份非常类似，都将显示一个进度条，并显示还原进度状态，如图 13-51 所示。

图 13-51　显示还原进度

备份完成后，将显示“恭喜！已成功将以上数据还原到您的设备。”信息，并单击【关闭】按钮，如图 13-52 所示。

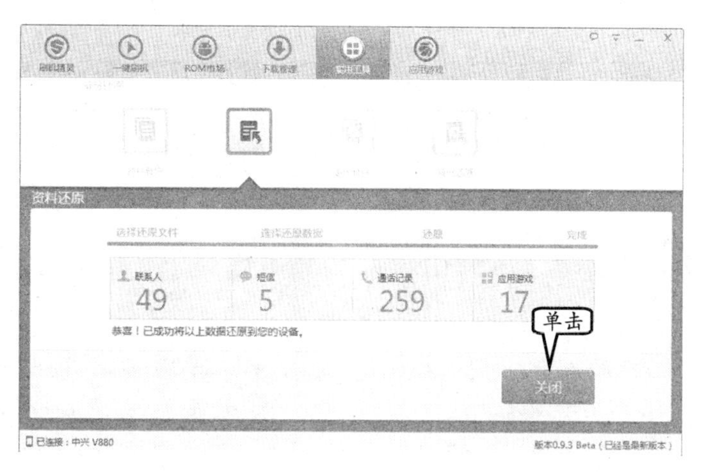

图 13-52　显示还原已经完成

13.4 思考与练习

一、填空题

1．在计算机中，“驱动程序”也称之为“________”，是一种可以使计算机和设备通信的特殊程序，可以说相当于硬件的接口。

2．________一般只应用在高端智能化手机上。

3．________是微软新发布的新一代手机操作系统，它将微软旗下的 Xbox Live 游戏、Zune 音乐与独特的视频体验整合至手机中。

4．________是一种以 Linux 为基础的开放源代码操作系统，主要使用于便携设备。

5．________是指通过一定的方法更改或替换手机中原本存在的一些语言、图片、铃声、软件或者操作系统。

二、选择题

1．驱动程序被誉为“硬件的灵魂”、“硬件的主宰”、和“硬件和系统之间的________”等。

A．桥梁　　B．通道

C．必须程序　　D．作用

2．________是一个实时性、多任务的纯 32 位操作系统，具有功耗低、内存占用少等特点。

A．Linux

B．Symbian（塞班）

C．iPhone（苹果）OS

D．Windows Phone

3．市场（Marketplace）是哪个操作系统中的功能？________

A．Symbian

B．Windows Phone

C．Android

D．iPhone

4．91 手机助手不支持哪个操作系统？_____

A．iPhone　　B．Windows Mobile

C．Wince　　D．Windows 8

5．“豌豆荚手机精灵”软件的作用是什么？________

A．驱动程序

B．刷机软件

C．手机助手类软件

D．操作系统软件

三、简答题

1．什么是手机驱动？

2．描述刷机要求及注意事项。

3．简述刷机过程。

四、上机练习

1．在“91 手机助手”中打开“存储卡”

在手机中，一些软件一般都安装到手机的 SD 卡中，而一些歌曲等内容也都保存在 SD 卡中。

因此，一些文件的操作，用户可以直接在 SD 卡进行。在“91 手机助手”窗口中，用户可以单击【文件管理】按钮，打开 SD 卡中的文件及内容，如图 13-53 所示。

图 13-53　打开【文件管理】窗口

2．在“91 手机助手”中卸载软件

用户可以选择【游戏・软件】选项卡，并在左侧【手机已安装软件】列表中，选择【系统软件】选项，并在右侧选择需要卸载的软件，并单击【卸载】按钮，如图 13-54 所示。

图 13-54　卸载软件